高等职业教育电子信息类专业系列教材

电子产品生产工艺与检验

主　编　丁向荣
副主编　董　兵　夏冬梅
参　编　吉玉高　胡美兰
主　审　张秀国

机 械 工 业 出 版 社

本书基于生产实际，内容涉及电子产品从设计、生产到检验的各个环节，重点培养与锻炼学生的电子技能与生产管理能力。本书内容包括6章：电子产品生产管理、常用元器件与检测、电子装配工艺、电子调试工艺、电子产品检验与电子工艺实训。其中，电子工艺实训分成基础练习与综合实训两大部分，充分体现了课程的实践性与应用性，同时便于课程实践性教学的实施。

本书适用于高职、中职电子信息类专业“电子产品生产工艺”课程的教学，可作为电子类企业岗位培训教材，也可作为从事电子行业的工程技术人员的参考用书。

为方便教学，本书有电子课件、习题答案、模拟试卷及答案等，凡选用本书作为授课教材的学校，均可通过电话（010-88379564）或QQ（3045474130）索取，有任何技术问题也可通过以上方式联系。

图书在版编目（CIP）数据

电子产品生产工艺与检验/丁向荣主编. —北京：机械工业出版社，2015.1（2021.6重印）
高等职业教育电子信息类专业系列教材
ISBN 978-7-111-48984-9

Ⅰ.①电… Ⅱ.①丁… Ⅲ.①电子产品－生产工艺－高等职业教育－教材②电子产品－检验－高等职业教育－教材 Ⅳ.①TN05

中国版本图书馆CIP数据核字（2014）第306745号

机械工业出版社（北京市百万庄大街22号 邮政编码100037）
策划编辑：曲世海 责任编辑：曲世海 韩 静
版式设计：霍永明 责任校对：纪 敬
封面设计：陈 沛 责任印制：常天培
固安县铭成印刷有限公司印刷
2021年6月第1版第3次印刷
184mm×260mm · 16.5印张 · 395千字
标准书号：ISBN 978-7-111-48984-9
定价：49.80元

电话服务
客服电话：010-88361066
010-88379833
010-68326294

网络服务
机 工 官 网：www.cmpbook.com
机 工 官 博：weibo.com/cmp1952
金 书 网：www.golden-book.com
机工教育服务网：www.cmpedu.com

前 言

电子技能与电子产品生产管理能力是高职电子信息类专业学生最为重要的基本技能与能力，也是电子设计与电子产品生产所必备的基本素质。

本书基于生产实际，内容与素材大多来源于电子产品生产一线，注重理论联系实际。本书内容涉及电子产品从产品立项、设计、生产到检验的各个环节，既保留了许多传统的经典的电子产品生产工艺，也纳入了新型的电子产品生产工艺，如SMT焊接工艺、无铅焊接技术等。本书阐述了质量标准在电子产品生产中的地位与作用，强化了电子产品生产标准化的概念。

本书题材新颖实用，内容由浅入深，循序渐进，通俗易懂，图文并茂，是一本具有很高实用价值的电子产品生产工艺指南。全书内容分为6章：电子产品生产管理、常用元器件与检测、电子装配工艺、电子调试工艺、电子产品检验与电子工艺实训。其中，电子工艺实训单列出来是便于强化电子产品生产课程的实践性教学，电子工艺实训分为基础练习与综合实训两部分，基础练习主要强化各种电子技能的学习与实践；在综合实训中，精选了3个综合性强、实践性强、应用性强的课题，在教学中可安排1~2周时间，选择1~2个课题进行集中实训。同时，附录中引入了在我国台湾与东南亚地区电子行业业界认可的、由台湾嵌入式暨单晶片系统发展协会（TEMI）组织实施的电子元器件拆焊认证项目，该项目在国内已经有了一定的合作和推广，而且具有较好的推广和发展前景。

本书由丁向荣负责规划与统稿工作，具体完成第1、4、5、6章与附录B的编写工作，董兵完成第2章与附录A的编写工作，夏冬梅完成第3章的编写工作。台湾嵌入式暨单晶片系统发展协会提供了电子元器件拆焊认证项目的全部内容，台湾嵌入式暨单晶片系统发展协会秘书长陈宏升先生以及陈怡孜女士给予了大力支持，参与资料收集及部分编写的还有吉玉高、刘祖明、胡美兰、莫培贵，在此，对以上人员致以诚挚的谢意。

本书在写作过程中参考了大量书籍，同时也引用了互联网上的资料，在此向这些书籍和资料的原作者表示衷心的感谢。在写作过程中，资料的收集和技术交流方面都得到了国内外专家学者和同行的支持，在此一并向他们表示衷心的感谢。也可能有些引用资料的出处，基于各种原因未能出现在参考文献中，在此表示歉意与感谢！

由于编者水平有限，书中难免有错误和不当之处，敬请读者批评指正！

编　者

目 录

第1章 电子产品生产管理

内容提要

本章从宏观上介绍了电子产品从开发、生产到检验的全生产过程；阐述了产品标准与标准化概念，以及电子产品的标准化；阐述了电子产品生产的管理，以及电子工艺文件的常见种类、格式与编制方法。

1.1 电子产品开发

新产品的开发是关系到企业生存和发展的一项十分重要的工作。产品开发的好坏与快慢是一个企业综合实力的体现。

1.1.1 产品立项

电子产品的开发，首先要进行立项，销售部门根据市场需求、信息反馈及市场研究情况，提出市场调研报告。工程部门根据销售部门的市场调研报告，结合行业技术和产品发展的动态、新技术的状况，写出项目开发建议。产品的开发有自行研究开发、仿制和老产品改型。项目开发建议提出后必须进行综合评审，讨论项目的先进性、可行性，并确定产品的主要功能、性能参数、结构形式等，同时还要确定项目的规模、投资预算、成本和效益估算。然后经企业领导批准后，方可正式立项。

1.1.2 产品设计

1. 设计方案

工程设计部门详细分析市场调研报告中同行业产品现状和发展趋势，从而确定产品的具体技术指标，对产品的先进性、工艺性、技术难度和本企业资源的适应等作细致分析，写出产品开发可行性报告。总工程师办公室组织评审后拟制设计任务书，下达给工程设计部门。

工程设计部门根据设计任务书的要求，成立新产品研制团队，任命产品项目负责人（或项目主管工程师）。项目团队一般由电路设计人员、结构设计人员、工艺和美工设计人员组成。设计人员的数量可根据企业具体情况和产品研制的难易程度确定，研制团队必须编制设计任务书和设计方案。

2. 样机的设计、试制

设计人员根据设计任务书和设计方案进行样机电路设计、样机制作、样机调试，试制好的样机交给质量检验部门进行全面的技术测试。质量检验部门将根据测试结果出具检验报告，总工程师办公室组织评审，提出修正、完善意见。样机评审后，项目团队开始设计正式样机，绘制设计电路，编制相关设计文件。设计文件包括电路原理图（DL）、外形图（WX）、整机结构图、零件图、装配图、安装图、接线图、技术条件、技术说明书、元器件明细表等。

3. 工艺设计

项目团队工艺人员根据设计图样、技术条件和产品标准进行工艺设计，编制工艺文件。主要工艺文件包括整机装配工艺、零部件加工工艺、工装模具设计加工工艺、基板电路焊接与调试工艺、整机调试工艺、导线加工工艺、检验工艺等。

4. 批量试产

在完成正式样机和工艺文件设计之后，产品必须进行批量生产，考核设计文件、工艺文件的正确性和产品批量投产的适应性。特别是产品的技术指标在批量生产中能否合格，工装模具精度如何等。

5. 产品定型试验

质量检验部门从批量生产的样机中，按规定抽取试验样机进行定型试验，全面考核产品是否达到产品技术条件（产品标准）的全部内容，从而决定能否大批量投产。

1）环境试验，包括如下两种：

① 气候试验：高温负荷试验、高温存储试验、恒定湿热试验、低温负荷试验、温度变化试验。

② 机械试验：扫描振动试验、碰撞试验、自由跌落试验。

2）可靠性试验。

3）安全试验。

4）电磁兼容性试验。

6. 设计确认

企业组织有关部门的工程技术人员、管理人员，对产品进行设计评审、对各项产品设计工作进行评价和确认。

在这一过程中，有关部门必须完成如下工程文件：

1）研制总结报告。

2）批量试验报告。

3）定型试验报告。

4）生产组织报告。

5）工艺评审报告。

6）经济分析报告。

7）标准化审查报告。

1.1.3 产品与标准化

1. 标准和标准化的基本概念

（1）标准的概念

1）中国标准的定义。标准是指为了在一定范围内获得最佳秩序，经协商一致制定并由公认机构批准，以特定的形式发布，作为共同使用的和重复使用的一种信息化文件。即标准宜以科学、技术和经验的综合成果，以及经过验证正确的信息数据为基础，以促进最佳共同经济效率和经济效益为目的。

2）国际标准的定义。标准是由一个公认的机构制定和批准的文件，它对活动或活动的结果规定了规则、导则或特殊值，供共同和反复使用，以实现在预定领域内最佳秩序的效果。

因此，无论是中国标准还是国际标准，标准都是指衡量事物的准则，即本身是符合某种准则，可供同类事物比较核对的依据。可以从以下几个方面来理解标准的含义：

① 标准的本质属性是一种“统一规定”。这种统一规定是作为有关各方“共同遵守的准则和依据”。根据《中华人民共和国标准化法》规定，我国标准分为强制性标准和推荐性标准两类。强制性标准必须严格执行，做到全国统一。对于推荐性标准，国家鼓励企业自愿采用。但推荐性标准如经协商，并被纳入经济合同或企业向用户做出明确承诺时，有关各方则必须执行，做到统一。

② 标准制定的对象是重复性事物和概念。这里讲的“重复性”指的是同一事物或概念反复多次出现的性质。例如批量生产的产品在生产过程中的重复投入、重复加工、重复检验等；同一类技术管理活动中反复出现同一概念的术语、符号、代号等被反复利用等。只有当事物或概念具有重复出现的特性并处于相对稳定时才有制定标准的可能或必要，使标准作为今后实践的依据，以最大限度地减少不必要的重复劳动，又能扩大“标准”重复利用范围。

③ 标准产生的客观基础是“科学、技术和实践经验的综合成果”。这就是说标准既是科学技术成果，又是实践经验的总结，并且这些成果和经验都是在经过分析、比较、综合和验证的基础上，加之规范化，只有这样制定出来的标准才能具有科学性。

④ 制定标准过程要“经有关方面协商一致”，就是制定标准要发扬技术民主，与有关方面协商一致，做到“三稿定标”，即征求意见稿→送审稿→报批稿。如制定产品标准不仅要有生产部门参加，还应当有用户、科研、检验等部门参加共同讨论研究、协商一致，这样制定出来的标准才具有权威性、科学性和适用性。

⑤ 标准文件有其自身的一套特定格式和制定颁布的程序。标准的编写、印刷、幅面格式和编号、发布的统一，既可保证标准的质量，又便于资料管理，体现了标准文件的严肃性。所以，标准必须“由主管机构批准，以特定形式发布”。标准从制定到发布的一整套工作程序和审批制度，是使标准本身具有法规特性的表现。

⑥ 标准一般有一定的年限，如 5 年，过了年限后需要被修订或重新制定。此外，随着社会的发展，国家需要制定新的标准来满足人们生产、生活的需要，因此，标准是种动态信息。

（2）标准化的概念　标准化就是为在一定的范围内获得最佳秩序，对实际的或潜在的问题制定共同的和重复使用的规则活动。

1）上述活动主要是包括制定、颁布及实施标准的过程。

2）标准化的主要意义是改进产品、过程和服务的适应性，防止贸易壁垒，并促进技术合作。

因此，标准化包括三个主要方面的内容：

① 标准化是一项完整的活动，是一个过程。它包括制定标准、发布标准、贯彻实施标准，对标准的实施进行监督检查，并根据贯彻中产生的问题，进一步修订完善标准。

② 标准是贯穿于标准化全过程的信息资源。标准化对象的选择要根据实际的需求和潜在的需求来确定。

③ 标准化的目的是取得社会效益和经济效益，其体现形式是改进产品、过程和服务的适用性，防止贸易壁垒，促进技术合作。

(3) 标准化的意义 我国现行的标准分为国家标准、行业标准、地方标准和经备案的企业标准。凡有国家标准、行业标准的，必须符合该标准；没有国家标准、行业标准的，允许适用其他标准，但必须符合保障人体健康及人身、财产安全的要求。同时，国家鼓励企业赶超国际先进水平。对不符合国家标准、行业标准的产品，不符合保障人体健康和人身、财产安全标准和要求的工业产品，禁止生产和销售。

1）标准化与企业生产经营的关系。企业是商品的生产者和经营者，企业与标准化有着十分密切的关系。企业生产的产品必须按标准生产，对产品检验要遵守统一的检验方法，要有统一的包装、运输方式。可以这样说，没有标准，企业就无法组织好生产，生产的产品也无法更快更好地进入市场，也就不可能获取更多更好的经济效益；同时，违反强制性标准的企业，还要受到处罚。

2）标准化法与消费者的直接关系。在科学技术、经济建设和社会生活中，我们都离不开标准，标准是制定产品质量的依据。人们经常接触的食品、饮料、服装、鞋帽、电冰箱、收录机、种子、农药、化肥以及信息产业、高科技产品等，都有标准问题。标准化法实施后，消费者的切身利益就有了法律保障。

3）入世后标准化的重要性。随着我国成为世界贸易组织（WTO）的正式成员，标准化工作的重要性日益凸现，主要体现在以下几个方面：

① 标准化工作是我国社会主义市场经济体制逐步完善的必要支撑条件，标准是规范市场商品和整顿市场经济秩序的重要依据。

② 实现我国经济结构的战略性调整，实现科技创新和产业升级，必须有相应的高水平的标准支撑。

③ 标准化是打破国际贸易技术壁垒，适度保护国内市场和产业的重要手段。

(4) 标准的形成 中国国家标准制定程序划分为 9 个阶段：预阶段、立项阶段、起草阶段、征求意见阶段、审查阶段、批准阶段、出版阶段、复审阶段、废止阶段。

2. 标准的分类

(1) 按使用范围来划分 包括国际标准、区域标准、国家标准、行业标准及企业标准等。

1）国际标准：由国际标准化组织（ISO）和国际电工委员会（IEC）所制定的标准，以及由 ISO 理事会确认并公布的其他国际组织制定的标准。这里所说的其他国际组织包括国际计量局（BIPM）、世界知识产权组织（WIPO/OMPI）、世界卫生组织（WHO/OMS）等，如国际标准化组织 ISO 和国际电工委员会 IEC 关于静止图像的编码标准 JPEG、国际电信联盟 ITU-T 关于电视电话/会议电视的视频编码标准 H. 261、H. 263 和 ISO/IEC 关于活动图像的编码标准 MPEG-1、MPEG-2 和 MPEG-4 等。

2）区域标准：由区域国际组织所制定的标准，在区域内颁布并使用，最典型的如 RoHS 标准，就是专门针对在欧盟区域内执行的标准。

3）国家标准：在我国由国务院标准化行政主管部门制定，中国国家标准化管理委员会

（中华人民共和国国家标准化管理局）即为国务院标准化行政主管部门，是国务院授权的履行行政管理职能、统一管理全国标准化工作的主管机构，它受国家质检总局管理。

4）行业标准：由国务院有关行政主管部门制定，不同的行政主管部门会制定自己相关的行业标准，经国家标准管理委员会批准后发布实施。

5）企业标准：企业生产的产品没有国家标准和行业标准的，应当制定企业标准，作为组织生产的依据，并报有关部门备案。

（2）按内容划分　包括基础标准、产品标准、辅助产品标准、原材料标准、方法标准等。

1）基础标准：在一定范围内作为其他标准的基础并普遍使用，具有广泛指导意义的标准，称为基础标准。基础标准按性质和作用的不同，一般分为以下几种：

① 概念、术语和符号标准。

② 精度和要素标准。

③ 实现系列化和保证配套关系的标准。

④ 结构要素标准。

⑤ 产品质量保证和环境条件标准。

⑥ 安全、卫生和环境保护标准。

⑦ 管理标准。

⑧ 量和单位。

2）产品标准：对产品结构、规格、质量和检验方法所做的技术规定，称为产品标准。产品标准按其适用范围，分别由国家、部门和企业制定；它是一定时期和一定范围内具有约束力的产品技术准则，是产品生产、质量检验、选购验收、使用维护和洽谈贸易的技术依据。《中华人民共和国产品质量法》第 12 条规定，产品质量应当检验合格。所谓合格，是指产品的质量状况符合标准中规定的具体指标。

3）辅助产品标准：作为产品标准的辅助检测用的标准工具、标准模具、标准量具、标准夹具等。

4）原材料标准：对原材料结构、规格、质量和检验方法所做的技术规定，称为原材料标准。

5）方法标准：规定相关标准检验方法的具体操作步骤和说明，包括工艺要求、过程、要素、工艺说明等。

（3）按成熟程度来划分　包括法定标准、推荐标准、试行标准、标准草案等。

1）法定标准又叫强制标准（GB），强制性国标是保障人体健康、人身、财产安全的标准和法律及行政法规规定强制执行的国家标准。例如：《信息交换用汉字编码字符集　基本集》（GB 2312—1980）、《EQV ISO 1000：1992 国际单位制及其应用》（GB 3100—1993）等。

2）推荐性国标（GB/T）是指生产、交换、使用等方面，通过经济手段或市场调节而自愿采用的国家标准。但推荐性国标一经接受并采用，或各方商定同意纳入经济合同中，就成为各方必须共同遵守的技术依据，具有法律上的约束性，例如：《中华人民共和国行政区划代码》（GB/T 2260—2007）。

3. 标准的分级

《中华人民共和国标准化法》将我国标准分为国家标准、行业标准、地方标准、企业标准四级。

对需要在全国范畴内统一的技术要求/规范，应当制定国家标准。国家标准包括 GB（国家标准）、JJF（国家计量技术规范）、JJG（国家计量检定规程）、GHZB（国家环境质量标准）、GWPB（国家污染物排放标准）、GWKB（国家污染物控制标准）、GBn（国家内部标准）、GBJ（工程建设国家标准）、GJB（国家军用标准）9 大类。

对没有国家标准而又需要在全国某个行业范围内统一的技术要求/规范，可以由对应的行政主管部门制定行业标准。中国的行业标准主要包括 ZY（中医药行业标准）、YZ（邮政行业标准）、YY（医药行业标准）、YS（有色冶金行业标准）等，详细的行业标准及其编码请参见“行业标准代码及主管部门查询”相关资料。

对没有国家标准和行业标准而又需要在省、自治区、直辖市范围内统一的工业产品的安全、卫生要求，可以制定地方标准。

企业生产的产品没有国家标准、行业标准和地方标准的，应当制定相应的企业标准。对已有国家标准、行业标准或地方标准的，鼓励企业制定严于国家标准、行业标准或地方标准要求的企业标准。

另外，对于技术尚在发展中但需要有相应的标准文件引导其发展或具有标准化价值但尚不能制定为标准的项目，以及采用国际标准化组织、国际电工委员会及其他国际组织的技术报告的项目，可以制定国家标准化指导性技术文件。

4. 全面质量管理和 ISO 9000 系列国际质量标准

（1）全面质量管理 全面质量管理的英文简称为 TQM，最早提出全面质量管理的是费根堡姆，他给全面质量管理所下的定义是：为了能够在最经济的水平上，并考虑到充分满足顾客要求的条件下进行市场研究、设计、制造和售后服务，把企业内各部门的研制质量、维持质量和提高质量的活动构成为一体的、一种有效的体系。

全面质量管理过程的全面性，决定了全面质量管理的内容应当包括设计过程、制造过程、辅助过程、使用过程四个过程的质量。

1）设计过程质量管理的内容。产品设计过程的质量管理是全面质量管理的首要环节。这里所指设计过程，包括市场调查、产品设计、工艺准备、试制和鉴定等过程（即产品正式投产前的全部技术准备过程）。主要工作内容包括：

① 通过市场调查研究，根据用户要求、科技情报与企业的经营目标，制定产品质量目标。产品质量的设计目标，应来自于市场的需要（包括潜在的需要），应同用户的要求保持一致，应具有一定的先进性。在可能的条件下，尽量采用国际先进标准。

② 组织由销售、使用、科研、设计、工艺、制度和质管等部门参加的“三结合”审查和验证，确定适合的设计方案。不同的设计方案，反映着同一产品的不同的质量水平或设计等级。不同质量水平的产品，必将引起成本和价格上的不同。而任何产品的价格，通常总是有限度的，当价格超过一定限度时，用户就会减少；为了提高产品质量水平（设计等级），成本的上升趋势几乎是无限的。因此选定一个适合的设计方案，从经济角度看，就有一个产品质量水平最佳的问题。

③ 保证技术文件的质量。这里讲的技术文件包括设计图样、产品配方、工艺规程和技术资料等，它们是设计过程的成果，是制造过程生产技术活动的依据，也是质量管理的依据。这就要求技术文件本身也要保证质量，技术文件的质量要求是：正确、完整、统一、清

晰。为了保证技术文件的质量，技术文件的登记、保管、复制、发放、收回、修改和注销等工作，都应按规定的程序和制度办理；必须把技术文件的修改权集中起来，建立严格的修改审批和会签制度；应当建立技术的科学分类和保管制度；对交付使用的技术文件实行“借用制”和以旧换新。

④ 做好标准化的审查工作。产品设计的标准化、通用化、系列化，不仅有利于减少零部件的种类，扩大生产批量，提高制造过程的质量，保证产品质量，而且有利于减少设计工作量，大大简化生产技术准备工作。因此，做好标准化的审查，也应是设计过程质量管理的一项工作内容。

⑤ 督促遵守设计试制的工作程序。搞好新产品设计试制，应当按照科学的设计试制程序进行。一般这种工作程序是：研究、试验、产品设计、样品试制试验和有关工艺准备、样品鉴定、定型、小批试制和有关工艺准备、小批鉴定、定工艺。企业应当在确保前一段工作完成和确认的情况下，再进行下一阶段。如果任意违反这种工作程序，搞跨越阶段的边设计、边试制、边生产的做法是十分有害的。

2）制造过程质量管理的内容。制造过程是指对产品直接进行加工的过程。它是产品质量形成的基础，是企业质量管理的基本环节。它的基本任务是保证产品的制造质量，建立一个能够稳定生产合格品和优质品的生产系统。主要工作内容包括：

① 组织质量检验工作。要求严格把好各工序的质量关，保证按质量标准进行生产，防止不合格品转入下道工序和出产。它一般包括原材料进厂检验、工序间检验和产品出厂检验。

② 组织和促进文明生产。组织和促进文明生产，是科学组织现代化生产、加强制造过程质量管理的重要条件。它有以下几点要求：应按照合理组织生产过程的客观规律，提高生产的节奏性，实现均衡生产；应有严明的工艺纪律，养成自觉遵守的习惯；在制品应码放整齐，储运安全；设备整洁完好；工具存放井然有序；工作地布置合理，空气清新，照明良好，四周颜色明快和谐，噪声适度。

③ 组织质量分析，掌握质量动态。分析应包括废品（或不合格品）分析和成品分析。分析废品，是为了找出造成废品的原因和责任方，发现和掌握产生废品的规律性，以便采取措施，加以防止和消除。分析成品，是为了全面掌握产品达到质量标准的动态，以便改进和提高产品质量。质量分析，一般可以从规定的某些质量指标入手，逐步深入，这些指标有两类：一类是产品质量指标，如产品等级率、产品寿命等；另一类是工作质量指标，如废品率、不合格品率等。

④ 组织工序的质量控制，建立管理点。工序质量的控制是保证制造过程中产品质量稳定性的重要手段。它要求在不合格品发生之前，就能予以发现和预报，并能及时地加以处理和控制，有效地减少和防止不合格品的产生。组织工序质量控制应当建立管理点。管理点是指在对生产过程各工序进行全面分析的基础上，把在一定时期内，一定条件下，需要特别加强和控制的重点工序或重点部位，明确为质量管理的重点对象，对它应使用各种必要的手段和方法，加强管理。建立管理点的目的，是为了使制造过程的质量控制工作明确重点，有的放矢，使生产处于一定作业标准的管理状态中，保证工序质量的稳定良好。

通常，下列情况之一的工序应作为管理点：①关键工序或关键部位，即影响产品主要性能和使用安全的工序或部位。②质量不稳定的工序。③出现不合格品较多的工序。④工艺本身有特殊要求的工序。⑤对以后工序加工或装配有重大影响的工序。⑥用户普遍反映或经过试验后反馈的不良项目。

组织工序质量控制还应当严格贯彻执行工艺纪律，强调文明生产。在实践中，控制图等统计方法的采用是进行工序质量控制的常见方法。

3）辅助过程质量管理的内容。辅助过程是指为保证制造过程正常进行而提供各种物资技术条件的过程。它包括物资采购供应、动力生产、设备维修、工具制造、仓库保管、运输服务等。制造过程的许多质量问题，往往同这些部门的工作质量有关。辅助过程质量管理的基本任务是提供优质服务和良好的物质技术条件，以保证和提高产品质量。它的主要内容包括：做好物资采购供应（包括外协准备）的质量管理，保证采购质量，严格执行入库物资的检查、验收，按质、按量、按期地提供生产所需要的各种物资（包括原材料、辅助材料、燃料等）；组织好设备维修工作，保持设备良好的技术状态；做好工具制造和供应的质量管理工作等。另一方面，企业物资采购的质量管理也将变得日益重要，因为原材料、外购件的质量状况，会明显地影响本企业的产品质量。特别是在电子行业，这种影响将对最终产品起到决定性的作用。在工业企业的产品成本中，一般原材料、零部件等所占的比重很大，机械产品一般占50%，化工产品一般占到60%，钢铁产品占到70%。因此，外购原材料、零部件的价格高低，以及能否按时交货，也都会直接影响到本企业的经济效益。

所以，企业应当重视这一辅助过程的质量管理，物资采购质量管理的主要工作内容包括：

① 制定采购政策。

② 确定货源，“货比三家”，择优选购。

③ 进行供应厂商的资格鉴定。

④ 与供应厂商协调规格要求。

⑤ 制定检验计划，选定抽样方案，进行入厂检验。

⑥ 建立与供应厂商的沟通联络制度。

⑦ 制定不合格品处理程序。

⑧ 对供应厂商进行质量评级等。

4）使用过程质量管理的内容。使用过程是考验产品实际质量的过程，它是企业内部质量管理的继续，也是全面质量管理的出发点和落脚点。这一过程质量管理的基本任务是提高服务质量（包括售前服务和售后服务），保证产品的实际使用效果，不断促使企业研究和改进产品质量。它主要的工作内容包括：开展技术服务工作、处理出厂产品质量问题、调查产品使用效果和用户要求。

① 开展技术服务工作。为了提高产品在市场上的竞争能力，国内外一些企业从过去的“货物出门，概不退换”变成了现在的“货物出门，服务到家”。为了突出服务质量，他们纷纷改变了一些说法，如过去说“我卖给你”，现在换成了“我为你生产”，甚至提出“一切为了用户，用户是上帝”的口号。这些说法虽然带有一定的夸张，但也说明他们对用户的态度，特别是对质量方面的意见是十分重视的。企业把用户是否满意，看做是自己生存发展的决定因素。

② 认真处理出厂产品的质量问题。当用户对本企业产品质量提出异议时，不少企业

不是推托，而是认真及时地处理，这样既可以消除用户的不满情绪，又可以挽回由此产生的负面影响。对用户提出的产品质量问题，这些企业首先是热情对待，及时进行调查，如属于不会使用或使用不当所造成的，则耐心帮助用户掌握使用技术和操作要领；如属于制造原因造成的，则及时负责包修、包换或包退。由于制造原因造成的重大质量事故，往往是企业负责人亲自到现场调查了解，妥善处理；对造成严重经济损失的，企业还应主动负责经济赔偿。

③ 调查产品使用效果和用户要求。调查的目的在于了解和收集下列情况的资料：

A. “出门”的产品尽管经过检验合格，在实际使用中是否真正达到规定的质量标准。

B. 产品在使用中虽然也达到了质量标准，但是否实现了设计所预期的质量目标。

C. 除了预期达到的质量目标外，使用中还有哪些要求是原来没有考虑到的。

D. 随着生产的发展和人民生活质量的不断提高，预计用户今后可能提出哪些新的要求。

调查的方法可采用典型调查，也可采用普遍调查。调查形式包括：

A. 由企业领导带队有计划定期地进行用户访问，听取用户的意见和要求。

B. 在产品说明书中，随附质量调查表，请用户填写寄回。

C. 与专业维修部门建立经常联系，如家电维修部门，请他们提供本企业产品的质量情况和使用中的损坏规律。

D. 与重点使用单位建立长期的使用记录。

E. 在使用地进行。

（2）ISO 9000 系列国际质量标准

1）质量和质量要求。质量是“反映实体满足规定和隐含需要能力的特性总和”，质量要求一般可以分为六类：

① 性能要求：主要是满足客户的使用功能要求。

② 适用性要求：主要是指满足客户的使用环境要求。

③ 可信性要求：主要是指满足客户的可靠性要求。

④ 安全性要求：主要是指满足客户使用的生命、健康及财产安全要求。

⑤ 经济性要求：主要是指满足客户的成本控制要求。

⑥ 外观和美观要求：主要是满足客户的审美观要求。

2）质量管理和国际标准化。质量管理是“确定质量方针、目标和职责并在质量体系中通过诸如质量策划、质量控制、质量保证和质量改进，使其实施的全部管理职能的所有活动。”

标准是通过协商一致制定后，经一个公认机构批准，以在一定的范围内达到最佳次序为目的，对各种活动或其结果提供统一和重复使用的规则、导则或特性值的文件。

ISO 9000 族标准是由 ISO/TC 176 组织各国标准化机构协商一致后制定，经国际标准化组织（ISO）批准发布，提供在世界范围内实施的有关质量管理活动规则的标准文件，被称为国际通用质量管理标准。首次发布为 1986～1987 年，1994 年修订、补充为第 2 版，2000 年发布了第 3 版。

（3）ISO 9001 国际质量管理体系要素简述

1）管理职责。该要素要求组织的管理者：制定质量方针和目标，对客户做出质量允诺；规定组织内部部门、各级人员的职责和权限，并提供充分的资源；在管理层内任命管理者代表，授权其职责；按规定的时间间隔对质量体系进行管理评审。

2）质量体系。该要素主要是认真策划文件化的质量体系，包括编制质量手册：编制有效实施质量体系的程序文件；编制为满足特定项目或合同规定的质量计划；确定与准备质量记录；确定和配备必备的控制手段、过程、设备（包括检验设备）资源和技能，以达到所要求的质量。

3）合同评审。该要素要求在投标或接受合同、订单之前应进行合同评审，保存评审记录；合同修订时也要评审，并传达到有关职能部门。

4）设计控制。该要素要求对设计和开发的策划、输入和输出、评审、验证、确认、更改等环节实行控制，以确保服务设计满足客户的要求。

5）文件和资料控制。该要素要求控制文件和资料的批准、发布和更改，以确保使用现行有效版本的文件及正确使用和保存各种资料。

6）采购。该要素要求选择合格的供应商，采购资料准确清晰，并对采购产品进行验证，以确保采购的产品符合规定要求。

7）顾客提供产品的控制。该要素要求对顾客提供的产品进行适当的验证、储存和维护。

8）产品标志和可追溯性。该要素要求对有可追溯性的产品（包括服务）都应有唯一性标志。

9）过程控制。该要素要求对整个生产过程中的人员、设施、环境、信息、时间等因素进行有效控制，以确保过程受控。

10）检验和试验。该要素要求对交付给顾客的产品（包括服务）进行检验或检查（考查)，并加以记录，以便验证产品是否符合规定要求。

11）检验、测量和试验设备的控制。该要素要求对生产过程所需的各种计量仪器、设备进行校准检定，以确保其量值准确、可靠、一致，符合要求的测量能力。

12）检验和试验状态。该要素要求所有产品均应标志其是否检验和试验，以及经检验和试验后是否合格，以确保只有通过检验和试验合格的产品才能使用、交付。

13）不合格的控制。该要素要求对不合格品应标志、启示、隔离、评审并处置，以防止不合格品的非预期使用。

14）纠正和预防措施。该要素要求对实际或潜在的不合格原因采取纠正措施或预防措施。

15）搬运、储存、包装、防护和交付。该要素要求在产品搬运、储存、包装、防护和交付过程中采取适当的措施，以保证产品质量，不受到损坏或变质。

16）质量记录的控制。该要素要求控制质量记录的标志、收集、编目（号)、查阅、保管、储存、归档、处理，以确保质量记录的完整、有效。

17）内部质量审核。该要素要求组织按计划进行内部质量审核，以验证质量活动和有关结果是否符合计划的安排，并确定质量体系的有效性。

18）培训。该要素要求对所有对质量有影响的人员均必须进行培训，以便他们掌握完成工作并保证质量所需的知识和技能。对从事特殊工作的人员还应进行资格考核，持证上岗。

19）服务。该要素要求在有服务要求时，应制定和实施服务程序，满足服务要求。

20）统计技术。该要素要求确定需用的统计技术并认真实施，以提高质量活动的科学性和有效性。

5. 电子产品标准化

标准是电子产品设计的依据和基础，必须用一系列的标准来控制与指导设计、生产和使用的全过程。

电子产品的标准化主要从两个方面贯彻：一是产品的技术条件必须采用国际标准、国家标准、行业标准或企业标准之一，一般应建立自己的企业标准；二是产品在设计过程中，为了降低成本、提高效益、提高产品质量，要尽最大限度采用标准的元器件、零部件和通用件。衡量产品的标准化程度可用标准化系数来表示：

$$K=[(\text{标准的元器件、零部件数})/(\text{产品元器件、零部件数})]\times 100\%$$

1.2 电子产品生产的基本要求及组织形式

1. 电子产品的特点

电子技术的飞速发展，推动着电子产品的日新月异，电子产品的应用遍布于国民经济的各个领域，越来越多地影响着、美化着人民的生活。电子产品种类繁多，且各具特点，主要体现在以下几个方面：

1）电子产品具有体积小、重量轻以及技术含量高的特点，电子产品的应用可以大大提高生产效率和工作效率，降低能源消耗，获得较大经济效益。

2）电子产品使用广泛，且使用条件与使用环境差异较大。

3）电子产品的可靠性高。

4）电子产品使用寿命长。

5）电子产品更新快，随着电子技术、电子器件的发展，根据人们的需求不同，电子产品的种类在不断更新，性能在不断地完善。

2. 电子产品生产的基本要求

电子产品的生产是指研制、开发到推出的全过程。该过程包括设计、试制和批量生产三个主要阶段。

任何电子产品在它的研制阶段之后，都要投入生产。而电子产品生产的基本要求包括生产企业的设备状况、技术和工艺水平、生产能力和生产周期，以及生产管理水平等方面。产品如果要顺利地投产，必须满足生产条件对它的要求，否则，就不可能产出优质的产品，甚至根本无法投产。

（1）生产企业的设备状况 电子产品的生产企业应具备与所生产产品相配套的、完善的仪器设备，以便于产品的研制开发和批量生产。

（2）技术和工艺水平 生产企业需配备相关的技术研究人才，能够根据产品的不同特点、用户的不同要求，研制、开发新产品，完善产品的性能；还应具有相当的工艺水平，能够根据设计要求，生产出合格的电子产品。

（3）生产能力和生产周期 产品定型后，要进入成批生产阶段。生产企业应具有配套的仪器设备、加工材料、熟练的技术工人和完备的生产程序，生产出符合设计要求的合格产品；同时合理安排各工序，以缩短生产周期，提高生产效率，降低生产成本。

(4) 生产管理水平 在电子产品的制造过程中，科学管理已成为第一要素。管理不善将出现生产混乱、浪费严重、工序时间拉长，导致生产效率低下，生产成本上升；管理落后会使产品质量下降，劣质产品充斥市场，破坏企业形象，最终导致企业破产。

3. 电子产品生产的组织形式

电子产品的生产过程，无论是社会的、部门的还是企业的，都是一个复杂的、具有内部和外部联系的系统。其各组成部分之间，在数量上存在着比例分配关系，在时间上存在着衔接配合关系，因此，只有形成严密的组织形式，进行科学的组织才能达到相互协调统一，实现预期的目的，并带来良好的经济效果。

根据电子产品的特点和产品生产的基本要求，产品应该按以下组织形式生产：

1）配备完整的技术文件、各种定额资料和工艺设备，为正确生产提高依据和保证。

2）制定批量生产的工艺方案，包括：

① 对生产性试制阶段的工艺、工艺设备验证情况的小结。

② 工序控制点的设置意见。

③ 工艺文件和工艺装备的进一步修改、完善意见。

④ 专用设备和生产线的设计制造意见。

⑤ 有关新材料、新工艺和新技术的采用意见。

⑥ 对生产节拍的安排和投产方式的建议。

⑦ 装配、调试方案和车间平面布置的调整意见。

⑧ 提出对特殊生产线及工作环境的改造与调整意见。

3）进行工艺质量评审。评审的具体内容主要包括：

① 根据产品的批量，进行工序工程能力的分析评审。

② 对影响设计要求和产品稳定的工序人员、设备、材料、方法和环境这五个因素进行评审。

③ 对工序控制点保证精度及质量稳定性要求的能力进行评审。

④ 对关键工序及薄弱环节工序的工程能力的测算与验证。

⑤ 对工序统计和质量控制方法的有效性和可行性进行评审。

4）按照现场工艺管理的要求，积极采用现代化的、科学的管理方法，组织并指导产品的批量生产。

5）生产总结，以便于对产品质量的改进和产品缺陷的弥补。

1.3 电子产品生产工艺及其管理

1. 电子产品生产工艺

工业生产中将各原料、半成品加工成产品的方法和技术，称为工艺。它所形成的技术性文件，称为工艺文件。

工艺文件是根据设计文件、图样、标准及生产定型样机，综合企业实际情况，如工艺流程、工艺装备、工人的技术水平和产品的复杂程度而制定出来的文件。它规定了实现设计图样要求的具体加工方法，工艺文件是企业组织和指导生产的主要依据和基本法规，是确保优质、高产、低消耗和安全生产的主要手段。

整机装配工艺大致可分为装配准备工艺、电子装联工艺（包括电子焊接工艺）、零部件装配工艺、电子总装工艺、电子调试工艺、检验工艺等。

2. 电子产品生产工艺文件的编制

（1）编制工艺文件的原则　编制工艺文件应在保证产品质量和有利于稳定生产的条件下，以用最经济、最合理的工艺手段进行加工为原则。为此，要做到如下几点：

1）编制工艺文件，要根据产品批量的大小、技术指标的高低和复杂程度区别对待，对于一次性生产的产品，可根据具体情况编写临时工艺文件或参照借用同类产品的工艺文件。

2）编制工艺文件要考虑到车间的组织形式、工艺装备以及工人的技术水平等状况，必须保证工艺文件切实可行。

3）对于未定型的产品，可编写临时的工艺文件或编写部分必需的工艺文件。

4）工艺文件应以图为主，力求做到容易认读、便于操作，必要时注简要说明。

5）凡属装调工应知应会的基本工艺规程内容，可不再编入产品工艺文件，应单列为通用工艺文件。

（2）编制工艺文件的要求

1）工艺文件要有统一的格式、统一的幅面，图幅大小应符合有关标准，并应装订成册，配齐成套。

2）工艺文件的字体要正规，书写清楚，图形要正确。工艺图上尽量少用文字说明。

3）工艺文件所用产品名称、编号、符号、材料和元器件代号等，应与设计文档相一致。

4）编制工艺文件要履行审核、会签、批准手续。

5）线扎图尽量采用 1∶1 的图样，并准确绘制，以便于直接按图制作。

6）工序安装图可不完全按实样绘制，但基本轮廓要相似，安装层次应表示清楚。

7）装配接线图中的接线部位要清楚，连接线的接点要明确。内部接线可假想移出展开。

（3）工艺图样管理及工艺纪律

1）经生产定型或大批量生产产品的工艺文件底图必须归档，由企业技术档案部门统一管理。

2）对归档的工艺文件的更改应填写更改通知单，执行更改会签、审核和批准手续后交技术档案部门，由专人负责更改。技术档案部门应将更改通知单和更改好的工艺文件蓝图及时通知有关部门，并更换下发的蓝图。更改通知单应包括涉及更改的内容。

3）临时性的更改也应办理临时更改通知单，并注明更改所适用的批次和期限。

4）有关工序或工位的工艺文件应发到生产工人手中。操作人员在熟悉操作要点和要求后才能进行操作。

5）应经常保持工艺文件的清洁，不要在图样上乱写乱画，以防出错。

6）遵守各项规章制度，注意安全文明生产，确保工艺文件的正确实施。

7）发现图样和工艺文件中存在的问题，应及时反映，不能自作主张随意更改。

8）努力钻研业务，提高操作技术，积极提出合理化建议，不断改进工艺提高产品质量。

3. 电子产品生产工艺文件的格式及编制方法

对工艺文件，目前暂无国家统一规定。现将常用工艺文件的格式及其编制方法介绍如下：

（1）封面 封面图样如图 1-1 所示，工艺文件封面在工艺文件装订成册时使用。简单的设备可按整机装订成册，复杂设备可按分机单元装成若干册。

工 艺 文 件

共 册
第 册
共 页

型 号
名 称
图 号
本册内容

批 准
年 月 日

图 1-1 封面图样

（2）工艺文件目录 工艺文件目录图样如图 1-2 所示，工艺文件目录供装订成册的工艺文件编写目录用，反映产品工艺文件的齐套性。填写时，“产品名称或型号”、“产品图号”与封面的“型号”、“名称”、“图号”等保持一致；“拟制”、“审核”栏由有关职能人员签署姓名和日期；“更改标记”栏内填写更改事项；“底图总号”栏内，由企业技术档案部门在接收底图时填写；“文件代号”栏填写文件的简号，不必填写文件的名称；其余栏按标题填写，填写零部件与整件的图号、名称及其页数。

		工艺文件目录		产品名称或型号		产品图号
	序号	文件代号	零部件、整件图号	零部件、整件名称	页数	备注
	1	2	3	4	5	6
使用性						
旧底图总号						

底图总号	更改标记	数量	文件号	签名	日期	签名	日期	第 页
						拟制		
						审核		共 页
日期 签名								
								第 册 第 页

图 1-2　工艺文件目录图样

（3）工艺路线表　工艺路线表图样如图 1-3 所示，本表为产品整件、部件、零件在加工准备过程中作工艺路线的简明显示用，供企业有关部门作为组织生产的依据。填写时，“装入关系”栏以方向指示线显示产品零部件、整机的装配关系；“部件用量”、“整件用量”栏填写与产品明细表相对应的数量；“工艺路线表内容”栏填写整机、部件、零件加工过程中各部门（或车间）及其工序名称和代号。

（4）导线及扎线加工表　导线及扎线加工表图样如图 1-4 所示，本表供导线和扎线加工准备及排线时使用。填写时，“编号”栏填写导线的编号或扎线图中导线的编号；“名称规格”、“颜色”、“数量”栏分别填写材料的名称规格、颜色、数量；长度栏中的“L 全长”、“A 端”、“B 端”、“A 剥头”、“B 剥头”，分别填写导线的开线尺寸，扎线 A、B 端的甩端长度及剥头长度；“去向、焊接处”栏填写导线焊接去向。

		工艺路线表			产品名称或型号		产品图号
	序号	图　　号	名　　称	装入关系	部件用量	整件用量	工艺路线表内容
	1	2	3	4	5	6	7
使 用 性							
旧底图总号							

底图总号		更改标记	数量	文件号	签名	日期	签　　名		日期	第　页	
							拟制				
							审核			共　页	
日期	签名										
										第　册	第　页

图 1-3　工艺路线表图样

（5）配套明细表　配套明细表图样如图 1-5 所示，编制装配需用的零部件、整机、材料与辅助材料清单，供各有关部门在配套及领、发材料时使用。填写时，“图号”、“名称”及“数量”栏填写相应的整机设计文件明细表的内容；“来自何处”栏填写材料来源处；辅助材料填写在顺序的末尾。

		导线及扎线加工表								产品名称或型号		产品图号		
	编号	名称规格	颜色	数量	长度（mm）					去向、焊接处		设备	工时定额	备注
					L 全长	A 端	B 端	A 剥头	B 剥头	A 端	B 端			
	1	2	3	4	5	6	7	8	9	10	11	12	13	14
使　用　性														
旧底图总号														

底图总号		更改标记	数量	文件号	签名	日期	签　　名		日期	第　页	
							拟制				
							审核			共　页	
日期	签名										
										第 册	第 页

图 1-4　导线及扎线加工表图样

（6）装配工艺过程卡　装配工艺过程卡图样如图 1-6 所示，装配工艺过程卡是整机装配中的重要文件，它反映装配过程的全过程，供机械装配和电气装配用。填写时，“装入件及辅助材料”中的“名称、牌号、技术要求”、“数量”栏应按工序填写相应设计文件的内容，辅助材料填在各道工序之后；“工序（工步）内容及要求”栏填写装配工艺加工的内容和要求；空白栏处供画加工装配工序图用。

		配套明细表		装配件名称		装配件图号
	序号	图号	名　称	数量	来自何处	备注
	1	2	3	4	5	6
使　用　性						
旧底图总号						

底图总号		更改标记	数量	文件号	签名	日期	签　名		日期	第　页	
							拟制				
							审核			共　页	
日期	签名										
										第　册	第　页

图 1-5　配套明细表图样

(7) 工艺说明及简图　工艺说明及简图图样如图 1-7 所示，可用作任意一种工艺过程的续卡，供画简图、表格及文字说明用；也可用作编写调试说明、检验要求及各种典型工艺文件等。

		装配工艺过程卡	装配件名称	装配件图号

序号	装入件及辅助材料		车间	序号	工种	工序（工步）内容及要求	设备及工装	工时定额
	名称、牌号、技术要求	数量						
1	2	3	4	5	6	7	8	9

使用性
旧底图总号

底图总号		更改标记	数量	文件号	签名	日期	签名		日期	第 页	
							拟制				
							审核			共 页	
日期	签名										
										第 册	第 页

图1-6 装配工艺过程卡图样

(8) 工艺文件更改通知单 工艺文件更改通知单图样如图1-8所示，供进行工艺文件内容的永久性修改时使用，应填写更改原因、生效日期及处理意见。“更改标记”栏应按图样管理制度中规定的字母填写。

		工艺说明及简图	名　称	编号或图号
			工序名称	工序编号
使　用　性				
旧底图总号				

底图总号		更改标记	数量	文件号	签名	日期	签　名		日期	第　页
							拟制			
							审核			共　页
日期	签名									
										第　册　第　页

图 1-7　工艺说明及简图图样

更改单号	工艺文件更改通知单	产品名称或型号	零部件、整件名称	图号	第　页
					共　页
生效日期	更改原因		处理意见		

更改标记	更改前	更改标记	

拟制		日期		审核		日期				日期		批准		日期	

图 1-8　工艺文件更改通知单图样

1.4 安全与文明生产

1. 安全生产

安全生产是指生产过程中确保生产的产品、使用的工具、仪器设备和人身的安全。安全为了生产，生产必须安全。必须树立质量第一、安全第一的观点，切实做好安全生产工作。

安全生产的涉及面较广，对于电子装配工来说，经常遇到的是用电安全问题。为做到安全用电，应注意如下几点：

1）在车间使用的局部照明灯、手提电动工具、高度低于2.5m的普通照明灯等，应尽量采用国家规定的36V安全电压或更低的电压。

2）各种电气设备、电气装置、电动工具等，应接好安全保护地线。

3）操作带电设备时，不得用手触摸带电部位，不得用手触摸导线来判断是否带电。

4）电气设备线路应由专业人员安装。发现电气设备有打火、冒烟或有异味时，应迅速切断电源，请专业人员进行检修。

5）在非安全电压下作业时，应尽可能单手操作，并应站在绝缘胶垫上。在调试高压设备时，地面应铺绝缘垫，操作人员应穿绝缘胶靴，戴绝缘手套，使用有绝缘柄的工具。

6）检修电气设备和电器用具时，必须切断电源。如果设备内有电容，则所有电容必须充分放电，然后才能进行检修。

7）各种电气设备插头应经常保持完好无损，不用时应从插座上拔下。从插座上取下电线插头时，应握住插头，而不要拉电线。工作台上的插座应安装在不易碰撞的位置，若有损坏应及时修理或更换。

8）开关上的熔丝应符合规定的容量，不得用铜、铝导线代替熔丝。

9）高温电气设备的电源线严禁采用塑料绝缘导线。

2. 文明生产

文明生产就是创造一个布局合理、整洁优美的生产和工作环境，人人养成遵守纪律和严格执行工艺操作规程的习惯。文明生产是保证产品质量和安全生产的重要条件。文明生产在一定程度上反映了企业的经营管理水平、职工的技术素质和精神面貌。文明生产的内容主要有以下几个方面：

1）厂区内各车间布局合理，有利于生产安排，且环境整洁、优美。

2）车间工艺布局合理，光线充足，通风排气良好，温度适宜。

3）严格执行各项规章制度，认真贯彻工艺操作规程。

4）工作场地和工作台面及使用的工具、仪器仪表等应保持清洁。

5）进入车间应规定穿戴工作服、鞋、帽。必要时应戴手套（比如焊接镀银件）。

6）讲究个人卫生，不得在车间吸烟。

7）生产用的工具及各种准备件应堆放整齐，方便操作。

8）做到操作标准化、规范化。

9）厂内传递工件时应有专用传递箱。对机箱外壳、面板装饰件、刻度盘等容易划伤的工件应有适当的防护措施。

10）树立把方便让给别人、困难留给自己的精神，为下一班、下一工序服务好。

习题 1

1. 电子产品的设计阶段包括哪几个工作流程？电子产品的定型试验是在什么情况下进行的？包括哪些内容？

2. 从广义来讲，电子产品生产包括哪些工作阶段？从狭义来讲，电子产品生产又分为哪些工作阶段？

3. 电子产品生产工艺文件在电子产品生产过程中的作用是什么？主要的电子产品生产工艺文件有哪些？

4. 电子产品有什么特点？电子产品生产的组织要注意什么？

5. 什么叫标准化？产品的标准化对生产商和用户而言分别有什么意义？

6. 什么叫 TQM（全面质量管理）？企业推行 TQM 有什么意义？

7. 标准为什么要分级？标准一般会分多少级？

8. ISO 9001 国际质量管理体系的主要要素包括哪些方面的内容？

9. 电子产品的安全与文明生产主要包括哪些内容？

第 2 章

常用元器件与检测

内容提要

电子元器件是组成电子电路的基本单元，在电路中具有独立的电气功能，它的性能和质量对电子产品的品质影响很大。因此对于从事电子产品设计、管理和生产的人员，必须熟悉和掌握各类元器件的性能、特点，正确使用与利用仪器仪表检测元器件和电路的性能指标，将显得十分重要。

2.1 电　　阻

电阻的种类很多，按组成材料可分为碳膜电阻、金属膜电阻、合成膜电阻和线绕电阻等；按用途可分为通用电阻、精密型电阻等；按工作性能及电路功能可分为固定电阻、可变电阻和敏感电阻三大类；此外，还可按引脚引出线的方式、结构形状、功率大小等分类。电阻的常用电路符号如图 2-1 所示。

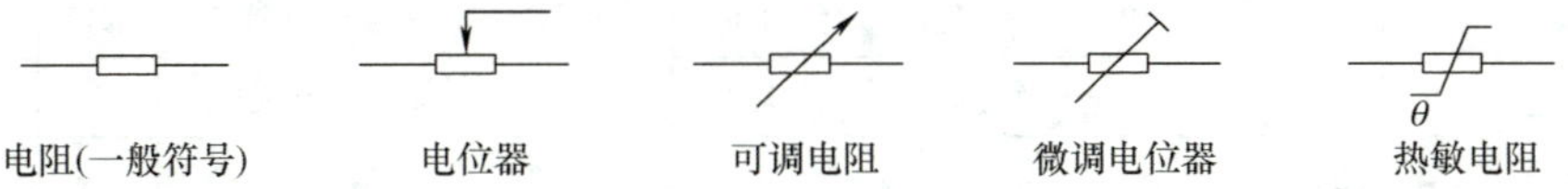

图 2-1　电阻的常用电路符号

根据 GB/T 2470—1995，电阻型号的命名由以下五个部分组成：

第一部分	第二部分	第三部分	第四部分	第五部分
↓	↓	↓	↓	↓
主称	材料	类别	序号	代号

其中，第一部分中的字母 R 表示电阻，W 表示电位器，M 表示敏感电阻；第二部分中的字母表示的对应材料见表 2-1；第三部分中的字母表示的特性、用途、类别见表 2-2。

2.1.1　固定电阻

1. 电阻主要技术参数

（1）标称阻值和允许偏差　标称阻值是指在电阻表面所标示的阻值。一般其阻值范围应符合国标中规定的阻值系列，目前电阻标称阻值系列分为三大系列，即 E6、E12、E24 系列，其中 E24 系列最全。三大标称阻值系列取值见表 2-3。

表 2-1　电阻、电位器、敏感电阻的材料

电阻、电位器				敏感电阻			
字母	材料	字母	材料	字母	材料	字母	材料
T	碳膜	Y	氧化膜	Z	正温度系数热敏材料	S	湿敏材料
H	合成膜	C	沉积膜			Q	气敏材料
S	有机实心	I	玻璃釉膜	F	负温度系数热敏材料	G	光敏材料
N	无机实心	X	线绕			C	磁敏材料
J	金属膜			Y	压敏材料		

表 2-2　电阻、电位器、敏感电阻的特性、用途、类别

电阻、电位器				敏感电阻							
数字	意义	字母	意义	数字	热敏电阻 用途	光敏电阻 用途	力敏电阻 用途	字母	压敏电阻 用途	字母	湿敏电阻 用途
1	普通	G	高功率	1	普通用	紫外光	硅应变片	W	稳压用	C	测湿用
2	普通	T	可调	2	稳压用	紫外光	硅应变梁	G	高压保护	K	控温用
3	超高频	X	小型	3	微波测量	紫外光	硅柱	P	高频用	字母	气敏电阻
4	高阻	L	测量用	4	旁热式	可见光		N	高能用		用途
5	高温	W	微调	5	测量用	可见光		K	高可靠	Y	烟敏
7	精密	D	多圈	6	控温用	可见光		L	防雷用	K	可燃性
8	电阻：高压			7	消磁用	红外光		H	灭弧用	字母	磁敏电阻
				8	线性用	红外光		Z	消噪用		用途
	电位器：特殊			9	恒温用	红外光		B	补偿用	Z	电阻
				0	特殊用	特殊用		C	消磁用	W	电位器
9	特殊										

表 2-3　电阻标称阻值系列

标称阻值系列	允许偏差	电阻、电位器、电容标称							
E24	Ⅰ级（±5%）	1.0	1.1	1.2	1.3	1.5	1.6	1.8	2.0
		2.2	2.4	2.7	3.0	3.3	3.6	3.9	4.3
		4.7	5.1	5.6	6.2	6.8	7.5	8.2	9.1
E12	Ⅱ级（±10%）	1.0	1.2	1.5	1.8	2.2	2.7	3.3	3.9
		4.7	5.6	6.8	8.2	—	—	—	—
E6	Ⅲ级（±20%）	1.0	1.5	2.2	3.3	4.7	6.8	—	—

注：表 2-3 中数值乘以 10^n（其中 n 为整数）即为系列阻值。

对具体的电阻而言，其实际阻值与标称阻值之间有一定的误差，这个误差与标称阻值的百分比叫做电阻的偏差。偏差越小，则电阻的精度越高。电阻的偏差范围有明确的规定，对于普通电阻其允许偏差通常分为三大类，即 ±5%、±10%、±20%。对于精密电阻精度要求更高，允许偏差有 ±2%、±1%、±0.5%~±0.001%等。

(2) 额定功率 额定功率是指电阻在正常大气压力及额定温度条件下，长期安全使用所能允许消耗的最大功率值。它是选择电阻的主要参数之一。各种功率的电阻在电路图中采用不同的符号表示，如图 2-2 所示。

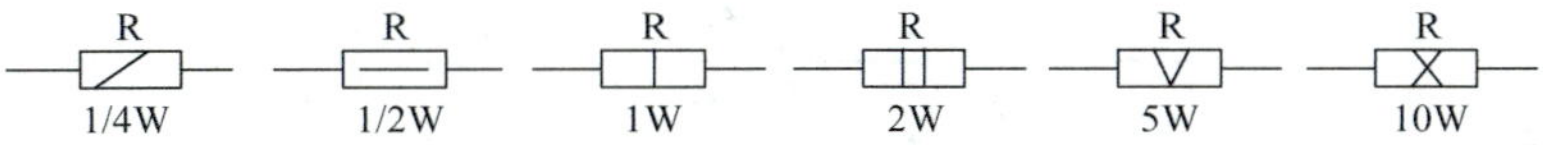

图 2-2 电阻额定功率在电路图中的表示方法

(3) 温度系数 温度系数是指温度每升高（或降低）1℃所引起的电阻的相对变化。温度系数越小，电阻的稳定性越好。

此外，电阻的参数还有绝缘电阻、绝缘电压、稳定性、可靠性、非线性度等。

2. 电阻的标志

(1) 电阻的单位 电阻的单位是欧姆，用 Ω 表示，除欧姆外，还有千欧（kΩ）和兆欧（MΩ）。其换算关系为

$$1\text{M}\Omega = 1000\text{k}\Omega = 10^6\Omega \quad 1\text{k}\Omega = 10^3\Omega$$

R 是电阻的符号，在表示电阻的阻值时，应遵循以下原则：若 $R<1000\Omega$，用 Ω 表示；若 $1000\Omega \leqslant R \leqslant 1000\text{k}\Omega$，用 kΩ 表示；若 $R \geqslant 1000\text{k}\Omega$，用 MΩ 表示。

(2) 电阻值的标志方法 大部分电阻只标注标称阻值和允许偏差，电阻的标志方法主要有直标法、文字符号法和色标法。

1）直标法。直标法是用阿拉伯数字和单位符号在电阻的表面直接标出标称阻值和允许偏差的方法。其优点是直观，易于判读。

2）文字符号法。文字符号法是将阿拉伯数字和字母符号按一定的规律组合来表示标称阻值及允许偏差的方法。其优点是认读方便、直观，可提高数值标记的可靠性，多用在大功率电阻上。

文字符号法规定：用于表示阻值时，字母符号 Ω(R)、k、M、G、T 之前的数字表示阻值的整数值，之后的数字表示阻值的小数值，字母符号表示小数点的位置和阻值单位。

例： Ω33→0.33Ω 3k3→3.3kΩ 3M3→3.3MΩ 3G3→3.3GΩ

3）色标法。色标法是用色环在电阻表面标出标称阻值和允许偏差的方法，颜色规定见表 2-4，特点是标志清晰，易于看清。色标法又分为四色环色标法和五色环色标法。普通电阻大多用四色环色标法来标注，四色环的前两条色环表示阻值的有效数字，第 3 条色环表示阻值倍率，第 4 条色环表示阻值允许偏差范围；精密电阻大多用五色环法来标注，五色环的前 3 条色环表示阻值的有效数字，第 4 条色环表示阻值倍率，第 5 条色环表示允许偏差范围。

例如，色标为黄紫橙金色的电阻阻值为：$47\times10^3\times(1\pm5\%)\Omega = 47\times(1\pm5\%)\text{k}\Omega$；色标为蓝灰黑橙银的电阻阻值为：$680\times10^3(1\pm10\%)\Omega = 680\times(\pm10\%)\text{k}\Omega$。

3. 常见电阻

根据实际应用情况，下面重点介绍几种常用电阻的结构、特点和应用。

表 2-4 色标符号

颜色	有效数字	倍率	允许偏差	颜色	有效数字	倍率	允许偏差
棕色	1	10^1	±1%	灰色	8	10^8	—
红色	2	10^2	±2%	白色	9	10^9	±50%～±20%
橙色	3	10^3	—	黑色	0	10^0	—
黄色	4	10^4	—	金色	—	10^{-1}	±5%
绿色	5	10^5	±0.5%	银色	—	10^{-2}	±10%
蓝色	6	10^6	±0.2%	无色	—	—	±20%
紫色	7	10^7	±0.1%				

（1）碳膜电阻（RT） 它是由碳沉积在瓷介质基体上制成的，通过改变碳膜的厚度或长度获得不同的电阻值。其主要特点是高频特性好、价格低，但精度差。它广泛用于家电产品中（如收录音机、电视机等），也是最早使用的电阻。碳膜电阻的结构如图 2-3 所示。

（2）金属膜电阻（RJ） 金属膜电阻是在真空条件下，在瓷介质基体上沉积一层合金粉制成，通过金属膜的厚度或长度获得不同的电阻值。其主要特点是耐高温。当环境温度升高后，其阻值随温度的变化很小，高频特性好，精度高，在精密仪表和要求较高的电子系统中使用。金属膜电阻的结构如图 2-4 所示。

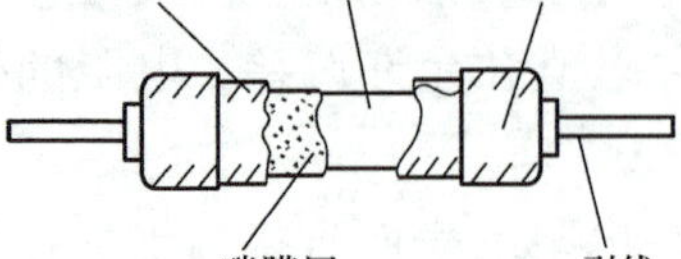

图 2-3 碳膜电阻的结构

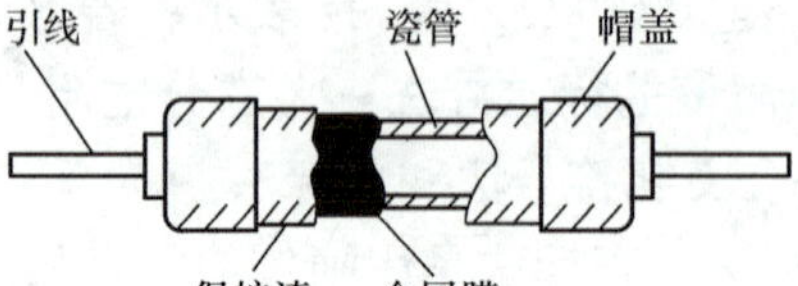

图 2-4 金属膜电阻的结构

（3）合成膜电阻（WTH） 合成膜电阻包括合成漆膜电阻、合成碳质实心电阻（RS）和金属玻璃釉电阻（RI）等。合成漆膜电阻主要用作高阻电阻和高压电阻，它是由浸涂在陶瓷基体表面的漆膜制成的，漆膜由炭黑、石墨和填充料用树脂漆作粘结剂经加热聚合而成。合成碳质实心电阻是由炭黑、石墨、填充料和粘结剂混合压制并经加热聚合而成的实心电阻体，作为普通电阻用在电路中。金属玻璃釉电阻是在陶瓷或玻璃基体上，主要用金属、金属氧化物，以玻璃釉作粘结剂，加上有机粘结剂混合成浆料，经烘干、高温烧结而成，又称厚膜电阻。

（4）线绕电阻（RX） 线绕电阻是用康铜或锰铜丝绕在绝缘骨架上制成的。它具有功率大、耐高温、噪声小、精度高等优点，但分布电感大，高频特性差，适用于低频、高温、大功率等场合使用。

（5）熔断电阻（水泥电阻） 常用陶瓷或白水泥封装，内有热熔性电阻丝。熔断电阻具有双重功能，在正常情况下具有普通电阻的电气特性，一旦电路中电压升高、电流增大或某电路元器件损坏，熔断电阻就会在规定的时间内熔断，从而达到保护其他元器件的目的。

（6）NTC、PTC 热敏电阻 NTC 热敏电阻是一种具有负温度系数的热敏元件，其阻值随温度的升高而减小，可用于稳定电路的工作点。PTC 热敏电阻是一种具有正温度系数的热敏元件，在达到某一特定温度前，电阻值随温度升高而缓慢下降，当超过这个温度时，其阻值急剧增大，这个特定温度称为居里点，而居里点可通过改变组成材料中各成分的比例而实现。PTC 热敏电阻在家电产品中应用较广泛，如彩电中的消磁电阻、电饭煲中的温控器等。

2.1.2　电位器

可变电阻是指电阻在规定范围内可连续调节的电阻，又称电位器。

1. 结构和种类

电位器由外壳、滑动片、电阻体和三个引出端组成，如图 2-5所示。

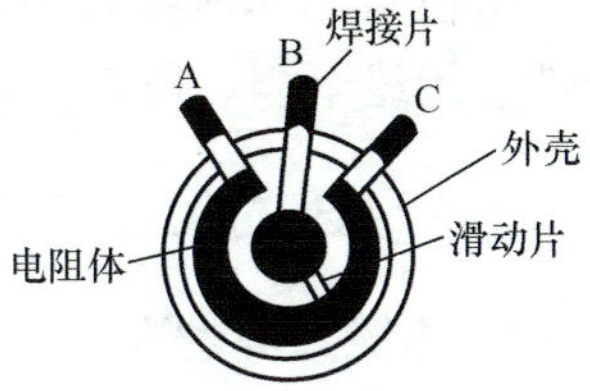

图 2-5　电位器的结构

电位器的种类很多，按调节方式可分为旋转式（或转柄式）和直滑式电位器；按联数可分为单联式和双联式电位器；按有无开关可分为无开关和有开关两种；按阻值输出函数特性可分为线性电位器（A 型）、指数式电位器（B 型）和对数式电位器（C 型）三种。常见可变电阻外形如图 2-6 所示。

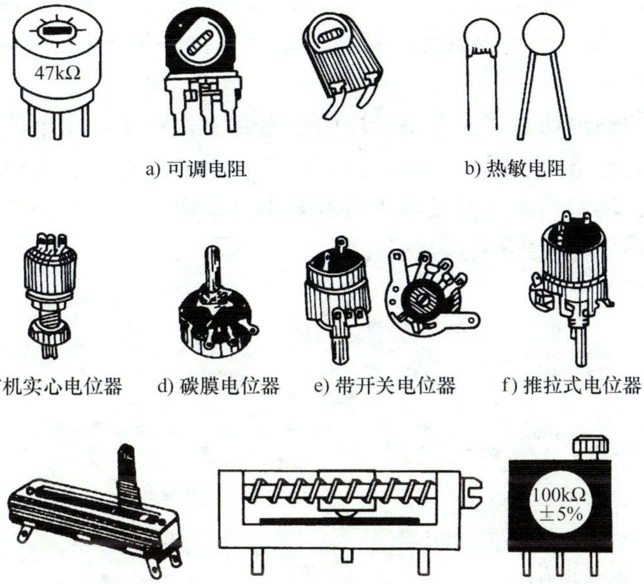

a) 可调电阻　b) 热敏电阻
c) 有机实心电位器　d) 碳膜电位器　e) 带开关电位器　f) 推拉式电位器
g) 直滑式电位器　h) 多圈微调电位器

图 2-6　常见可变电阻外形

2. 主要技术参数

电位器的主要技术参数除了标称阻值、允许偏差和额定功率与固定电阻相同外，还有以下几个主要参数。

(1) 零位电阻　零位电阻指的是电位器的最小阻值，即动片端与任一定片端之间的最小阻值。

(2) 阻值变化特性　阻值变化特性是指电位器的阻值随活动触点移动的长度或转轴转动的角度变化的关系，即阻值输出函数特性。常用的阻值变化特性有三种，如图 2-7所示。

1）直线式（A 型）：电位器阻值的变化与动触点位置的变化接近直线关系。

2）指数式（B 型）：电位器阻值的变化与动触点位置的变化成指数关系。

3）对数式（C 型）：电位器阻值的变化与动触点位置的变化成对数关系。

电位器的其他参数还包括负荷耐磨寿命、分辨力、符合性、绝缘电阻、噪声、旋转角度范围等。

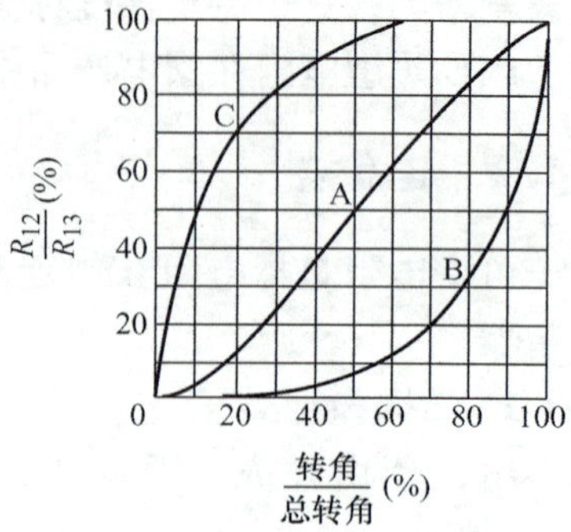

图 2-7 阻值变化特性曲线

2.1.3 电阻的检测与选用

1. 电阻好坏的判断与检测

电阻的常见故障有短路、断路及老化三种。电阻的好坏可通过直接观察引线是否折断、电阻体是否烧焦等做出判断。阻值可用万用表合适的电阻挡进行测量，测量时应避免测量误差。电阻的检测步骤：外观检查→断电→选择合适的量程→在路检测→断路检测。

2. 电位器的检测

选取指针式万用表合适的电阻挡，用表笔分别连接电位器的两固定端，测出的阻值即为电位器的标称阻值；然后将两表笔分别接电位器的固定端和活动端，缓慢转动电位器的轴柄，电阻值应平稳地变化，如发现有断续或跳跃现象，说明该电位器接触不良。

3. 电阻的选用

1）选用电阻的额定功率值，应高于电阻在电路工作中实际功率值的 0.5 ~1 倍。

2）考虑温度对电路工作的影响，应根据电路特点来选择正、负温度系数的电阻。

3）电阻的允许偏差、非线性及噪声应符合电路要求。

4）考虑工作环境与可靠性、经济性。

2.2 电　　容

2.2.1 固定电容

1. 电容概述

电容是一种储能元件，也是组成电子电路的基本元器件之一。在电子电路中起到耦合、滤波、隔直流和调谐等作用。

（1）电容的种类 电容按结构可分为固定电容、可变电容和微调电容；按绝缘介质可分为空气介质电容、云母电容、瓷介电容、涤纶电容、聚苯烯电容、金属化纸电容、电解电容、玻璃釉电容、独石电容等。

（2）常见固定电容外形与电路符号 常见固定电容实物与电路符号如图 2-8 所示。

（3）常用电容的特点 常用电容的特点见表 2-5。

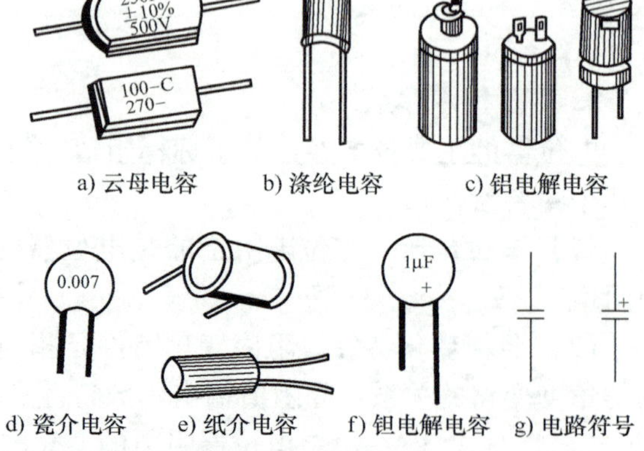

图 2-8 常见固定电容实物与电路符号

表 2-5　常用电容的特点

名　称	特　点
金属化纸介质电容（CJ）	耐压高（几十伏～1kV）、容量大、具有“自越”能力
涤纶电容（CL）	体积小、容量大、耐热耐湿性好、寄生电感小
云母电容（CY）	精确度高、耐高温、耐腐蚀、介质损耗小，缺点是容量较小
独石电容	容量大、体积特别小、耐高温、可靠性好、成本低
瓷介电容 高频（CC） 低频（CT）	体积小、性能稳定、耐腐蚀、耐热性好、损耗小、绝缘电阻高、用于低损耗及高频电路中，缺点是机械强度低、易碎易裂
铝电解电容（CD）	电容量特别大，容量偏差大、漏电大、介质损耗大、价格低廉

请思考：你认为移动通信设备常用的电容有哪些?

2. 电容的型号命名

根据 GB/T 2470—1995，电容的型号由四个部分组成，如图 2-9 所示，有关材料、特性分类的符号与含义见表 2-6 和表 2-7。

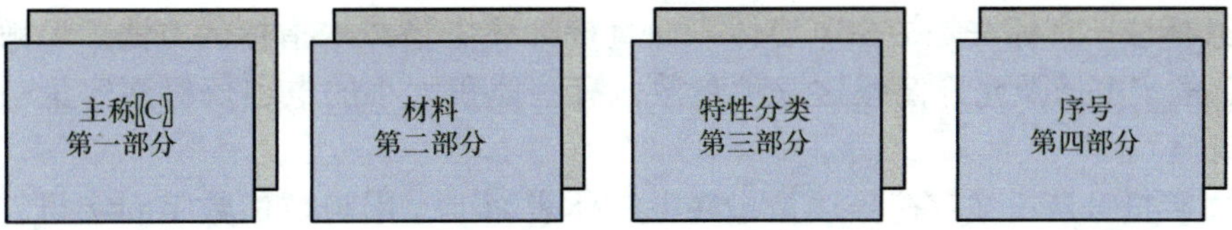

图 2-9　电容的命名方法

表 2-6　电容材料代号及其意义

符号	含义	符号	含义	符号	含义	符号	含义
C	高频瓷介	B	聚苯乙烯	Q	漆膜	A	钽电解质
T	低频瓷介	BB	聚丙烯	Z	纸介	N	铌电解质
Y	云母	F	聚四氟乙烯	J	金属化纸介	G	合金电解质
I	玻璃釉	L	涤纶	H	复合介质		
O	玻璃膜	S	聚碳酸酯	D	铝电解质		

表 2-7　电容特性分类中数字及字母的意义

数字	1	2	3	4	5	6	7	8	9
瓷介	圆片	管型	叠片	独石	穿心	支柱		高压	
云母	非密封		密封					高压	
有机	非密封		密封					高压	特殊
电解	筒式		烧结粉液体	烧结粉固体		无极性			特殊
字母	D	X	Y	M	W	J	C	S	
含义	低压	小型	高压	密封	微调	金属化	穿心	独石	

3. 电容的主要技术参数

(1) 标称容量和允许偏差　电容的标称容量及允许偏差的基本含义与电阻一样，标称容量越大，电容存储电荷的能力越强。标称容量和允许偏差也分许多系列，常用的是 E6、E12、E24 系列。电容的允许偏差系列为：±5%、±10%、±20%、-20%~50%、-10%~100%。

(2) 额定电压 额定电压通常又称耐压，是指在允许的环境温度范围内，电容在电路中长期可靠地工作所允许加的最大直流电压。工作时交流电压的峰值不得超过电容的额定电压，否则电容中的介质会被击穿，造成电容损坏。

(3) 绝缘电阻 绝缘电阻是指电容两极之间的电阻，也称漏电阻。一般电容绝缘电阻在 $10^8 \sim 10^{10}\Omega$ 之间，电容量越大绝缘电阻越小，所以不能单凭所测绝缘电阻值的大小来衡量电容的绝缘性能。此外，电容的技术参数还包括电容的损耗、频率特性、温度系数、稳定性和可靠性等。

4. 电容的标志法

电容容量的大小表明了存储电荷能力的强弱，它的基本单位是法拉（F），由于法拉这个单位太大，因而常采用较小的单位：微法（μF）、纳法（nF）和皮法（pF）。其换算关系如下：

$$1\mu F = 10^{-6}F \qquad 1nF = 10^{-9}F \qquad 1pF = 10^{-12}F$$

电容的标志方法有直标法、文字符号法和色标法三种。

(1) 直标法 直标法是指在电容体表面直接标注主要技术指标的方法。一般必须标注标称容量、额定电压及允许偏差这三项参数，有些体积太小的电容仅标注容量一项（往往连单位也省略）。

(2) 文字符号法 文字符号法是指在电容体表面上，用阿拉伯数字和字母符号有规律地组合来表示标称容量的方法，有时也用在电路图的标注上。标注时应遵循以下规则：

1）不带小数点的数值，若无标志单位，则表示皮法。例如：2200 表示 2200pF。

2）凡带小数点的数值，若无标志单位，则表示微法。例如：0.56 表示 0.56μF。

3）对于三位数字的电容量，最后一个数字应视为倍率，单位为皮法。例如：103→10×10^3pF=0.01μF，334→33×10^4pF=0.33μF。

4）许多小型的固定电容，体积较小，为便于标注，习惯上省略其单位，标注时单位符号的位置代表标称容量有效数字中小数点的位置。

例： p33→0.33pF 33n→33000pF=0.33μF 3μ3→3.3μF

(3) 色标法 电容的色标法与电阻色标法基本相似，其单位是皮法（pF）。

2.2.2 可变电容

可变电容是一种容量可连续变化的电容，主要用在调谐回路中。微调电容的容量变化范围较小，一经调好后一般不需变动。可变电容的种类很多，按介质可分为空气介质和固体介质两种；按联数可分为单联和双联可变电容。可变电容和微调电容的外形如图 2-10 所示。

可变电容的主要技术参数有：

1）最大电容量与最小电容量：当动片全部旋进定片时的电容量为最大电容量，当动片全部旋出定片时的电容量为最小电容量。

2）容量变化特性：指可变电容的容量随动片旋转角度变化的规律，常用的有直线电容式、直线频率式、直线波长式、电容对数式。

3）容量变化平滑性：指动片转动时容量变化的连续性和稳定性；

除上述之外，技术指标还有耐压、损耗、接触电阻等。

2.2.3　电容的检测与选用

1. 电容质量的判断与检测

用普通的指针式万用表就能判断电容的质量、电解电容的极性，并能定性比较电容容量的大小。

（1）质量判断

1）用万用表“R×1k”挡，将表笔接触电容（1μF 以上的容量）的两引脚，接通瞬间，表头指针应向顺时针方向偏转，然后逐渐逆时针复原。如果不能复原，则稳定后的读数就是电容的漏电电阻，阻值越大表示电容的绝缘性能越好；若在上述检测过程中，表头指针无摆动，说明电容开路；若表头指针向右摆动的角度大且不恢复，说明电容已击穿或严重漏电；若表头指针保持在 0Ω 附近，说明该电容内部短路。指针式万用表对电容质量判定示意图如图 2-11 所示。

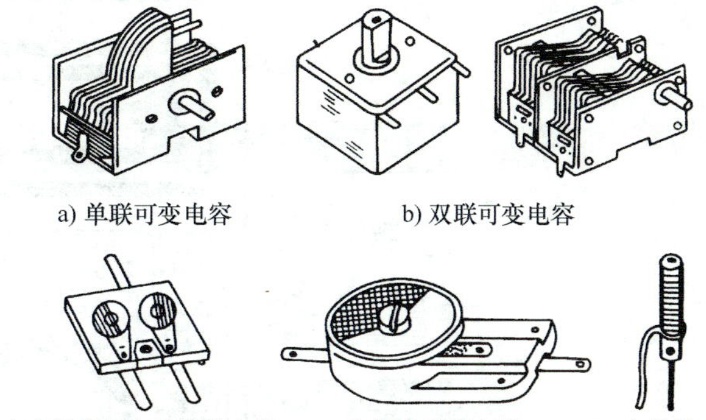

a) 单联可变电容　b) 双联可变电容　c) 有机薄膜介质微调电容　d) 瓷介微调电容　e) 拉线

图 2-10　常见可变电容和微调电容的外形

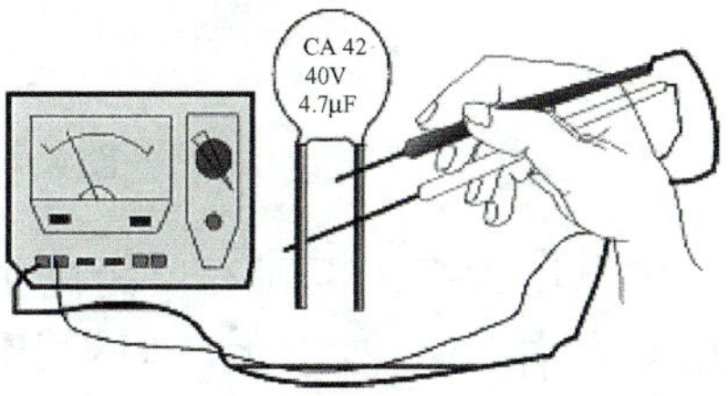

图 2-11　指针式万用表对电容质量判定示意图

2）5000pF 以上容量的电容用万用表的最高电阻挡判别。根据万用表的指针摆动范围判断电容容量的大小；5000pF 以下容量的电容，由于电容充放电现象不明显，检测时表头指针偏转幅度很小或根本无法看清，但并不说明电容质量有问题，应选用具有测量电容功能的数字万用表进行测量。DT-890型数字万用表面板图如图 2-12 所示。

（2）容量判断　检测过程同上，表头指针向右摆动的角度越大，说明电容的容量越大，反之则说明容量越小。

（3）极性判断　根据电解电容正接时漏电流小、漏电阻大，反接时漏电流大、漏电阻小的特点可判断其极性。将万用表置于 Ω 挡的“R×1k”挡，先测一下电解电容的漏电阻值，而后将两表笔对调一下，再测一次漏电阻值。两次测试中，漏电阻值小的一次，黑表笔接的是电解电容的负极，红表笔接的是电解电容的正极。指针式万用表对电容极性判定示意图如图 2-13 所示。

（4）可变电容碰片检测　用指针式万用表的“R×1k”挡，将两表笔固定接在可变电容的定、动片端子上，慢慢转动可变电容的转轴，如果表头指针发生摆动说明有碰片，否则说明是正常的。使用时，动片应接地，防止调整时人体静电通过转轴引入噪声。

2. 电容的选用

电容的种类很多，性能指标各异，合理选用电容对于产品设计十分重要。一般应从以下几方面进行考虑：

（1）额定电压　所选电容的额定电压一般是在线电容工作电压的 1.5～2 倍。不论选用何种电容，都不得使其额定电压低于电路的实际工作电压，否则电容将会被击穿；也不要使

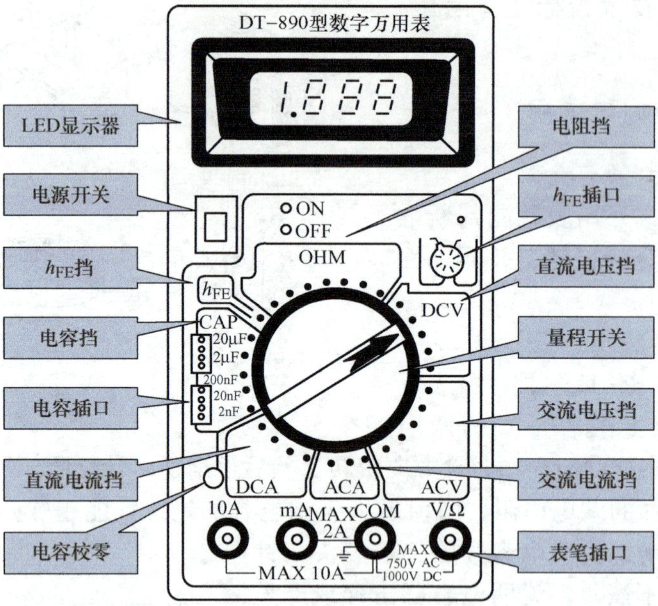

图 2-12　DT-890 型数字万用表面板图

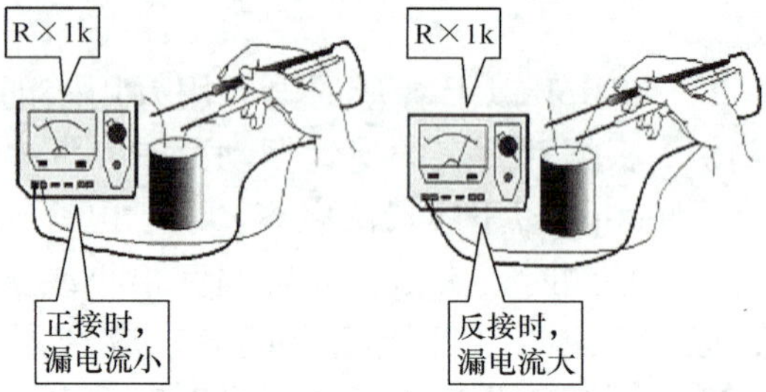

图 2-13　指针式万用表对电容极性判定示意图

其额定电压太高，否则不仅提高了成本，而且电容的体积必然增大。但选用电解电容（特别是液体电介质电容）应特别注意：一是由于电解电容自身结构的特点，应使电路的实际电压相当于所选电解电容额定电压的50%～70%，以便充分发挥电解电容的作用。如果实际工作电压相当于所选电解电容额定电压的一半，反而容易使电解电容的损耗增大。二是在选用电解电容时，还应注意电容的存放时间（存放时间一般不超过一年）。长期存放的电容可能会因电解液干涸而老化。

（2）标称容量和精度　大多数情况下，对电容的容量要求并不严格，容量相差一些是无关紧要的。但在振荡回路、滤波、延时电路及音量调节电路中，电容量的要求则非常精确，电容的容量及其偏差应满足电路的要求。

（3）使用场合　根据电路的要求合理选用电容，云母电容或瓷介电容一般用在高频或高压电路中。在特殊场合，还要考虑电容的工作温度范围、温度系数等参数。

（4）体积　设计时一般希望使用体积小的电容，以便减小电子产品的体积和重量，更换时也要考虑电容的体积大小能否正常安装。

2.3 电　感

凡是能产生电感作用的元器件统称为电感元件，也称电感。通常电感由线圈构成，又称为电感线圈。在电子整机中，电感主要指线圈和变压器等。

2.3.1　电感线圈

1. 电感线圈的作用与分类

电感线圈有通直流而阻碍交流的作用，可以在交流电路中作阻流、降压、耦合和负载用，与电容配合时，可构成调谐、滤波、选频、退耦等电路。

电感线圈的种类很多，按电感的形式可分为固定电感和可变电感线圈；按导磁性质可分为空心线圈和磁心线圈；按工作性质可分为天线线圈、振荡线圈、低频扼流线圈和高频扼流线圈；按耦合方式可分为自感应线圈和互感应线圈；按绕线结构可分为单层线圈、多层线圈和蜂房式线圈等。常用电感线圈的外形及电路符号如图 2-14、图 2-15 所示。

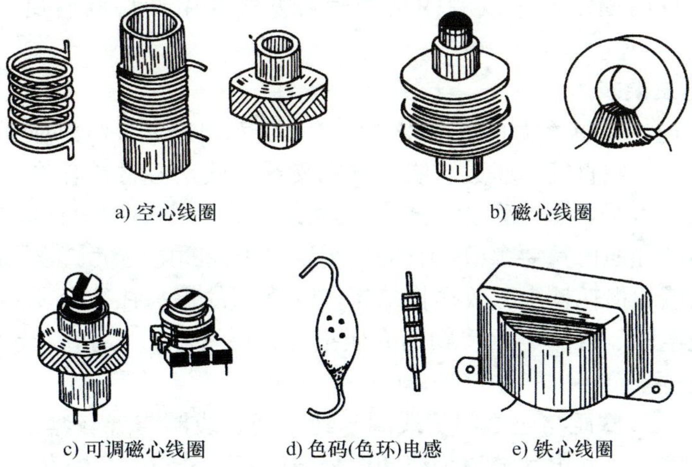

图 2-14　常用线圈类电感外形图

2. 常见线圈类电感的结构特点与命名方法

(1) 常见线圈类电感的结构特点

1）固定电感——在铁氧体上绕制线圈而构成，特点是体积小。

2）片式叠层电感——由组成磁心的铁氧体浆料和作为平面螺旋形线圈的导电浆料相间叠加后，烧结而成无引线的片式电感，其特点是可靠性高、体积小，是理想的表面贴片元件。

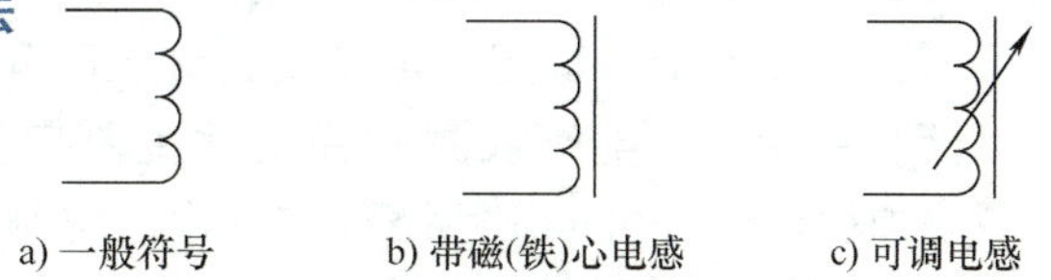

图 2-15　线圈类电感的电路符号

3）平面电感——用真空蒸发、光刻、电镀方法，在陶瓷基片上淀积一层金属导线，并用塑料封装而成，其特点是性能稳定可靠，精度高。

4）高频空心小电感线圈——在不同直径的圆柱上单层密绕脱胎而成，其结构简单，易于制造。

5）各种专用电感——根据各种电路的特点和要求，绕制出的各种专用电感，种类很多。

(2) 电感的命名方法　电感的命名方法如图 2-16 所示。

第一部分：主称，用字母表示，其中 L 代表电感线圈，ZL 代表阻流圈。

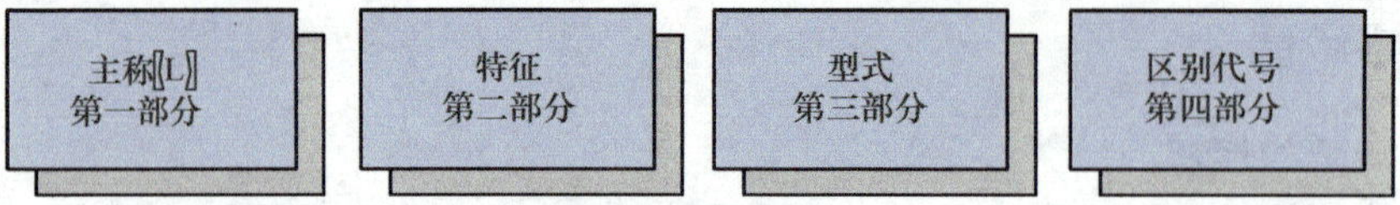

图 2-16　电感的命名方法

第二部分：特征，用字母表示，其中 G 代表高频。

第三部分：型式，用字母表示，其中 X 代表小型。

第四部分：区别代号，用数字或字母表示。

例如：LGX 型为小型高频电感线圈。

应指出的是，目前固定电感线圈的型号命名方法各生产厂商有所不同，尚无统一的标准。

3. 电感线圈的主要技术参数

(1) 电感量　电感量也称为自感系数（L），是表示电感元件自感应能力的一种物理量。线圈电感量的大小与线圈直径、匝数、绕制方式及磁（铁）心材料有关。

(2) 品质因数　品质因数也称为 Q 值，是指线圈在一个周期中存储能量与消耗能量的比值，它是表示线圈品质的重要参数。它的大小取决于线圈电感量、等效损耗电阻、工作频率。Q 值越高，电感的损耗越小，效率就越高。但 Q 值的提高往往会受到一些因素的限制，如线圈导线的直流电阻、骨架、浸渍物的介质损耗、磁（铁）心和屏蔽罩的损耗以及导线高频趋肤效应损耗等。

(3) 分布电容　线圈匝与匝之间、线圈与地之间、线圈与屏蔽盒之间以及线圈的层与层之间都存在着电容，这些电容统称为线圈的分布电容。分布电容的存在会使线圈的等效总损耗电阻增大，品质因数 Q 降低。为减少分布电容，高频线圈常采用多股漆包线或丝包线，绕制线圈时常采用蜂房绕法或分段绕法等。

(4) 额定电流　额定电流是指允许长时间通过线圈的最大工作电流。

(5) 稳定性　电感线圈的稳定性主要指参数受温度、湿度和机械振动等影响的程度。为了增加稳定性，可采用热绕法或披银法绕制或对线圈进行浸渍和密封等处理。

2.3.2　微调电感

常用的微调电感有半导体收音机用振荡线圈、电视机用行振荡线圈、行线性线圈、中频陷波线圈、音响用频率补偿线圈、阻波线圈等。

1. 半导体收音机用振荡线圈

此振荡线圈在半导体收音机中与可变电容等组成本机振荡电路，用来产生一个比输入调谐电路接收的电台信号高出 465kHz 的本振信号。其外部为金属屏蔽罩，内部由尼龙衬架、“工”字形磁心、磁帽及引脚座等构成，在工字形磁心上有用高强度漆包线绕制的绕组。磁帽装在屏蔽罩内的尼龙衬架上，可以上下旋转，通过改变它与线圈的距离来改变线圈的电感量。电视机中频陷波线圈的内部结构与振荡线圈相似，但磁帽是可调磁心。

2. 电视机用行振荡线圈

行振荡线圈用在早期的黑白电视机中，它与外围的阻容元件及行振荡晶体管等组成自激振荡电路（三点式振荡器或间歇振荡器、多谐振荡器），用来产生频率为 15625Hz 的矩形脉冲电压信号。

该线圈的磁心中心有方孔，行同步调节旋钮直接插入方孔内，旋动行同步调节旋钮，即可改变磁心与线圈之间的相对距离，从而改变线圈的电感量，使行振荡频率保持为15625Hz，与自动频率控制电路（AFC）送入的行同步脉冲产生同步振荡。

3. 行线性线圈

行线性线圈是一种非线性磁饱和电感线圈（其电感量随着电流的增大而减小），它一般串联在行偏转线圈回路中，利用其磁饱和特性来补偿图像的线性畸变。

行线性线圈是用漆包线在“工”字形铁氧体高频磁心或铁氧体磁棒上绕制而成，线圈的旁边装有可调节的永久磁铁。通过改变永久磁铁与线圈的相对位置来改变线圈电感量的大小，从而达到线性补偿的目的。

2.4　变压器与继电器

2.4.1　变压器

变压器主要用于交流电压变换、电流变换、传递功率、阻抗变换和缓冲隔离等，是电子整机中不可缺少的重要元器件之一。

1. 变压器的结构

变压器按使用的工作频率可以分为高频、中频、低频、脉冲变压器等。高频变压器一般在收音机和电视机中作为阻抗变换器，如收音机的天线线圈等；中频压器常用于收音机和电视机的中频放大器中；低频变压器的种类很多，如电源变压器、音频变压器、耦合变压器等；脉冲变压器则用于脉冲电路中。

变压器按其磁心可分为铁心变压器、磁心变压器和空气心变压器等几种。铁心变压器用于低频及工频电路中，而铁氧体心或空气心变压器则用于中、高频电路中。变压器按防潮方式可分为非密封式、灌封式、密封式变压器。常用变压器的外形及电路符号如图 2-17、图 2-18 所示；变压器铁心的结构形式如图 2-19 所示。

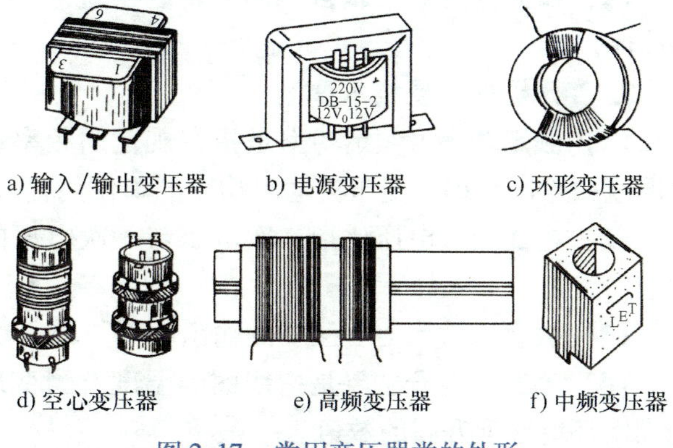

图 2-17　常用变压器类的外形

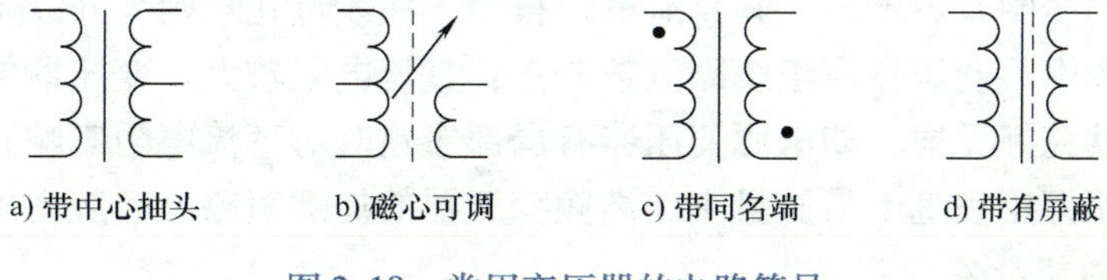

图 2-18　常用变压器的电路符号

(1) 环形变压器　传统变压器具有较大漏磁，易产生低频干扰且较难消除，所以现在

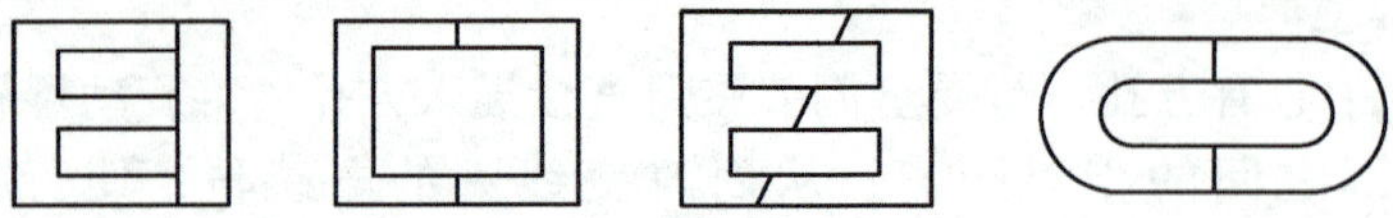

a) EI形　　b) 口形　　c) F形　　d) CD形

图 2-19　变压器铁心的结构形式

逐渐被新型的环形、工形变压器所取代。环形变压器的铁心是用优质冷轧硅钢片（片厚一般为 0.35mm 以下）无缝地卷制而成，这就使得它的铁心性能优于传统的叠片式铁心。环形变压器的线圈均匀地绕在铁心上，线圈产生的磁力线方向与铁心磁路几乎完全重合，与叠片式相比其励磁能量和铁心损耗将减小 25%。环形铁心由硅钢带缠绕而成，有一个连续不断的磁路，而叠片铁心变压器在 EI 片间有气隙，因此存在较大的气隙磁阻是叠片变压器的主要缺点。环形铁心没有空气间隙，电噪声相对 EI 形和 C 形铁心变压器要小得多。采用真空浸渍技术，可使铁心成为牢固的整体，在绕线和加工过程中不变形；由于环形铁心非常牢固，因而减少了振动和音频噪声。环形变压器有许多固定方法，最常用的方法是利用环形变压器的中心孔固定。应当注意，螺钉等固定件不应该使变压器的顶部压板与下底板同时接地，以免形成一个短路环。

（2）R 形变压器　其外形与 C 形变压器相似，但其铁心的横截面呈圆形，铁心周围磁场分布均匀。

（3）中频变压器（中周）　中频变压器适用频率范围从几千赫兹到几十兆赫兹。

（4）高频变压器（耦合线圈和调谐线圈）　常见的有调幅收音机用的接收天线线圈和振荡线圈。

2. 变压器的主要技术参数

（1）额定功率　额定功率是指在规定的频率和电压下，变压器能长期工作而不超过规定温度的输出功率。变压器输出功率的单位用瓦（W）或伏安（V·A）表示。

（2）电压比　电压比指二次电压与一次电压的比值或二次绕组匝数与一次绕组匝数的比值。

（3）效率　效率为变压器的输出功率与输入功率的比值。

（4）温升　温升主要是指线圈的温度。当变压器通电工作后，其温度上升到稳定值时比周围环境温度升高的数值。

除此以外，还有绝缘电阻、空载电流、漏电感、频带宽度和非线性失真等参数。

3. 变压器的故障及检修

变压器的故障有开路和短路两种。开路的检查用万用表欧姆挡测电阻进行判断。一般中、高频变压器的线圈匝数不多，其直流电阻很小，在零点几欧姆至几欧姆之间，随变压器规格而异；音频和中频变压器由于线圈匝数较多，直流电阻较大。变压器的直流电阻正常并不能表示变压器就完好无损，如电源变压器有局部短路时对直流电阻影响并不大，但变压器不能正常工作。用万用表也不易测量中、高频变压器的局部短路，一般需用专用仪器，其表现为 Q 值下降、整机特性变差。

电源变压器内部短路可通过空载通电进行检查，方法是切断电源变压器的负载，接通电源，如果通电 15~30min 后温升正常，说明变压器正常；如果空载温升较高（超过正常温升），说明内部存在局部短路现象。

变压器开路是由线圈内部断线或引出端断线引起的。引出端断线是常见的故障，仔细观察即可发现。如果是引出端断线可以重新焊接，但若是内部断线则需要更换或重绕。

2.4.2 电磁继电器

1. 电磁继电器的结构

电磁继电器一般由一个带铁心的线圈、一组或几组带触点的簧片和衔铁组成。继电器线圈未通电时，处于接通状态的触点，称为“常闭触点”；处于断开状态的触点，称为“常开触点”。当线圈通电时，线圈中间的铁心被磁化产生足够的电磁力，吸动衔铁，从而使“常开触点”闭合，而“常闭触点”断开；当断电时，会使继电器触点“释放”或“复位”。电磁继电器一般只设一个线圈（也有设多个线圈的），但可以具有一个或数个（组）触点，线圈通电时便可实现多组触点的同时转换。电磁继电器的典型结构如图 2-20 所示。

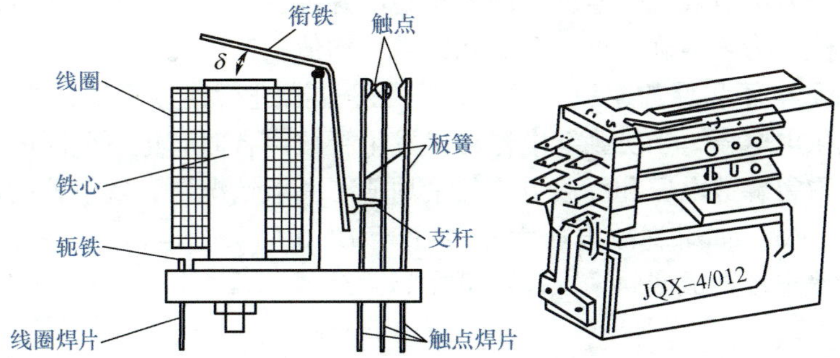

图 2-20　电磁继电器的典型结构

电磁继电器的电路符号用长方形框表示，如图 2-21a 所示。在方框内或框外用“K”表示继电器。继电器的触点有三种形式，如图 2-21b 所示。继电器的触点可画在方框旁边，这样比较直观，也可以根据电路连接的需要，将各触点分别画在各自的控制电路中，并标上相关符号，按规定，继电器的触点状态应按线圈不通电时的初始状态画出。

电磁继电器是一种电子控制器件，它具有控制系统（又称输入回路）和被控制系统（又称输出回路），通常应用于自动控制电路中。它实际上是用较小的电流、较低的电压去控制较大的电流、较高的电压的一种“自动开关”，故在电路中起着自动调节、安全保护、转换电路等作用。

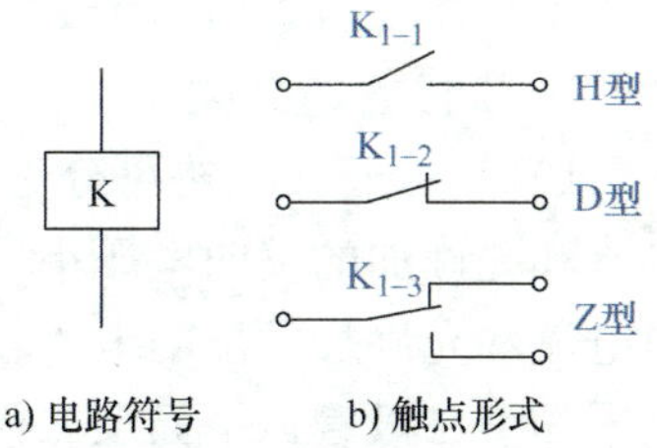

图 2-21　电磁继电器的电路符号及触点形式

2. 电磁继电器的技术参数

(1) 额定工作电压　额定工作电压是指继电器正常工作时线圈所需要的电压。根据继电器的型号不同，可以是交流电压，也可以是直流电压。

(2) 直流电阻　直流电阻是指继电器中线圈的直流电阻，可以通过万用表测量。

(3) 吸合电流　吸合电流是指继电器能够产生吸合动作的最小电流。在正常使用时，给定的电流必须略大于吸合电流，这样继电器才能稳定地工作。而对于线圈所加的工作电压，一般不要超过额定工作电压的 1.5 倍，否则会产生较大的电流而把线圈烧毁。

(4) 释放电流 释放电流是指继电器产生释放动作的最大电流。当继电器吸合状态的电流减小到一定程度时，继电器就会恢复到未通电的释放状态，这时的电流远远小于吸合电流。

(5) 触点切换电压和电流 触点切换电压和电流是指继电器允许加载的电压和电流。它决定了继电器能控制电压和电流的大小，使用时不能超过此值，否则很容易损坏继电器的触点。

3. 电磁继电器的测试

(1) 测量触点电阻 用万用表的电阻挡，测量常闭触点与动点的电阻，其阻值应为0；而常开触点与动点的阻值就为无穷大。由此可以区别出哪个是常闭触点，哪个是常开触点。

(2) 测量线圈电阻 可用万用表的“R×10”挡测量继电器线圈的阻值，从而判断该线圈是否存在着开路现象。

(3) 测量吸合电压和吸合电流 找来可调稳压电源和电流表，给继电器输入一组电压，且在供电回路中串入电流表进行监测。慢慢调高电源电压，听到继电器吸合声时，记下该吸合电压和吸合电流。为求准确，可以多试几次求平均值。

(4) 测量释放电压和释放电流 照（3）所述方法进行连接测试，当继电器发生吸合后，再逐渐降低供电电压，当听到继电器再次发生释放声音时，记下此时的电压和电流，也可多尝试几次而取得释放电压和释放电流的平均值。一般情况下，继电器的释放电压约为吸合电压的10%~50%，如果释放电压太小（小于1/10的吸合电压），就不能正常使用了，这样会对电路的稳定性造成威胁，工作不可靠。

2.5 半导体分立元器件

半导体器件是电子电路中的核心元器件。它的种类繁多，这里仅介绍最常用的半导体器件。

2.5.1 半导体二极管

半导体二极管由一个PN结、电极引线和外加密封管壳制成，具有单向导电特性。

1. 二极管的分类

1）二极管按结构可分为点接触型和面接触型两种。点接触型二极管的结电容小，正向电流和允许加的反向电压小，常用于检波、变频等电路；面接触型二极管的结电容较大，正向电流和允许加的反向电压较大，主要用于整流等电路。面接触型二极管中用得较多的一类是平面型二极管，平面型二极管可以通过更大的电流，在脉冲数字电路中用作开关管。

2）二极管按材料可分为锗二极管和硅二极管。锗管与硅管相比，具有正向压降低（锗管为0.2~3.3V，硅管为0.5~0.7V）、反向饱和漏电流大、温度稳定性差等特点。

3）二极管按用途可分为普通二极管、整流二极管、开关二极管、发光二极管、变容二极管、稳压二极管、光敏二极管等。常见二极管的外形及电路符号如图2-22及图2-23所示。

2. 常见二极管的特点

(1) 整流二极管 利用硅材料制作，PN结多为面接触型，利用二极管的单向导电性，

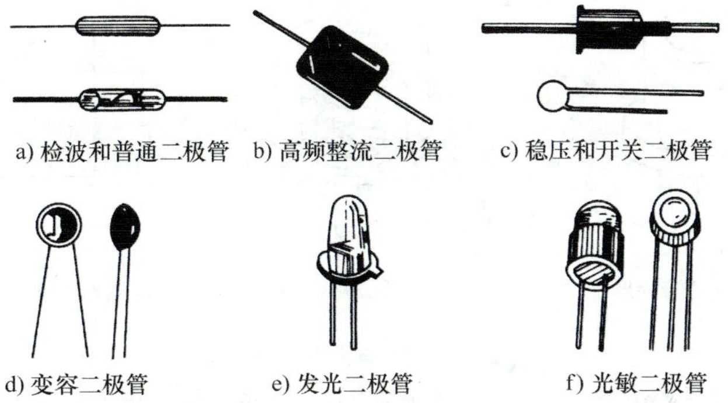

图 2-22　常见二极管的外形

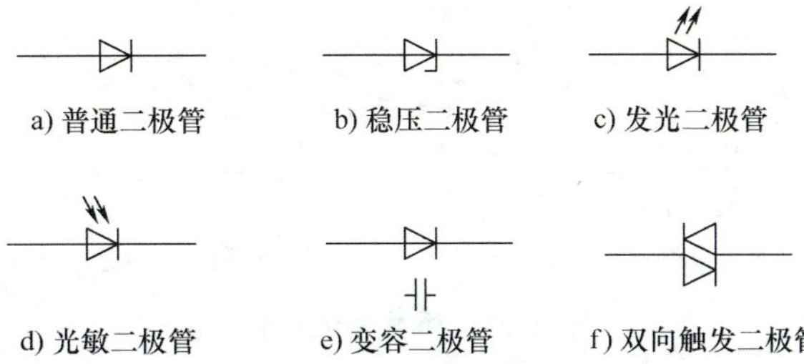

图 2-23　常见二极管的电路符号

可对低频的交流电进行整流。

(2) 检波二极管　利用锗材料制作，PN 结多为点接触型，利用二极管的单向导电性，对高频小信号进行检波。

(3) 稳压二极管　稳压二极管是一种工作于反向击穿状态下，且能提供稳定的直流电压的二极管。

(4) 发光二极管（LED）　发光二极管具有一个单向导电的 PN 结。

(5) 光敏二极管　光线通过该管上的窗口照射到管芯上，在光的激发下，器件内产生大批“光载流子”，管子的反向电流大大增加，使内阻减小。

(6) 变容二极管　变容二极管是利用 PN 结电容随外加反向电压变化而变化的特性制成的半导体器件。

(7) 隧道二极管　隧道二极管是具有负阻特性的半导体两端器件，由于采用了高掺杂材料，其伏安特性与普通二极管有很大区别。

(8) 激光二极管（LD）　激光二极管是由铝砷化镓材料制成的半导体，是激光影音设备中不可缺少的重要器件，其组成如图 2-24 所示。

(9) 桥式整流组件　整流二极管在使用中多接成桥式整流的形式而形成桥式整流组件，具有半桥和全桥两种类型。其组成及电路符号如图 2-25 所示。

3. 二极管的主要技术参数

(1) 最大正向电流 I_F　最大正向电流指长期运行时二极管允许通过的最大正向平均电流。

(2) 最高反向工作电压 U_{RM}　最高反向工作电压指正常工作时，二极管所能承受的反

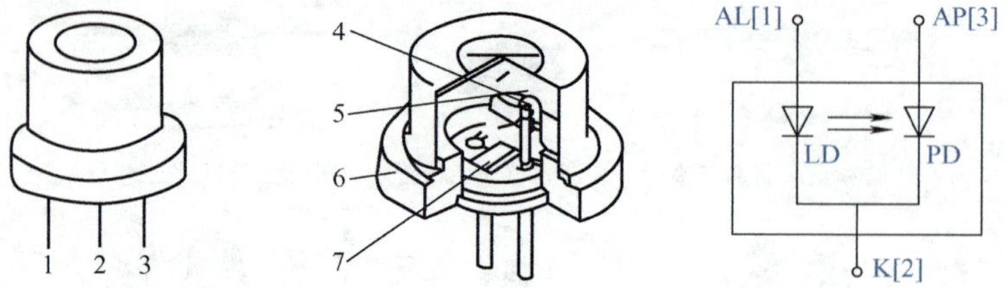

a) 激光二极管外形　　b) 激光二极管结构　　c) 激光二极管等效图

图 2-24　激光二极管的组成

1—AL 端　2—K 端　3—AP 端　4—激光器芯片　5—散热器　6—管座　7—光敏二极管

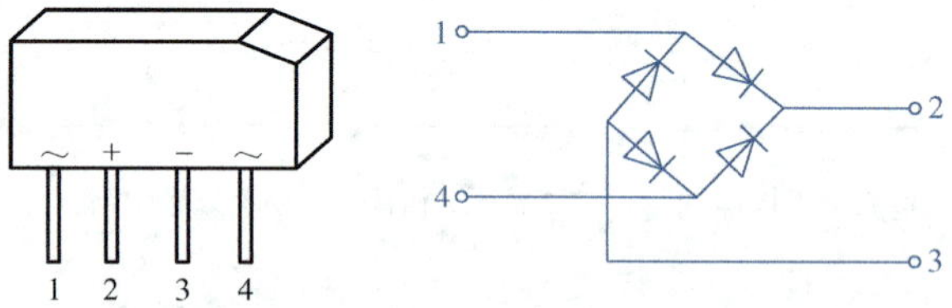

a) 全桥整流实物图　　b) 全桥整流电路图

图 2-25　桥式整流组件

向电压的最大值。

（3）最高工作率 f_M　最高工作频率指二极管能保持良好工作性能条件下的最高频率值。

（4）反向饱和电流 I_S　反向饱和电流指二极管未击穿时的反向电流值。反向饱和电流主要受温度影响，该值越小，说明二极管的单向导电性越好。

（5）常用整流二极管参数介绍　常用整流二极管参数见表 2-8。

表 2-8　常用整流二极管参数

名　　称	最大反向电压/V	额定工作电流/A	最大正向压降 V_F/V	反向浪涌电流 I_{FSM}/A
1N4001	50	1.0	1.1	30
1N4002	100	1.0	1.1	50
1N4003	200	1.0	1.1	30
1N4004	400	1.0	1.1	30
1N4005	600	1.0	1.1	30
1N4006	800	1.0	1.1	30
1N4007	1000	1.0	1.1	30

值得指出的是，不同用途的二极管（如稳压二极管、检波二极管、整流二极管、开关二极管、光敏二极管、发光二极管等），各有不同的主要技术参数。

2.5.2　半导体晶体管

1. 半导体晶体管的分类

半导体晶体管又简称晶体管。晶体管的种类很多，按 PN 结的组合方式可分为 NPN 型和

PNP 型；按材料可分为锗晶体管和硅晶体管；按工作频率可分为高频管（$f_\alpha \geqslant 3\text{MHz}$）和低频管（$f_\alpha < 3\text{MHz}$）；按功率可分为大功率晶体管（$P_{CM} \geqslant 1\text{W}$）和小功率晶体管（$P_{CM} < 1\text{W}$）等。常见晶体管的外形及电路符号如图 2-26 所示。

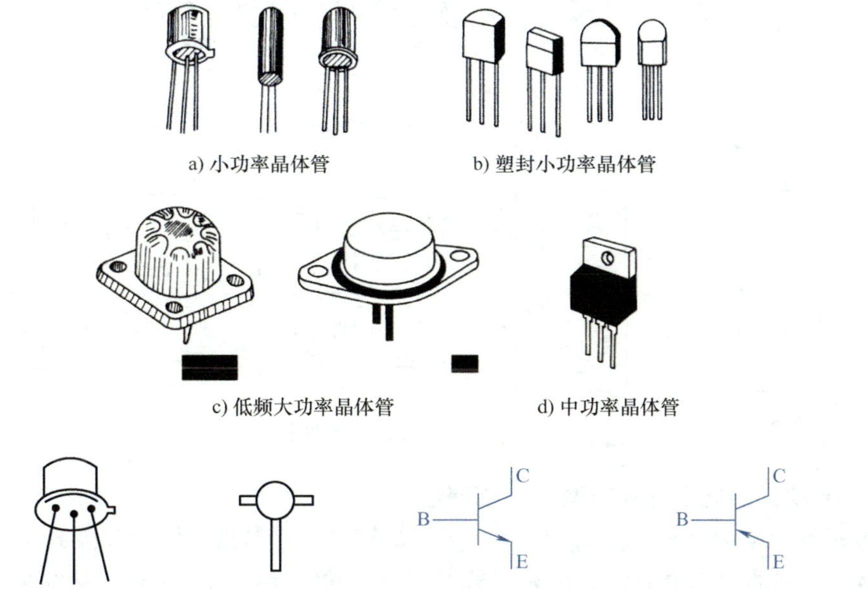

a) 小功率晶体管　b) 塑封小功率晶体管

c) 低频大功率晶体管　d) 中功率晶体管

e) 国产普通晶体管　f) 高频小功率晶体管　g) NPN型晶体管电路符号　h) PNP型晶体管电路符号

图 2-26　常见晶体管的外形及电路符号

2. 常见晶体管的结构特点

（1）普通晶体管　外部由 C（集电极）、B（基极）和 E（发射极）三个引脚组成，内部由两个呈背对背排列的 PN 结构成，是具备电流放大能力的器件，广泛用于各类电子设备中。

（2）行输出管　行输出管具有耐压高、B-E 间有保护电阻、C-E 间有一只阻尼二极管的特点。其结构如图 2-27 所示。

（3）复合管（达林顿管）　复合管主要由两个晶体管复合而成，分普通型和带保护型两种。其结构如图 2-28 所示。

（4）带阻尼晶体管　在 B-E 极间含有一个或多个电阻，常在进口家电中作小功率晶体管使用，并以片状形式来封装。其结构如图 2-29 所示。

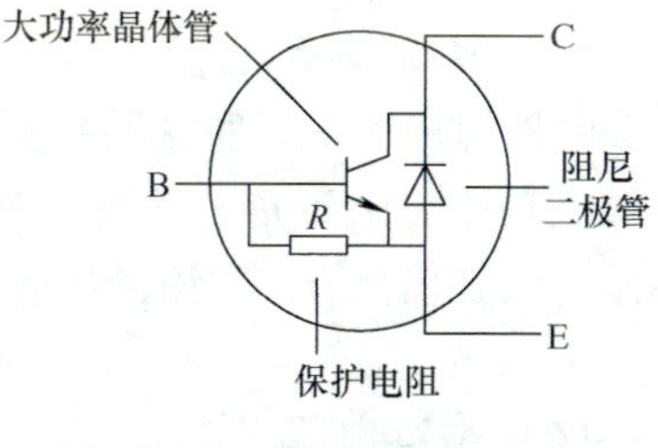

图 2-27　行输出管的结构

3. 晶体管的主要技术参数

（1）电流放大系数（β）　它用来表示晶体管的放大能力。根据晶体管工作状态不同，电流放大系数又分为直流放大系数和交流放大系数。直流放大系数是指在静态无输入变化信号时，晶体管集电极电流 I_C 和基极电流 I_B 的比值，故又称为直流放大倍数或静态放大系数，一般用 h_{FE} 或 β 表示。交流电流放大系数也称交流放大倍数或动态电流放大系数，是指在交流状态下，晶体管集电极电流变化量与基极电流变化量的比值，一般用 β' 表示。β' 是反映晶体管放大能力的重要指标。尽管 β 和 β' 的含义不同，但

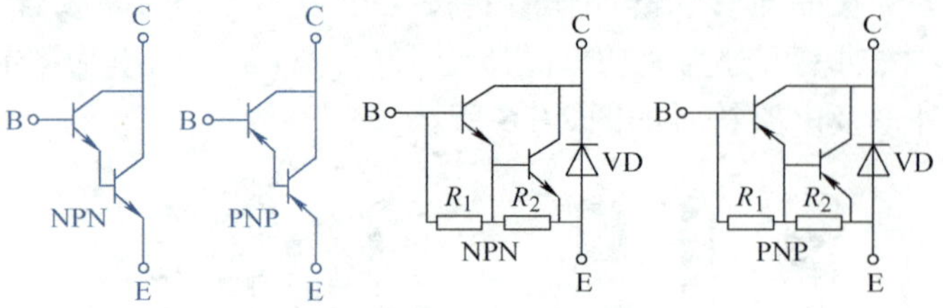

图 2-28 复合管的结构

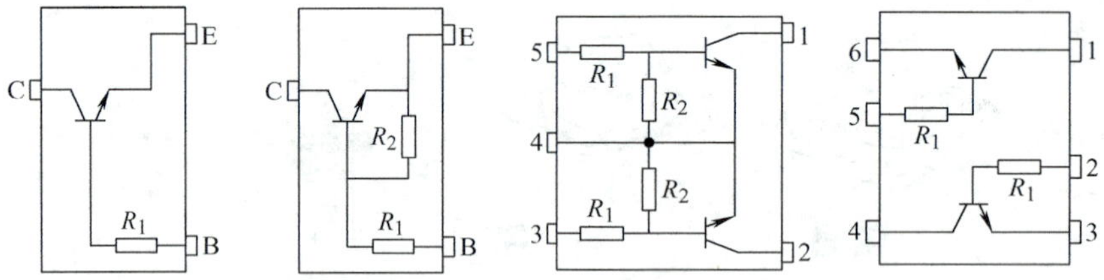

图 2-29 带阻尼晶体管的结构

在小信号下 $\beta \approx \beta'$，因此在计算时两者取相同值。

(2) 极间反向电流（I_{CBO}、I_{CEO}） I_{CEO}使用得较多，它是指晶体管基极开路时，集电极 C 和发射极 E 之间的反向电流，又称为穿透电流或反向击穿电流。小功率锗晶体管的 I_{CEO}较大，通常在500μA 以下，硅晶体管的I_{CEO}都很小，通常在1μA 以下。同一个晶体管的I_{CEO}比I_{CBO}大得多，且随温度的升高而急剧增加，因此这个参数是衡量晶体管稳定性好坏的重要参数之一。

(3) 输入/输出电阻（r_{be}、r_{ce}） 输入电阻（r_{be}）是指晶体管输出交流短路（即 $\Delta u_{ce}=0$ 时），B-E 间的电阻；输出电阻（r_{ce}）是指晶体管输入交流短路（即 $\Delta i_b=0$ 时），C-E 间的电阻。

(4) 截止频率（f_β） 在共射极放大电路中，当工作信号频率较低时，晶体管的交流放大系数 β 是恒定不变的，记为 β_0；当频率较高时，随着频率的升高，β 值会逐渐下降，β 值下降到 $0.707\beta_0$ 时对应的工作频率称为晶体管的截止频率，记为 f_β。

(5) 特征频率（f_T） 当工作频率超过截止频率 f_β 以后，β 值会迅速下降，当 β 值下降为 1 时所对应的频率称为特征频率，记为 f_T。当工作频率 $f \geqslant f_T$ 时，晶体管就完全失去了电流放大功能。由于 $f\beta$ = 常数，有时称 f_T 为增益带宽乘积。例如：在频率为 5MHz 时，测得某晶体管的 β 值为 6，则该晶体管的特征频率 f_T 为

$$f_T = f\beta = 5 \times 6\text{MHz} = 30\text{MHz}$$

(6) 击穿电压（$U_{(BR)EBO}$、$U_{(BR)CEO}$、$U_{(BR)CBO}$） $U_{(BR)EBO}$是集电极开路，发射极-基极间的反向击穿电压；$U_{(BR)CEO}$是基极开路，集电极-发射极间的反向击穿电压；$U_{(BR)CBO}$是发射极开路，集电极-基极间的反向击穿电压。

(7) 集电极最大允许耗散功率（P_{CM}） 当管子的集电结通过电流时，因功率损耗要产生热量，使其结温升高。P_{CM}是指晶体管参数变化不超过规定允许值时的最大集电极耗散功率。耗散功率与晶体管的最高允许结温和集电极最大电流有密切关系。硅管的结温允许值大约为 150℃，锗管的结温允许值为 85℃左右。

4. 常用小功率晶体管介绍

几种常用小功率晶体管的特性参数见表 2-9。

表 2-9　几种常用小功率晶体管的特性参数

型号	材料与极性	最大额定值					直流参数		交流参数	国内代换
		P_{CM}/W	I_{CM}/A	BV_{CBO}/V	BV_{CEO}/V	BV_{EBO}/V	I_{CBO}/nA	h_{FE}	f_T/MHz	
9011	硅 NPN	0.4	0.03	50	30	5	100	28 ~ 198	370	3DG122
9012	硅 PNP	0.625	−0.5	−40	−20	−5	−100	64 ~ 202	*	3CK10B
9013	硅 NPN	0.625	0.5	40	20	5	100	64 ~ 202	*	3DK4B
9014	硅 NPN	0.625	0.1	50	45	5	50	60 ~ 1000	270	3DG6
9015	硅 PNP	0.45	−0.1	−50	−45	−5	−50	60 ~ 600	190	3CG6
9016	硅 NPN	0.4	0.025	30	20	4	100	28 ~ 198	620	3DG122
9018	硅 NPN	0.4	0.05	30	15	5	50	28 ~ 198	1100	3DG82A
8050	硅 NPN	1	1.5	40	25	6	100	85 ~ 300	190	3DK30B
8550	硅 PNP	1	−1.5	−40	−25	−6	−100	60 ~ 300	200	3CK30B

请思考：哪种晶体管能用在手机高频放大电路中？

2.5.3　场效应晶体管

场效应晶体管（FET）为单极（只有一种载流子参与导电）型晶体管。与普通晶体管相比较，场效应晶体管具有输入阻抗很高、噪声低、动态范围大、功耗小、成本低和易于集成等特点，因此广泛用于数字电路、通信设备和仪器仪表等方面。

1. 场效应晶体管的分类

场效应晶体管的种类很多，常用的有结型和绝缘栅型（即 MOS 管）两种，每一种又分为 N 沟道和 P 沟道。绝缘栅型（MOS 管）又分为增强型和耗尽型。场效应晶体管的三个电极为源极（S）、栅极（G）与漏极（D），它的电路符号如图 2-30 所示。图 2-30a 是 N 沟道结型场效应晶体管，图 2-30b 是 P 沟道结型场效应晶体管，图 2-30c 是 P 沟道增强型绝缘栅管，图 2-30d 是 N 沟道增强型绝缘栅管，图 2-30e 是 P 沟道耗尽型绝缘栅管，图 2-30f 是 N 沟道耗尽型绝缘栅管。

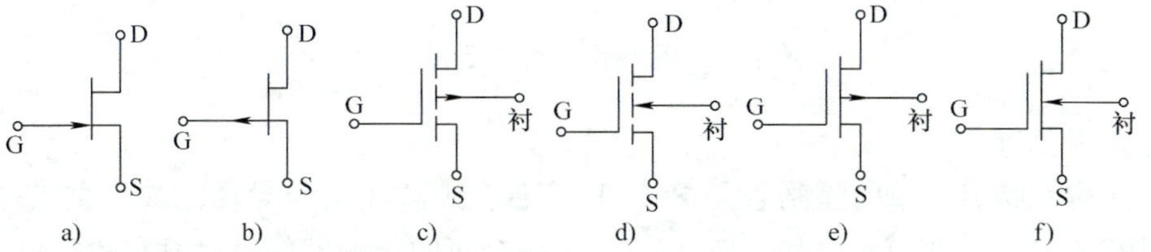

图 2-30　场效应晶体管的电路符号

2. 场效应晶体管的主要技术参数

场效应晶体管的主要技术参数有：夹断电压 U_P（结型）、开启电压 U_T（MOS 管）、饱和漏极电流 I_{DSS}、直流输入电阻、跨导、噪声系数和最高工作频率等。

由于场效应晶体管输入阻抗很高，很容易造成静电击穿损坏。使用 MOS 管时应特别注意栅极的保护（任何时候不得悬空），保存时应将三个电极短路放在屏蔽的金属盒中；焊接时应先将各极短路，为防止电烙铁微小的漏电损坏管子，电烙铁外壳应接好地线或断开电源用余热焊接；不能用万用表测 MOS 管的各极，检测 MOS 管要用测试仪。

3. 场效应晶体管的使用常识

1）为保证场效应晶体管安全可靠地工作，使用中不要超过器件的极限参数。

2）绝缘栅管保存时应将各电极引线短接，由于 MOS 管栅极具有极高的绝缘强度，因此栅极不允许开路，否则会感应出很高电压的静电，而将其击穿。

3）焊接时应将电烙铁的外壳接地或切断电源趁热焊接。

4）测试时仪表应良好接地，不允许有漏电现象。

5）当场效应晶体管使用在要求输入电阻较高的场合时，还应采取防潮措施，以免它受潮气的影响使输入电阻大大降低。

6）对于结型场效应晶体管，栅、源间的电压极性不能接反，否则 PN 结将正偏而不能正常工作，有时可能烧坏器件。

2.5.4 晶闸管

晶闸管又称可控硅（SGR），其特点是耐压高、容量大、效率高、寿命长及使用方便，可用微小信号对大功率电源等进行控制和变换。晶闸管有单向、双向、可关断、快速、光控等晶闸管，目前应用最多的是单向、双向晶闸管。晶闸管的结构、外形及电路符号如图 2-31及图 2-32 所示。

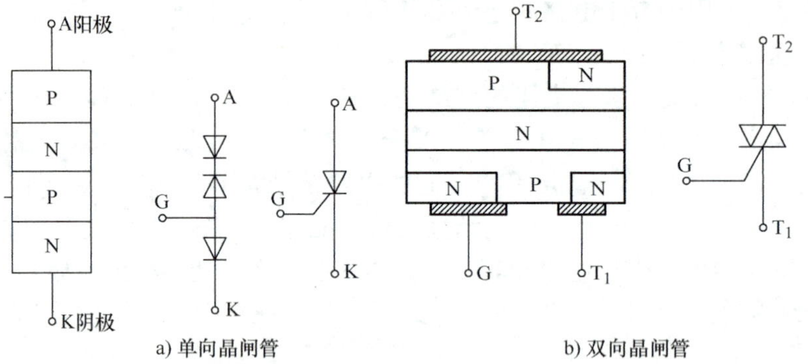

图 2-31　晶闸管的结构及电路符号

1. 单向晶闸管

（1）结构及特点　单向晶闸管是 P-N-P-N 四层三 PN 结半导体结构，共有三个电极，分别为阳极（A）、阴极（K）和门极（G）。用一个正向的触发信号触发它的门极（G），一旦触发导通，即使触发信号停止作用，晶闸管仍然维持导通状态。

（2）极性及质量的检测　用指针式万用表的“R×100”挡测各电极间的正、反向电阻，若测得其中两个电极间阻值较大，调换表笔后其阻值较小，此时黑表笔所接触的电极为门极（G），红表笔所接触的为阴极（K），剩下的为阳极（A）；若测量两电极间正反向电阻无上述现象时，应更换电极重测。质量判断：黑表笔接阳极（A），红表笔接阴极（K），黑表笔在保持和阳极（A）接触的情况下，再与门极（G）接触，即给门极（G）加上触发电压。此时晶闸管导通，阻值较小，然后，黑表笔保持和阳极（A）接触，并断开与门极（G）的接触。若断开门极（G）后，晶闸管仍维持导通状态，即表针偏转情况不变，则晶闸管基本正常。

2. 双向晶闸管

（1）结构及特点 双向晶闸管是 N-P-N-P-N 型五层的半导体结构，等效于两个反向并联的单向晶闸管。它也有三个电极：第一阳极（T_1）、第二阳极（T_2）与门极（G）。双向晶闸管的第一阳极（T_1）和第二阳极（T_2）无论加正向电压或反向电压，都能触发导通。同理，当它一旦触发导通，即使触发信号停止作用，晶闸管仍然维持导通状态。双向晶闸管在电路中主要用来组成交流开关和实现交流调压、可逆直流调速等。

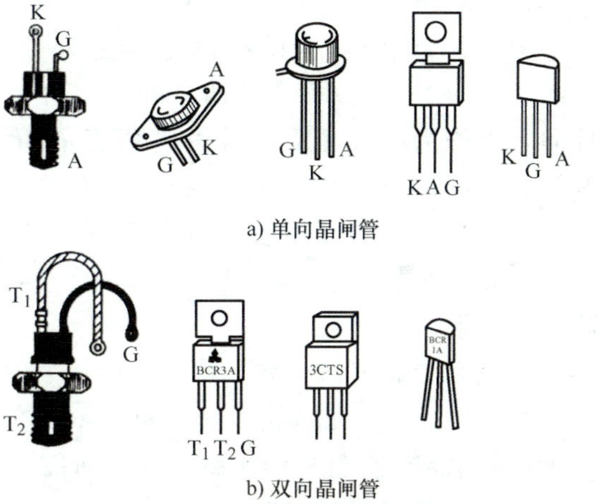

图 2-32 常见晶闸管的外形

（2）极性的检测 T_2 极判断：由结构图可知，G 极与 T_1 极靠近，与 T_2 极距离较远。因此，G-T_1 极之间的正、反向电阻都很小（仅为几十欧），而 G-T_2，T_1-T_2 极之间的正、反向电阻均较大。这表明，如果测出某脚和任意两脚之间的电阻呈现高阻，则一定是 T_2 极；个别管子 G-T_2 与 G-T_1 间电阻相差不大，只要确定门极 G 即可。

（3）G 极和 T_1 极判断 假定剩下两个脚分别为 G 极和 T_1 极，将黑表笔接 T_1 极，红表笔接 T_2 极，电阻为无穷大。接着用红表笔将 T_2 极与 G 极短路，给 G 极加上负触发信号，电阻值应为 10Ω 左右，这表明管子已经导通，导通方向为 T_1 到 T_2 极。再将红表笔与 G 极脱开（但仍接 T_2），若电阻值保持不变，证明管子触发后能维持导通状态。

将红表笔接 T_1 极，黑表笔接 T_2 极，然后使 T_2 极与 G 极短路，给 G 极加上正触发信号，如果晶闸管也能导通并维持，则双向晶闸管正常且假定引脚是正确的，否则需重新测定。

在识别 G、T_1 极的过程中，也检测了双向晶闸管的触发能力。如果在测试过程中，都不能使双向晶闸管触发导通，说明管子已损坏。

2.5.5 光电器件

光电器件的种类繁多，大致分为发光二极管、光敏器件和数显器件三大类。这里仅介绍常用的发光二极管、光敏管和光耦合器件。

1. 发光二极管

发光二极管是采用磷化镓（GaP）或磷砷化镓（GaAsP）等半导体材料制成的，能直接将电能转变为光能。发光二极管与普通二极管一样具有单向导电性，但它的正向电压降较大（2V 左右），具有功耗低、体积小、色彩艳丽、响应速度快、抗振动、寿命长等优点，广泛用于电平指示器和电源指示器。常用普通发光二极管的外形及电路符号如图 2-33 所示。

发光二极管的正、负极可以通过查看引脚（长脚为正）或内芯结构来识别。检测发光二极管正、负极和性能的方法与普通二极管相似，但也存在不同。对于非低压发光二极管，由于其正向导通电压大于1.8V，而万用表大多用1.5V电池（“R×10k”挡除外），所以无法使发光二极管导通，测量其正、反向电阻均为∞或很大，难以判断管子的好坏。要用设有“R×10k”挡、内装9V或9V以上电池的万用表来进行测量，用“R×10k”挡测正向电阻，用“R×1k”挡测反向电阻。

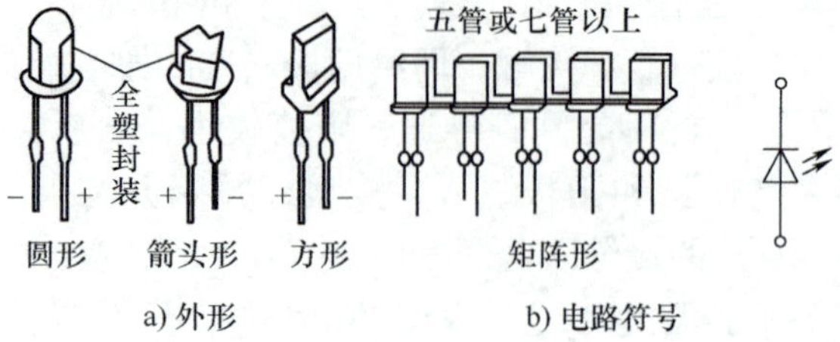

图2-33 发光二极管的外形及电路符号

2. 光敏二极管和光敏晶体管

光敏二极管和光敏晶体管均为红外线接收管。这类管子能把光能转变成电能，主要用于各种控制电路，如红外线遥感、光纤通信、光电转换器等。

（1）光敏二极管 光敏二极管的构成和普通二极管相似，不同点在于管壳上有入射光窗口。它的工作状态有两种：一是当光敏二极管加反向工作电压时，管子中的反向电流将随光照强度的改变而改变，光照强度越大，反向电流越大，大多数情况都工作在这种状态；二是光敏二极管上不加电压，利用PN结在受光照射时产生正向电压的原理，把它当做微型光电池，这种工作状态一般用于光电检测器。光敏二极管有四种类型，即PN结型、PIN结型、雪崩型和肖特基结型，用得最多的是PN结型。

光敏二极管的检测：光敏二极管的正向电阻约为10kΩ，用指针万用表1k挡测试。在无光照情况下，反向电阻为∞；有光照时，反向电阻随光照强度的增加而减小，阻值可达几千欧姆或1kΩ以下，说明此管是好的。若正反向电阻都是无穷大或为零，则表明管子是坏的。

（2）光敏晶体管 光敏晶体管也是靠光的照射来控制电流的器件，可等效为一个光敏二极管和一个晶体管的结合，所以具有放大作用。它常用的材料是硅，一般只引出集电极和发射极，其外形和发光二极管相似。有的基极也引出，作温度补偿用。光敏晶体管的简易测试方法见表2-10。

表2-10 光敏晶体管简易测试方法

	接 法	无 光 照	在白炽灯光照下
测电阻：“R×1k”挡	黑表笔接C，红表笔接E	指针微动接近∞	随光照变化而变化，光照强度增大时，电阻变小，可从几千欧姆到1kΩ以下
	黑表笔接E，红表笔接C	电阻为∞	电阻为∞（或微动）
测电流：50μA或0.5mA挡	电流表串在电路中，工作电压为10V	小于0.3μA（用50μA挡）	随光照增加而加大，在零点几毫安~5mA之间变化（用5mA挡）

3. 光耦合器

光耦合器是以光为媒介、用来传输电信号，能实现“电→光→电”的转换，广泛用于电气隔离、电平转换、级间耦合、开关电路、脉冲放大、固态继电器和微型计算机接口电路中。光耦合器通常是由一只发光二极管和一只受光控的光敏晶体管（常见为光敏晶体管）组成的。常见的光耦合器有管式、双列直插式等封装形式。

光耦合器的工作过程：光敏晶体管的导通与截止，是由发光二极管所加正向电压控制的。当发光二极管加上正电压时，发光二极管有电流通过并发光，使光敏晶体管内阻减小而导通；反之，当发光二极管不加正向电压或所加正向电压很小时，发光二极管中无电流通过或通过电流很小，发光强度减弱，光敏晶体管的内阻增大而截止。通过“电→光→电”的转换过程，实现了输入电信号与输出电信号间既可用光来传输，又可通过光隔离，从而提高了电路的抗干扰能力。

由于光耦合器的发射管和接收管是独立的，因此可以用万用表分别进行检测。输入部分与检测发光二极管相同，输出部分与受光器件的类型有关，如果输出部分是光敏二极管和光敏晶体管，则可按光敏二极管、光敏晶体管的检测方法进行测量。

2.5.6　半导体器件的检测

1. 普通二极管极性判别

1）将万用表置于“Ω”挡，选择“R×100”或“R×1k”挡量程。

2）将万用表的两表笔分别接触二极管的两脚，测得第一次电阻值。

3）交换万用表的两表笔，测得第二次电阻值。

4）阻值较小的一次，黑表笔接触的一端是二极管正极，具体如图 2-34 所示。

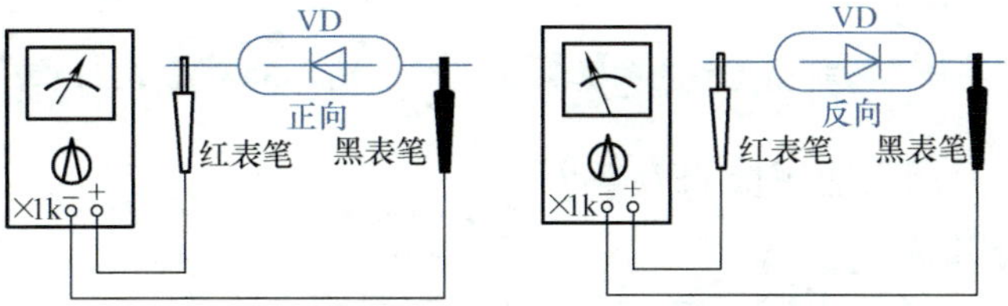

a) 正向电阻的测量图示　　b) 反向电阻的测量图示

图 2-34　二极管的极性判别

2. 普通二极管的性能检测

1）将万用表置于“Ω”挡，选择“R×100”挡量程。

2）测量小功率锗管，其正向电阻 $R_{正}$（黑表笔接二极管的正端，红表笔接二极管的负端）在 200～600Ω 之间，反向电阻 $R_{反}$（黑表笔接二极管的负端，红表笔接二极管的正端）大于 20kΩ 以上，则符合一般要求。

3）测量小功率硅管，其正向电阻在 900Ω～2kΩ 之间，反向电阻都要求在 500kΩ 以上，则符合一般要求。

4）二极管正、反向电阻相差越大越好，凡阻值相同或相近都视为坏管。

3. 稳压二极管的检测

1）将万用表置于“Ω”挡，选择“R×1k”挡量程。

2）极性和好坏的判断与普通二极管所使用的方法一样。

3）将万用表置于“Ω”挡，选择“R×10k”挡量程。

4）测量稳压二极管的反向电阻，从万用表“10V 电压刻度线”上读出数值。

5）根据“稳压值 =(10 - 读数)×(9 + 1.5)/10”，可大概求得稳压值。

请思考：你能根据图 2-35 完成稳压二极管稳压值的精确测量吗？为什么？说明其原理。

4. 稳压二极管与普通二极管的判别

1）将万用表置于“Ω”挡，选择“R×10k”挡量程。

2）测量稳压二极管与普通二极管的反向电阻值，对于稳压二极管，若表内叠层电池电压高于稳压管稳压值时，其反向电阻则变得较小，因为此时稳压管已被击穿；对于普通二极管阻值一般为∞。

3）有电阻者为稳压二极管，无电阻值（即∞）者为普通二极管。

5. 发光二极管的检测

1）将万用表置于“Ω”挡，选择“R×10k”挡量程。

2）测量发光二极管的正向电阻 $R_{正}$ 应很小，有的会发出微弱光来。

3）测量发光二极管的反向电阻 $R_{反}$ 应为∞。

4）符合上述条件则为合格器件。发光二极管的测量方法如图2-36所示。

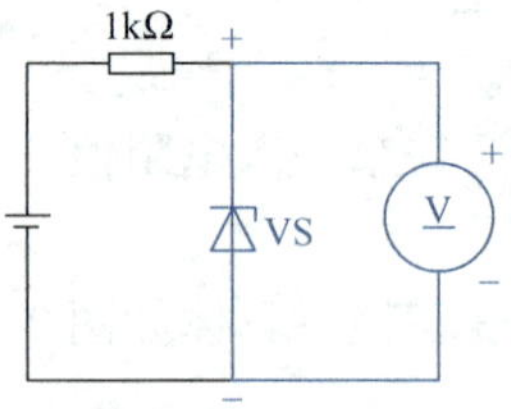

图2-35 稳压二极管稳压值的精确测量

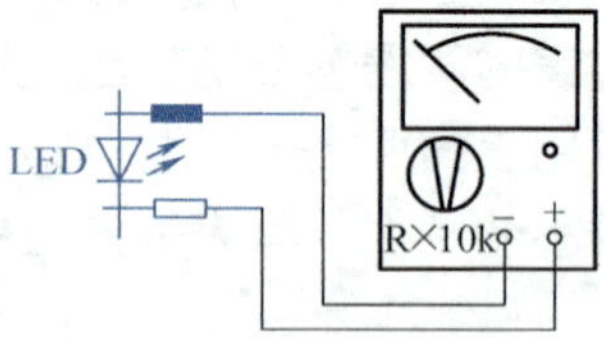

图2-36 发光二极管的测量

请思考：用数字万用表能测量LED吗？

6. 光敏二极管的检测

1）将万用表置于“Ω”挡，选择“R×1k”挡量程。

2）判断出正、负极，然后再测其反向电阻。

3）无光照射时，一般阻值都大于200kΩ。

4）若变化不大，则说明被测管已损坏或不是光敏二极管。

7. 晶体管基极（B）和类型的判别

1）将万用表置于“Ω”挡，选择“R×1k”挡量程。

2）假定晶体管某一引脚为基极（B）且用“黑表笔”去接触它不动，用“红表笔”分别去接触余下两脚，测得两个电阻值。

3）如果两次电阻值都很小，则“黑表笔”接触的引脚是基极（B）。

4）通过万用表的“黑表笔”而找到基极（B）的晶体管是NPN型。

晶体管基极（B）和类型的判别示意图如图2-37所示。

8. 晶体管集电极（C）的判别

1）将万用表置于“Ω”挡，选择“R×10k”挡量程。

2）若被测晶体管为NPN型，假定晶体管剩下两脚中一只引脚为集电极（C）。

3）用“黑表笔”去接触它，另一引脚用“红表笔”接触。

4）在“黑表笔”与基极（B）之间加一个人体电阻（$R_{人}$）。

5）万用表指针偏转角度较大的，则“黑表笔”接触的引脚是集电极（C）。

晶体管集电极（C）的判别示意图如图2-38所示。

9. 晶体管质量判别

1）将万用表置于“Ω”挡，选择“R×1k”挡量程。

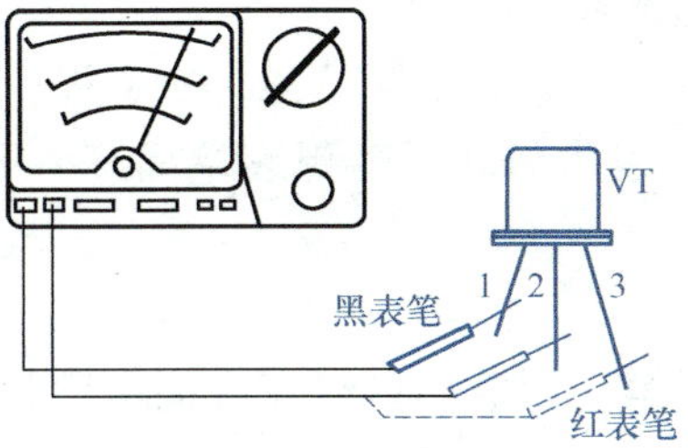

图 2-37　晶体管基极（B）和类型的判别示意图

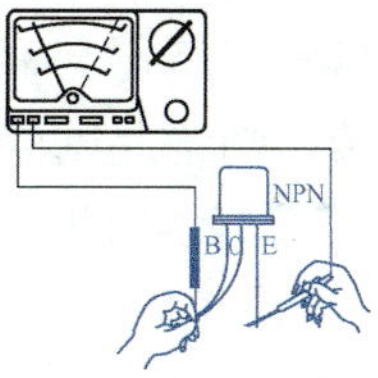

图 2-38　晶体管集电极（C）的判别示意图

2）判断 B-E 和 B-C 极的好坏，可参考普通二极管好坏的判别方法。

3）将万用表置于“Ω”挡，选择“R×10k”挡量程。

4）测量 C-E 漏电电阻，对于 NPN（PNP）型晶体管，黑（红）表笔接 C 极，红（黑）表笔接 E 极，B 极悬空，R_{CE}阻值越大越好。

10. 晶体管放大倍数的测试

1）将指针式或数字式万用表的挡位置于 h_{FE}挡。

2）将被测晶体管插入相应类型的插孔。

3）读取显示器上的数值，便是 β 值。

11. 行输出管的测试

1）将万用表置于“Ω”挡，选择“R×1”挡量程。

2）测量任意两极，若发现有两极在正、反测量时的阻值都很小，在 10～70Ω 之间，则比较两次阻值大小，小的一次黑表笔接的是 B 极，红表笔接的是 E 极，则另一极就是 C 极。

3）将万用表置于“Ω”挡，选择“R×10k”挡量程。

4）黑表笔接 C 极，红笔接 E 极，其阻值应为无穷大，指针稍有偏转都视为漏电。

12. 场效应晶体管的识别与判别

1）利用万用表电阻“R×1k”挡对 J-FET 的极性及好坏进行表 2-11 所示的测试。

表 2-11　结型场效应晶体管极性及好坏判别

测试方式 / 沟道类型	[黑表笔]→G [红表笔]→D	[红表笔]→G [黑表笔]→D	[红表笔]→S [黑表笔]→D	[黑表笔]→S [红表笔]→D
N 沟道	几十欧至几千欧	∞	几十欧至几千欧	几十欧至几千欧
P 沟道	∞	几十欧至几千欧	几十欧至几千欧	几十欧至几千欧

2）MOS-FET 则不能用万用表检查，而必须用测试仪，而且要在接入测试仪后才能去掉各电极间的短路线；测试完毕，应先将各电极间短路，而后取下测试仪器，目的是避免栅极悬空。

13. 单向晶闸管的检测

1）将万用表置于“Ω”挡，选择“R×1k”挡量程。

2）测量任意两极，出现指针发生较大摆动时，黑表笔接触的是门极 G，红表笔接触的是阴极 K，剩下就是阳极 A。

3）测量 A、K 极正反向电阻，一般都为∞，而 K、G 极则具有二极管特性。

4）将万用表置于“Ω”挡，选择“R×1”挡量程。

5）测量晶闸管能否维持导通，方法如下：黑表笔接A极，红表笔接K极，此时指针应指向无穷大，当黑表笔再与G极接触时，指针立即发生偏转，若黑表笔离开G极后，A、K间仍维持原偏转，则该晶闸管为好管。

14. 双向晶闸管的检测

1）双向晶闸管 T_2（第二阳极）极与G、T_1（第一阳极）两极正反向电阻都为∞，且G极与 T_1 极正、反向电阻都较小，并基本相同，利用这一点可判断出 T_2 极。

2）判断G极与 T_1 极时，可先设一极为G极，红表笔接 T_1 极，黑表笔接 T_2 极，读出黑表笔触发一下G极后维持导通时的阻值 R_1（黑表笔始终接触 T_2 极）。

3）再设另一极为G极，重复上述操作，维持导通的阻值为 R_2，比较 R_1 与 R_2 的大小，以较小的一极假设为正确。

4）测量大功率晶闸管时（一般指10A以上），由于触发电流要求过大，维持导通压降过高，万用表“$R\times1$”挡已不能提供足够的电压和电流，必须在红表笔端串入一个1.5V电池才能使晶闸管有足够的触发电流和导通压降。

2.6 集成电路

集成电路是利用半导体工艺或厚薄膜工艺（或者这些工艺的结合）将电路的有源器件（晶体管、场效应晶体管等）、无源元件（电阻、电容等）及其连线制作在半导体基片上或绝缘基片上，形成具有特定功能的电路，并封装在管壳之中。集成电路与分立元器件电路相比，具有体积小、重量轻、功耗低、成本低、可靠性高、性能稳定等优点，广泛应用于电子产品中。

2.6.1 集成电路的分类与命名方法

1. 集成电路的种类

集成电路的种类很多，按制作工艺可分为半导体集成电路、薄膜集成电路、厚膜集成电路和混合集成电路四类。半导体集成电路采用半导体工艺技术，在硅片上制作电阻、电容、二极管和晶体管等元器件；薄膜、厚膜集成电路是在玻璃或陶瓷等绝缘基体上制作元器件，其中薄膜集成电路膜厚在1μm以下，而厚膜集成电路膜厚为1～10μm；混合集成电路是由半导体集成工艺和薄、厚膜工艺结合而成。

按其功能不同可分为模拟集成电路和数字集成电路两大类。模拟集成电路分线性和非线性两种。其中线性集成电路包括直流运算放大器、音频放大器等。非线性集成电路包括模拟乘法器、比较器、A-D（或D-A）转换器；数字集成电路包括触发器、存储器、微处理器和可编程器件。其中存储器包括随机存储器（RAM）和只读存储器（ROM）；可编程器件包括EPROM（可编程只读存储器）、E^2PROM（电可擦写可编程只读存储器）、PLD（可编程逻辑器件）、EPLD（可擦写的可编程逻辑器件）、FPGA（现场可编程门阵列）等。可编程器件可用编程的方法实现系统所需的逻辑功能，既可缩短产品的设计周期，又可使数字系统的设计具有很大的快捷性和灵活性，是集成电路发展的一种趋势。

按集成度高低可分为小规模（SSI）、中规模（MSI）、大规模（LSI）及超大规模（VLSI）集成电路四类。

按电路中晶体管的类型可分为双极型和单极型集成电路两类。双极型集成电路工作速度快，但功耗较大，制造工艺复杂，如 TTL（晶体管-晶体管逻辑）集成电路和 ECL（高速逻辑）集成电路。单极型集成电路工艺简单、功耗小，但工作速度慢，如 CMOS、PMOS 和 NMOS 集成电路。

除此之外，还有一种混合分类法，即按照制造工艺及功能综合考虑进行分类。

2. 集成电路的命名方法

国家标准（简称国标）集成电路的型号命名方法如图 2-39 所示。

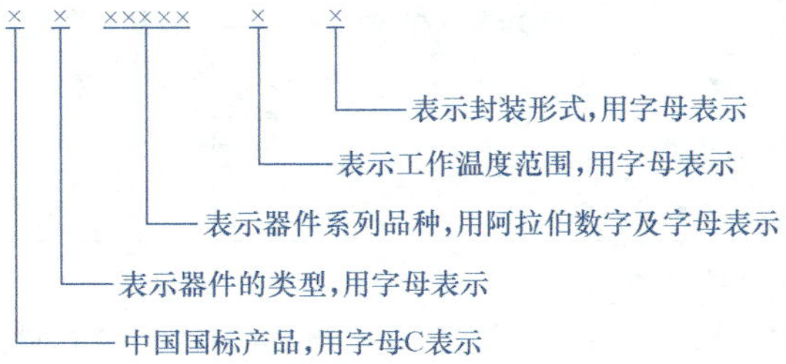

图 2-39　国标集成电路的型号命名方法

1）国标（GB 3431.2—1986）集成电路的型号命名由五部分组成，各部分的含义见表 2-12。

表 2-12　国际集成电路型号命名及含义（1）

第一部分：国标		第二部分：电路类型		第三部分：电路系列和代号	第四部分：温度范围		第五部分：封装形式	
字母	含义	字母	含义		字母	含义	字母	含义
C	中国制造	B	非线性电路	用数字（一般为 4 位）表示电路系列和代号	C	0 ~ 70℃	B	塑料扁平封装
		C	CMOS 电路					
		D	音响、电视电路				D	陶瓷直插封装
		E	ECL 电路		E	-40 ~ 85℃		
		F	线性放大器				F	全密封扁平封装
		H	HTL 电路					
		J	接口电路		R	-55 ~ 85℃	J	黑陶装直插封装
		M	存储器					
		T	TTL 电路				K	金属菱形封装
		W	稳压器		M	-55 ~ 125℃		
		μ	微处理器				T	金属圆形封装

第一部分用字母“C”表示该集成电路为中国制造，符合国家标准。

第二部分用字母表示集成电路类型。

第三部分用数字表示集成电路系列和代号。

第四部分用字母表示电路温度范围。

第五部分用字母表示电路的封装形式。

2）国标（GB 3430—1989）集成电路型号命名由五部分组成，各部分的含义见表 2-13。

第一部分用字母“C”表示该集成电路为中国制造，符合国家标准。

第二部分用字母表示集成电路的类型。

第三部分用数字或数字与字母混合表示集成电路的系列和品种代号。

第四部分用字母表示电路的工作温度范围。

第五部分用字母表示集成电路的封装形式。

表 2-13 国际集成电路型号命名及含义（2）

<table>
<tr><th colspan="2">第一部分：
国标</th><th colspan="2">第二部分：
电路类型</th><th>第三部分：
电路系列和代号</th><th colspan="2">第四部分：
温度范围</th><th colspan="2">第五部分：
封装形式</th></tr>
<tr><td>字母</td><td>含义</td><td>字母</td><td>含义</td><td></td><td>字母</td><td>含义</td><td>字母</td><td>含义</td></tr>
<tr><td rowspan="16">C</td><td rowspan="16">中国
制造</td><td>B</td><td>非线性电路</td><td rowspan="16">用数字或数字与字母混合表示集成电路系列和代号</td><td rowspan="2">C</td><td rowspan="2">0～70℃</td><td>B</td><td>塑料扁平</td></tr>
<tr><td>C</td><td>CMOS 电路</td><td>C</td><td>陶瓷芯片载体封装</td></tr>
<tr><td>D</td><td>音响、电视电路</td><td rowspan="3">G</td><td rowspan="3">-25～70℃</td><td>D</td><td>多层陶瓷双列直插</td></tr>
<tr><td>E</td><td>ECL 电路</td><td rowspan="2">E</td><td rowspan="2">塑料芯片载体封装</td></tr>
<tr><td>F</td><td>线性放大器</td></tr>
<tr><td>H</td><td>HTL 电路</td><td rowspan="3">L</td><td rowspan="3">-25～85℃</td><td>F</td><td>多层陶瓷扁平</td></tr>
<tr><td>J</td><td>接口电路</td><td rowspan="2">G</td><td rowspan="2">网络阵列封装</td></tr>
<tr><td>M</td><td>存储器</td></tr>
<tr><td>W</td><td>稳压器</td><td rowspan="2">E</td><td rowspan="2">-40～85℃</td><td>H</td><td>黑瓷扁平</td></tr>
<tr><td>T</td><td>TTL 电路</td><td>J</td><td>黑瓷双列直插封装</td></tr>
<tr><td>μ</td><td>微型机电路</td><td rowspan="3">R</td><td rowspan="3">-55～85℃</td><td>K</td><td>金属菱形封装</td></tr>
<tr><td>AD</td><td>A-D 转换器</td><td rowspan="2">P</td><td rowspan="2">塑料双列直插封装</td></tr>
<tr><td>DA</td><td>D-A 转换器</td></tr>
<tr><td>SC</td><td>通信专用电路</td><td rowspan="3">M</td><td rowspan="3">-55～125℃</td><td>S</td><td>塑料单列直插封装</td></tr>
<tr><td>SS</td><td>敏感电路</td><td rowspan="2">T</td><td rowspan="2">金属圆形封装</td></tr>
<tr><td>SW</td><td>钟表电路</td></tr>
</table>

2.6.2 集成电路的引脚识别与使用注意事项

1. 引脚识别

（1）圆形封装 圆形封装的一般规律是：将集成电路引脚朝下，凸口对应引脚为 1 号引脚，从 1 号引脚开始顺时针读引脚序号（现应用较少）。

（2）单列直插式封装（SIP） 单列直插式封装以集成电路正面（印有型号商标的一面）面向自己，引脚朝下，以缺口、凹槽或色点作为引脚参考标记，引脚编号顺序一般从左到右排列。

（3）双列直插式封装（DIP）或四边带引脚的扁平型封装（UFP） 双列直插式封装的一般规律是：集成电路引脚朝上，以缺口或色点等标记为参考标记，引脚编号按顺时针方向排列；如果集成电路引脚朝下，以缺口或色点等标记为参考标记，则引脚按逆时针方向排列。

（4）三脚封装 三脚封装主要是稳压集成电路，一般规律是集成电路正面（印有型号商标的一面）面向自己，引脚编号顺序自左向右排列。

除此之外，也有一些引脚方向排列较为特殊的集成电路，它们主要是为使印制电路板的排列对称、方便而特别设计的，应引起注意。

2. 使用注意事项

1）使用前应对集成电路的功能、内部结构、电特性、外形封装及与该集成电路相连接的电路作全面的分析和理解，使用时各项电性能参数不得超出该集成电路所允许的最大使用范围。

2）安装集成电路时要注意方向，不要搞错，在不同型号间互换时更要注意。

3）正确处理好空脚，遇到空的引出脚时，不应擅自接地，这些引出脚为更替或备用脚，有时也作为内部连接。CMOS 电路不用的输入端不能悬空。

4）注意引脚承受的应力与引脚间的绝缘。

5）对功率集成电路需要有足够的散热器，并尽量远离热源。

6）切忌带电插拔集成电路。

7）集成电路及其引线应远离脉冲高压源。

8）防止感性负载的感应电动势击穿集成电路，可在集成电路的相应引脚接入保护二极管，以防止过电压击穿。注意供电电源的极性和稳定性，可在电路中增设诸如二极管组成的保证电源极性正确的电路和浪涌吸收电路。

2.6.3　常用集成电路芯片

1. 微处理器集成电路

自从人类 1947 年发明晶体管以来，半导体技术经历了硅晶体管、集成电路、超大规模集成电路、甚大规模集成电路等几代，发展速度之快是其他产业所没有的。半导体技术对整个社会产生了广泛的影响，因此被称为“产业的种子”。中央处理器是指计算机内部对数据进行处理并对处理过程进行控制的部件，伴随着大规模集成电路技术的迅速发展，芯片集成密度越来越高，CPU 可以集成在一个半导体芯片上，这种具有中央处理器功能的大规模集成电路器件，被统称为“微处理器”。需要注意的是，微处理器本身并不等于微型计算机，仅仅是微型计算机的中央处理器。

微处理器已经无处不在，无论是录像机、智能洗衣机、移动电话等家电产品，还是汽车发动机控制，以及数控机床、导弹精确制导等都要嵌入各类不同的微处理器。微处理器不仅是微型计算机的核心部件，也是各种数字化智能设备的关键部件。国际上的超高速巨型计算机、大型计算机等高端计算系统也都采用大量的通用高性能微处理器建造。

根据微处理器的应用领域，微处理器大致可以分为三类：通用高性能微处理器、嵌入式微处理器和数字信号处理器、微控制器。一般而言，通用微处理器追求高性能，它们用于运行通用软件，配备完备、复杂的操作系统；嵌入式微处理器强调处理特定应用问题的高性能，主要用于运行面向特定领域的专用程序，配备轻量级操作系统，主要用于蜂窝电话、CD 播放机等消费类家电；微控制器价位相对较低，在微处理器市场上需求量最大，主要用于汽车、空调、自动机械等领域的自控设备。

2. 开关电源集成电路

相对于线性稳压器来说，开关电源在计算机主板、工控机主板和各种各样的电路板上起着电压变换的作用，例如将低电压转化成高电压，将电池电压转换成稳定的3.3V或5V，或者将高电压转换成DC5V、DC3.3V，或者将DC5V转换成3.3V和1.8V。例如，ARM的电路板就需要这样的芯片，3.3V给ARM供电，1.8V给ARM的core（内核）供电。由于采用了开关电路，电源芯片的工作频率高，发热小，效率高。MAXIM、LINEAR和TI等公司的电源转换芯片较为卓越，比较常用的是step-down（降压）电源芯片，即所谓的从高电压下降到低电压的芯片；从低到高，则是step-up（升压）电源芯片。

3. 音频集成电路

(1) 音频功率放大集成电路 音响系统中使用的音频功率放大集成电路除上述介绍的厚膜功率放大集成电路外，还有半导体运算功率放大集成电路（具有高放大倍数并有深度负反馈的直接耦合放大器）。

常用的音频功率放大集成电路有TA7227、TA7270、TA7273、TA7240P、TDA1512、TDA1520、TDA1521、TDA1910、TDA2003、TDA2004、TDA2005、TDA2008、TDA1009、TDA7250、TDA7260、μPC1270H、μPC1185、μPC1242、HA1397、HA1377、AN7168、AN7170、LA4120、LA4180、LA4190、LA4420、LA4445、LA4460、LA4500、LM12、LM1875、LM2879、LM3886等型号。

(2) 数码延时集成电路 数码延时集成电路主要用于卡拉OK系统中，其内部通常由滤波器、A-D转换器、D-A转换器、存储器、主逻辑控制电路、自动复位电路等组成。常用的数码延时集成电路有YX8955、TC9415、IN706、ES56033、CXA1644、CU9561、BU9252、BA5096、PT2398、PT2395、GY9403、GY9308、YSS216、M65850P、M65840、M65835、M65831、M50199、M50195、M50194等型号。

(3) 二声道三维环绕声处理集成电路 音响系统中使用的二声道三维（3D）环绕声系统有SRS、Spatializer、Q Surround、YMERSION TM和虚拟杜比环绕声系统。常用的SRS处理集成电路有SRSS5250S、NJM2178等型号。

Spatializer处理集成电路有EMR4.0、PSZ740等型号。Q Surround处理集成电路有QS7777等型号。YMERSION TM处理集成电路有YSS247等型号。

(4) 杜比定向逻辑环绕声解码集成电路 杜比定向逻辑环绕声解码系统是将经过杜比编码处理过的左、右二声道信号解调还原成四声道（前置左、右声道和中置声道、后置环绕声道）音频信号。

常用的杜比定向逻辑环绕声解码集成电路有M69032P、M62460、LA2785、LA2770、NJW1103、YSS215、YSS241B、SSM-2125、SSM-2126等型号。

(5) 数码环绕声解码集成电路 音响系统中使用的数码环绕声系统有杜比数码（AC-3）系统和DTS系统等，两种系统音频信号的记录与重放均为独立六声道。

常用的杜比数码环绕声解码集成电路有YSS243B、YSS902等型号。常用的DTS数码环绕声解码集成电路有DSP56009、DSP56362、CS4926等型号。BBE音质增强集成电路有BA3884、XR1071、XR1072、XR1075、M2150A、NJM2152等型号。

(6) 电子音量控制集成电路 电子音量控制集成电路是采用直流电压或串行数据控制的可调增益放大器，其内部一般由衰减器、锁存器、移位寄存器、电平转换电路等组成。

常用的电子音量控制集成电路有TA7630P、TC9154P、TC9212P、LC7533、XR1051、M51133P、AN7382、TCA730A、TDA1524A、LM1035、LM1040、M62446等型号。

(7) 电子转换开关集成电路 电子转换开关集成电路是采用直流电压或串行数据控制的多路电子互锁开关集成电路，内部一般由逻辑控制、电平转换、锁存器、变换寄存器、模拟开关等电路组成。

常用的电子转换开关集成电路有LC7815（双4路）、LC7820（双10路）、LC7823（双7路）、TC9162N（双7路）、TC9163N（双8路）、TC9164N（双8路）、TC9152P（双5路）和TC4052BP（双4路）等型号。

(8) 扬声器保护集成电路 扬声器保护集成电路可以在功放电路出现故障、过载或过电压时，将扬声器系统与功放电路断开，从而达到保护扬声器和功放电路的目的。扬声器保护集成电路内部一般由检测电路、触发器、静噪电路及继电器驱动电路等组成。

常用的扬声器保护集成电路有TA7317、HA12002、μPC1237等型号。

(9) 前置放大集成电路 前置放大集成电路属于低噪声、低失真、高增益、宽频带的运算放大器，有较高的输入阻抗和良好的线性。

常用的前置放大集成电路有NE5532、NE5534、NE5535、OP248、TL074、TL082、TL084、LM324、LM381、LM382、LM833、LM837等型号。

4. 运算放大器集成电路

(1) 通用型运算放大器 通用型运算放大器就是以通用为目的而设计的。这类器件的主要特点是价格低廉、产品量大面广，其性能指标能适合于一般性使用。例如mA741（单运放）、LM358（双运放）、LM324（四运放）及以场效应晶体管为输入级的LF356都属于此种。它们是目前应用最为广泛的集成运算放大器。

(2) 高阻型运算放大器 这类集成运算放大器的特点是差模输入阻抗非常高，输入偏置电流非常小，r_{id}一般在$10^9 \sim 10^{12}\Omega$之间，I_{IB}为几皮安到几十皮安。实现这些指标的主要措施是利用场效应晶体管高输入阻抗的特点，用场效应晶体管组成运算放大器的差分输入级。用FET作输入级，不仅输入阻抗高，输入偏置电流低，而且具有高速、宽带和低噪声等优点，但输入失调电压较大。常见的集成器件有LF356、LF355、LF347（四运放）及更高输入阻抗的CA3130、CA3140等。

(3) 低温漂型运算放大器 在精密仪器、弱信号检测等自动控制仪表中，总是希望运算放大器的失调电压要小且不随温度的变化而变化。低温漂型运算放大器就是为此而设计的，目前常用的高精度、低温漂运算放大器有OP-07、OP-27、AD508及由MOSFET组成的斩波稳零型低漂移器件ICL7650等。

(4) 高速型运算放大器 在快速A-D和D-A转换器、视频放大器中，要求集成运算放大器的转换速率SR一定要高，单位增益带宽BWG一定要足够大，像通用型集成运放是不能适合于高速应用的场合的。高速型运算放大器的主要特点是具有高的转换速率和宽的频率响应。常见的运放有LM318、mA715等，其中，$SR = 50 \sim 70V/ms$，$BWG > 20MHz$。

(5) 低功耗型运算放大器 由于电子电路集成化的最大优点是能使复杂电路小型轻便，所以随着便携式仪器应用范围的扩大，必须使用低电源电压供电、低功率消耗的运算放大器。常用的运算放大器有TL-022C、TL-060C等，其工作电压为±（2~18）V，消耗电流为50~250mA。目前有的产品功耗已达微瓦级，例如，ICL7600的供电电源为1.5V，功耗为10mW，可采用单节电池供电。

(6) 高压大功率型运算放大器 运算放大器的输出电压主要受供电电源的限制。在普通的运算放大器中，输出电压的最大值一般仅几十伏，输出电流仅几十毫安。若要提高输出电压或增大输出电流，集成运放外部必须要加辅助电路。高压大电流集成运算放大器外部不需附加任何电路，即可输出高电压和大电流。例如，D41集成运放的电源电压可达±150V，μA791集成运放的输出电流可达1A。

5. 时基集成电路

555定时器是一种模拟和数字功能相结合的中规模集成器件，一般用双极性工艺制作的称为555，用CMOS工艺制作的称为7555，除单定时器外，还有对应的双定时器556/7556。555定时器的电源电压范围宽，可在4.5～16V工作，7555可在3～18V工作，输出驱动电流约为200mA，因而其输出可与TTL、CMOS或者模拟电路电平兼容。

555定时器成本低，性能可靠，只需要外接几个电阻、电容，就可以实现多谐振荡器、单稳态触发器及施密特触发器等脉冲产生与变换电路。它也常作为定时器广泛应用于仪器仪表、家用电器、电子测量及自动控制等方面。

555定时器可构成施密特触发器，用于TTL系统的接口、整形电路或脉冲鉴幅等；也可构成多谐振荡器，组成信号产生电路；还可构成单稳态触发器，用于定时延时整形及一些定时开关中。555应用电路采用这三种方式中的一种或多种组合起来可以组成各种实用的电子电路，如定时器、分频器、脉冲信号发生器、元器件参数和电路检测电路、玩具游戏机电路、音响告警电路、电源变换电路、频率变换电路、自动控制电路等。

2.6.4 集成电路的检测

1. 常用的检测方法

集成电路常用的检测方法有在线测量法、非在线测量法和代换法。

（1）在线测量法 利用电压测量法、电阻测量法及电流测量法等，通过在电路上测量集成电路的各引脚电压值、电阻值和电流值是否正常，来判断该集成电路是否损坏。

（2）非在线测量法 在集成电路未焊入电路时，通过测量其各引脚之间的直流电阻值与已知正常同型号集成电路各引脚之间的直流电阻值进行对比，以确定其是否正常。

（3）代换法 用已知完好的同型号、同规格集成电路来代换被测集成电路，可以判断出该集成电路是否损坏。

2. 常用集成电路的检测

（1）微处理器集成电路的检测 微处理器集成电路的关键测试引脚是VDD电源端、RESET复位端、XIN晶振信号输入端、XOUT晶振信号输出端及其他各线输入、输出端。在线测量这些关键脚对地的电阻值和电压值，看是否与正常值（可从产品电路图或有关维修资料中查出）相同。不同型号微处理器的RESET复位电压也不相同，有的是低电平复位，即在开机瞬间为低电平，复位后维持高电平；有的是高电平复位，即在开机瞬间为高电平，复位后维持低电平。

（2）开关电源集成电路的检测 开关电源集成电路的关键脚是电源端（VCC）、激励脉冲输出端、电压检测输入端、电流检测输入端。测量各引脚对地的电压值和电阻值，若与正常值相差较大，在其外围元器件正常的情况下，可以确定是该集成电路已损坏。内置大功率开关管的厚膜集成电路，还可通过测量开关管C、B、E极之间的正、反向电阻值，来判断开关管是否正常。

（3）音频功放集成电路的检测 检查音频功放集成电路时，应先检测其电源端（正电源端和负电源端）、音频输入端、音频输出端及反馈端对地的电压值和电阻值。若测得各引脚的数据值与正常值相差较大，且其外围元器件均正常，则是该集成电路内部损坏。对引起无声故障的音频功放集成电路，测量其电源电压时，可用信号干扰法来检查。测量时，万用表应置于“R×1”挡，将红表笔接地，用黑表笔点触音频输入端，正常时扬声器中应有较强的“喀喀”声。

（4）运算放大器集成电路的检测　用万用表直流电压挡，测量运算放大器输出端与负电源端之间的电压值（在静态时电压值较高）。用手持金属镊子依次点触运算放大器的两个输入端（加入干扰信号），若万用表表针有较大幅度的摆动，则说明该运算放大器完好；若万用表表针不动，则说明运算放大器已损坏。

（5）时基集成电路的检测　时基集成电路内含数字电路和模拟电路，用万用表很难直接测出其好坏。测试电路由阻容元件、发光二极管 LED、6V 直流电源、电源开关 S 和 8 脚 IC 插座组成。将时基集成电路（如 NE555）插入 IC 插座后，按下电源开关 S，若被测时基集成电路正常，则发光二极管 LED 将闪烁发光；若 LED 不亮或一直亮，则说明被测时基集成电路性能不良。

2.7 电声器件

电路中用于完成电信号与声音信号相互转换的元器件称为电声器件。它的种类繁多，有扬声器、传声器、耳机（或称耳塞）、送话器、受话器等，这里只简单介绍扬声器、传声器的一些基本知识。

2.7.1 扬声器

扬声器（俗称喇叭、扩音器、听筒）是收音机、电视机、音响设备中的重要元器件。扬声器的种类很多，常见的有电动式、励磁式、舌簧式和晶体式等几种，应用最广的是电动式扬声器，舌簧式已很少应用。扬声器的结构、外形及电路符号如图 2-40 所示。

1. 电动式扬声器

电动式扬声器按其所采用的磁性材料可分为永磁式和恒磁式两种。永磁式扬声器因磁铁可以做得很小，所以可以安放在内部，又称内磁式。它的特点是漏磁少、体积小，但价格较贵。恒磁式扬声器往往要求磁铁体积较大，一般安放在外部，又称外磁式。它的特点是漏磁大、体积大，但价格便宜，常用于普通收音机等电子产品中。

电动式扬声器由纸盆、音圈、磁体等组成，如图 2-41 所示。当音频电流通过音圈时，音圈产生随音频电流而变化的磁场，此交流磁场与固定磁场相互作用，导致音圈随电流变化而前后运动，并带动纸盆振动发出声音。

2. 压电陶瓷扬声器

压电陶瓷扬声器主要由压电陶瓷片和纸盆组成。利用压电陶瓷片的压电效应，可以制成压电陶瓷扬声器及各种蜂鸣器。压电陶瓷扬声器由于频率特性差，目前应用少；蜂鸣器广泛用于门铃、报警及小型智能化装置中。

3. 使用注意事项

1）扬声器应安装在木箱或机壳内，以利于扩展音量，改善音质，保护扬声器。

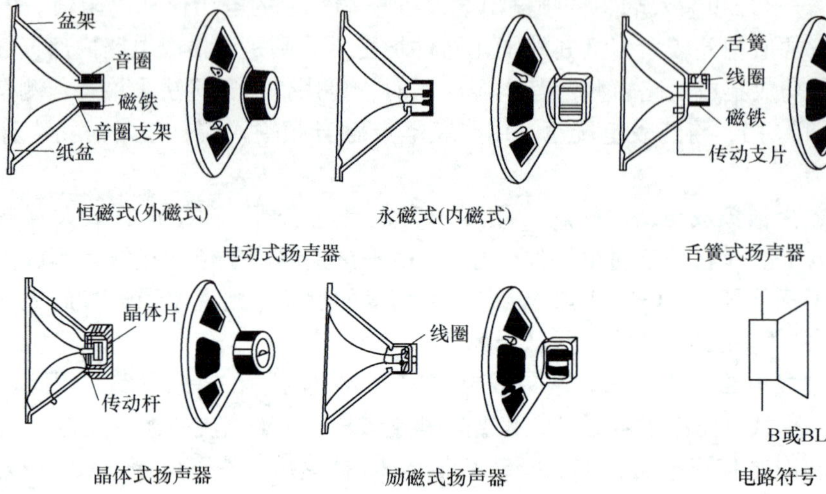

图 2-40 扬声器的结构、外形及电路符号

2）扬声器应远离热源，防止扬声器磁铁长期受热而退磁。压电陶瓷扬声器的晶体受热后会改变性能。

3）扬声器应防潮，特别是纸盆扬声器要避免纸盆变形。

4）扬声器严禁撞击和振动，以免失磁、变形而损坏。

5）扬声器长时间的输入电功率不应超过其额定功率。

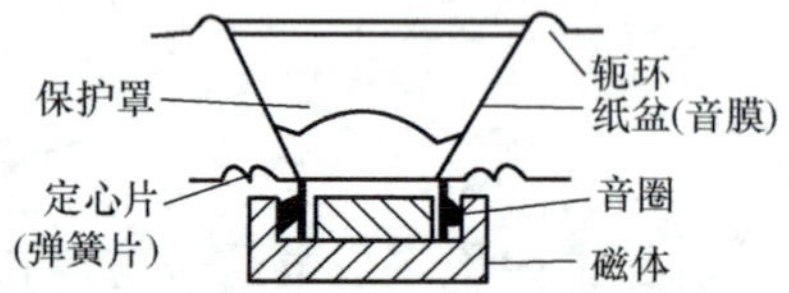

图 2-41 电动式扬声器的结构

2.7.2 耳机

耳机主要应用于袖珍式收音机、收放机等便携式语音电子产品中，代替扬声器做放声用。耳机的形状和结构尽管不同，但其工作原理和过程与电动式扬声器相似，借助磁场将音频电流变为机械振动而还原成声音。

2.7.3 传声器

传声器俗称话筒、麦克风，它的作用与扬声器相反，是一种将声能转换为电能的电声器件。传声器的种类很多，常见的有动圈式、晶体式、铝带式、电容式和碳粒式等。现在应用最广泛的是动圈式和驻极体电容式传声器。传声器的电路符号过去用 S、M 及 MIC 等表示，新国标规定为 B 或 BM。传声器的外形及电路符号如图 2-42 所示。

1. 动圈式传声器

动圈式传声器的结构如图 2-43 所示，它是由永久磁铁、磁钢、音圈、音膜、输出变压器等组成。音膜的音圈处于永久磁铁的圆形磁隙中，当声音传到传声器膜片后，声压使膜片振动，带动音圈做切割磁力线运动，从而产生感应电动势，经过阻抗匹配变压器变换后输出，完成声-电转换。这种传声器有低阻 200～600Ω 和高阻 10～20kΩ 两类，常用动圈式传声器的阻抗为 600Ω，频率响应一般为 200～5000Hz。动圈式传声器结构坚固，工作稳定，

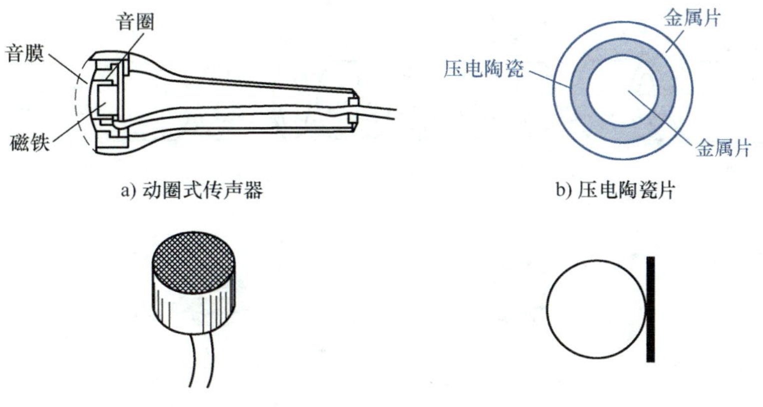

a) 动圈式传声器　　b) 压电陶瓷片

c) 驻极体电容式传声器　　d) 传声器的电路符号

图 2-42　常见传声器的外形及电路符号

具有单方向性，经济耐用，使用十分广泛。

2. 普通电容式传声器

普通电容式传声器是由固定电极与膜片组成。当有声压时，膜片因受力振动引起电容量发生变化，使电路中充电电流随电容量的变化而变化，此变化电流流过电阻转换成电压输出。普通电容式传声器带有电源和放大器，给电容振膜提供极化电压并将传声器输出的微弱信号放大，这种传声器频率响应好，输出阻抗极高，但结构复杂、体积大，又需要供电系统，使用不方便，比较适合在质量要求高的扩音、录音中使用，如固定的录音室等。普通电容式传声器的结构与接线如图 2-44 所示。

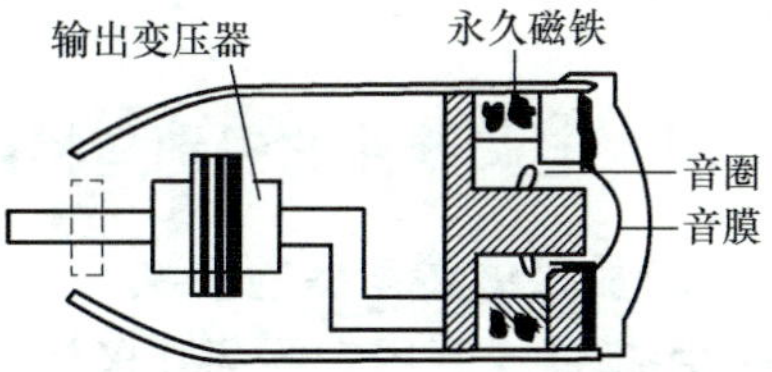

图 2-43　动圈式传声器的结构

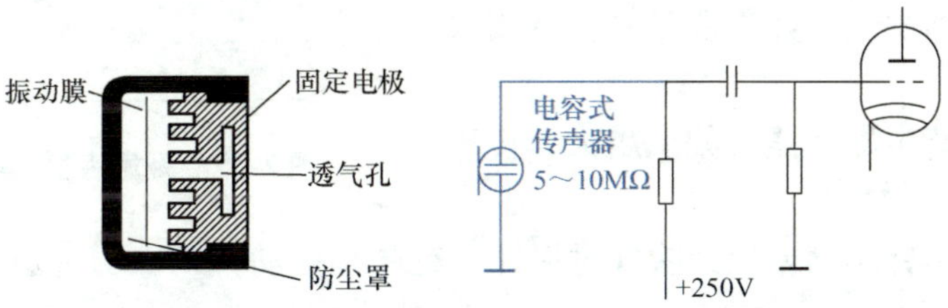

图 2-44　普通电容式传声器的结构与接线

3. 驻极体电容式传声器

由于驻极体表面的电荷能永久保持，不需外加直流极化电压，故用驻极体振动膜的驻极体电容式传声器除具备普通电容式传声器的优良性能外，还具有结构简单、体积小、重量轻、耐振、价格低廉、使用方便等特点，因而应用广泛，缺点是在高温高湿下寿命较短。

驻极体电容式传声器的输出阻抗很高，为几十兆欧，应用时要加一个结型场效应晶体管进行阻抗变换后才能与音频放大器相匹配。驻极体电容式传声器的结构如图 2-45 所示。

驻极体传声器有 2 个引极的，也有 3 个引极的，其引极对应如图 2-46 所示。

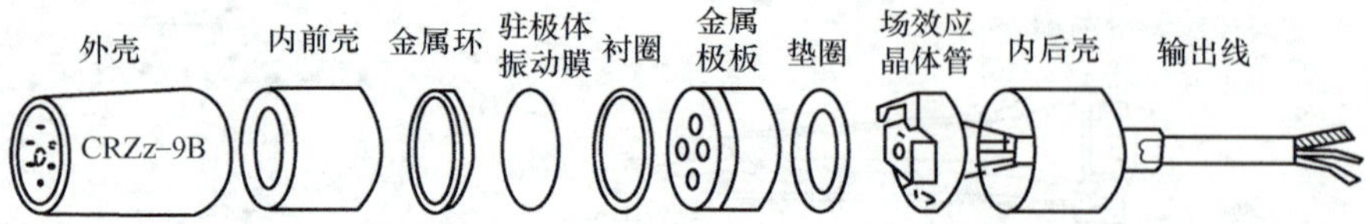

图 2-45　驻极体电容式传声器的结构

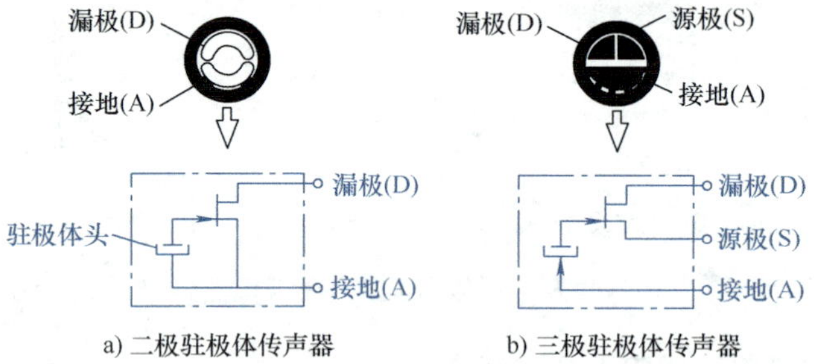

图 2-46　驻极体传声器引极图

2.7.4　电声器件的识别与检测

1. 驻极体传声器的检测

用指针式万用表检测驻极体传声器的方法如图 2-47 所示。

1）将万用表置于“Ω”挡，选取“R×100”挡量程。

2）红表笔接源极（该极与金属外壳相连，很容易辨认），黑表笔接另一端的漏极。

3）对着传声器吹气，如果质量好，万用表的指针应摆动。

4）比较同类传声器，摆动幅度越大，传声器灵敏度也越高。

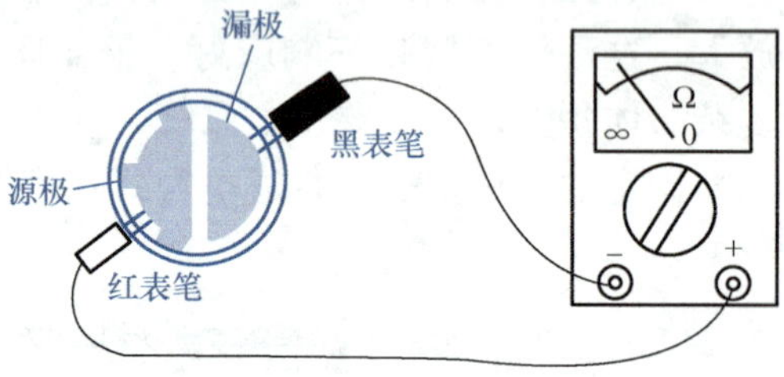

图 2-47　万用表检测驻极体传声器

5）在吹气时指针不动或用劲吹气时指针才有微小摆动，则表明传声器已经失效或灵敏度很低。

请思考：如何用数字万用表检测驻极体传声器？

2. 扬声器的检测

1）将万用表置于“Ω”挡，选取“R×1”挡量程。

2）两表笔触碰动圈接线柱，万用表指针有指示而且发出“喀喀”的声音，则表示动圈是好的。

3）如果万用表指针不摆动又无声，则说明动圈已断线。

4）也可以用一节 1.5V 的干电池引出两条线，触碰一下动圈接线柱，同样从有无“喀喀”声来辨别扬声器的好坏。

5）还可利用万用表的 50μA 挡或 100μA 挡，将两表笔并接于扬声器的接线极片上，迅速按压纸盆，若表头指针摆动，说明扬声器可正常工作。

3. 压电式扬声器的检测

1）将万用表置于“Ω”挡，选取“R×10k”挡量程。

2）先将一只表笔接在器件的一端，用另一表笔快速触碰另一端，同时注意观察表针的摆动。

3）正常情况下，在表笔刚接通瞬间指针应有小的摆动，然后返回到∞，如果需要多次观察充放电情况，每次测试都应改换一下表笔极性。

4）如没有以上充放电现象，表明内部有断路障碍；如万用表指针摆动后不复原，则是内部有短路障碍或被高压击穿。

5）也可将音频信号发生器的输出信号直接加到扬声器的两端进行试听，好的压电式扬声器能听到清晰的音频声音，如无声音、声音小或发哑则表明损坏。

2.8　开关件、接插件与熔断器

2.8.1　开关件及其检测

开关和接插件在电路中应用广泛，其质量及可靠性直接关系到电子产品整机的可靠性。影响开关和接插件质量及可靠性的主要要素有温度、湿度、工业气体和机械振动等。

开关在电子设备中作切断、接通或转换电路用。它们的种类、规格很多，其中大多数都是手动式机械结构。由于此结构操作方便、价格低廉、工作可靠，目前应用最为广泛。除此之外，随着新技术的发展也出现了许多非机械结构的开关，如气动开关、水银开关、高频振荡式开关等。这里主要介绍几种常见的机械结构开关，它的外形如图 2-48 所示。

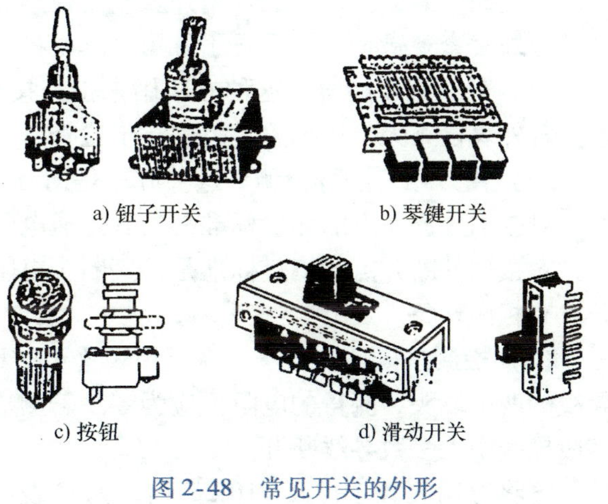

图 2-48　常见开关的外形

（1）钮子开关　钮子开关通常为单极双位和双极双位开关，主要用作电源开关和状态转换开关，其外形如图 2-48a 所示。

（2）琴键开关　琴键开关是一种积木组合式结构，能作多极多位组合的转换开关。琴键开关大多是多挡组合式，也有单挡的，单挡开关通常用作电源开关。琴键开关按锁紧形式可分自锁、互锁、无锁三种，琴键开关的外形结构如图 2-48b 所示。

（3）按钮　按钮的形状多为圆形和方形，通过按动键帽使电路接通或断开，如图 2-48c 所示。

（4）滑动开关　滑动开关的内部置有滑块，操作时通过不同的方式驱动，带动滑块，使滑块动作，开关触点接通或断开，从而起到开关作用。滑动开关有拨动式、杠杆式、旋转式、推动式及软带式等。其中拨动式和杠杆式最为常用，如图 2-48d 所示。

（5）薄膜开关 薄膜开关即薄膜按键开关，是近年来国际流行的、集装饰和功能于一体的新型开关。薄膜开关按基材不同分为软性和硬性两种；按面板类型不同分为键位平面型和凹型两种；根据按键类型不同分为无手感键和有手感键（触觉反馈式）两种。薄膜开关是一种无自锁的按动开关。

2.8.2 接插件及其检测

1. 接插件的种类

接插件又称连接器或插头插座，泛指连接器、插头、插塞、接线熔丝座、电子管座等。现代电子系统中，为了便于组装、维修和置换，在分立元件或集成电路印制电路基板之间、基板与机屉之间、机屉与机架面板之间、机柜与机柜之间，多采用各类接插件进行简便的插拔式电气连接。因此，要求接插件接触可靠、导电性能好、机械强度高、有一定的电流容量、插拔力适当、能够达到一定的插拔寿命。接插件一般分为插头和插座两部分。

接插件的种类繁多，可根据它的工作频率、外形结构和应用场合来分类。按频率可分为低频、高频接插件；按其外形特征可分为圆形、矩形、扁平排线接插件；按应用场合可分为印制电路板连接器、集成块插头插座，耳机、耳塞插头插座，电源插头插座等。相同类型的接插件其插头和插座各自成套，不能与其他类型接插件互换使用。各种类型接插件的外形如图2-49所示。

2. 接插件的检测

对接插件的检测，一般采用外表直观检查和万用表测量检测两种方法。通常的做法是：先进行外表直观检查，然后再用万用表进行检测。

（1）外表直观检查 这种方法用来检查接插件及开关是否有引脚相碰、引线断裂的现象。若外表检查无上述现象且需进一步检查时，再采用万用表进行检测。

（2）用万用表进行检测 这种方法是用万用表的欧姆挡对接插件的有关电阻进行测量。

对接插件连通点的测量标准是，其连通电阻值应小于0.5Ω，否则认为接插件接触不良。

对接插件断开点的测量标准是，其断开电阻值应为无穷大，若断开电阻接近零，说明断开点有相碰现象。

（3）检测接插件的方法 将万用表置于“R×1”挡，两只表笔分别接接插件的同一根导线的两个端头，测得的电阻值应为零。若测得的电阻值不为零，说明该导线有断路故障或多股导线中大多数导线断开。

再将万用表置于“R×10k”挡，两只表笔分别接接插件的任意两个端，可测量两个端的导线之间的绝缘情况。在检测过程中，万用表的指针都应停在无穷大位置上不动。如果发现某两个端头之间的电阻不是无穷大，则说明该两个端之间的导线有局部短路性故障。

2.8.3 熔断器及其检测

1. 熔断器

熔断器（Fuse）是指当电流超过规定值时，以本身产生的热量使熔体熔断，从而断开电路的一种电器。熔断器广泛应用于高低压配电系统和控制系统以及用电设备中，作为短路

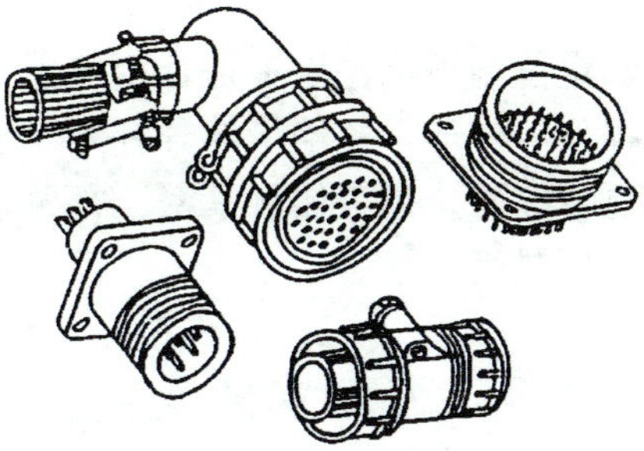

a) 圆形接插件

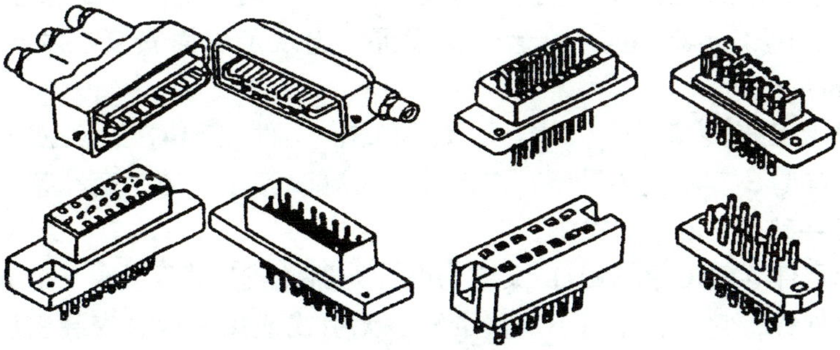

b) 矩形接插件

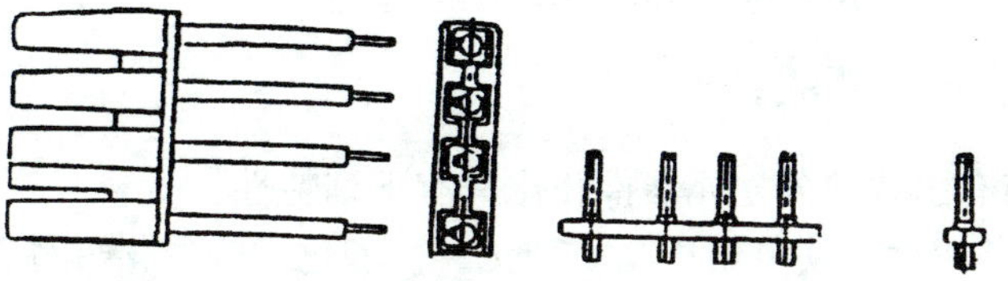

c) 扁平排线接插件

图 2-49　接插件的外形

和过电流的保护器，是应用最普遍的保护器件之一。熔断器是一种过电流保护器。熔断器主要由熔体和熔管以及外加填料等部分组成，如图 2-50所示。

使用时，将熔断器串联于被保护电路中，这是一种以金属导体作为熔体而分断电路的电器，当过载或短路电流通过熔体时，熔体自身将发热而熔断，从而对电力系统、各种电工设备以及家用电器都起到了一定的保护作用。熔断器具有反时延特性，当过载电流小时，熔断时间长；当过载电流大时，熔断时间短。因此，在一定过载电流范围内至电流恢复正常，熔断器不会熔断，可以继续使用。

图 2-50　熔断器

2. 熔断器的检测

检测熔断器与检测电阻是一样的：将万用表调至欧姆挡，如果熔断器是好的，一般测量电阻为 0；如果是坏的，测量电阻为无穷大。

另外，还要注意：

1）检查熔断器和熔体的额定值与被保护设备是否相配合。

2）检查熔断器外观有无损伤、变形，瓷绝缘部分有无闪烁放电痕迹。

3）检查熔断器各接触点是否完好，是否接触紧密，有无过热现象。

4）熔断器的熔断信号指示器是否正常。

2.9 表面安装元器件

随着电子科学理论的发展和工艺技术的改进，以及电子产品体积的微型化、性能和可靠性的进一步提高，电子元器件向小、轻、薄发展，出现了表面安装技术，简称 SMT（Surface Mount Technology）。

SMT 是包括表面安装器件（SMD）、表面安装元件（SMC）、表面安装印制电路板（SMB）、点胶、涂膏、表面安装设备、焊接及在线测试等在内的一套完整工艺技术的统称。SMT 发展的重要基础是 SMD 和 SMC。

表面安装元器件（SMC 和 SMD）又称为贴片元器件或片式元器件，它包括电阻、电容、电感及半导体器件等，它具有体积小、重量轻、无引线或短引线、安装密度高、可靠性高、抗振性能好、易于实现自动化等特点。表面安装元器件在彩色电视机（高频头）、VCD、DVD、计算机、手机等电子产品中已大量使用。

2.9.1 表面安装元器件的特性

片式元器件与有引线的分立元器件相比具有下列特性：

1）提高了组装密度，使电子产品小型化、薄型化、轻量化，节省原材料。

2）无引线或引线很短，减少了寄生电容和寄生电感，从而改善了高频特性，有利于提高使用频率和电路速度。

3）形状简单、结构牢固，紧贴在印制电路板表面上，提高了可靠性和抗振性。

4）组装时没有引线的打弯、剪短，在制造印制电路板时，减少了插装元器件的通孔，降低了成本。

5）形状标准化，适合于用自动贴装机进行组装，效率高、质量好、综合成本低。

2.9.2 表面安装元器件的种类与规格

表面安装元器件是指无引脚元器件。

1. 表面安装元器件的种类

表面安装元器件按其形状可分为矩形、圆柱形和异形（如翼形、钩形等）三类（外形如图 2-51 所示）；按其功能可分为无源、有源和机电元器件三类，具体见表 2-14。

2. 表面安装元器件的规格

（1）片式电阻的规格 片式电阻规格中主要包含阻值、精度、外形尺寸以及标称功率等信息。

下面主要介绍日本松下 ERJ 系列、广东风华 RC 系列片式电阻的规格，分别如图 2-52 和图 2-53 所示。

表 2-14　片式元器件分类

种类		矩形	圆柱形
片式无源元器件	片式电阻	厚膜、薄膜电阻，热敏电阻	碳膜、金属膜电阻
片式无源元器件	片式电容	陶瓷独石电容、薄膜电容、云母电容、微调电容、铝电解电容、钽电解电容	陶瓷电容、固体钽电解电容
片式无源元器件	片式电位器	电位器、微调电位器	
片式无源元器件	片式电感	绕线电感、叠层电感、可变电感	绕线电感
片式无源元器件	片式敏感元器件	压敏电阻、热敏电阻	
片式无源元器件	片式复合元器件	电阻网络、滤波器、谐振器、陶瓷电容网络	
片式有源元器件	小型封装二极管	塑封稳压、整流、开关、齐纳、变容二极管	玻封稳压、整流、开关、齐纳、变容二极管
片式有源元器件	小型封装晶体管	塑封 PNP、NPN 型晶体管，塑封场效应晶体管	
片式有源元器件	小型集成电路	扁平封装、芯片载体	
片式有源元器件	裸芯片	带形载体、倒装芯片	

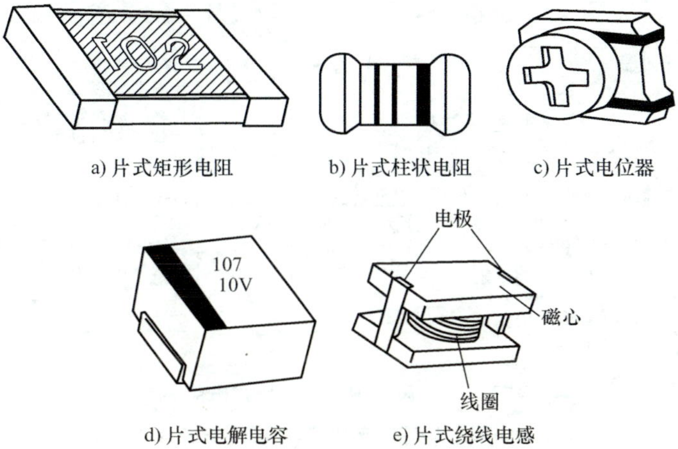

图 2-51　片式元器件

(2) 片式电容的规格　片式电容规格主要包含容值、精度、温度系数、外形尺寸以及耐压值等信息。

下面主要介绍日本松下 ECU 系列、广东风华 CT/CC 系列片式电容的规格，分别如图 2-54和图 2-55 所示。

(3) 片式电感规格　下面主要介绍广东风华片式电感的规格，分别如图 2-56 和图 2-57 所示。

2.9.3　表面安装元器件的使用注意事项

1. 焊接

焊接工艺曲线必须保证有足够的升温、降温时间，以防止热冲击带来的破坏。由于处理

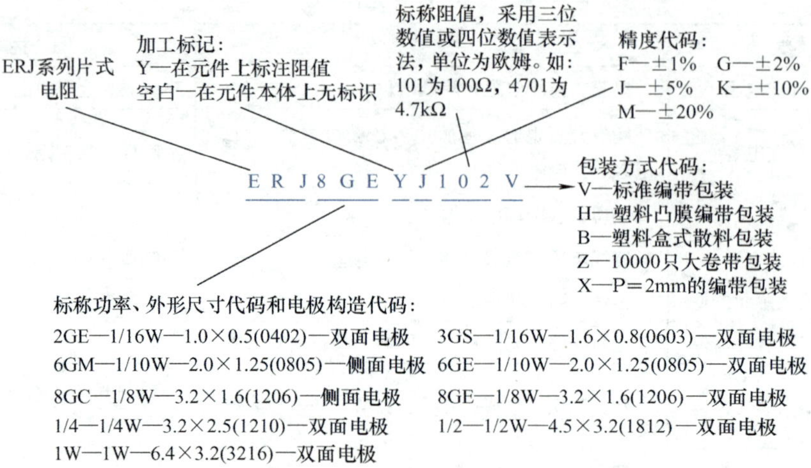

图 2-52 日本松下 ERJ 系列片式电阻的规格

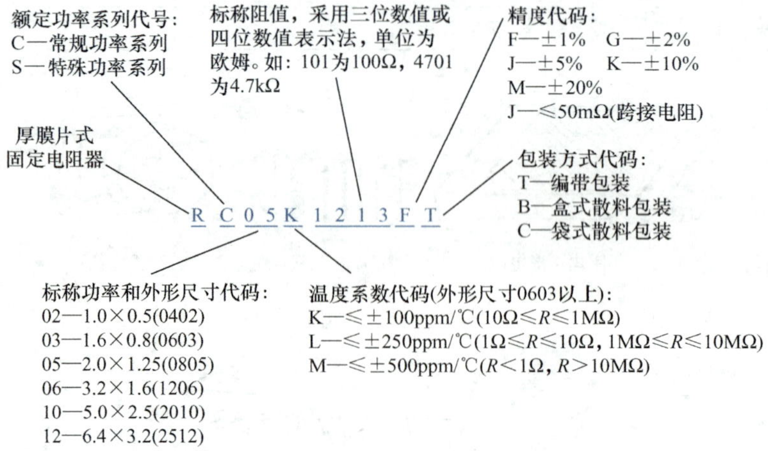

图 2-53 广东风华 RC 系列片式电阻的规格

注：ppm 表示 10^{-4}% 或 10^{-6}，即表示百万分之一。

过程或热冲击造成的裂纹往往通过一般的视觉检测是发现不了的，这种破坏非常细微（微米级裂纹）且通常发生在端头电极处，即使通过高倍显微镜也难以看到它们。如果这些微裂纹不能在初始阶段的电性能检测中被排除，且一旦工作起来它会随着时间的推移而增大，将会造成失效隐患。对这些工艺细节的重视将有助于更好地使用贴片元器件，确保高可靠性。

（1）焊接前的预热 适当的预热能有效地防止因热冲击对 SMD 芯片造成的破裂，安装过程应采用 1.0～2.0℃的升温速率进行预热至最高温度 75～125℃。大芯片的内部热均匀问题更应加以关注，在加热或冷却过程中由于局部热差梯度过大极可能造成芯片破裂。焊接前的预热阶梯关系如图 2-58 所示。

（2）焊接温度 SMT 焊料的熔点一般为 179～188℃，松香助焊剂则为 220℃。因此 210～225℃是大部分环境下较为合适的回流焊温度。在设计具体的焊接温度曲线时，应根据

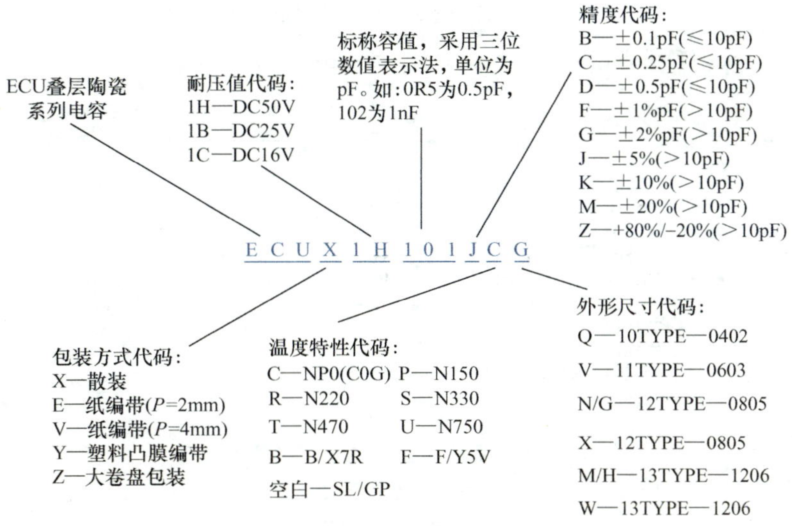

图 2-54 日本松下 ECU 系列片式电容的规格

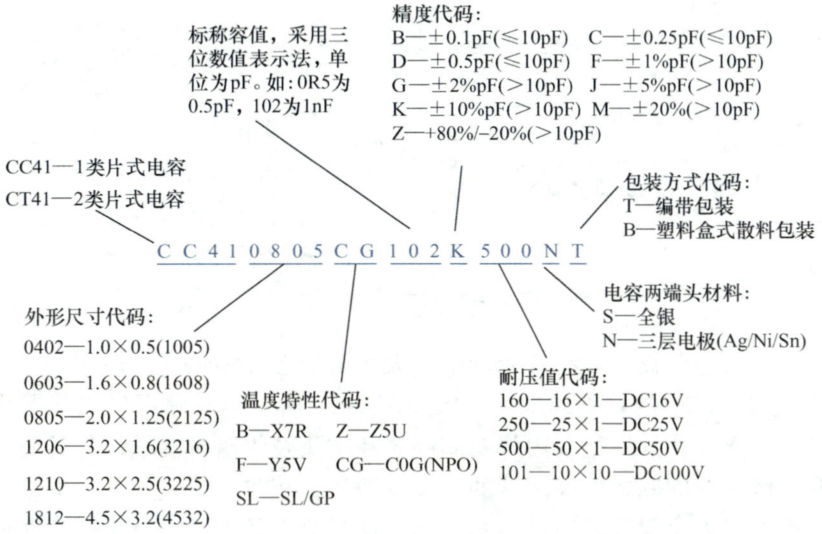

图 2-55 广东风华 CT/CC 系列片式电容的规格

具体的电路吸热及元器件的最高耐受温度而定。

(3) 波峰焊 SMD 芯片可采用波峰焊接，但应特别注意预热过程，这也是波峰焊接较难的原因之一。

(4) 手工焊接 贴片芯片不宜用手工焊接。但如果一定要用手工焊接，必须委任可靠的操作员。先把芯片和基板预热至 150℃，用恒温烙铁或功率不大于 30W、焊头不超过 3mm 的电烙铁进行焊接，焊接温度不超过 280℃，焊接时间不超过 5s。要非常小心不能让烙铁接触贴片的瓷体，因为会导致瓷体局部高温而破裂。多次焊接，包括返工，会影响贴片的可焊性和耐焊接热性能，并且效果会越来越差，因此不宜让芯片多次接触高温。

(5) 冷却过程 焊接后的组件应缓慢冷却，室温下最好能保持降温梯度不大于 2℃/s。

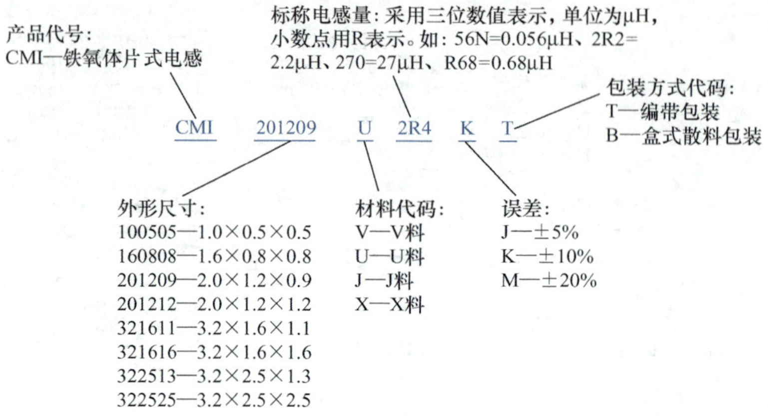

图 2-56 广东风华铁氧体片式电感的规格

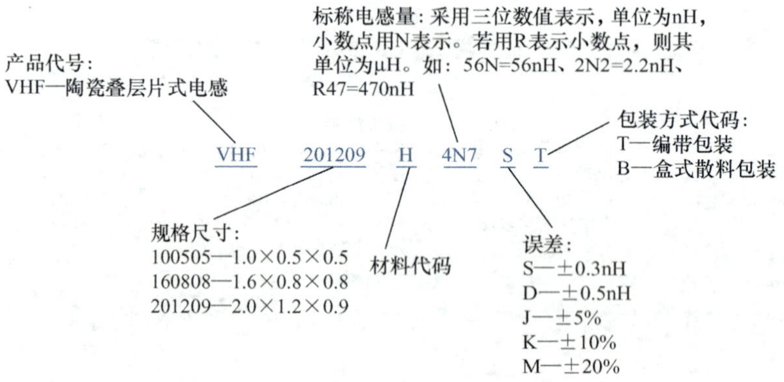

图 2-57 广东风华陶瓷叠层片式电感的规格

超过此速率或立即将电路板浸入清洗溶剂中会大大增加芯片因热冲击造成破裂的几率。

（6）墓碑现象 芯片的墓碑或拱桥现象如图 2-59 所示。墓碑现象或其他我们所不希望看到的芯片移位主要是在焊接过程中焊料润湿芯片端头及焊盘时两端产生的表面张力不平衡造成的。因此，解决此问题要保证两端的相关参数尽量相等：焊盘尺寸、焊膏量、芯片端头尺寸、元器件端头所处位置及两端加热的状态。通过合理的设计、材料选型匹配及相关的工艺控制，墓碑现象是可以避免的。

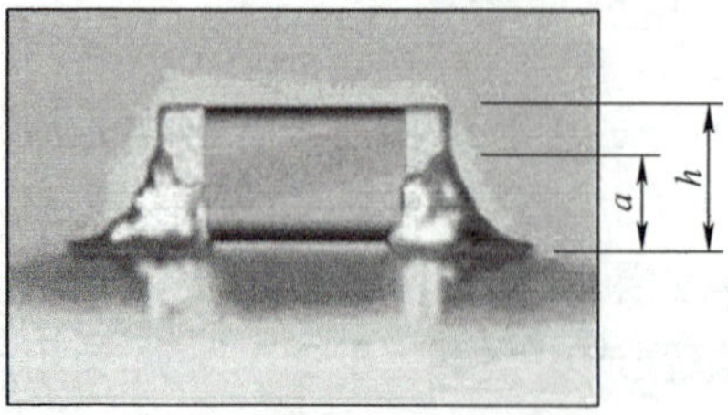

图 2-58 焊接前的预热阶梯关系

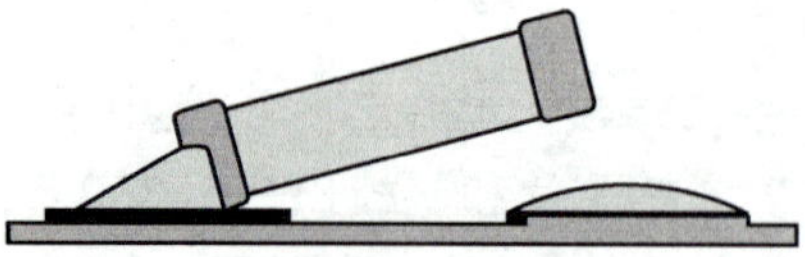

图 2-59 墓碑现象

2. 一般处理

陶瓷是高密度、易碎的物质，处理不当会引起微裂纹甚至破裂。

1）芯片被抛掷很容易破裂，除了表面损伤之外，还会使芯片性能变化、机械强度下降。因此操作过程中从高处掉到硬质地板上的芯片建议不要使用。

2）将散装芯片在一起翻滚会把芯片上的金属研磨到其他芯片表面，留在芯片上的金属痕迹会对焊接及电性能造成隐患。

3）贴片芯片不应用手直接处理，汗液和皮肤的油渍会造成可焊性不良。

4）贴片芯片不应用金属工具处理，金属镊子会削磨芯片或在芯片表面研磨下金属痕迹。建议采用塑料包封的镊子，使用时要将施加压力控制到最低程度。

5）焊锡膏的控制。如果电路板中的焊锡过量，机械应力会对芯片造成破坏，导致芯片性能变化、机械强度下降，所以在设计时应对焊盘形状、尺寸详细考虑。

3. 机械冲击处理

防止芯片受到机械应力的伤害，要注意以下各点：

1）工艺过程必须尽量避免让电路板遇到过强或过急的弯曲。

2）贴片芯片应该避免设计在电路板弯曲时受机械应力高的位置。

3）贴片芯片的两焊点确定的直线方向应该设计成与受机械应力的方向平行而不要成直角。

4）焊盘距离越远、宽度越窄，越有助于提高对机械应力的抵抗力。

5）厚贴片比薄贴片对机械应力的反应更大，大贴片比小贴片容易破裂。在实际的工艺程序中，应注意排除因弯曲电路板而产生机械应力造成芯片损坏。

4. 储存

为避免元器件受潮，芯片一开封应尽快用完。当元器件处于包封状态时，应在温度为 5～30℃（41～86°F）、湿度为 RH60% Max 以下的环境中保存。运输、分料、检验或手工贴装时，操作工人应戴防静电腕带，使用吸笔。

2.9.4　表面安装元器件的检测

1. 电阻的检测

采用直接观察法，查看电阻外观是否受损、变形和烧焦变色，若有表明电阻已损坏。此法适用于所有元器件。

也可以用万用表的电阻挡测量其阻值的大小，从表头上直接读取数字，即电阻的阻值。可与图样所给的参数比较，相符是好的，否则是坏的。

2. 电容的检测

电容的常见故障是开路失效、短路击穿、漏电、介质损耗增大或电容量减小。对电容测试应采用电容表，但维修手机一般用指针式万用表，检测起来方便、直观，可用“R×1k”或“R×10k”电阻挡粗略判断电容的好坏。

（1）普通电容粗略检测方法　普通电容容量比较小，一般在 1μF 以下，很难看到其充放电的灵敏度指示，一般使用万用表的欧姆挡测其是否短路。正常时，表针应在“∞”位置，若表针指在“0”处，说明电容短路；若表针指为某一固定阻值，说明电容漏电。

（2）电解电容粗略检测方法　电解电容容量比较大，一般在 1μF 以上，可以测试其有无充放电现象。方法：使用万用表的欧姆挡，在表笔刚接上电容两引脚的瞬间，表针应右偏一下，然后慢慢地返回到“∞”位置，说明电容有充放电灵敏度指示，是好的。如果电容漏电或短路，则万用表指示为“0”或停在某一位置不动。

3. 电感的检测

在通常情况下，用万用表的“R×1”欧姆挡测量电感的阻值，测其电阻值极小，一般为零是好的，否则是坏的。

4. 二极管的检测

普通二极管检测：根据二极管正向电阻小、反向电阻大的特点可判别二极管的极性。将万用表拨到欧姆挡，一般用“R×100”或“R×1k”挡。

发光二极管检测：测量发光二极管时，需将万用表置于“R×1k”或“R×10k”挡，正向电阻小于50kΩ、反向电阻大于200kΩ为正常。

5. 稳压二极管的测量

用万用表的低阻挡（“R×1k”挡以下）测量稳压二极管正反向电阻时，其阻值和普通二极管一样，原因是表内电池为1.5V，不足以使稳压二极管反向击穿。

变容二极管测量：变容二极管只能用万用表测其是否短路，不能检测其性能。实际中，常用代换法鉴别。

习题 2

1. 常用电阻有哪些类型？它们分别有哪些特点？
2. 常用电位器的种类有哪些？
3. 请在表2-15中填入相应的颜色环。

表 2-15

电　阻	四　色　环	五　色　环
10（1±10%）Ω		
10（1±10%）kΩ		

4. 请在表2-16中填入相应的电阻值。

表 2-16

电阻种类	色环顺序	电　阻　值
四色环电阻	黄、紫、红、金	
五色环电阻	橙、白、黑、棕、棕	

5. 测量电阻时，将被测电阻两端并联一人体电阻 $R_{人}$ 后，结果如何？为什么？
6. 请在表2-17中填入相应的电容值。
7. 常用电容有哪些类型？它们分别有哪些特点？
8. 电容常表现哪些故障现象？
9. 用指针式万用表测量电容时，万用表有何表现？为什么？
10. 常用线圈类电感有哪些类型？它们分别有哪些特点？
11. 常用变压器有哪些类型？它们分别有哪些特点？
12. 常用二极管有哪些类型？它们分别有哪些特点？

表　2-17

种　　类	电 容 值	种　　类	电 容 值	种　　类	电 容 值	种　　类	电 容 值

13. 如何判别普通二极管的质量好坏？
14. 常用晶体管有哪些类型？它们分别有哪些特点？
15. 如何判别普通晶体管的 E、B、C 极？
16. 如何判别普通晶体管的质量好坏？
17. 场效应晶体管的分类与特点是什么？
18. 如何对单、双向晶闸管的引脚与质量进行判别？
19. 怎样对驻极体传声器进行检测？
20. 怎样对扬声器进行检测？

第3章 电子装配工艺

内容提要

本章具体介绍了电子产品的装配与焊接工艺，从电子装配工艺基础、电子装配常用工具、印制电路板制作工艺、电子焊接工艺和总装工艺五个方面进行了详细阐述。

3.1 电子装配工艺基础

装配是电子技术中的基本工艺，电子产品无论其电路、结构设计得怎样好，最终还要通过装配工艺实现。而电子产品装配工艺所涉及的实际问题通常是多个理论问题的综合体现。同时，装配技术也是客观评价一名电子工程人员能力高低乃至评价一个企业生产实力的重要标准，因此一定要给予充分的重视。

3.1.1 整机装配工艺流程

1. 整机装配工艺流程概述

电子产品装配工序因设备的种类、规模不同，其构成也有所不同，但基本工序并没有变化。一般整机装配工艺的具体操作流程如图3-1所示。

电子整机装配工艺就是把有关的元器件等按设计要求安装在规定的位置上，并实现电气连接和机械连接。其间采用的连接有焊接、压接、绕接、螺纹连接、胶接、穿刺、铆接等，各有特点，各有优劣。

涉及装配的常用零部件有开关、插装、电位器、金属大功率晶体管、散热片、集成块等。

2. 整机装配的顺序和基本要求

(1) 整机装配顺序与原则 电子设备的整机装配有多道工序，这些工序的完成顺序是否合理，直接影响到设备的装配质量、生产效率和操作者的劳动强度。

按组装级别来分，整机装配按元器件级、插件级、插箱板级和箱、柜级顺序进行，如图3-2所示。

元器件级：是最低的组装级别，其特点是结构不可分割。

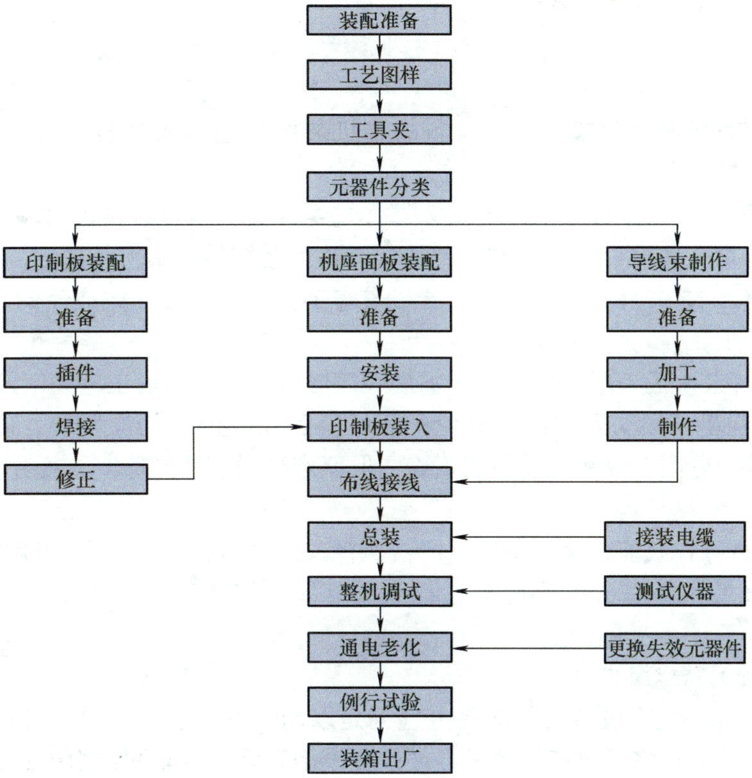

图 3-1　装配工艺流程图

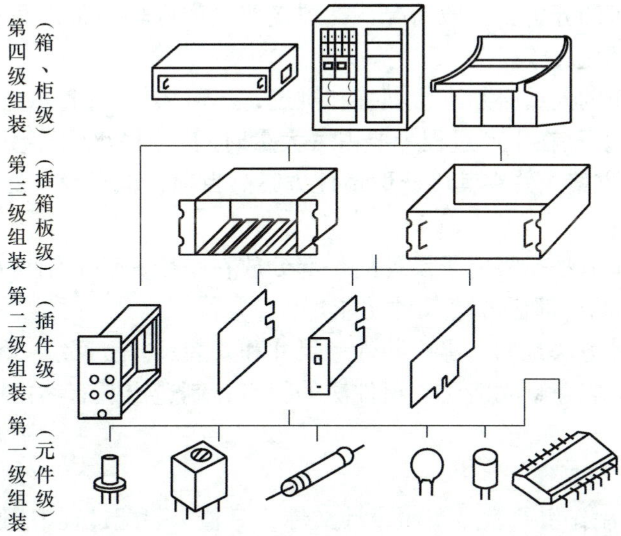

图 3-2　整机装配顺序

插件级：用于组装和互连电子元器件。

插箱板级：用于安装和互连插件或印制电路板部件。

箱、柜级：主要通过电缆及连接器互连插件和插箱，并通过电源电缆送电构成独立的有一定功能的电子仪器、设备和系统。

整机装配的一般原则是：先轻后重，先小后大，先铆后装，先装后焊，先里后外，先下后上，先平后高，易碎易损坏后装，上道工序不得影响下道工序。

（2）整机装配的基本要求 电子设备的整机装配是把半成品装配成合格产品的过程。对整机装配的基本要求如下：

1）整机装配前，对组成整机的有关零部件或组件必须经过调试、检验。未经检验合格的装配件（零、部、整件）不得安装，已检验合格的装配件必须保持清洁。

2）认真阅读工艺文件和设计文件，严格遵守工艺规程。装配完成后的整机应符合图样和工艺文件的要求。

3）严格遵守装配的一般顺序，防止前后顺序颠倒，注意前后工序的衔接。

4）装配过程不要损伤元器件，避免碰坏机箱和元器件上的涂覆层，以免损害绝缘性能。保证安装件的方向、位置、极性的正确，保证产品的电性能稳定，并有足够的机械强度和稳定度。

5）熟练掌握操作技能，保证质量，严格执行三检（自检、互检和专职检验）制度。装配中每一个阶段的工作完成后都应进行检查，分段把好质量关，从而提高产品的一次通过率。

3. 整机装配的特点及方法

（1）装配特点 电子设备的装配在电气上是以印制电路板为支撑主体的电子元器件的电路连接，在结构上是将组成产品的钣金硬件和模型壳体通过紧固件由内到外按一定顺序安装。电子产品属于技术密集型产品，装配电子产品的主要特点是：

1）装配工作是由多种基本技术构成的。

2）装配操作质量的分析：一般情况下，焊接质量的好坏通常以目测判断，刻度盘、旋钮等的装配质量多以手感鉴定。

3）进行装配工作的人员必须进行训练和挑选，不可随便上岗。

（2）装配方法 装配在生产过程中要占去大量时间，因为对于给定的应用和生产条件，必须研究几种可能的方案，并在其中选取最佳方案。目前，电子设备的装配方法从装配原理上可以分为以下几种：

1）功能法。这种方法是将电子设备的一部分放在一个完整的结构部件内，该部件能完成变换（形成）信号的局部任务（某种功能）。

2）组件法。这种方法是制造出一些外形尺寸和安装尺寸上都统一的部件。

3）功能组件法。它兼顾功能法和组件法的特点，制造出既有功能完整性又有规范性的结构尺寸和组件。

4. 连接线的加工与制作

连接线的加工与制作主要就是按照设计文件，对整个装配过程中用到的各类数据线、导线、连接线等进行加工处理，使其符合当前电子设备的工艺要求。

1）为保证导线连接牢固、美观，水平导线布设应尽量紧贴底板，竖直方向的导线可沿框边四角布设。导线弯曲时保持其自然过渡状态。线扎每隔 20～30cm 以及在接线的始端、终端、转弯、分叉、抽头等部位要用线夹固定。

2）连接线的放置要可靠、稳固和安全。连接线要避开锐利的棱角、毛边，避开高温元件，防止损坏导线绝缘层。传输信号的连接线要用屏蔽线导线，避开高频和漏磁场强度大的元器件。电源线和高电压线连接一定要可靠、不可受力。

3）连接线的固定可以使用金属、塑料的固定卡或搭扣，单根导线不多的线束可用粘结剂进行固定。为减小导线间相互干扰，不同用途、不同电位的导线不要扎在一起，要相隔一定距离，或走线相互垂直交叉。

4）连接线要尽量短，与高频无直接连接关系的线扎要远离高频回路，不要紧靠回路线圈，防止造成电路工作不稳定。

5）交流电源线、流过高频电流的导线，应远离印制电路底板，可把导线支撑在塑料支柱上架空布线，以减小元器件之间的耦合干扰。

6）从线扎中引出分支接线到元器件的接点时，线扎应避免在密集的元器件之间强行通过。线扎在机内分布的位置应有利于分线均匀。

7）电路的接地线要妥善处理。接地线应短而粗，地线按照就近接地原则，避免采用公共地线，防止通过公共地线产生寄生耦合干扰。

5. 安装工艺中的紧固和连接

电子产品的元器件之间、元器件与机板、机架以及与外壳之间的紧固连接方式主要有焊接、压接、插接、螺装、铆接、粘接、卡口扣装等。

（1）焊接　焊接是电子产品中主要的安装方法，在本书 3.4 节中有专门讲述，此处略。

（2）压接　压接是用专门的压接工具（如压接钳），在常温下对导线、零件接线端子施加足够的压力，使本身具有塑性或弹性的导体（导线和压接端子）变形，从而达到可靠的电气连接。压接的特点是简单易行，无须加热，而且金属在受压变形时内壁产生压力而紧密接触，破坏表面氧化膜，产生一定的金属互相扩散，从而形成良好的连接，不需第三种材料的介入，压接点的电阻等元器件很容易做得比焊接的高度还低。

（3）插接　插接是利用弹性较好的导电材料制成插头、插座，通过它们之间的弹性接触来完成紧固。插接主要用于局部电路之间的连接以及某些需要经常拆卸的零件的安装。通常很多插接件的插接都是压接和插接的结合连接。

插接安装时应注意如下几个问题：

1）必须对号入座。设计时尽量避免在同一块印制电路板上安排两个或两个以上完全相同的插座，且不允许互换使用插座，否则安装时容易出错。万一有这种情形，装配或修理时就要特别留意。

2）注意对准插座再插入插件。插件插入时用力要均衡，要插到位，插入时尽可能在插座的反面用手抵住电路板后再加力，以免电路板过度弯折而受损。

3）注意锁紧装置。很多插件都带有辅助的锁紧装置，安装时应该及时将其扣紧、锁死。

（4）螺装　用螺钉、螺母、螺栓等螺纹连接件及垫圈将各种元器件、零部件紧固安装在整机上各个位置上的过程，称为螺装，这种连接方式具有结构简单、装卸方便、工作可靠、易于调整等特点，在电子产品整机装配中得到了广泛应用。

电子产品中使用螺钉、螺母、螺栓时要注意以下问题：

1）分清螺纹。要分清是金属螺纹还是木制螺纹，是寸制螺纹还是米制螺纹，是精密螺纹还是普通螺纹，不同的螺纹安装方法会有所不同。

2）选定型号。要选定具体采用哪一种型号的螺钉，是自攻螺钉还是非自攻螺钉，是沉头螺钉还是非沉头螺钉，各种型号之间是不能随便代用的。

3）确定材质。确定用的是铜螺钉还是钢螺钉。如果用于电气连接的场合，往往采用铜螺钉，电导率高且不易生锈。当两个电接头的导电面可以直接相贴，电流可以不经螺杆时，则采用钢螺钉会有更好的结合强度。

4）选好规格。紧固无螺纹的通孔零件时，使孔径比螺杆大10%以内为宜；螺钉长度以旋入四扣丝以上或露出螺母一扣丝、二扣丝为宜，过短不可靠，过长则影响外观，降低工作效率。

5）垫平垫圈。安装部件偏大或荷载较重时要加垫平垫圈；被压材质较脆时要加纸垫圈；电路有被短路的危险时要加绝缘垫圈；需耐受振动的地方必须加弹簧垫圈，弹簧垫圈要紧贴螺母或螺钉头安装；对金属部件应采用弹性垫圈。

6）选好工具。螺钉旋具或扳手的工作端口必须棱角分明，尺寸和形状都要与螺钉或螺母十分吻合，手柄要大小适度，电批和风批则要调好力矩。

7）松紧方法。拧紧长方形的螺钉组时，必须从中央开始逐渐向两边对称扩展。拧紧方形工件和圆形工件时，应交叉进行。无论装配哪一种螺钉组，都应先按顺序装上螺钉，然后分步骤拧紧，以免发生结构变形和接触不良的现象。用力拧紧螺钉、螺母、螺栓时，切勿用力过猛，以防止滑丝。拧紧或拧松螺钉、螺母或螺栓时，应尽量用扳手或套筒使螺母旋转，不要用尖嘴钳松紧螺母。

（5）铆接 铆接是指用各种铆钉将零件或部件连接在一起的操作过程，有冷铆和热铆两种方法。在电子产品装配中，常用铜或铝制作的各种铆钉，采用冷铆进行铆接。铆接的特点是安装坚固、可取、不怕振动。铆接时的要求有：

1）当铆接半圆头的铆钉时，铆钉头应完全平贴于被铆零件上部，不允许有凹陷、缺口和明显的裂开。

2）铆接后不应出现铆钉杆歪斜和被焊件松动的现象。

3）用多个铆钉连接时，应按对称交叉顺序进行。

4）沉头铆钉铆接后应与被铆面保持平整，允许略有凹下，但不得超过0.2mm。

5）空头铆钉铆紧后扩边应均匀、无裂纹，管径不应歪扭。

（6）粘接 粘接也称胶接，是将合适的粘结剂涂敷在被粘物表面，因粘结剂的固化而使物体结合的方法。粘接是为了连接异形材料而经常使用的，如陶瓷、玻璃、塑料等材料，均不宜采用焊接、螺装和铆装。在一些不能承受机械力、热影响的地方（如应变片）粘接更有独到之处。

形成良好的粘接有三个要素：适宜的粘剂、正确的粘接表面处理和正确的固化方法。常用的胶合剂有：快速酞合剂聚丙烯酸酯胶（501胶、502胶）、环氧类酣合剂、导电胶、导磁胶、热熔胶、压投放和光敏胶等。

粘接与其他安装、连接方式相比，具有以下特点：

1）应用范围广，任何金属、非金属几乎都可以用胶合剂来连接。

2）粘接变形小，避免了铆接时受冲击力和焊接时受高温的作用，常用于金属板、轻型元器件和复杂零件的连接。

3）具有良好的密封、绝缘、耐腐蚀的特性。

4）用粘结剂对设备和零件、部件进行复修，工艺简单，成本低。

5）粘接质量的检测比较困难，不适宜于高温场合，粘接接头抗剥离和抗冲击能力差，且对零件表面洁净程度和工艺过程的控制比较严格。

(7) 卡口扣装　为了简化安装程序，提高生产效率，降低成本，以及为了美观，现代电子产品中越来越多地使用卡口锁扣的方法代替螺钉、螺栓来装配各种零部件，充分利用了塑性和模具加工的便利。卡装有快按、成本低、耐振动等优点。

6. 流水线作业法

通常电子整机的装配是在流水线上通过流水作业的方式完成的。为提高生产效率，确保流水线连续均衡地移动，应合理编制工艺流程，使每道工序的操作时间（又称节拍）相等。流水线作业虽带有一定的强制性，但由于工作内容简单，动作单纯，记忆方便，故能减少差错，提高功效，保证产品质量。

(1) 流水线与流水节拍　装配流水线就是把一部整机的装连、调试等工作划分成若干简单操作，每一个装配工人完成指定操作。在划分时要注意到每人操作所用的时间应相等，这个时间称为流水的节拍。

装配的设备在流水线上移动的方式有多种。有的是把装配的底座放在小车上，由装配工人沿轨道推进，这种方式的时间限制不很严格。有的是利用传送带来运送设备，装配工人把设备从传送带上取下，按规定完成装连后再放到传送带上，进行下一个操作。由于传送带是连续运转的，所以这种方式的时间限制很严格。

传送带的运动有两种方式，一种是间歇运动（即定时运动），另一种是连续均匀运动。每个装配工人的操作必须严格按照所规定的时间节拍进行。完成一部整机所需的操作和工位（工序）的划分，要根据设备的复杂程度、日产量或班产量来确定。

(2) 流水线的工作方式　目前，电视机、收录机的生产，大都有整机装配流水线和印制电路板插焊流水线。其流水节拍的形式，分自由节拍形式和强制节拍形式两种。下面以印制电路板插焊流水线为例加以阐述。

1）自由节拍形式。自由节拍形式分手工操作和半自动化操作两种类型。手工操作时，装配工人按规定插件，剪掉多余的引线，然后在流水线上传递。半自动化操作时，生产线上配备着具有铲头功能的插件台，每个装配工人独用一台。整块电路板上元器件的插装工作完成后，通过传送带送到波峰焊接机上。这种流水线方式的时间安排比较灵活，但生产效率低。

2）强制节拍形式。采用强制节拍形式时，插件板在流水线上连续运行，每个操作工人必须在规定的时间内把所要求插装的元器件、零件准确无误地插到印制电路板上。这种方式带有一定的强制性，在选择分配每个工位的工作量时应留有适当的余地，以便既保证一定的劳动生产率，又保证产品质量。这种流水线方式的工作内容简单，动作单纯，记忆方便，可减少差错，提高工效。

3.1.2　电路图和印制电路板装配图

1. 电路图

电路图是人们为了研究和工程的需要，用约定的符号绘制的一种表示电路结构的图形，通过电路图可以知道实际电路的情况。电路图主要有框图、电路原理图、装配图和印制板图等多种，这里主要介绍电路图框图、电路原理图。

(1) 组成　电路图主要由元器件符号、连线、节点、注释四大部分组成。

元器件符号表示实际电路中的元器件，它的形状与实际的元器件不一定相似，甚至完全不一样。但是它一般都表示出了元器件的特点，而且引脚的数目都和实际元器件保持一致。

连线表示的是实际电路中的导线，在原理图中虽然是一根线，但在常用的印制电路板中往往不是线而是各种形状的铜箔块，就像收音机原理图中的许多连线在印制电路板图中并不一定都是线形的，也可以是一定形状的铜膜。

节点表示几个元器件引脚或几条导线之间的相互连接关系。所有和节点相连的元器件引脚、导线，不论数目多少，都是导通的。

注释在电路图中是十分重要的，电路图中所有的文字都可以归入注释一类。仔细观察许多电路图就会发现，在电路图的各个地方都有注释存在，它们被用来说明元器件的型号、名称等。

（2）框图

1）框图简介。框图是一种用方框和连线来表示电路工作原理和构成概况的电路图。它与原理图的区别，就在于原理图详细地绘制了电路的全部元器件及其连接方式，而框图只是简单地将电路按照功能划分为几个部分，将每一个部分描绘成一个方框，方框中标注上简单的文字说明，方框间用连线（有时用带箭头的连线）说明各个方框之间的关系，如图 3-3 所示。所以框图只能用来体现电路的大致工作原理，而原理图除了详细地表明电路的工作原理之外，还可以用来作为采集元器件、制作电路的依据。

图 3-3　电路框图

2）框图的种类。框图的种类较多，具体说明如下：

① 整机电路框图。整机电路框图是表达整机电路图的框图，从框图中可以了解到整机电路组成和各部分单元电路之间的相互关系，通过图中的箭头还可以了解信号的传输途径等。遥控彩色电视机整机结构框图如图 3-4 所示。

② 系统电路框图。一个整机电路是由许多系统电路构成的，系统电路框图用来表示该系统电路的组成情况。它是整机电路框图的下一级框图，往往比整机电路框图更加详细。彩色电视机遥控系统的结构框图如图 3-5 所示。

③ 集成电路内部电路框图。集成电路内部电路组成情况可以用内部电路或内部电路框图来表示。由于集成电路内部电路十分复杂，所以在许多情况下采用框图来表示更有益于读图。从集成电路的内部电路框图中可以了解到集成电路的组成、有关引脚的作用等，这对阅读该集成电路的应用电路十分有益。集成电路一般引脚比较多，内部电路功能比较复杂，所以在进行电路分析时给出集成电路内部电路框图是最为方便的。

3）框图的功能。框图具有下列一些功能：

① 粗略表达了某电路（可以是整机电路、系统电路和功能电路等）的组成情况，通常是给出这一电路的主要单元电路位置、名称以及各部分单元电路之间的连接关系。

② 表达了各单元电路之间的信号传输方向，从而可直观了解信号在各部分单元电路之间的传输次序。

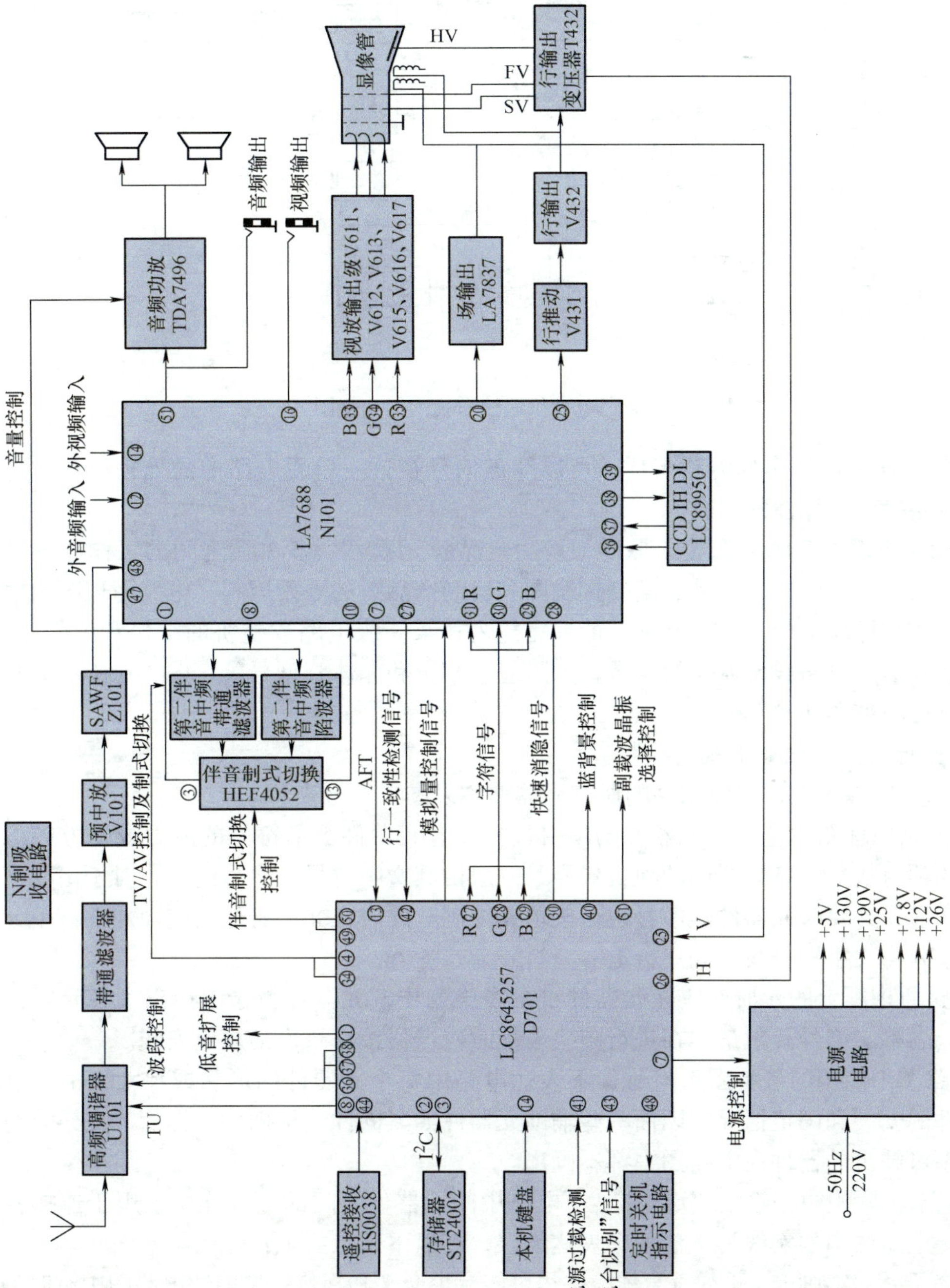

图 3-4 遥控彩色电视机整机结构框图

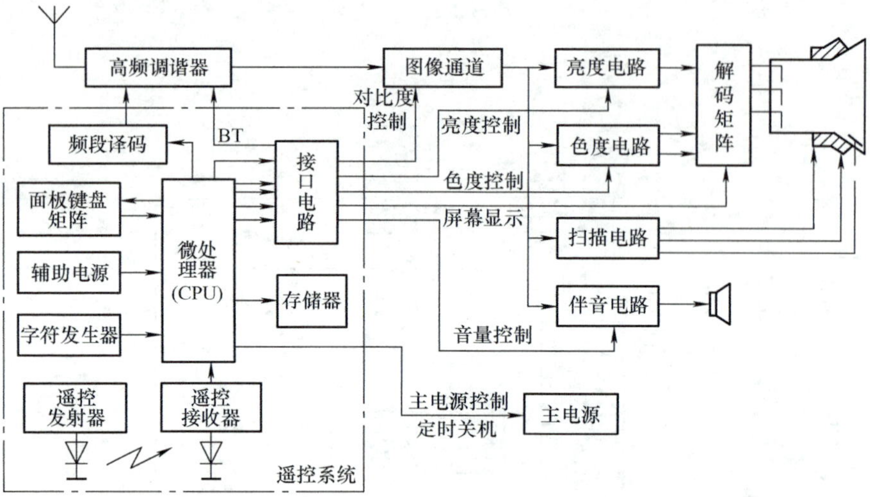

图 3-5 彩色电视机遥控系统的结构框图

③ 根据框图中所标出的电路名称，可以知道信号在这一单元电路中的处理过程，可为分析具体电路提供指导性的信息。

(3) 电路原理图 电路原理图是详细说明产品各元器件、各单元之间的工作原理及其相互间连接关系的略图，是设计、编制接线图和研制产品时的原始资料。电路原理图由电路符号、连接线和标注组成。电路原理图能够完整表达某一级电路或整机的结构和工作原理，有时图中还标出了电路各元器件的参数，如阻值、容量和晶体管型号等。图 3-6 所示为某彩色电视机电源原理图。

1）电路原理图应按如下规定绘制：

① 在电路原理图上，组成产品的所有元器件均以图形符号表示。

② 在电路原理图中应标出元器件的项目代号。各元器件图形符号的左方或上方应标出该元器件的项目代号。各元器件的项目代号，一般由其文字符号及序号组成。对于由几个单元组成的产品，必要时元器件顺序号也可按单元编制，此时在文字符号的前面加上该单元的项目代号，并与文字符号写在同一行上。

③ 电路原理图上的元器件应在元器件目录表中列出。元器件目录表标出了各元器件的项目代号、名称、型号及数量。在进行整机装配时应严格按目录表的规定安装。

④ 电路图中使用的各种图形符号，不表达电路中每个元器件的形状或尺寸，也不反映这些元器件的安装和固定情况，因而一些辅助元器件如紧固件、接插件、焊片、支架等组成实际仪器不可缺少的器件在电路图中都不画出。

2）电路原理图中的连线。实线表达了电路中的元器件之间的电气连接，用于连接各个图形符号。电路图中的实线为了清楚和表达无误，有以下几点要求：

① 连线要尽可能画成水平或垂直线，并尽可能减少交叉和拐弯。说明性电路图中有时为了表达某种工艺思路特意画成斜线，只表示电路接地点的位置和强调一点接地，如图 3-7 所示。

② 实线的相互平行线之间，距离不得小于 1.2mm；较长的实线应按功能分组画，各组之间应留有 2 倍的线间距。实线如有分支时，一般不要从一点上引出多于 3 根的连线，如图 3-8所示。

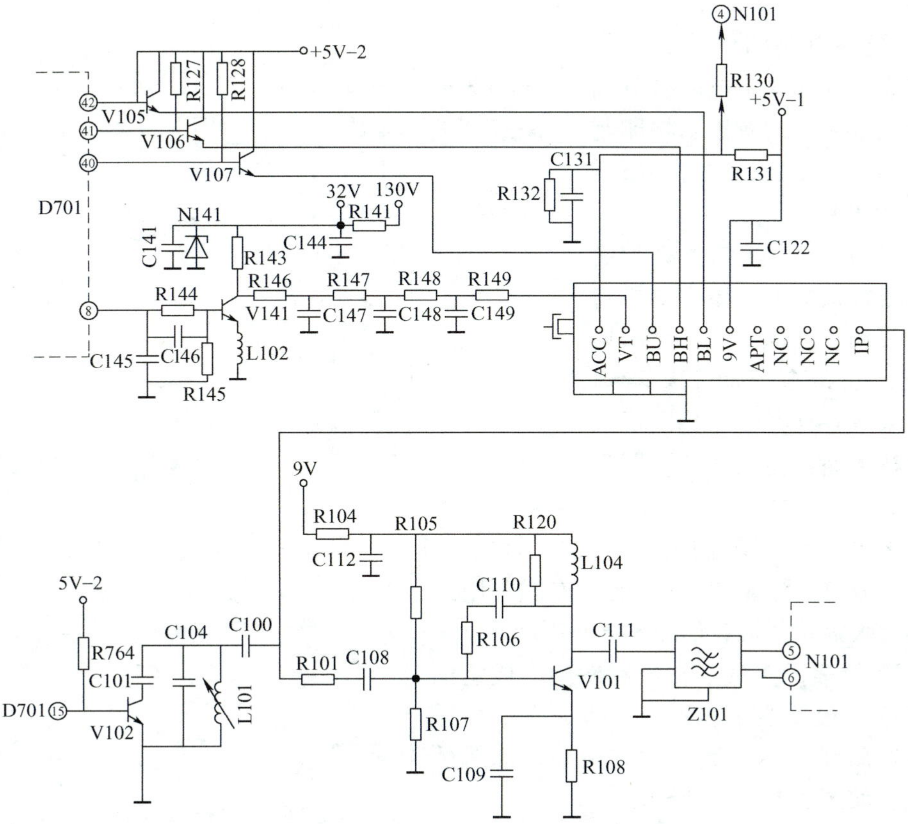

图 3-6　彩色电视机电源原理图

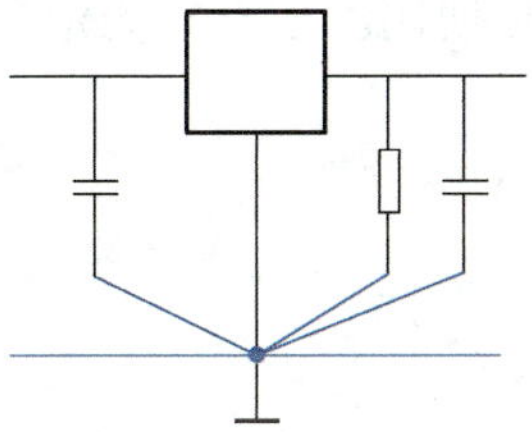

图 3-7　以斜线表示电路接地点的位置

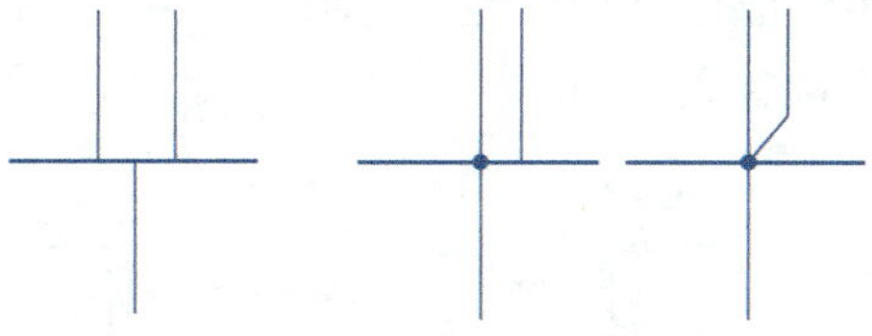

a) 推荐　　b) 不推荐

图 3-8　实线分支的画法

③ 实线线条有粗细的区别时，如果没有特殊说明，不代表电路上电气连接的变化。

④ 实线连线可以任意延长和缩短。

虚线在电路图中一般是作为一种辅助线来使用，没有实际电气连接的意义。虚线有以下几种辅助表达作用：

① 虚线在电路图中表示元器件之间的机械联动作用，如图 3-9 所示。

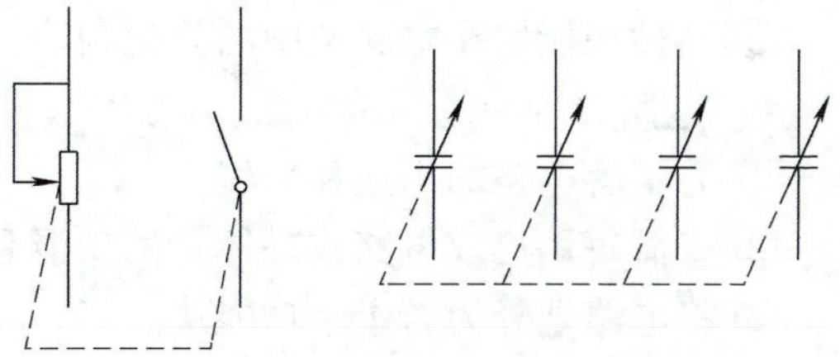

a) 带开关电位器　　b) 四联可变电容

图 3-9　元器件间的机械联动

② 虚线在电路图中表示封装在一起的元器件，如图 3-10 所示。

③ 虚线在电路图中表示对元器件进行屏

蔽，如图3-11所示。

④ 虚线在电路图中的其他作用，例如表示一个复杂电路被分隔为几个单元电路，或者表示将印制电路板分成几个小板，这时一般需要在图上附加说明。

3）电路图中连线的省略与简化。在比较复杂的电路中，如果将所有的连线和节点都画出，则图形过于密集，线条多反而不易看清楚。因此采取各种办法简化图形或对线条进行省略，使画图和读图都比较方便。

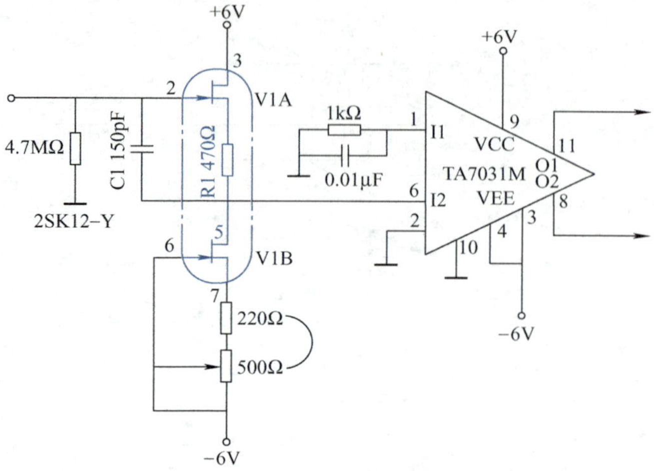

图3-10 元器件封装

① 连线的中断。在电路图中距离较远的两个元器件之间的连线，可以不直接画出，而用中断的办法表示，特别是成组的连线，用这种方法可大大简化图形，如图3-12a所示。

② 用单线表示多线。在电路图中，成组的平行线可用一根单线来表示，在线的交汇处采用在一根短斜线旁标注数字的方法来表示线的根数变化，如图3-12b、c所示。

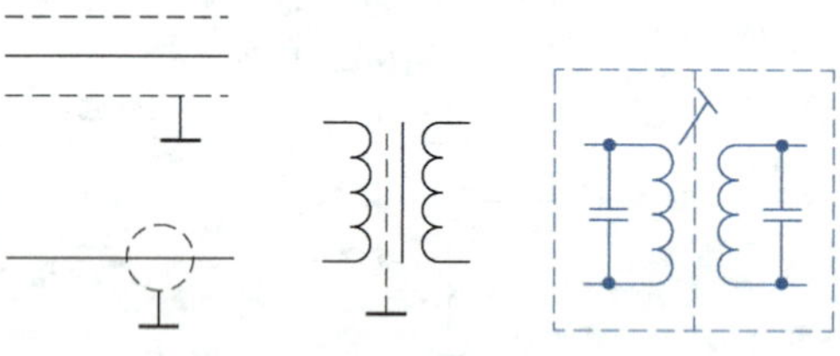

a) 导线屏蔽　b) 线圈屏蔽　c) 部件屏蔽

图3-11 元器件屏蔽

③ 电源线的省略画法。在由分立元器件组成的电路图中，电源接线可以省略，只标出节点；在由集成电路组成的电路图中，由于集成电路的引脚和使用电压都已固定，所以往往把电源节点也省去，如图3-13所示。

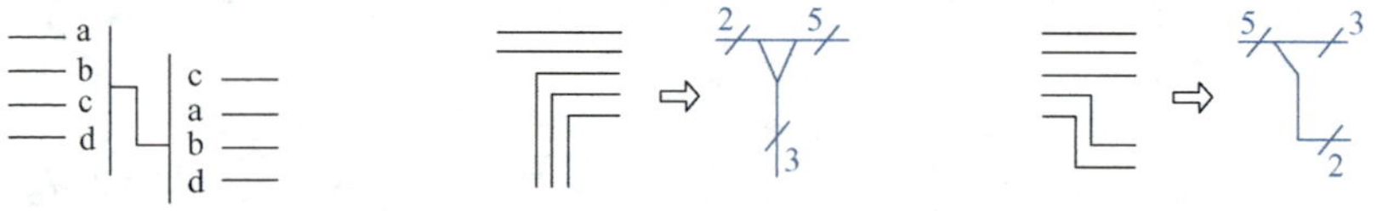

a) 单线表示4线，次序改变　b) 多线用单线简化，多线汇集　c) 单线简化表示多线分叉

图3-12 单线表示多线

④ 同种元器件在电路图中的简化画法，如图3-14所示。

⑤ 同种功能块在电路图中的简化画法，如图3-15所示。

4）电路原理图的识读方法。

① 先了解电路的用途和功能。

② 查清每块集成电路或晶体管的功能和技术指标。

③ 将电路划分为若干个功能块。

④ 将各功能块联系起来进行整体分析。

⑤ 利用等效电路深入分析。

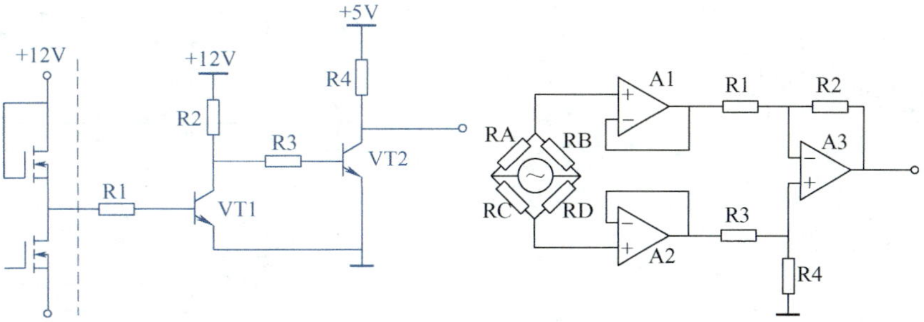

图 3-13　电源线省略的简化画法

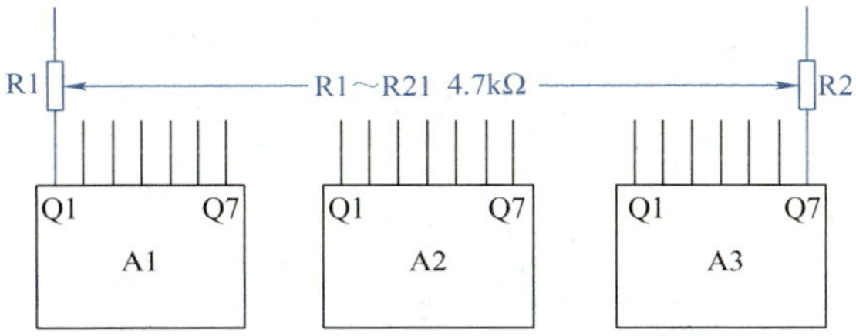

图 3-14　同种元器件在电路图中的简化画法

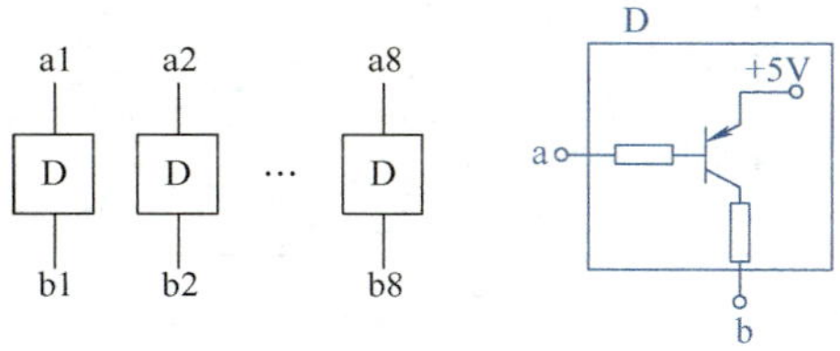

图 3-15　同种功能块在电路图中的简化画法

电子电路图的读图方法可以用以下口诀来帮助记忆："化整为零，找出通路，跟踪信号，分析功能"。

2. 印制电路板装配图

（1）印制电路板装配图概述　印制电路板装配图又称 PCB 图、印制电路图、PCB 布局图，是一种实际电子元器件的装配图，是在装配实际电路中使用的。印制电路图是用来表示元器件及零部件、整件与印制电路板连接关系的图样，装配图根据装配模板的不同而各不一样，如图 3-16 所示。印制电路板装配图有两类，一类是将印制导线按实际绘出，并在相应位置上画出元器件；另一类则是不画出印制导线，只是将元器件作为正面，画出元器件外形及位置，指导装配焊接。

印制电路板是在一块绝缘板上先覆上一层金属箔，再将电路不需要的金属箔腐蚀掉，剩下的部分金属箔作为电路元器件之间的连接线，然后将电路中的元器件安装在这块绝缘板上，完成电路的连接，如图 3-17 所示。由于这种电路板的一面或两面覆的金属是铜皮，所以印制电路板又叫"覆铜板"。印制板图的元器件分布往往和原理图中大不一样。这主要是因为，在印制电路板的设计中，主要考虑所有元器件的分布和连接是否合理，要考虑元器件体积、散热、抗干扰、抗耦合等诸多因素，综合这些因素设计出来的印制电路板，从外观看很难和原理图完全一致，而实际上却能更好地实现电路的功能。

印制板图具有以下两个方面的作用：①根据印制板图，可以方便地生产出印制电路板；②根据印制板图，可以方便地找到印制板上元器件的具体位置，以方便电子焊接与维修。

（2）印制电路板装配的基本要求　印制电路板的装配是指：根据设计文件和工艺规程的要求，将电子元器件按一定的规律次序插装到印制电路板上，并用紧固件或锡焊等方式将其固定的装配过程。

元器件装配到印制电路板之前，一般都要进行加工处理，即对元器件进行引线成形，然

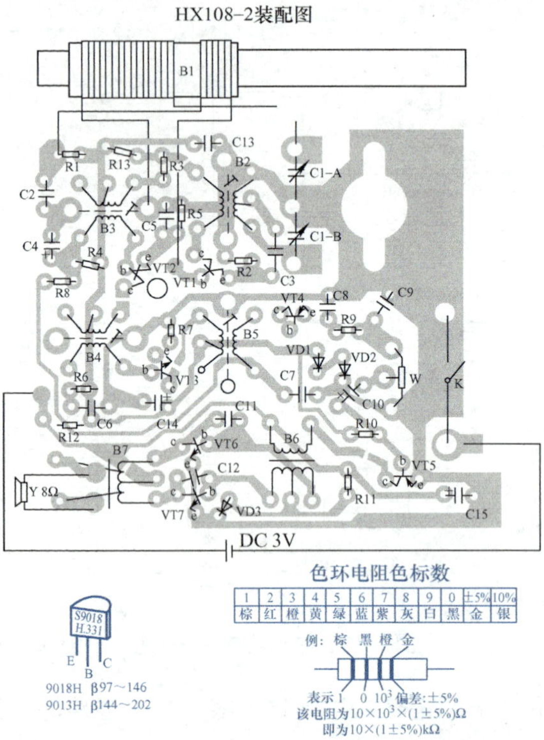

元器件位号目录				结构件清单		
位号	名称规格	位号	名称规格	序号	名称规格	数量
R1	电阻100kΩ	C11	瓷片电容0.022μF	1	前框	1
R2	2kΩ	C12	瓷片电容0.022μF	2	后盖	1
R3	1000Ω	C13	瓷片电容0.022μF	3	周率板	1
R4	20kΩ	C14	电解电容100μF	4	调谐盘	1
R5	150Ω	C15	电解电容100μF	5	电位盘	1
R6	62kΩ	B1	磁棒B5mm×13mm×55mm	6	磁棒支架	1
R7	51Ω		天线线圈	7	印制板	1
R8	1kΩ	B2	振荡线圈(红)	8	正极片	2
R9	680Ω	B3	中周(黄)	9	负极簧	2
R10	51kΩ	B4	中周(白)	10	拎带	1
R11	1kΩ	B5	中周(黑)	11	调节盘螺钉	
R12	220Ω	B6	输入变压器(蓝、绿)		沉头M2.5×4	1
R13	24kΩ	B7	输出变压器(黄、红)	12	双联螺钉	
W	电位器5kΩ	VD1	二极管1N4148		M2.5×5	2
C1	双联CBM223P	VD2	二极管1N4148	13	机芯自攻螺钉	
C2	瓷片电容0.022μF	VD3	二极管1N4148		M2.5×6	1
C3	瓷片电容0.01μF	VT1	晶体管9018H	14	电位器螺钉	
C4	电解电容4.7μF	VT2	晶体管9018H		M1.7×4	1
C5	瓷片电容0.22μF	VT3	晶体管9018H	15	正极导线(9cm)	1
C6	瓷片电容0.022μF	VT4	晶体管9018H	16	负极导线(10cm)	1
C7	瓷片电容0.022μF	VT5	晶体管9014C	17	扬声器导线	2
C8	瓷片电容0.022μF	VT6	晶体管9013H			
C9	瓷片电容0.022μF	VT7	晶体管9013H			
C10	电解电容4.7μF	Y	$2\frac{1}{2}$扬声器8Ω			

图 3-16　印制电路板装配图

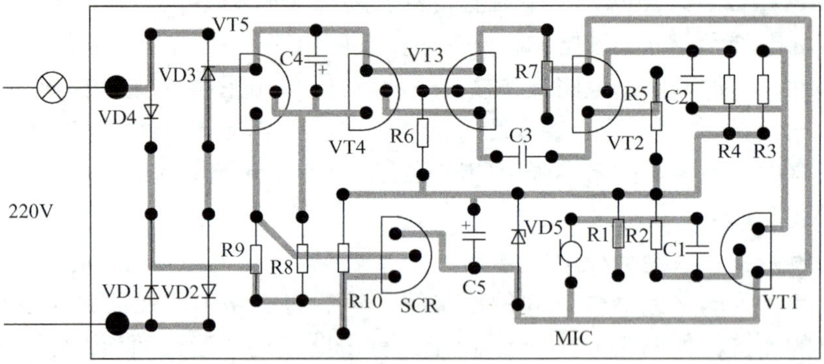

图 3-17　印制板图

后进行插装。

1）元器件引线的成形要求。元器件的引线在成形前必须进行预加工处理，包括引线的校直、表面清洁及搪锡三个步骤。引线处理后，不允许有伤痕，要求镀锡层均匀，表面光滑，无毛刺和焊剂残留物。

引线成形工艺就是根据焊点之间的距离，做成需要的形状，目的是使它能迅速而准确地插入孔内，基本要求和成形方法可参考本书 3.4.1 节中相关内容。

2）元器件安装的技术要求。

① 元器件安装后能看清元器件上的标志。同一规格的元器件应尽量安装在同一高度上。

② 安装元器件的极性不得装错，安装前应套上相应的套管。

③ 元器件在印制板上的分布应尽量均匀，疏密一致，排列整齐美观。不允许斜排、立体交叉和重叠排列。元器件的引脚直径与印制板焊盘孔径应有 0.2 ~0.4mm 的合理间隙。

④ 安装顺序一般为先低后高，先轻后重，先易后难，先一般元器件后特殊元器件。

3）一些特殊元器件的安装处理。

① MOS 集成电路的安装应在等电位工作台上进行，以免静电损坏器件。

② 发热元器件要采用悬空安装，不允许贴板安装。

③ 对于防振要求高的元器件适合卧式贴板安装。

④ 较大元器件的安装应采取绑扎、粘固等措施。

⑤ 当元器件为金属外壳、安装面又有印制导线时，应加垫绝缘衬垫或套上绝缘套管。

⑥ 对于较大元器件，又需安装在印制板上时，则必须使用金属支架在印制基板上将其固定。

(3) 元器件在印制板上的安装形式 元器件在印制板上的安装方法有手工安装和机械安装两种，前者简单易行，但效率低，误装率高；后者安装速度快，误装率低，但设备成本高，引线成形要求严格。一般有以下几种安装形式：

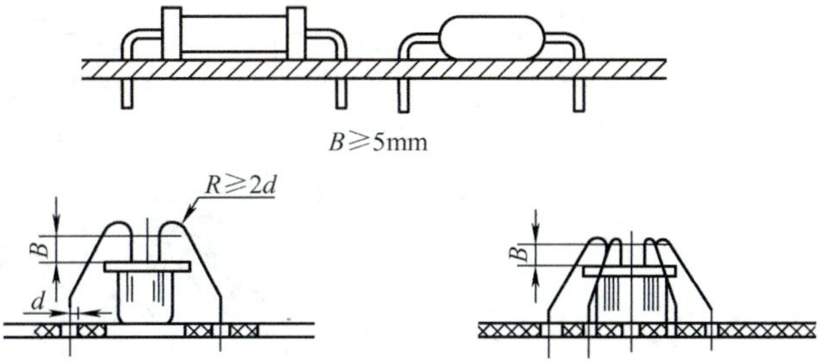

图 3-18 贴板安装

1）贴板安装。其安装形式如图 3-18所示，它适用于防振要求高的产品。元器件贴紧印制基板面，安装间隙小于 1mm。当元器件为金属外壳，安装面又有印制导线时，应加垫绝缘衬垫或绝缘套管。

2）悬空安装。其安装形式如图 3-19 所示，它适用于发热元器件的安装。元器件与印制基板面要有一定的距离，安装距离一般为 3 ~8mm。

3）垂直安装。其安装形式如图 3-20 所示，它适用于安装密度较高的场合。元器件垂直于印制基板面，但大量细引线的元器件不宜采用这种形式。

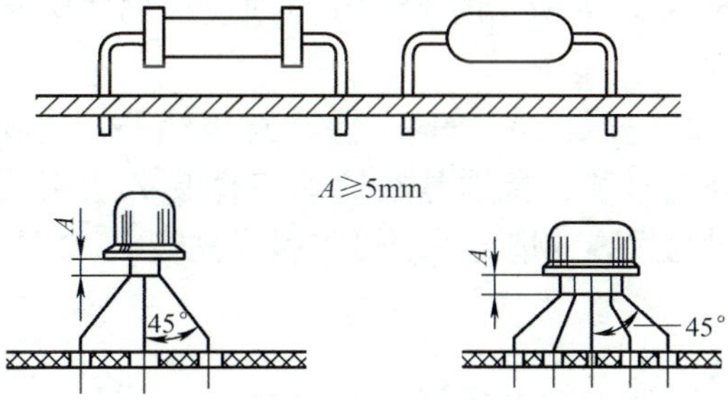

图 3-19 悬空安装

4）埋头安装。其安装形式如图 3-21 所示。这种方式可提高元器件的防振能力，降低安装高度。由于元器件的壳体埋于印制基板的嵌入孔内，因此又称为嵌入式安装。

5）有高度限制时的安装。其安装形式如图 3-22 所示。元器件安装高度的限制一般在图样上是标明的，通常处理的方法是垂直插入后，再朝水平方向弯曲。对大型元器件要特殊处理，以保证有足够的机械强度，经得起振动和冲击。

6）支架固定安装。其安装形式如图 3-23 所示。这种方式适用于重量较大的元器件，如小型继电器、变压器、扼流圈等，一般用金属支架在印制基板上将元器件固定。

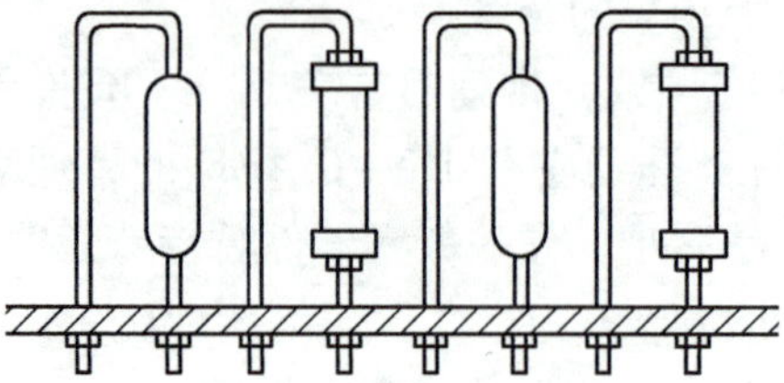

图 3-20 垂直安装

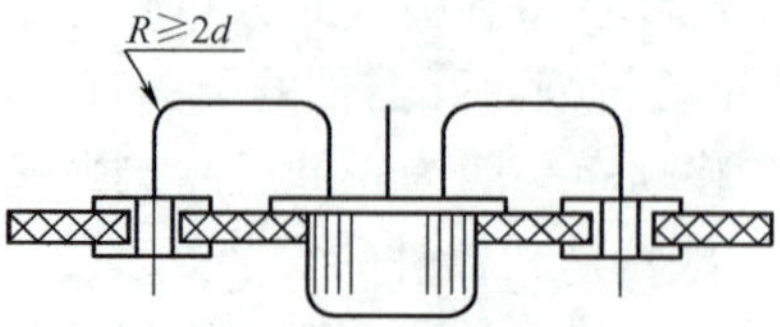

图 3-21 埋头安装

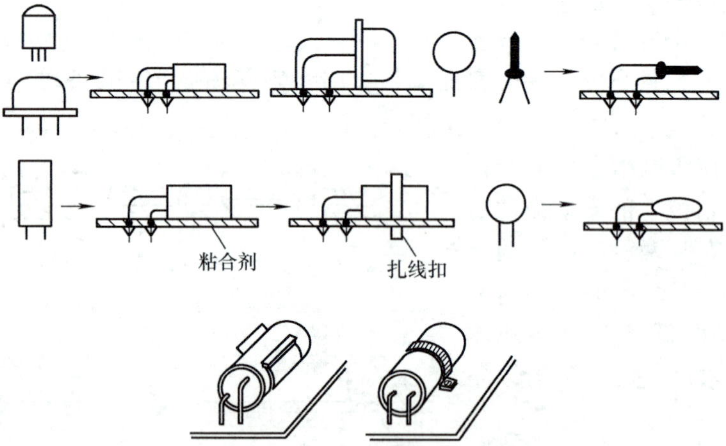

图 3-22 有高度限制时的安装

(4) 元器件安装注意事项

1）元器件插好后，其引线的外形有弯头时，要根据要求处理好，所有弯脚的弯折方向都应与铜箔走线方向相同，如图 3-24a 所示。图 3-24b、c 所示的走线方向则应根据实际情况处理。

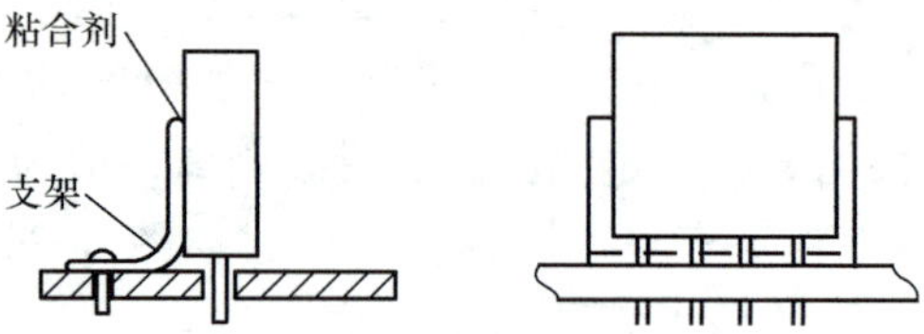

图 3-23 有固定支架的安装

2）安装二极管时，除注意极性外，还要注意外壳封装，特别是在玻璃壳体易碎、引线弯曲时易爆裂的情况下，可将引线先绕 1～2 圈再进行安装，如图 3-25 所示。

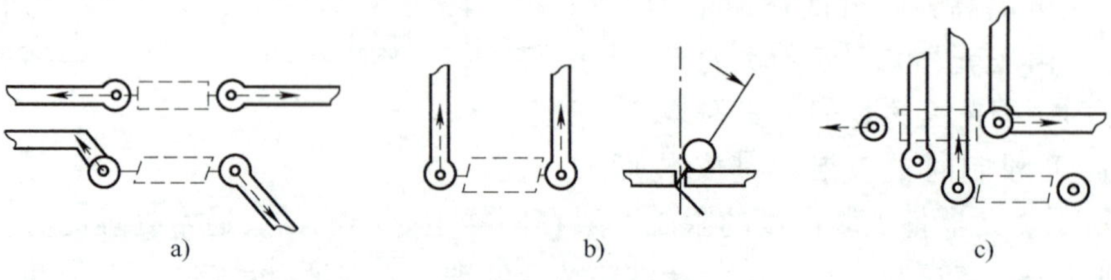

图 3-24 引线弯脚方向

3）为了区别晶体管和电解电容等元器件的正负端，一般是在安装时，加带有颜色的套管以示区别。

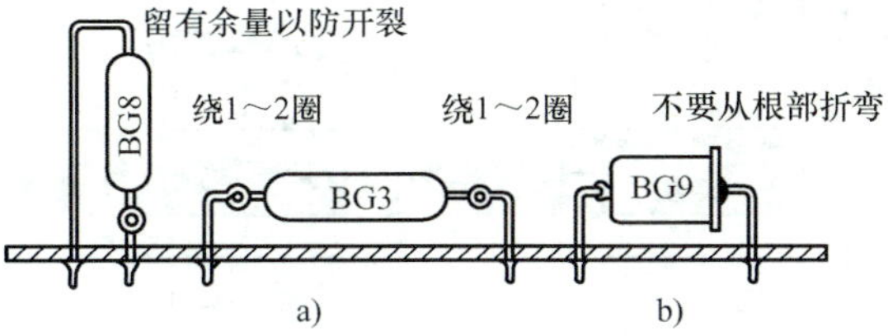

图 3-25　二极管的安装方式

4）大功率晶体管一般不宜装在印制板上，因为它发热量大，易使印制板受热变形，如图 3-26 所示。

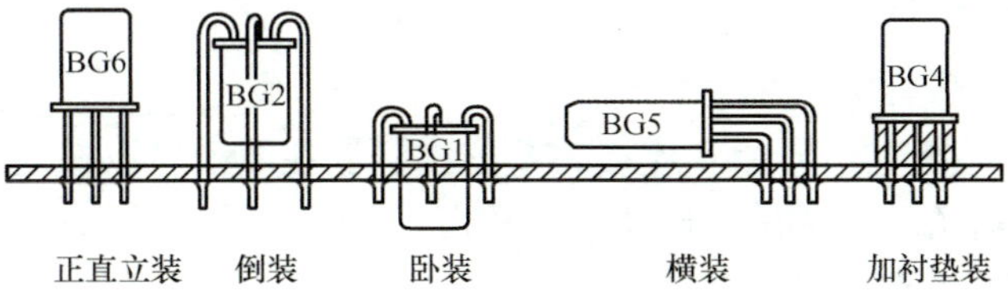

图 3-26　晶体管的安装方式

（5）印制电路板装配工艺流程

1）手工装配方式。手工装配方式分为手工独立插装和流水线手工插装。手工装配方式的特点是：设备简单，操作方便，使用灵活；但装配效率低，差错率高，不适应现代化大批量生产的需要。

手工独立插装：在产品的样机试制阶段或小批量试生产时，印制板装配主要靠手工操作，即操作者把散装的元器件逐个装接到印制基板上。其操作顺序是：

待装元器件 → 引线整形 → 插件 → 调整、固定位置 → 焊接 → 剪切引线 → 检验

对于这种操作方式，每个操作者都要从头装到结束，效率低，而且容易出差错。

流水线手工插装：是把印制电路板的整体装配分解成若干道简单的工序，每个操作者在规定的时间内，完成指定工作量的插装过程。其操作顺序是：

每拍元器件（约 6 个）插入 → 全部元器件插入 → 一次性切割引线 → 一次性锡焊 → 检查

引线切割一般用专用设备——割头机一次切割完成，锡焊通常用波峰焊机完成。

2）自动装配工艺流程。手工装配使用灵活方便，广泛应用于各道工序或各种场合，但速度慢，易出差错，效率低，不适应现代化生产的需要。尤其是对于设计稳定、产量大和装配工作量大而元器件又无需选配的产品，宜采用自动装配方式。

自动装配一般使用自动或半自动插件机、自动定位机等设备。

自动装配工艺流程框图如图 3-27 所示。经过处理的元器件装在专用的传输带上，间断地向前移动，保证每一次有一个元器件进到自动装配机的装插头的夹具里。

自动装配对元器件的工艺要求：在进行自动插装时，最重要的是采用标准化元器件尺寸。在自动装配中，为了使机器达到最大的有效插装速度，就要有一个最好的元器件排列，即要求元器件的排列沿着 x 轴或 y 轴取向，最佳设计要指定所有元器件只沿一个轴取向（至多排列在两个方向上）。对于非标准化的元器件，或不适合自动装配的元器件，仍需要手工

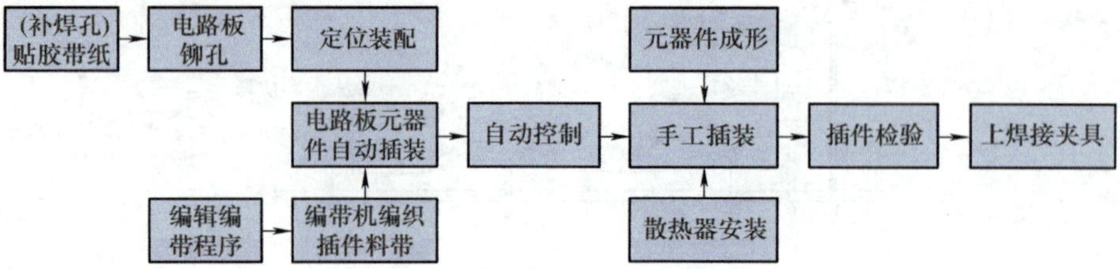

图 3-27 自动装配工艺流程

进行补插。

3.1.3 整机总装其他图样

1. 整机装配图

装配图是表示产品组成部分相互连接关系的图样。在图上可以按装入的零部件或整机的装配结构来完整地表示出产品的结构总形状。

装配图一般包括以下几项内容：

1）表明产品装配结构的各种视图。

2）外形尺寸、安装尺寸、与其他产品连接的位置尺寸，以及所需检查的尺寸和极限偏差。

3）装配时需借助的配合或装配方法。

4）在装配过程中或装配完毕后需要加工的说明。

5）其他必要的技术要求和说明。

2. 电路接线图

电路接线图是将电路图中的元器件及连接线按照布线规则绘制的图，各元器件所在的位置上有元器件的名称和标号。在工厂生产的电子产品电路中，电路接线图就是印制电路板图。印制电路板图主要用于指导对电子设备的安装、调试、检查和维修。

接线图是按照产品中元器件和接线点的实际位置关系而绘制的一种反映各部件、整件内部连线情况的略图，主要用于产品的接线、电路检查和电路维修。接线图中，一般需要标出项目的相对位置和代号、端子号、导线号、导线类型等内容。在制造、调整、检查和运用产品时，与电路图一起使用。接线图还应包括进行装接时的必要资料，如接线表、明细表等。在电子产品的图样中，常将印制电路板装配图和接线图合并绘制成一张安装图，供装配和检修使用。

接线图的示例如图 3-28 所示，接线表的示例如图 3-29 所示。

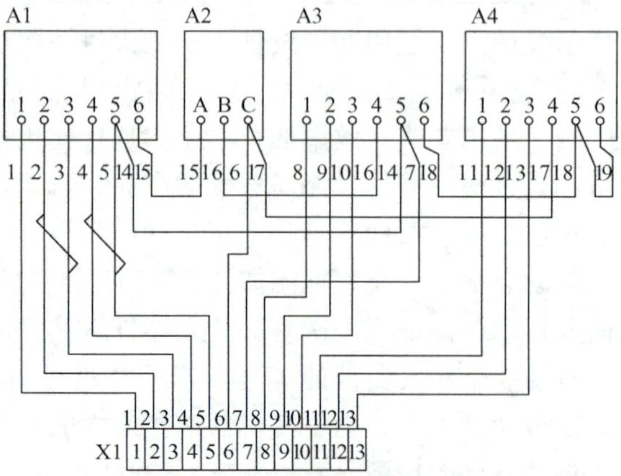

图 3-28 接线图的示例

3. 线扎图

(1) 线扎图的表示方式 线扎常采用结构式或图示式表示，如图 3-30 所示。用结构式表示时，导线的主干和分支的外轮

线缆号	线号	连接点Ⅰ		连接点Ⅱ		导线电缆型号及规格	长度/mm	备注
		项目代号	端子代号	项目代号	端子代号			
	1	X1	1	A1	1	安装线 VAR0.5mm^2 YE	200	
	2	X1	2	A1	2	VAR0.5mm^2 RD	200	绞合
	3	X1	3	A1	3	VAR0.5mm^2 BU	200	绞合
	4	X1	4	A1	4	VAR0.5mm^2 GN	200	绞合
	5	X1	5	A1	5	VAR0.5mm^2 BN	200	绞合
	6	X1	6	A2	C	VAR0.5mm^2 BK	250	
	7	X1	7	A3	5	VAR0.5mm^2 BN	300	
	8	X1	8	A3	1	VAR0.5mm^2 GY	300	
	9	X1	9	A3	2	VAR0.5mm^2 WH	300	
	10	X1	10	A3	3	VAR0.5mm^2 RD	300	
	11	X1	11	A4	1	VAR0.5mm^2 GN	220	
	12	X1	12	A4	2	VAR0.5mm^2 YE	220	
	13	X1	13	A4	3	VAR0.5mm^2 RD	220	
	14	A1	5	A3	5	VAR0.5mm^2 BN	300	
	15	A1	6	A2	A	VAR0.5mm^2 WH	100	
	16	A2	B	A3	4	VAR0.5mm^2 GY	200	
	17	A2	C	A4	4	VAR0.5mm^2 BK	200	
	18	A3	6	A4	5	VAR0.5mm^2 BU	150	
	19	A4	5	A4	6	安装线 VAR0.5mm^2 BU	20	

序号	代号	名称	数量	备注
8	SJ2086—82	安装线 VAR0.5mm^2 GY	500	
7	SJ2086—82	VAR0.5mm^2 WH	400	
6	SJ2086—82	VAR0.5mm^2 BK	450	
5	SJ2086—82	VAR0.5mm^2 BN	800	
4	SJ2086—82	VAR0.5mm^2 GN	420	
3	SJ2086—82	VAR0.5mm^2 BU	370	
2	SJ2086—82	VAR0.5mm^2 RD	720	
1	SJ2086—82	安装线 VAR0.5mm^2 YE	420	

××装置
单元接线图(表)

第1张　共1张

图 3-29　接线表的示例

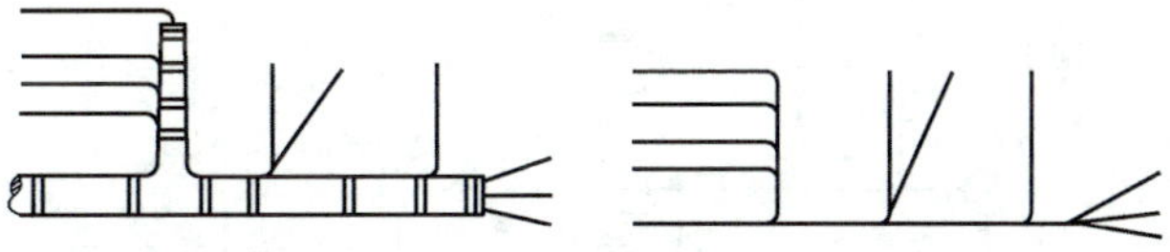

a) 结构式　　b) 图示式

图 3-30　线扎图的表示方式

廓用粗实线绘制，线端处的单根导线用与外轮廓等宽的单根粗实线绘制，电缆线按实物简化外形尺寸用粗实线绘制，绑线处用两条细实线绘制。用图示式绘制时，导线的主干、分支和单线等都采用等宽粗实线绘制。

常用线扎符号如图 3-31 所示。

（2）线扎图的绘制举例　绘制线扎图时，要标注每根导线的始端和末端的线号，线号应与接线图上相应的线号相一致，线号可用指引线标注，也可直接标在该导线旁。必要时还

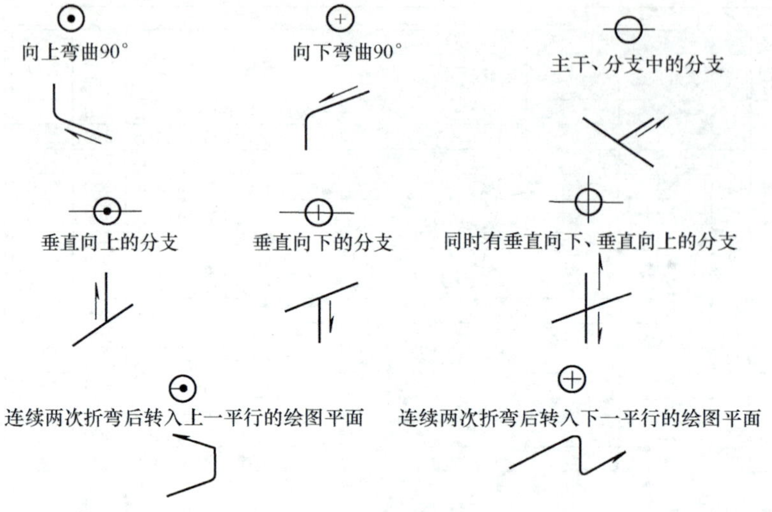

图 3-31　线扎符号

要标出导线从何处来，接向何处去。为了说明导线的牌号、规格、数量、长度、颜色等，可用明细表或导线表说明，导线表也可用 4 号图样单独编制。导线两端的剥头长度可用文字或局部视图说明。图 3-32 所示为某电子产品线扎基干的立体形状，它的线扎图如图 3-33 所示。

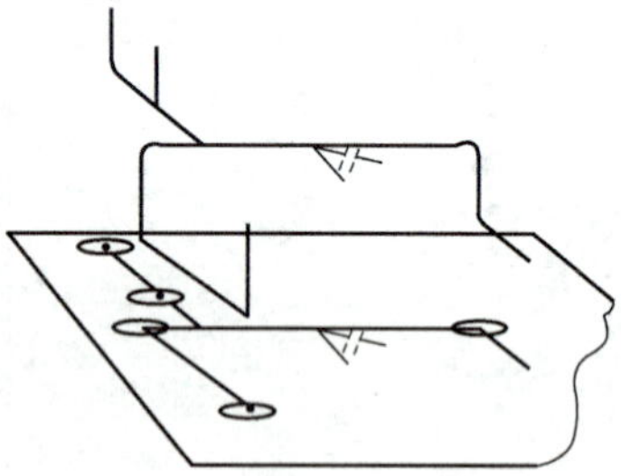

图 3-32　线扎基干的轴侧图

4. 机壳底板图和设备面板图

这两种图是表达机壳底板上元器件的安装位置和面板上各个操作旋钮、开关等元器件位置的。机壳底板上元器件的安装位置图表达了元器件和部件在仪器设备中的位置。设备面板图是按照机械制图的标准绘

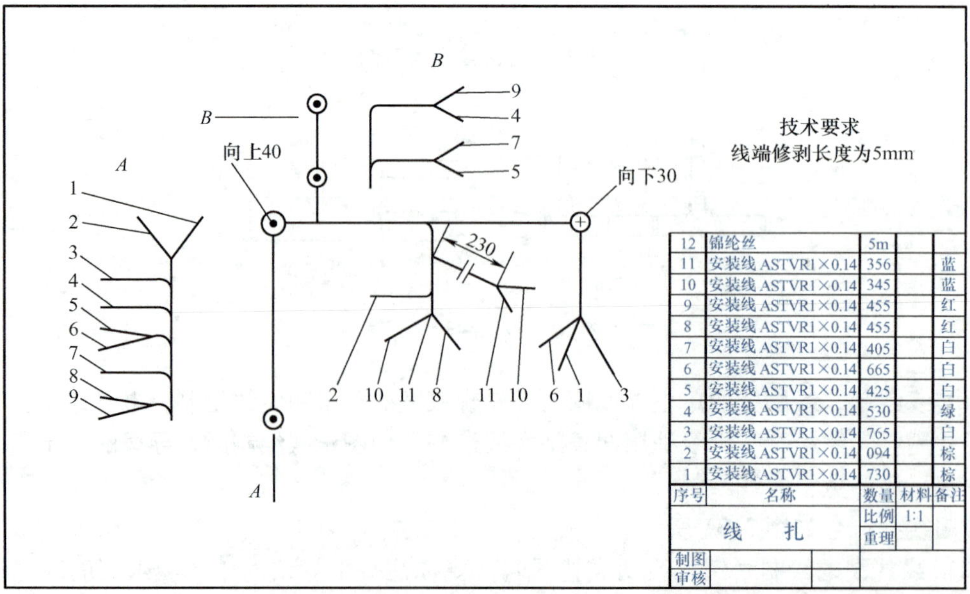

序号	名称	数量	材料	备注
12	锦纶丝	5m		
11	安装线 ASTVR1×0.14	356		蓝
10	安装线 ASTVR1×0.14	345		蓝
9	安装线 ASTVR1×0.14	455		红
8	安装线 ASTVR1×0.14	455		红
7	安装线 ASTVR1×0.14	405		白
6	安装线 ASTVR1×0.14	665		白
5	安装线 ASTVR1×0.14	425		白
4	安装线 ASTVR1×0.14	530		绿
3	安装线 ASTVR1×0.14	765		白
2	安装线 ASTVR1×0.14	094		棕
1	安装线 ASTVR1×0.14	730		棕
线　　扎		比例	1:1	
		重理		
制图				
审核				

图 3-33　线扎图示例

制出来的，是表示安装元器件在面板上的位置。设备面板图是工艺图中要求较高、难度较大的图，既要实现操作要求，又要讲究美观悦目，将工程技术人员的严谨科学态度同工艺美术人员的审美观点结合起来，才能使设备面板图达到上述要求。读这种图时要按照图中所标的各个元器件位置将元器件查找出来。

3.2　电子装配常用工具

熟悉电子产品装配中常用手工工具和常用专用设备的组成、类型、工作过程、作用及外形结构等，常用工具包括：五金工具、焊接工具和常用的专用设备等。

3.2.1　常用五金工具

常用的五金工具，主要是指运用机械原理，来进行电子产品安装和加工的工具，一般分为普通工具和专用工具两大类。

1. 普通工具

普通工具指既可用于电子产品装配，又可用于其他机械装配的通用工具。常用的有：

1）螺钉旋具：又称改锥或螺丝刀，主要用于拧动螺钉及调整可调元器件的可调部分。

常用的螺钉旋具有一字形、十字形两大类，又分为手动、自动、电动和风动等形式，如图 3-34、图 3-35、图 3-36 所示。

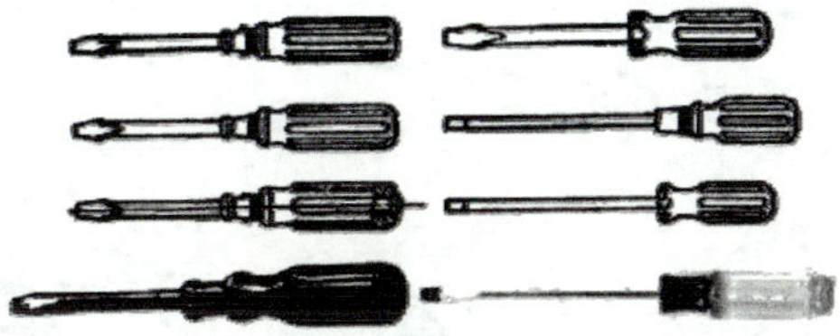

a) 一字形螺钉旋具

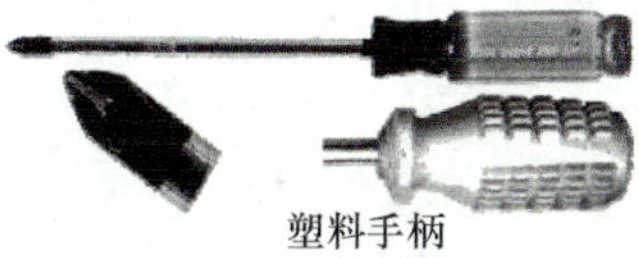

b) 十字形螺钉旋具

图 3-34　常用的手动螺钉旋具外形结构

图 3-35　自动螺钉旋具

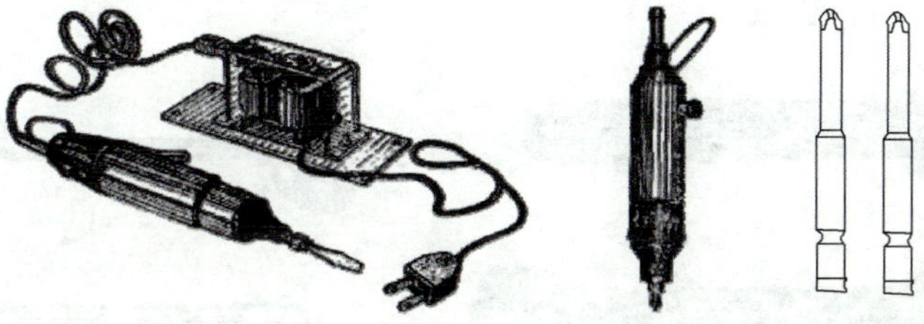

a)　b)　c)

图 3-36　小型电动和风动螺钉旋具

2）尖嘴钳：它的主要作用是在连接点上夹持导线、元器件引线及对元器件引线成形，如图 3-37 所示。

3）斜口钳：又称偏口钳、剪线钳，主要用于剪切导线，剪掉元器件多余的引线。不要用偏口钳剪切螺钉、较粗的钢丝，以免损坏钳口，如图 3-38 所示。

a)普通型

b)长嘴型

图 3-37　尖嘴钳

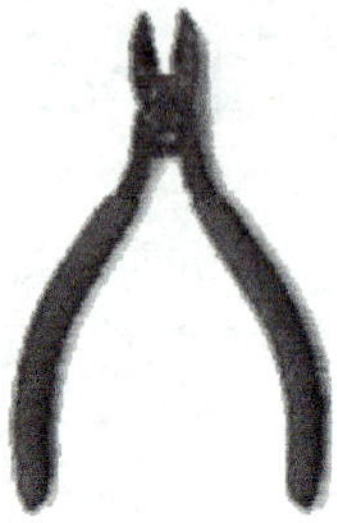

a)

b)

c)

图 3-38　斜口钳

4）镊子：主要用途是摄取微小元器件，在焊接时夹持被焊件以防止其移动和帮助散热，如图 3-39 所示。

5）小刀：主要用来刮去导线和元器件引线上的绝缘物和氧化物，使之易于上锡。

此外，还有钢丝钳（见图 3-40）、剪刀（见图 3-41）、扳手（见图 3-42～图 3-46）、锉刀（见图 3-47）等工具。

a) 钟表镊子

b) 医用镊子

图 3-39　镊子

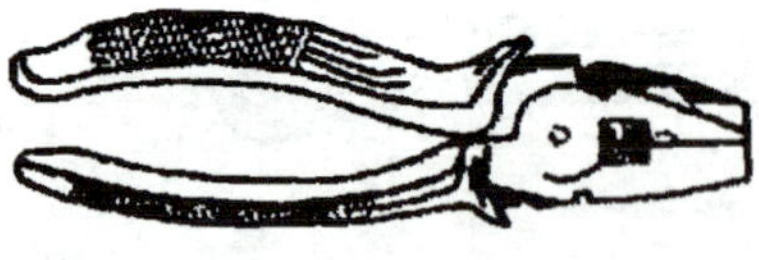

图 3-40　钢丝钳

图 3-41　剪刀

a)

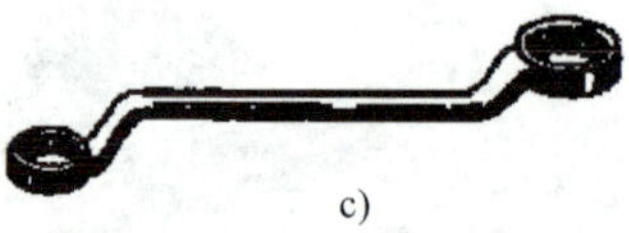

c)

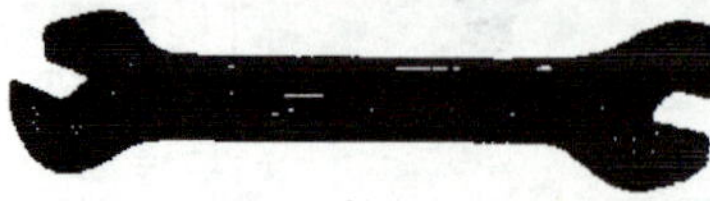

b)

d)

图 3-42　固定扳手

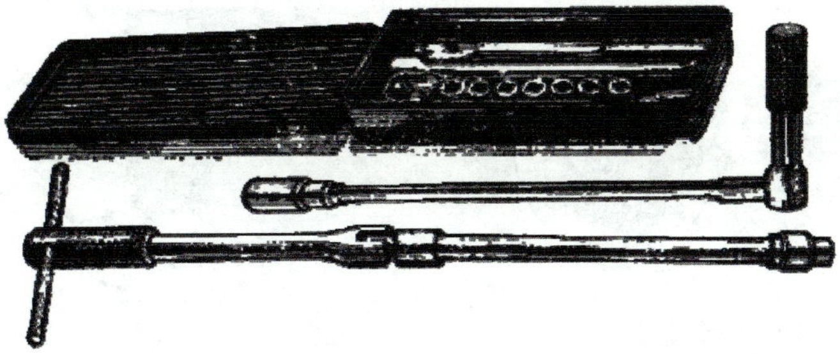

图 3-43　套筒扳手及手柄、手柄连杆

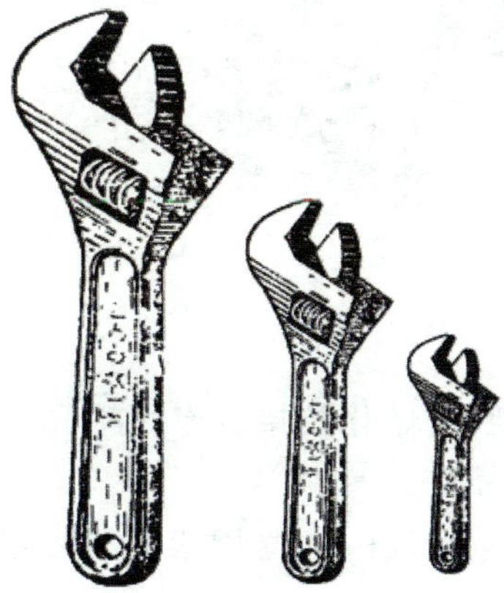

图 3-44　活扳手

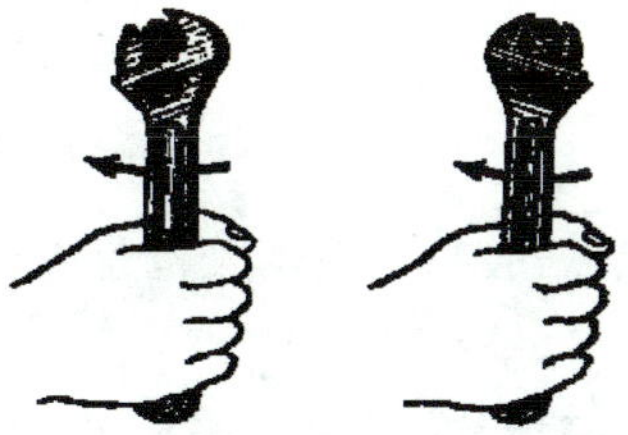

a) 正确　　b) 错误

图 3-45　活扳手扳动方向示意图

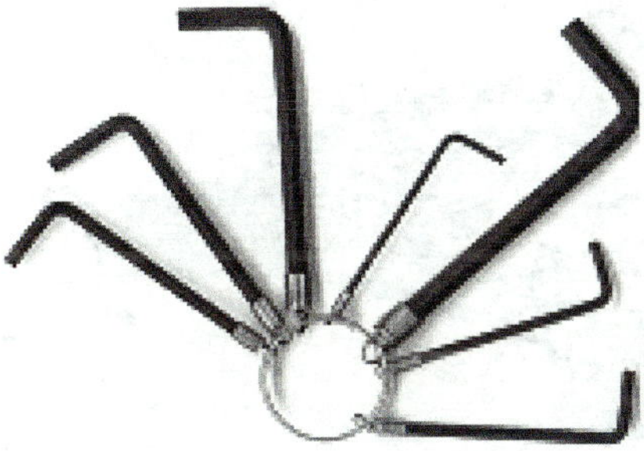

图 3-46　内六角扳手

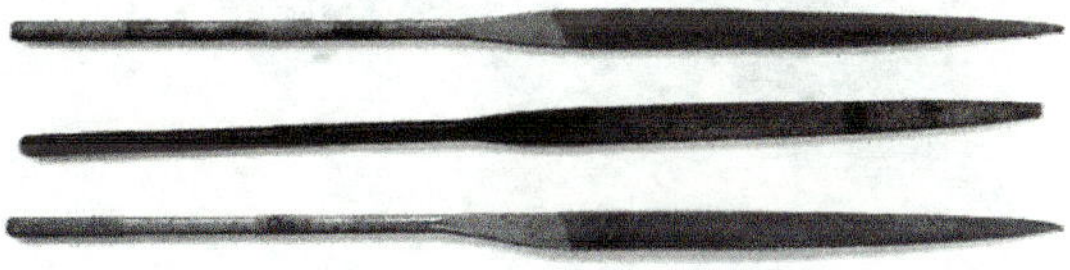

图 3-47　整形锉

2. 专用工具

专用工具指功能很专业的工具。常用的有：剥线钳、绕接器、压接钳、热熔胶枪、手枪式线扣钳、元器件引线成形夹具、无感小旋具（无感起子、钟表起子）等。

（1）剥线钳　剥线钳由刀口、压线口和钳柄组成，是内线电工和电动机修理、仪器仪表电工常用的工具之一。剥线钳的钳柄上套有额定工作电压 500V 的绝缘套管，适用于塑料、橡胶绝缘电线、电缆芯线的剥皮。剥线钳及其使用情况如图 3-48 所示。

（2）绕接器　绕接器是无锡焊接中进行绕接操作的专用工具。目前常用的绕接器有手动及电动两种，如图 3-49 所示。

（3）压接钳　压接钳是无锡焊接中进行压接操作的专用工具，如图 3-50 所示。

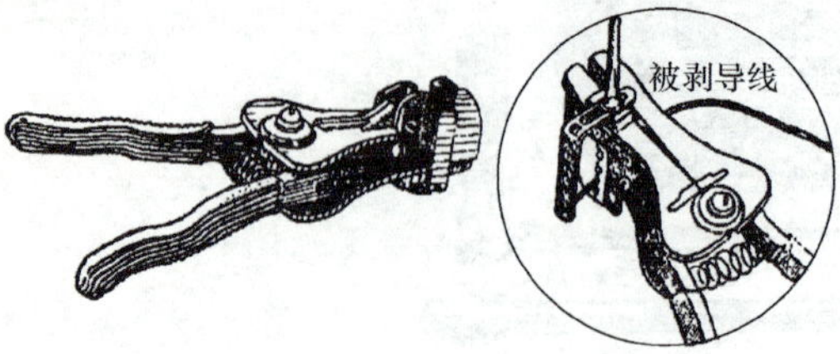

图 3-48 剥线钳及其使用情况

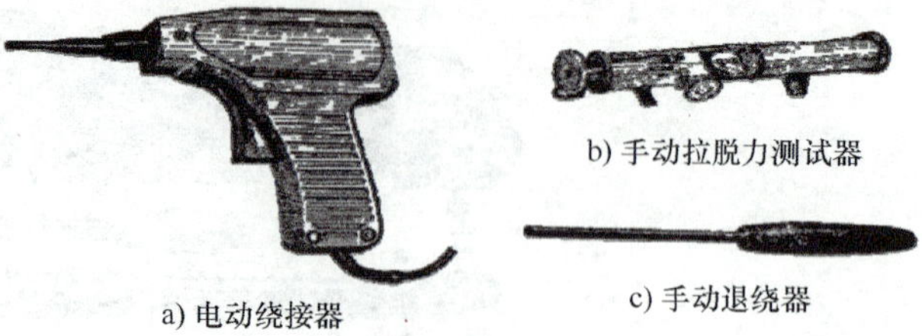

图 3-49 绕接工具

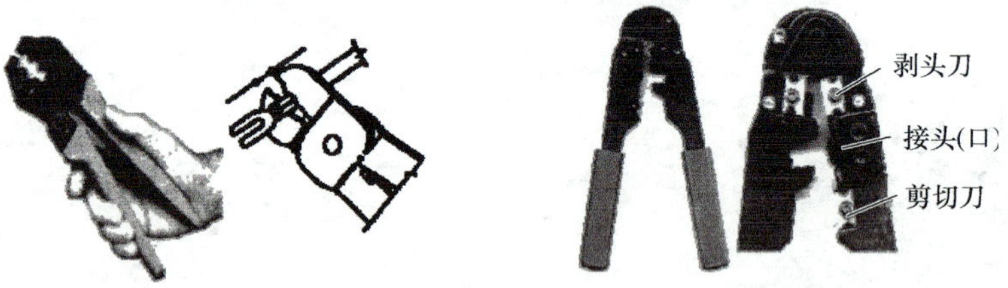

a) 普通压接钳　b) 网络钳

图 3-50 压接钳

(4) 热熔胶枪 热熔胶枪是专门用于胶棒式热熔胶的熔化胶接的专用工具，如图 3-51 所示。

(5) 手枪式线扣钳 手枪式线扣钳是专门用于线束捆扎时拉紧塑料线扎搭扣的，如图 3-52 所示。

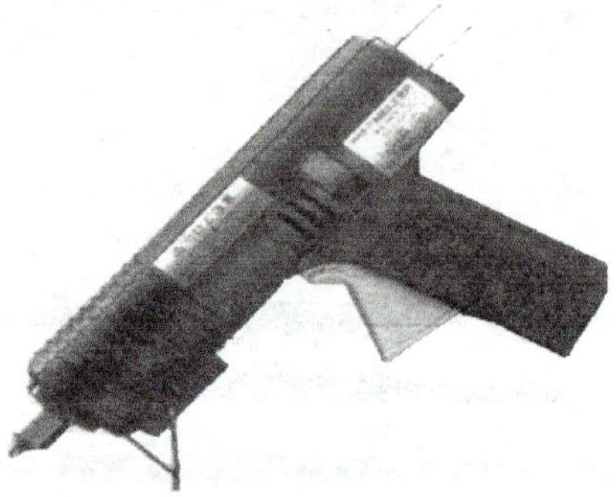

图 3-51 热熔胶枪

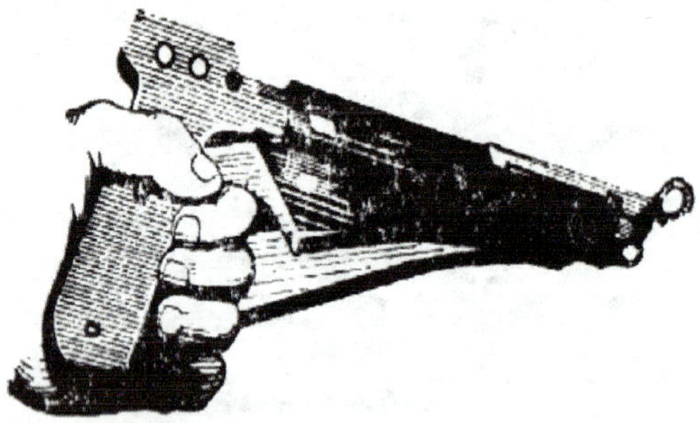

图 3-52 手枪式线扣钳

(6) 元器件引线成形夹具 元器件引线成形夹具是用于不同元器件的引线成形的专用夹具，如图 3-53 所示。

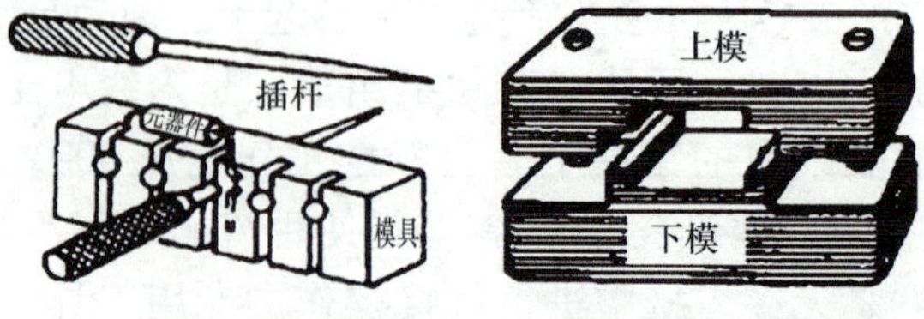

a) 手工成形模具　b) 固体元器件成形模具

图 3-53 元器件引线成形夹具

(7) 无感小旋具 无感小旋具又称无感起子，是用非磁性材料（如象牙、有机玻璃或胶木等非金属材料）制成的、用于调整高频谐振回路电感与电容的专用旋具，如图 3-54 所示。

(8) 钟表起子 钟表起子主要用于小型或微型螺钉的装拆，有时也用于小型可调元器件的调整，如图 3-55 所示。

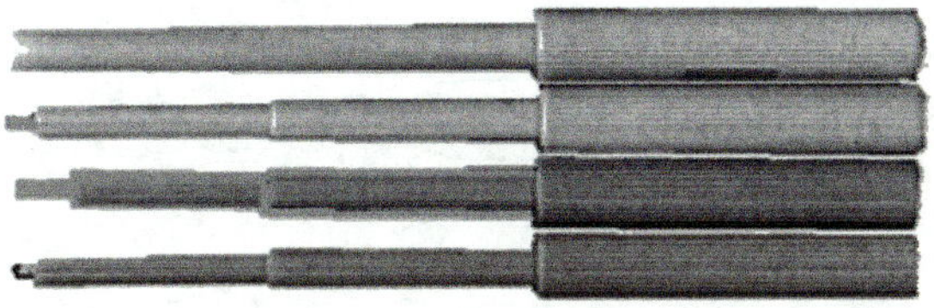

图 3-54 无感小旋具

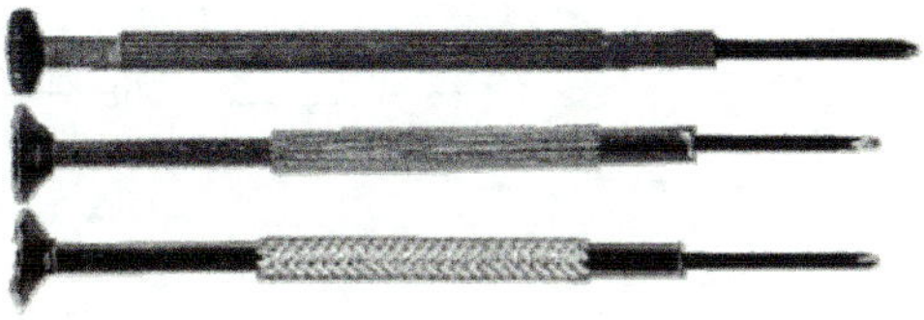

图 3-55 钟表起子

3.2.2 焊接工具

焊接工具是指电气焊接用的工具。电子产品装配中使用的焊接工具主要有电烙铁、电热风枪、烙铁架。

1. 电烙铁

作用：用于各类无线电整机产品的手工焊接、补焊、维修及更换元器件。

工作原理：烙铁心内的电热丝通电后，将电能转换成热能，经烙铁头把热量传给被焊工件，对被焊接点部位的金属加热，同时熔化焊锡，完成焊接任务。

根据传热方式分，可分为内热式电烙铁、外热式电烙铁；根据用途分，可分为恒温电烙铁、吸锡电烙铁、防静电电烙铁、自动送锡电烙铁、感应式烙铁（又称速烙铁，俗称焊枪）。

(1) 外热式电烙铁 一般由烙铁头、烙铁心、外壳、手柄、插头等部分所组成，如图 3-56 所示。烙铁头安装在烙铁心内，用以热传导性好的铜为基体的铜合金材料制成。烙铁头的长短可以调整（烙铁头越短，烙铁头的温度就越高），且有凿式、尖锥式、圆斜面式、圆尖锥式和半圆沟式等不同的形状，以适应不同焊接面的需要，如图 3-57 所示。

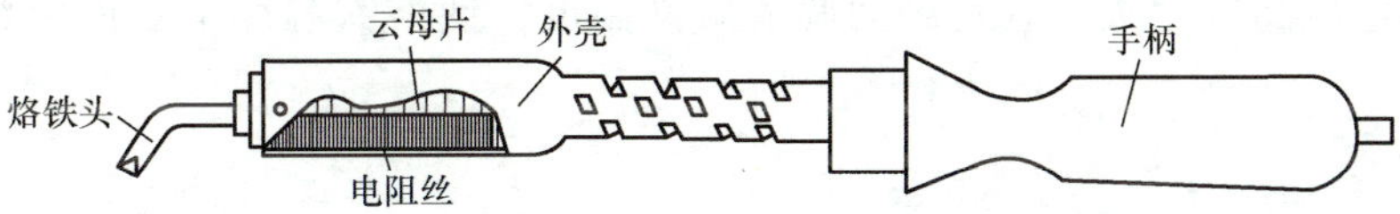

图 3-56 直立型外热式电烙铁

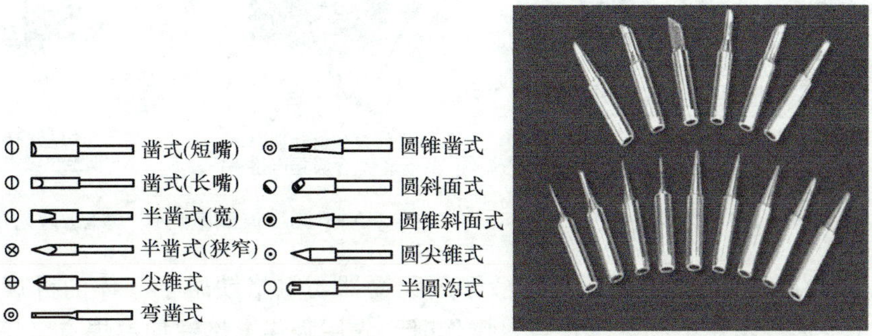

图 3-57 烙铁头的形状

(2) 内热式电烙铁 由连接杆、手柄、弹簧夹、烙铁心、烙铁头（也称铜头）五个部分组成，如图3-58所示。烙铁心安装在烙铁头的里面（发热快，热效率高达85%以上）。烙铁心采用镍铬电阻丝绕在瓷管上制成，一般20W电烙铁其电阻为2.4kΩ左右，35W电烙铁其电阻为1.6kΩ左右。常用的内热式电烙铁的工作温度见表3-1。

图3-58 内热式电烙铁

表3-1 常用的内热式电烙铁的工作温度

烙铁功率/W	20	25	45	75	100
端头温度/℃	350	400	420	440	455

一般来说电烙铁的功率越大，热量越大，烙铁头的温度越高。焊接集成电路、印制电路板、CMOS电路一般选用20W内热式电烙铁。如果使用的烙铁功率过大，容易烫坏元器件（一般二极管、晶体管结点温度超过200℃时就会烧坏）和使印制导线从基板上脱落；如果使用的烙铁功率太小，焊锡不能充分熔化，焊剂不能挥发出来，焊点不光滑、不牢固，易产生虚焊。若焊接时间过长，也会烧坏元器件，一般每个焊点在1.5～4s内完成。

(3) 恒温电烙铁 恒温电烙铁的烙铁头内，装有磁铁式的温度控制器，来控制通电时间，实现恒温的目的。在焊接温度不宜过高、焊接时间不宜过长的元器件时，应选用恒温电烙铁，但它价格高。

常用的恒温电烙铁有：磁控恒温电烙铁和热电耦检测控温式自动调温恒温电烙铁（又称自控焊台）两种。

磁控恒温电烙铁：是借助于电烙铁内部的磁性开关而达到恒温的目的，如图3-59所示。

自控焊台：是依靠温度传感元器件（热电耦）监测烙铁头温度，并去控制电烙铁的供电电路输出的电压高低，从而达到自动调节烙铁温度，使烙铁温度恒定的目的，如图3-60所示。

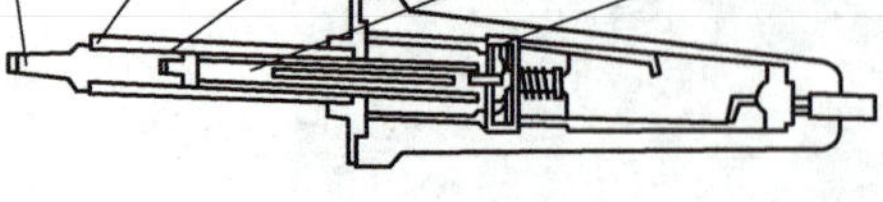

图3-59 磁控恒温电烙铁

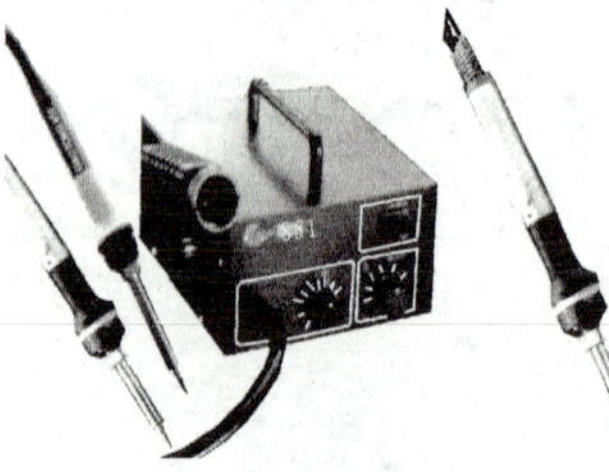

a) 带气泵型自动调温恒温电烙铁(含吸锡电烙铁)

b) 防静电型自动调温恒温电烙铁(两台)

图3-60 调温恒温电烙铁（吸锡及防静电焊台）

(4) 吸锡电烙铁 吸锡电烙铁是将活塞式吸锡器与电烙铁融于一体的拆焊工具，它具有使用方便、灵活、适用范围宽等特点。操作时，先用吸锡电烙铁加温焊点，等焊锡熔化后按动吸锡装置，即可将锡吸走。不足之处是每次只能对一个焊点进行拆焊，如图3-61所示。

(5) 防静电电烙铁　防静电电烙铁用于有特殊要求的场合使用，如焊接超大规模的 CMOS 集成块、计算机板卡、手机等。

(6) 自动送锡电烙铁　自动送锡电烙铁是在普通烙铁的基础上增加了焊锡丝输送机构，能在焊接时由烙铁自动将焊锡送到焊接点。使用这种电烙铁，可使操作者腾出一只手（原来拿焊锡的手）来固定工件，如图 3-62 所示。

图 3-61　吸锡电烙铁

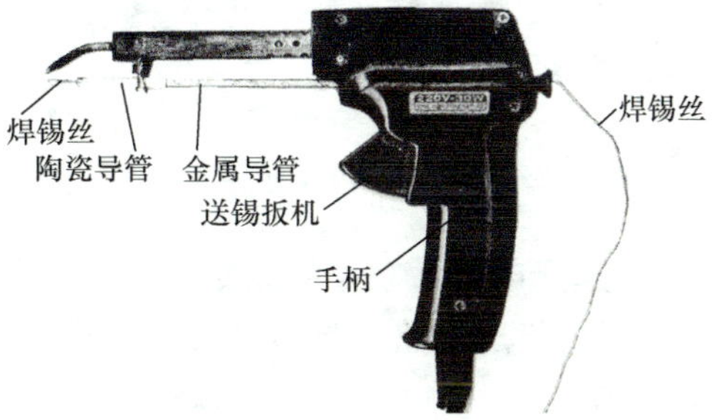

图 3-62　自动送锡电烙铁

(7) 感应式烙铁（也叫速烙铁或焊枪）　感应式烙铁是通过一个二次侧只有 1 ~ 3 匝的变压器，将一次侧的高电压（交流 220V）变换成二次侧的低压大电流，并使二次侧感应出的大电流流过烙铁头，使烙铁头迅速达到焊接所需的温度，如图 3-63 所示。

该烙铁的特点是加热速度快，一般通电几秒钟，即可达到焊接温度，特别适于断续工作的使用。但该烙铁头上带有感应信号，对一些感应敏感的元器件不要使用这种烙铁焊接。

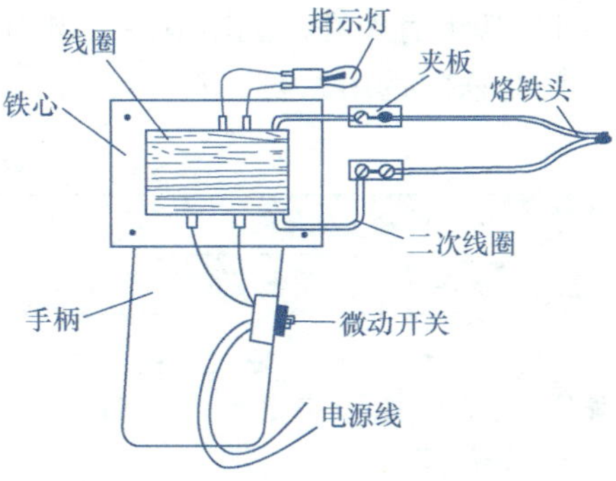

图 3-63　感应式烙铁

2. 电热风枪

组成：电热风枪由控制台和电热吹风枪组成，如图 3-64 所示。

原理：利用高温热风，加热焊锡膏和电路板及元器件引脚，使焊锡膏熔化，来实现焊装或拆焊的目的。

作用：专门用于焊装或拆卸表面贴装元器件的专用焊接工具。

3. 烙铁架

用于搁放通电加温后的电烙铁，以免烫坏工作台或其他物品，如图 3-65 所示。

4. 电烙铁的合理选用与使用

(1) 选用电烙铁要遵循的一般原则

1）烙铁头的形状要适应被焊件物面要求和产品装配密度。

2）烙铁头的顶端温度要与焊料的熔点相适应，一般要比焊料熔点高 30 ~ 80℃（不包括在电烙铁头接触焊接点时下降的温度）。

3）电烙铁热容量要恰当。烙铁头的温度恢复时间要与被焊件物面的要求相适应。温度恢复时间是指在焊接周期内，烙铁头顶端温度因热量散失而降低后，再恢复到最高温度所需的时间。它与电烙铁功率、热容量以及烙铁头的形状、长短有关。

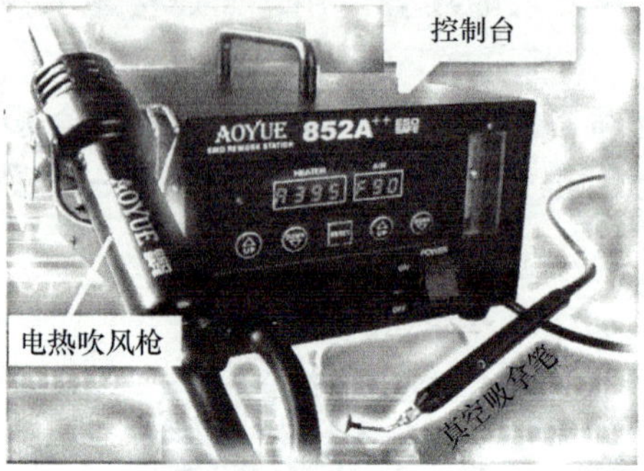

图 3-64 电热风枪

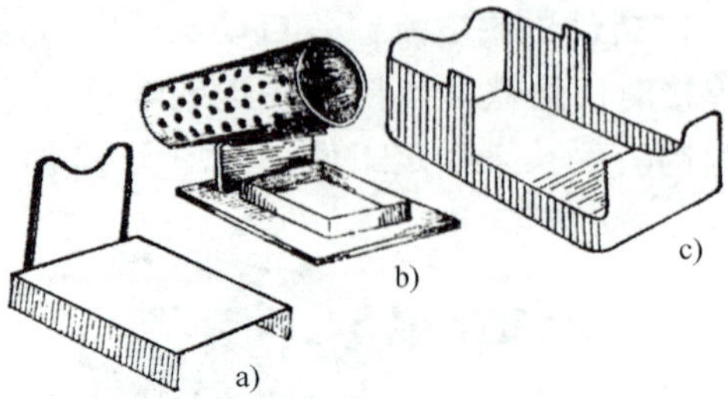

图 3-65 烙铁架

（2）选择电烙铁功率的原则

1）焊接集成电路、晶体管及其他受热易损元器件时，考虑选用 20W 内热式或 25W 外热式电烙铁。

2）焊接较粗导线及同轴电缆时，考虑选用 50W 内热式或 45～75W 外热式电烙铁。

3）焊接较大元器件时，如金属底盘接地焊片，应选用 100W 以上的电烙铁。

4）如果有条件，选用恒温式电烙铁是比较理想的。

电烙铁的选用见表 3-2。

表 3-2 电烙铁的选用

焊接对象及工作性质	烙铁头温度/℃	选用烙铁
一般印制电路板、安装导线	300～400	220W 内热式、30W 外热式、恒温式
集成电路	300～400	20W 内热式、恒温式
焊片、电位器、2～8W 电阻、大电解电容、大功率晶体管	350～450	35～50W 内热式、恒温式 50～75W 外热式
8W 以上电阻、ϕ2mm 以上导线	400～550	100W 内热式、150～200W 外热式
汇流排、金属板等	500～630	300W 外热式
维修、调试一般电子产品		20W 内热式、恒温式、感应式、储能式、两用式

（3）烙铁头的形状与修整 烙铁头大小的选择，如图 3-66 所示。

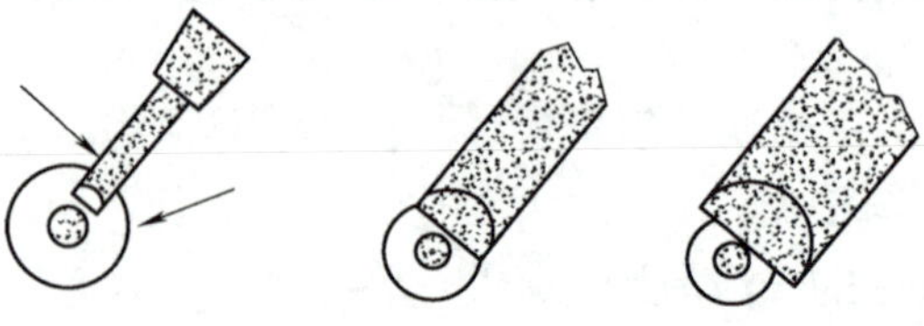

图 3-66 烙铁头的大小

1）B 型/LB 型（圆锥形），如图 3-67 所示。

特点：B 型烙铁头无方向性，整个烙铁头前端均可进行焊接。

应用范围：B 型适合一般焊接，无论焊点大小，都可使用 B 型烙铁头。LB 型是 B 型的一种，形状修长，能在焊点周围有较高的元器件或焊接空间狭窄的焊接环境中灵活操作。

2）D 型/LD 型，如图 3-68 所示。

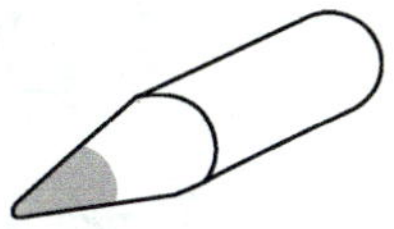

图 3-67 B 型/LB 型（圆锥形）

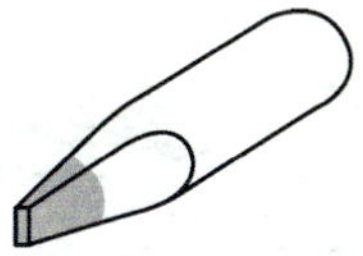

图 3-68 D 型/LD 型

特点：用扁平部分进行焊接。

适用范围：适合需要多锡量的焊接，例如焊接面积大、端子粗、焊垫大的焊接环境。

3）I 型，如图 3-69 所示。

特点：烙铁头尖端细小。

适用范围：适合精细的焊接，焊接空间狭小的情况，也可以修正焊接芯片时产生的锡桥。

4）C 型/CF 型（斜切直柱形），如图 3-70 所示。

特点：用烙铁头前端斜面部分进行焊接，适合需要多锡量的焊接。

适用范围：C 型烙铁头应用范围与 D 型烙铁头相似，例如焊接面积大、端子粗、焊垫大的焊接环境。

5）H 型，如图 3-71 所示。

特点：镀锡层在烙铁头的底部。

适用范围：适用于拉焊式焊接齿距较大的 SOP、QFP。

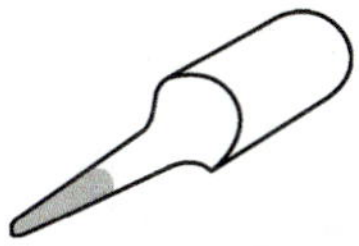

图 3-69 I 型

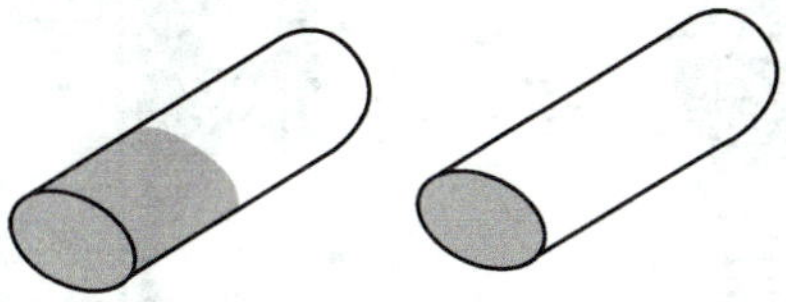

图 3-70 C 型/CF 型

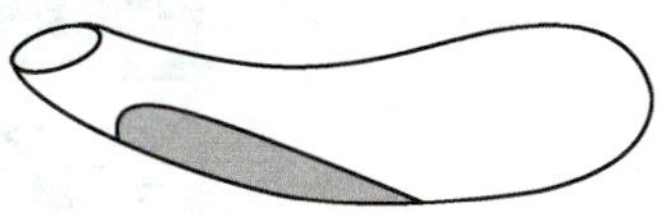

图 3-71 H 型

3.2.3 常用专用设备

常用的专用设备是指专门为整机装配加工而生产制造的设备，一般用于一些批量大、要求一致性强的加工，如导线的剪切、剥头、捻线、打标记、元器件的引线成形、印制电路板的插件、焊接、切脚、清洗等方面。

电子整机装配专用设备种类主要有：导线切剥机、剥头机、捻线机、浸锡设备、超声波清洗机、波峰焊接机、自动插件机、自动切脚机、自动元器件引脚成形设备等。

1）导线切剥机是靠机械传动装置将导线拉到预定长度，由剪切刀去剪断导线的。导线切剥机分为：单功能的剪线机和可以同时完成剪线、剥头的多功能自动切剥机等多种类型，如图 3-72 所示。

2）剥头机用于剥除塑胶线、腊克线等导线端头的绝缘层，如图 3-73 所示。

3）套管剪切机用于剪切塑胶管和黄漆管，如图 3-74 所示。

4）捻线机的功能是捻紧松散的多股导线芯线，如图 3-75 所示。

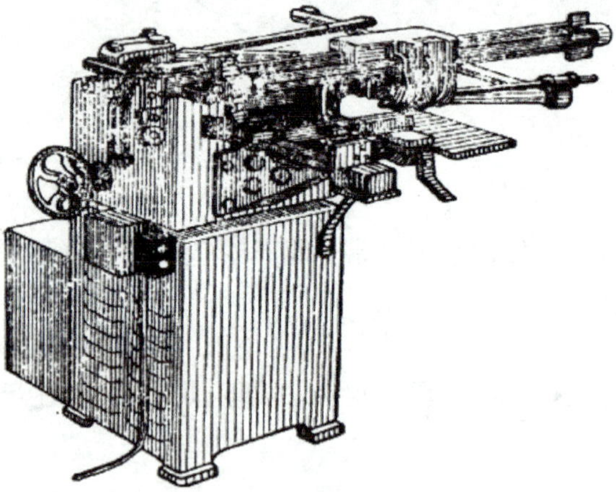

图 3-72　多功能自动切剥机

图 3-73　单功能的剥头机

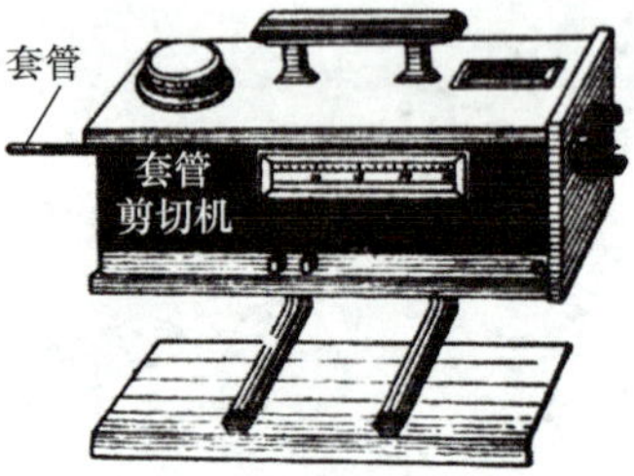

图 3-74　套管剪切机

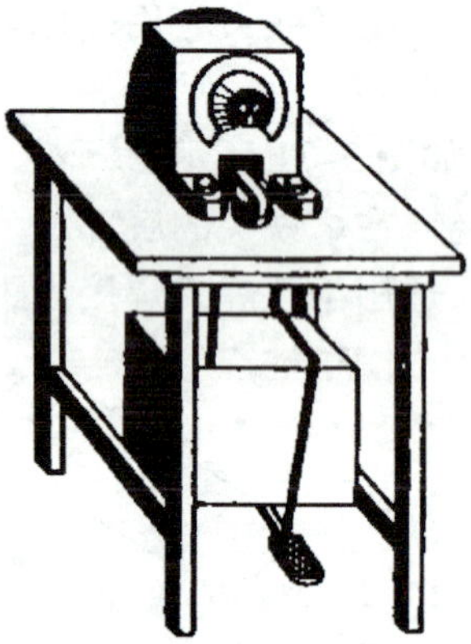

图 3-75　捻线机

5）打号机用于对导线、套管及元器件打印标记，如图 3-76 所示。

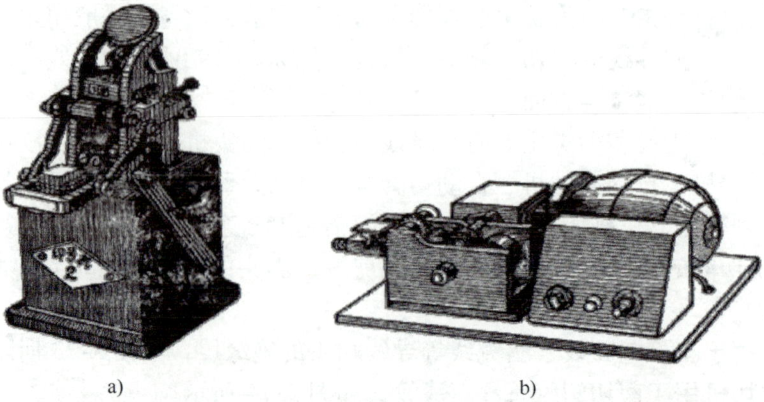

a)　　b)

图 3-76　打号机

6）浸锡设备用于焊接前对元器件引线、导线端头、焊片及接点等热浸锡，如图 3-77、图 3-78 所示。

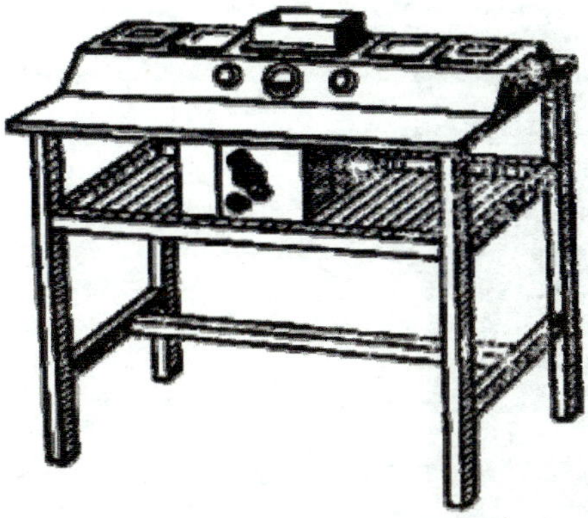

图 3-77 普通浸锡设备

图 3-78 超声波浸锡设备

7）波峰焊接机是利用焊料波峰接触被焊件，形成浸润焊点，完成焊接过程的焊接设备。波峰焊接机适用于印制电路板的焊接，如图 3-79 所示。

a）全自动双波峰焊接机

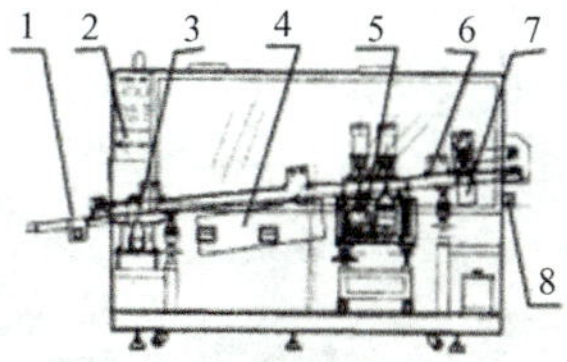

b）内部结构示意图

图 3-79 波峰焊接机

1—进板运输带 2—控制箱 3—松香发泡炉 4—预热器 5—双波峰焊炉 6—传送系统 7—洗爪器 8—冷却风扇

8）超声波清洗机是用于清洗残留污物的清洗设备，主要适于用一般方法难以清洗干净及形状复杂、清洗不便的元器件清除油类等污物之用，如图 3-80 所示。

9）插件机是指各类能在电子整机印制电路板上自动、正确装插元器件的专用设备，如图 3-81 所示。

a）带干燥功能的超声波清洗机

b）立体循环式

图 3-80 超声波清洗机

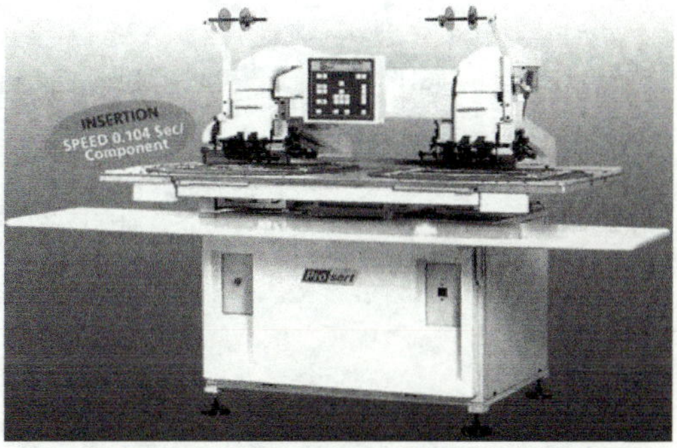

图 3-81 轴向自动插件机

10）自动切脚机用于切除电路板上元器件的多余引脚，如图 3-82 所示。

图 3-82 自动切脚机

11）自动元器件引脚成形设备是一种能将元器件的引线按规定要求自动快速地弯成一定形状的专用设备，如图 3-83 所示。

a) 散装电阻成形机　b) 带式电阻成形机　c) IC成形机　d) 自动跳线成形机

图 3-83 自动元器件引脚成形设备

12）自动 SMT 表面贴装设备是在电路板上安装 SMT 表面贴装元器件的设备的总称，如图 3-84 所示。

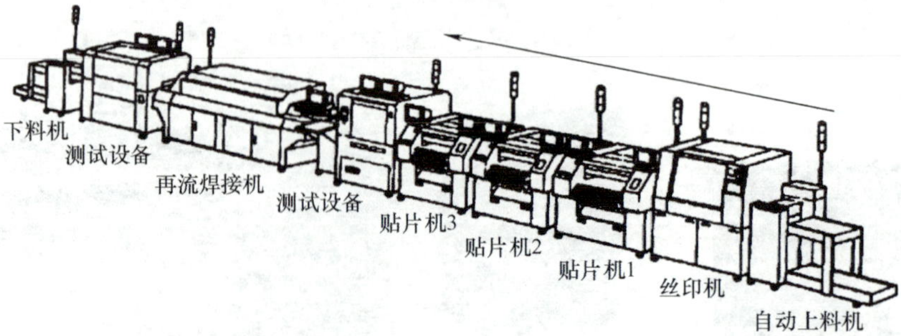

图 3-84 自动 SMT 表面贴装设备

13）在线测试仪是对已装配完成的电路板，进行电气功能和性能综合、快速测试的智能型设备，如图 3-85 所示。

14）X 射线检测仪用于检测电子零件内部缺陷及进行 BGA、CSP Short 最优化检测，配合可编程工作台可以实现自动检测，如图 3-86 所示。

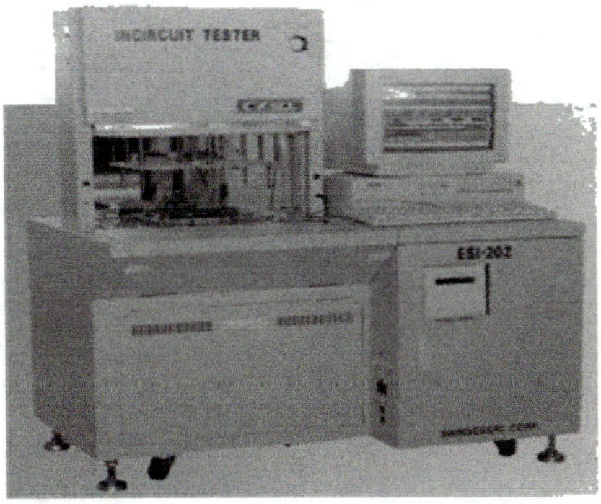

图 3-85　在线测试仪

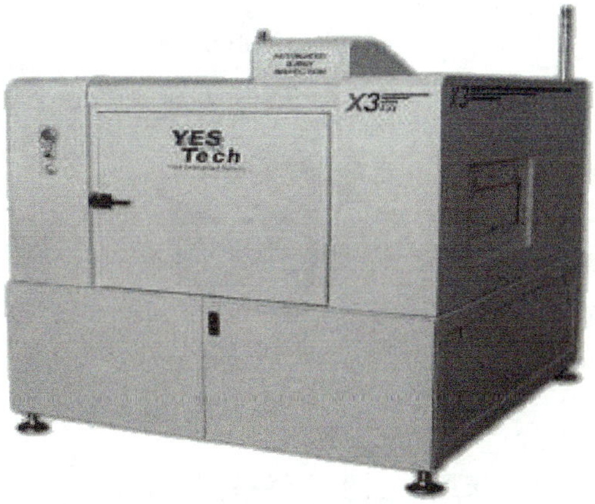

图 3-86　X 射线检测仪

15）飞针测试仪可测试 N-Tai 膜板、碳油板、沉金板、沉锡板等各种 PCB 的质量参数，方便检测人员分析出现问题的原因，加快处理问题的速度，如图 3-87 所示。

16）小型手工 SMT 表面贴装设备是完成表面贴装过程的设备，表面贴装系统所配备的设备如图 3-88 所示。

17）小型 PCB 快速加工系统是针对开发样机及电子制作等少量印制电路板的快速加工而用的，如图 3-89 所示。

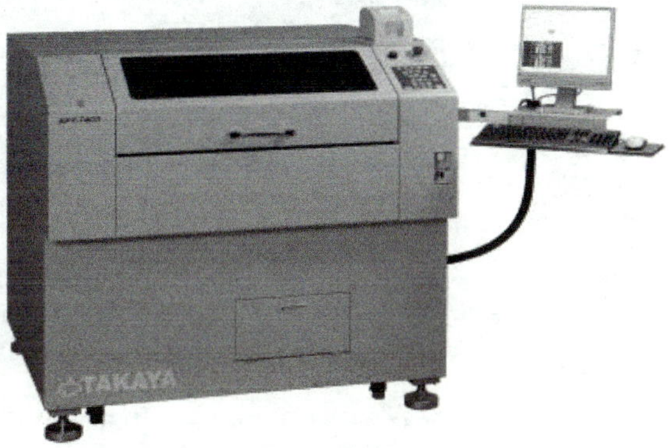

图 3-87　飞针测试仪

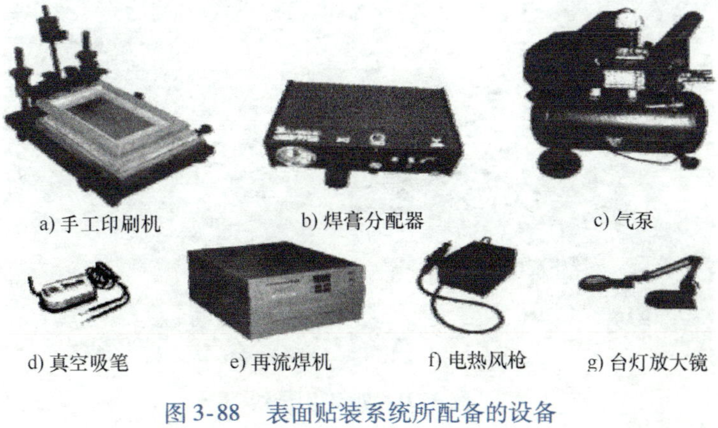

a) 手工印刷机　b) 焊膏分配器　c) 气泵

d) 真空吸笔　e) 再流焊机　f) 电热风枪　g) 台灯放大镜

图 3-88　表面贴装系统所配备的设备

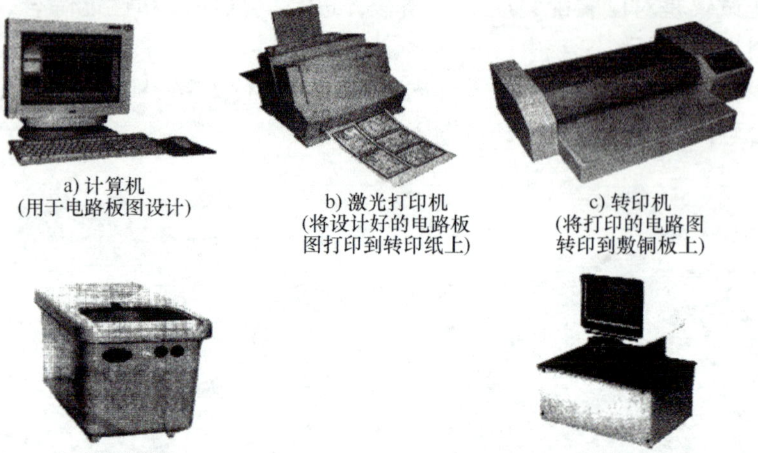

a) 计算机
(用于电路板图设计)

b) 激光打印机
(将设计好的电路板图打印到转印纸上)

c) 转印机
(将打印的电路图转印到敷铜板上)

d) 快速腐蚀机

e) 视频打孔机

图 3-89　小型 PCB 快速加工设备

18）家用电器生产线举例，如图 3-90～图 3-92 所示。

图 3-90　彩电生产线

图 3-91　冰箱生产线

图 3-92　空调生产线

3.3　印制电路板制作工艺

印制电路板指在绝缘基板上，有选择性地加工和制造出导电图形的装配板。印制电路板在电子工业和电子制作中，作为一种基础装配部件而占有重要的地位。印制电路板制造工艺在不断进步，不同条件、不同规模的制造厂采用的工艺技术不尽相同。当前使用最广泛的是铜箔蚀刻法，即将设计好的图形通过图形转移在敷铜板上形成防蚀图形，然后用化学蚀刻去除不需要的铜箔，从而获得导电图形。

3.3.1　典型的双面板制造工艺流程

实际生产中，制造印制电路板要经过几十个工序。图 3-93 是典型的双面板制造工艺流程简图。

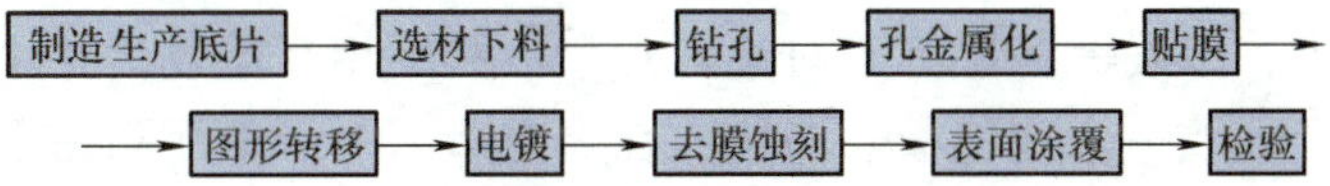

图 3-93　典型双面板制造工艺流程

印制电路板制造过程中，孔金属化和图形电镀蚀刻是关键，图 3-94 是采用干膜电镀工艺的双面板制作过程示意图。

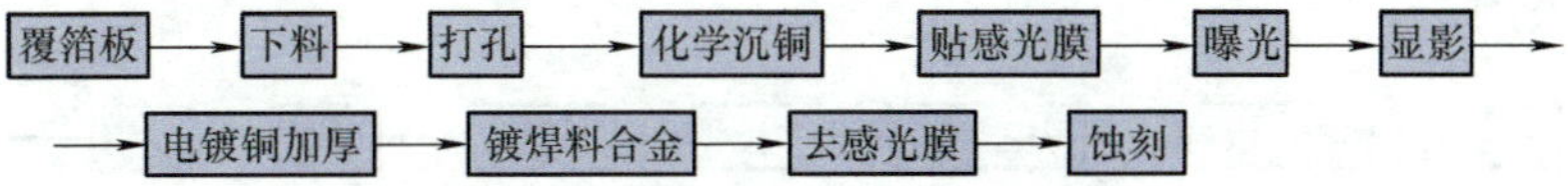

图 3-94　双面板制造过程示意图

3.3.2　典型的多层 PCB 制造工艺

对于多层 PCB，根据所需的层数，作为核心的几个双面薄层相互叠在一起，用介电材料（预浸）分开，然后层压在一起。多层 PCB 制造中所涉及的工艺描述如下。

1. 内层制造

多层 PCB 内层制造如图 3-95 所示。

图 3-95　多层 PCB 内层制造

1）内层芯（基本上是一个很薄的双面电路板）有一个防蚀刻的干膜叠在上面。

2）利用电路形式来创建干膜图像，洗印出图像，除去过量的或未印出的干膜。在必须除去的地方，露出铜。

3）蚀刻露出的铜，除去干膜，显示出线路。

4）给铜涂上黑氧化物，当各层叠压在一起时，促进它们的黏结。

5）制造 PCB 所需的每层内芯，重复以上的 1）~4）步。

2. 坯料压制

把所有多层板材料放在一起，就形成多层板坯料。坯料包含内层的双面板、外层铜箔及半固化片。图 3-96 所示是常用 4 层板坯料压制示意图，叠层开始时为第 1 层（一片铜箔），然后是一片半固化片（又称预浸板），加入代表第 2 ~ 3 层的内芯，然后又是一片半固化片，最后是作为第 4 层的铜箔。

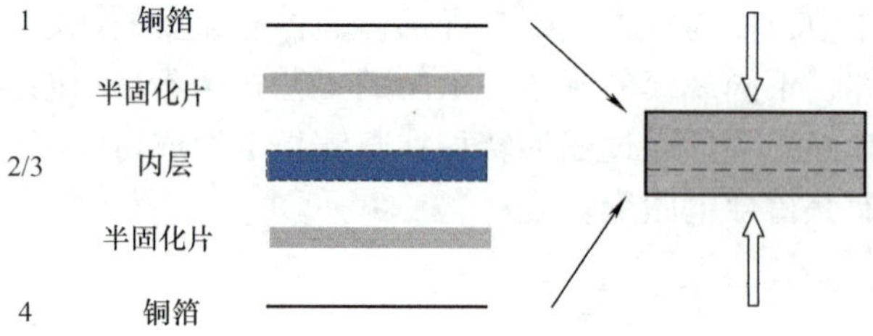

图 3-96　4 层板坯料结构与压制

半固化片作为“胶”，固定多层坯料，将在相邻的板芯之间形成必要的绝缘层。所有材料放在定位板的销上，以确保各层完美对正。几个板叠层相互重叠，并用铝板分开。这个堆叠现在叫做书册，上面放一个定位板。书册放在真空冲床中，里面除去空气，在热与压力作用下，把书册压在一起。冲压以后，移走销，休整毛边，分开坯料，然后可以进行钻孔，这是创建通路使信号从一层通往另一层的第一步。

3. 外层加工

坯料形成后，需要使用许多和内层相同的加工步骤在坯料上创建外层线路以及建立层间互连，如图 3-97 所示。

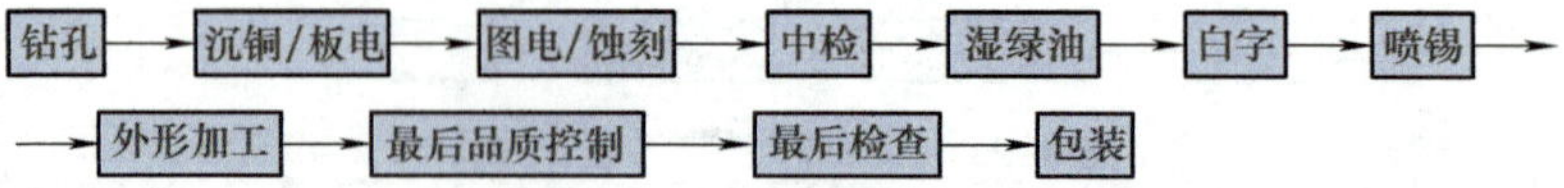

图 3-97　多层 PCB 外层加工

（1）钻孔　对多层坯料进行钻孔，并除去毛边，创建通路与装配孔。

（2）镀铜　对坯料进行化学镀铜，形成电镀通孔。

(3) 曝光 在坯料的两边加抗蚀剂，然后进行曝光和冲印。有些孔会得不到保护，这些将成为电镀通孔。

(4) 镀锡 在所有外露区域镀上大约1mil（$1mil = 25.4 \times 10^{-6}m$）厚的铜，随后镀锡或者焊料，常常称为焊锡涂层（3～5mil）。

(5) 露铜 除去抗蚀剂，露出不想要的铜。

(6) 蚀刻 蚀刻掉铜，在坯料的表面留下电镀区域，然后从板上除去电镀层，留下铜和铜垫。

(7) 涂阻焊剂 在坯料的两侧施加液态光成像阻焊剂，使用焊接固定垫的布线图来形成阻焊膜中的图形，露出焊盘（又称铜垫），然后对板进行固化和烘烤。这种用阻焊剂覆盖铜线路、只露出元器件固定点的工艺一般叫做裸铜上的涂阻焊剂。

(8) 外层涂覆 外露焊盘一般通过热风焊接（HASL）涂上焊锡或者是有机焊锡保护剂（OSP），以保护焊接性。

(9) 印刷字符 在板的表面上印刷设计好的字符并固化。

3.3.3 印制电路板典型工艺技术简介

1. 光绘工艺

光绘是将在计算机上通过CAD软件设计好的PCB图形转移制作到实体电路上的第一步，也是印制电路技术发展中重要的一次技术创新。此前要通过人工绘制或贴图方法完成黑白原稿图，通过照相制版方式获得图形转移的底片。由于受到照相技术与设备的局限，照相制版成为高密度复杂电路板的制造难题之一。光绘工艺利用激光光绘机，通过CAD/CAM系统直接制作出精密图形底片，提高了PCB制作质量，缩短了制造周期，因而深受PCB业界的广泛欢迎。

光绘工艺要求使用热膨胀系数较小的厚基PET（聚对苯二甲酸乙二醇酯）片基，并且要求片基平整、无划伤、无折痕，存放环境条件及使用周期均需符合技术要求；经光绘的底片应该符合原图技术要求，电路图形应准确、无失真现象、黑度均匀一致、黑白反差大、导线齐整、无变形等。

2. 图形转移工艺

图形转移是将光绘底片上的电路图形转移到实际电路板上的重要工艺，通常由以下四个工艺过程来完成，如图3-98所示。

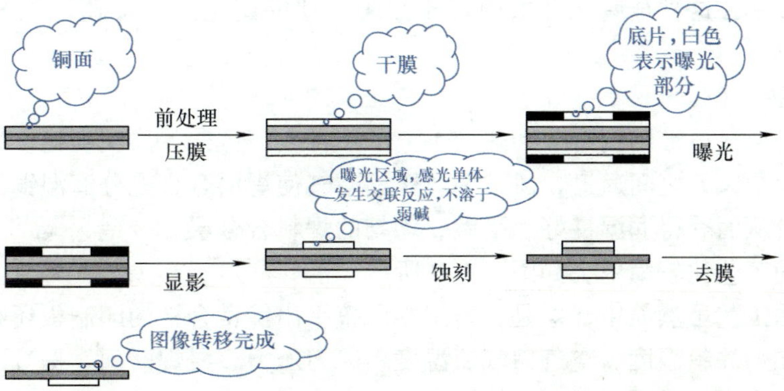

图3-98 图形转移基本原理图（以干膜成像法为例）

(1) 磨板 板件表面粗化处理，提高铜面的粗糙度，通常由专业磨板机器完成。

(2) 贴膜 在铜箔上加感光抗蚀膜，又称光致抗蚀膜，目前有三类：

1）干膜：由聚乙烯保护膜、感光抗蚀膜和聚酯薄膜构成的固态薄膜，通过热压方式贴到 PCB 铜箔上。由于工艺简单可靠，目前应用比较多。

2）湿膜：由高感光树脂、感光剂、色料、填料和溶剂等组成的液态光致抗蚀剂，通过网印、喷涂等方式均匀涂覆到 PCB 铜箔上，经过烘干后形成光致抗蚀膜。湿膜法制造电路具有精度较高、成本低的优点，是目前实用贴膜工艺之一。

3）ED 膜：全称电沉积光致抗蚀剂，是利用电化学反应将高感光胶体材料沉积到 PCB 铜箔上，形成一层均匀牢固的光致抗蚀膜。ED 膜制造电路精度高，但初期投资高。

(3) 曝光 通过一定光能作用，使感光膜产生化学变化，从而完成线路图形转移，通常由自动曝光机完成。

(4) 显影 通过显影机，去除感光膜上的未曝光部分，剥除线路图形上的干膜。

3. 蚀刻技术

蚀刻是当前印制电路板制造技术中的主要工艺，是使用化学反应的方法将铜箔上不需要的部分除去，从而形成所需要的电路图形。铜印制电路图形除了采用光致抗蚀膜作为铜电路保护外，也可采用抗蚀金属，例如 Pb、Sn、Au 等覆盖铜电路，防止电路图被蚀刻。

蚀刻技术的关键是蚀刻液选择及成分控制。常用蚀刻液有酸性绿化铜、碱性绿化铜、三氯化铁、过氧酸铵、硫酸/铬酸和硫酸/双氧水溶液。它们各有所长，各有所用。目前以酸性氯化铜和碱性氯化铜应用最广。

4. 金属化孔

金属化孔是连接多层或双面板两面导电图形的可靠方法，是印制电路板制造的关键技术之一。图 3-99 是多层板中金属化孔的连通作用示意图（过孔示意图）。

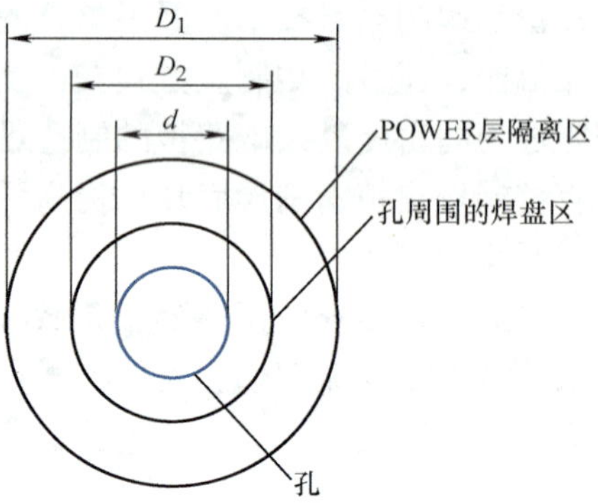

图 3-99 过孔示意图

金属化孔是通过将铜沉积在孔壁上实现的。实际生产中要经过钻孔、去油、粗化、浸清洗液、孔壁活化、化学沉铜、电镀铜加厚等一系列工艺过程才能完成。

金属化孔要求金属层均匀、完整、与铜箔连接可靠，电性能和机械性能符合标准。在表面安装高密度板中，这种金属化孔采用盲孔方法（即沉铜充满整个孔）以减小过孔所占面积，提高密度。

5. 热风整平

热风整平是取代电镀铅锡合金和热熔工艺的一种生产工艺，又叫喷锡。它使浸涂焊料的印制电路板从两个风刀之间通过，风刀中热压缩空气使焊料合金充分润湿铜箔并将板面上多余的金属吹掉，从而获得润湿良好、平整、均匀的焊料合金层。

热风整平的工艺比较简单，如图 3-100 所示。

热风整平的工艺虽然简单，但是，若想热风整平出优良合格的印制板还有很多工艺条件需要掌握，例如：焊料温度、空气刀气流温度、风刀压力、浸焊时间、提升速度等。

在工业生产中，热风整平是利用热风整平机完成的。

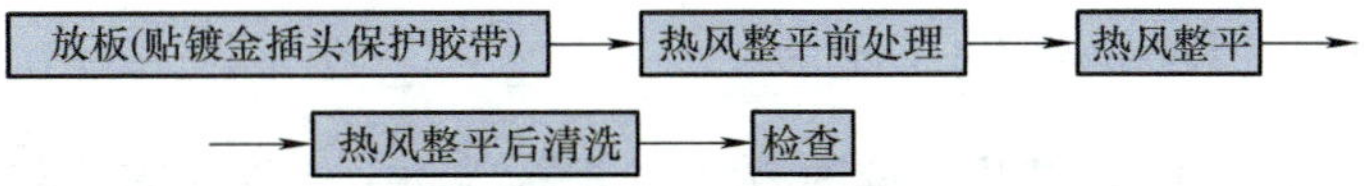

图 3-100 热风整平工艺

(1) 热风整平的优点

1）热风整平后，焊料涂层的组成始终保持不变，这样焊料涂层一致性好，可焊性优良。而电镀所得铅锡合金涂层，则随着镀液中组分的变化，组成（铅锡比例）发生变化。

2）无论是红外线热熔工艺还是热油热熔工艺都不能百分之百保护导线的侧边缘。热风整平的焊料涂层能完全覆盖导线侧边缘，避免印制板上的腐蚀断线，延长了印制板的储存和使用时间，提高了整机电子产品的可靠性。热风整平现在广泛地应用于 SMT 工艺。

3）通过调整风刀角度、印制板上升速度等工艺参数，能够控制涂层厚度，获得所需要的焊料涂层厚度，比热熔法方便、灵活。

4）用图形电镀蚀刻生产的印制板，进行波峰焊接时，由于导线上有铅锡合金，容易发生桥接，同理，铅锡合金的流动使阻焊膜起皱和起翘。而用热风整平工艺生产出来的印制板，导线无焊料，即消灭了焊料桥接、阻碍膜起皱和脱落等现象。

(2) 热风整平的缺点

1）铜对焊料槽的污染。热风整平时，印制板要浸入焊料槽数秒钟，造成铜的溶解。当铜的浓度达到 0.29% 以上时，焊料的流动性变差，涂覆的焊料层呈半润湿状态，印制板的可焊性下降。

解决办法如下：根据铜在铅锡合金中的溶解度，每天先让焊料槽升温至 280 ~ 290℃，充分熔化合金，炭化松香，用不锈钢网去除碳碎片。再将焊料槽温度降至 191℃左右，让绝大多数铜形成铜锡合金，用不锈钢去除沉降到槽底和悬浮于焊料表面的合金渣，最后补充焊料升温至 230 ~ 250℃。若生产量小，可每周、每月、每季、每半年或每年作一次处理。

2）焊料涂层中，铅是重金属元素，对人体有害，会污染环境。现在已生产出一些无铅的焊料出售，替代铅锡合金，用于生产。

3）生产成本高。一台进口的较好的热风整平机，售价三十多万美元，因而其生产成本高于热熔工艺。

4）热风整平的热冲击大，容易使印制板板材变形、起翘，热应力大。

6. 丝网漏印

丝网漏印（简称丝印）是一种古老的印制工艺，因使用丝网作为印制模板而得名。由于其操作简单、效率高、成本低，且具有一定精确度，在印制电路板制造中仍在广泛使用。由于丝网制作图形精度和使用寿命有限，因而现在大部分已经被铜网、钢网取代，相应的名称也改称网板印制、网印机，人们习惯上仍然称为丝印、丝印机。

网板印制通过手动、半自动、自动网印机实现。制造网板的方法有蚀刻制版、激光加工和电铸工艺等方式。例如，在丝网（真丝、涤纶丝等）上通过贴感光膜（制膜、曝光、显影、去膜）等感光化学处理，将图形转移到丝网上，再通过刮板将印料漏印到印制电路板上。对于刻制板的防蚀材料，阻焊图形、字符标记图形等均可通过网印方法印制。

3.3.4 手工制作印制电路板的工艺

在产品研制、科技及创作以及学校的教学实训等活动中，往往需要制作少量印制板，进行产品性能分析试验或制作样机，如果按照照相、丝网漏印法等工艺步骤进行，不仅周期长，而且很不经济。因此掌握自制印制电路板的方法很有必要，手工自制印制电路板的常用方法有热转印法、感光法和雕刻法。

1. 热转印法

热转印法是借助于热转印机，将打印在热转印纸上的印制电路图，直接转印在覆铜箔层压板上。热转印纸用高分子材料制成，它利用激光打印机和复印机的碳粉在高温下无附着力而在冷却时又有较强的附着力来转印电路板。

1）用计算机专用软件设计好 PCB 图，用热转印纸在激光打印机上打印出电路图备用（或者手工将电路图描绘在白纸上），再用复印机复印到热转印纸上，都必须是正面（即从元器件面上可看到覆铜箔层压板）。

2）印好的转印纸经检查无误后，将图面对准已清理好的覆铜箔层压板的铜面，放入准备好的转印机里进行转印（转印机的温度应在 120℃左右），等覆铜箔层压板完全冷却后，揭掉转印纸，印制电路板就印好了。

3）将印制电路板放入腐蚀液中腐蚀，一块精美的印制电路板就制作好了。

用热转印法可以制作任何复杂的电路，线间距最小可到 0.3mm。如果没有转印机，可用较光滑的家用电熨斗代替，将家用电熨斗加热到最高温度，压在转印纸上 5～8s，同时用力均匀地快速移动电熨斗，即可制成。不过用电熨斗制作印制电路板，成功率主要看自己的经验，一般一两次即成。

2. 感光法

传统的热转印方法不仅容易断线，还需要热转印机或熨斗等设备，对于学生来讲不太适合。现在介绍一种高精度低成本快速制版的方法——感光法。感光法分为干膜和湿膜，干膜是利用成品感光干膜贴在覆铜板上，热压后，再进行感光。湿膜是将感光油膜涂抹在覆铜板上，待干透后即可进行感光。下面介绍湿膜感光法 PCB 的制作：

1）打印。将电路图打印在透明菲林纸上。

2）切板。利用电磨，将 PCB 覆铜板切为设计大小。

3）涂胶。将感光蓝油均匀地涂抹在敷铜板上，涂完后静置一段时间后就会干，此期间可以用纸板挡住光，也可以自己做一个干燥箱。

4）感光。将紫外灯管置于涂完膜的 PCB 上方约 80mm 处，用 8W 的紫外灯照射 100s 左右。

5）显影。将感光好的 PCB 放入显影剂中（2%碳酸钠溶液），用刷子刷出线。

6）刻蚀。刻蚀剂可以用 $FeCl_3$，也可以用双氧水＋硫酸，或者是环保刻蚀剂。

7）脱模。将刻蚀好的 PCB 放入 20%～30%的氢氧化钠溶液中，一段时间后感光膜就自己脱落了，冲洗后即可。

8）钻孔、焊接。

注意事项：

1）刷感光胶的时候注意要朝一个方向刷。

2）感光胶干燥时间较长，一般放在没有荧光灯和太阳光直射的地方。

3）感光时间控制在 1 ~ 2min，一般 100s 即可，灯管离胶片距离大概为 80mm。

4）刻蚀的时候可以翻动板子，以加快刻蚀速度。

5）钻孔时，先用小直径钻头打孔（一般 0.8mm 的即可），必要时再用粗钻头扩孔。

3. 雕刻法

雕刻法是手工自制电路板最直接的方法。将设计好的铜箔图形用复写纸，复写到覆铜板铜箔面，使用钢锯片磨制的特殊雕刻刀具，直接在覆铜板上沿着铜箔图形的边缘用力刻画，尽量切割到深处，然后再撕去图形以外不需要的铜箔，再用手电钻打孔就可以了。

此法的关键是：刻画的力度要够；撕去多余铜箔要从板的边缘开始，可以成片地逐步撕去，用小的尖嘴钳来协助完成这个步骤。一些小电路实验板适合用此法制作。

3.4　电子焊接工艺

焊接是使焊料合金和要结合的金属表面之间形成合金层的一种连接技术。若在焊接的过程需要熔入第三种物质，则称之为“钎焊”，所加熔上去的第三种物质称为“焊料”。按焊料熔点的高低又将钎焊分为“硬焊”和“软钎焊”，通常以 450℃ 为界，低于 450℃ 的称为“软钎焊”。电子产品安装工艺中的所谓“焊接”就是软钎焊的一种，主要用锡、铅等低熔点合金作焊料，因此俗称“锡焊”。

焊接质量决定于所用的焊接方法、焊接材料、焊接工艺技术和焊接设备。焊接在这里是特指电子产品安装工艺中的锡焊。

焊接技术发展至今，已有多种自动焊接技术，其效率和质量都是手工焊接所无法比拟的。但是，这些技术只能在特定的、大批量生产的情况下使用。在一般情况下还是离不开手工焊接，比如产品的研制、维修，产品小批量的生产，自动化生产中特殊元器件的手工分装以及整机的装配等，都要依靠手工焊接来完成。掌握手工焊接技术还是一个必要的学习过程，由手工焊接理解焊接的机理，再去驾驭其他各种自动焊接设备，就会得心应手。

3.4.1　插件焊接工艺

1. 电子元器件的引线成形和插装

（1）电子元器件的引线成形要求　手工插装焊接的元器件引线加工形状有卧式和竖式两种。

1）引线不应该在根部弯曲。

2）弯曲处的圆角半径 R 要大于两倍的引脚直径。

3）弯曲后的两根引线要与元器件本体垂直。

4）元器件的符号标志应方向一致。

（2）电子元器件的插装方法

1）手工插装。

2）自动插装。

（3）元器件在印制电路板上插装的原则

1）电阻、电容、晶体管和集成电路的插装应使标记和色码朝上，易于辨认。

2）有极性的元器件的极性标记方向决定插装方向。

3）插装顺序应该先轻后重、先里后外、先低后高。

4）元器件间的间距不能小于 1mm，引线间隔要大于 2mm。

2. 焊接工艺

(1) 对焊接点的基本要求

1）焊点要有足够的机械强度，保证被焊件在受振动或冲击时不致脱落、松动。不能在焊点处堆积过多焊料，否则容易造成虚焊、焊点与焊点的短路。

2）焊接可靠，具有良好导电性，必须防止虚焊。虚焊是指焊料与被焊件表面没有形成合金结构，只是简单地依附在被焊金属表面上，如图 3-101 所示。

3）焊点表面要光滑、清洁，有良好光泽，不应有毛刺、空隙、污垢，尤其是焊剂的有害残留物质，要选择合适的焊料与焊剂。

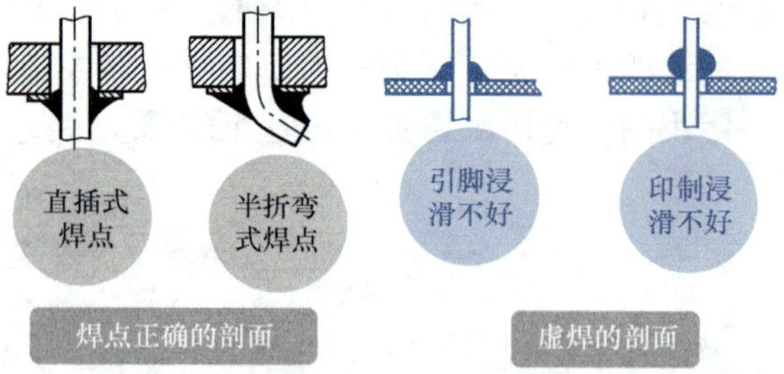

图 3-101 正确焊点与虚焊

(2) 手工焊接的基本操作方法 烙铁焊接的具体操作步骤可分为五步，称为五步工程法，要获得良好的焊接质量必须严格按图 3-102 进行操作。

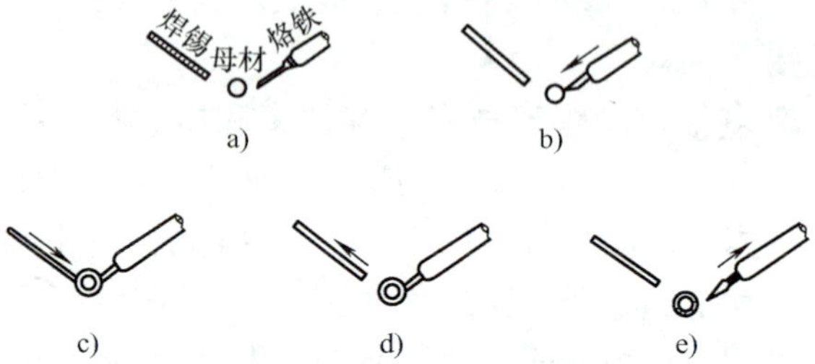

图 3-102 五步焊接操作法

1）准备：将被焊件、电烙铁、焊锡丝、烙铁架等放置在便于操作的地方。

2）加热被焊件：将烙铁头放置在被焊件的焊接点上，使焊接点温度上升。

3）熔化焊料：将焊接点加热到一定温度后，用焊锡丝触到焊接处，熔化适量的焊料。焊锡丝应从烙铁头的对称侧加入，而不是直接加在烙铁头上。

4）移开焊锡丝：当焊锡丝适量熔化后，迅速移开焊锡丝。

5）移开烙铁：当焊接点上的焊料流散接近饱满，助焊剂尚未完全挥发时，也就是焊接点上的温度最适当、焊锡最光亮、流动性最强的时刻，迅速拿开烙铁头。移开烙铁头的时机、方向和速度，决定着焊接点的焊接质量。正确的方法是先慢后快，烙铁头沿 45°角方向移动，并在将要离开焊接点时快速往回一带，然后迅速离开焊接点。

按上述步骤进行焊接是获得良好焊点的关键之一。在实际生产中，最容易出现的一种违反操作步骤的做法就是烙铁头不是先与被焊件接触，而是先与焊锡丝接触，熔化的焊锡滴落在尚未预热的被焊部位，这样很容易产生焊点虚焊，所以烙铁头必须与被焊件接触，对被焊件进行预热是防止产生虚焊的重要手段。

对热容量小的焊件，可以用三步焊接法，如图 3-103 所示。

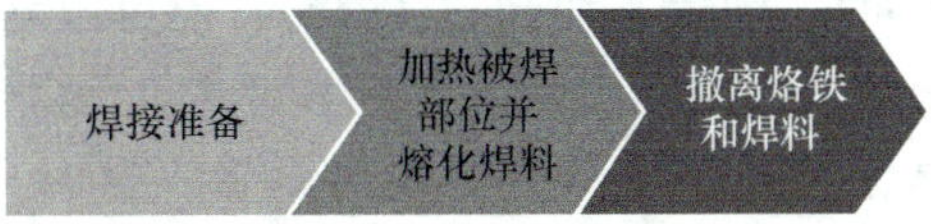

图 3-103 三步焊接操作法

(3) 焊接要领

1）焊前准备：工具的准备；被焊件的清洁。

2）焊剂的用量要合适：用量过少则影响焊接质量；用料过多时，焊剂残渣将会腐蚀零件，并使线路的绝缘性能变差。

3）焊料的施加方法和烙铁头放置位置。焊料的施加方法和烙铁头放置位置如图 3-104 所示。接触位置：烙铁头应同时接触要相互连接的 2 个被焊件（如焊脚与焊盘），烙铁一般倾斜 45°，应避免只与其中一个被焊件接触。当两个被焊件热容量悬殊时，应适当调整烙铁倾斜角度，烙铁与焊接面的倾斜角越小，使热容量较大的被焊件与烙铁的接触面积增大，热传导能力加强。如 LCD 拉焊时倾斜角在 30°左右，焊传声器、电动机、扬声器等时倾斜角可在 40°左右。两个被焊件能在相同的时间里达到相同的温度，被视为加热理想状态。接触压力：烙铁头与被焊件接触时应略施压力，热传导强弱与施加压力大小成正比，但以对被焊件表面不造成损伤为原则。

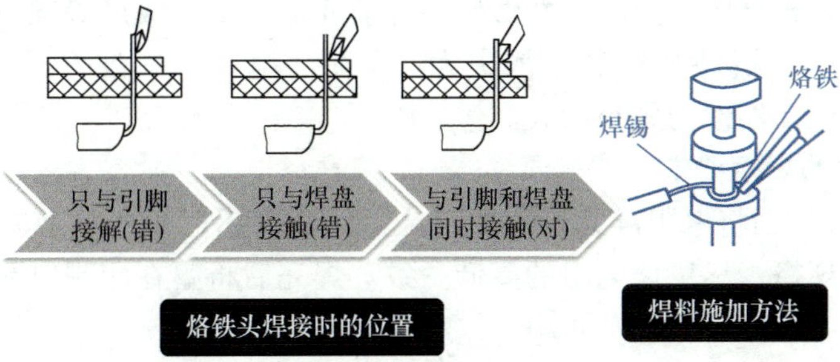

图 3-104 焊料的施加方法和烙铁头放置位置

4）焊丝的供给方法。焊丝的供给应掌握三个要领，即供给时间、位置和数量。

供给时间：原则上是被焊件升温达到焊料的熔化温度时立即送上焊锡丝。

供给位置：应是在烙铁与被焊件之间并尽量靠近焊盘。

供给数量：应看被焊件与焊盘的大小，焊锡盖住焊盘后焊锡高于焊盘直径的 1/3 即可。

(4) 焊接时间及温度设置 温度过低，焊锡流动性差，很容易凝固，形成虚焊；锡焊温度过高，将使焊锡流淌，焊点不易存锡，焊剂分解速度加快，使金属表面加速氧化，并导致印制电路板上的焊盘脱落。

1）温度由实际使用情况决定，以焊接一个锡点用时 4s 最为合适，最长不超过 8s，平时观察烙铁头，当其发紫时，表明温度设置过高。

2）焊接一般直插电子料时，将烙铁头的实际温度设置为350 ~370℃；焊接表面贴装（SMC）物料时，将烙铁头的实际温度设置为330~350℃。

3）焊接特殊物料时，需要特别设置烙铁温度。FPC、LCD连接器等要用含银锡线，温度一般为290~310℃。

4）焊接大的元器件引脚时，温度不要超过380℃，但可以增大烙铁功率。

（5）焊接时手要扶稳 在焊锡凝固过程中不能晃动被焊元器件引线，否则将造成虚焊。

（6）焊点的重焊 当焊点一次焊接不成功或上锡量不够时，便要重新焊接。重新焊接时，必须待上次的焊锡一同熔化并融为一体时才能把烙铁移开。

（7）焊接后的处理 当焊接结束后，应将焊点周围的焊剂清洗干净，并检查电路有无漏焊、错焊、虚焊等现象。

3. 印制电路板的焊接

（1）插件的焊接步骤与工艺过程中应注意的几个方面

1）分清所要焊接线材的种类，准备好各种焊接材料。

2）焊点要求饱满、明亮、牢固、无毛刺。

3）焊接点要求干净、清晰、无碰线。

4）音频焊接时分清正、负极。

5）串口焊接时分清发送端和接收端。

6）电源安装时相位不能接反，切记左零右火。

7）VGA头焊接时分清线序，两端一一对应。

8）剥线时用力均匀，长短适宜。

（2）焊前准备 首先要熟悉所焊印制电路板的装配图，并按图样配料，检查元器件型号、规格及数量是否符合图样要求，并做好装配前元器件引线成形等准备工作。

（3）焊接顺序 元器件装焊顺序依次为：电阻、电容、二极管、晶体管、集成电路、大功率晶体管，其他元器件为先小后大。

（4）对元器件的焊接要求

1）电阻焊接。按图将电阻准确装入规定位置，要求标记向上，字向一致。装完同一种规格后再装另一种规格，尽量使电阻的高低一致。焊完后将露在印制电路板表面的多余引脚齐根剪去。

2）电容焊接。将电容按图装入规定位置，并注意有极性电容其“+”极与“-”极不能接错，电容上的标记方向要易看可见。先装玻璃釉电容、有机介质电容、瓷介电容，最后装电解电容。

3）二极管焊接。二极管焊接要注意以下几点：第一，注意阳极阴极的极性，不能装错；第二，型号标记要易看可见；第三，焊接立式二极管时，对最短引线焊接时间不能超过2s。

4）晶体管焊接。注意E、B、C三引线位置插接正确。焊接时间尽可能短，焊接时用镊子夹住引线脚，以利散热。焊接大功率晶体管时，若需加装散热片，应将接触面平整、打磨光滑后再紧固，若要求加垫绝缘薄膜时，切勿忘记加薄膜。管脚与电路板需连接时，要用塑料导线。

5）集成电路焊接。首先按图样要求，检查型号、引脚位置是否符合要求。焊接时先焊边缘的两只引脚，以使其定位，然后再从左到右自上而下逐个焊接。

对于电容、二极管、晶体管露在印制电路板面上的多余引脚均需齐根剪去。

4. 锡点质量的判定

(1) 标准的锡点

1）锡点成内弧形。

2）锡点要圆满、光滑、无针孔、无松香渍。

3）要有线脚，而且线脚的长度要在 1 ~ 1.2mm 之间。

4）零件脚外形可见，锡的流散性好。

5）锡将整个上锡位及零件脚包围。

(2) 不标准锡点的判定

1）虚焊：看似焊住其实没有焊住，主要由于焊盘和引脚脏污或助焊剂和加热时间不够。

2）短路：一种现象是有脚零件在脚与脚之间被多余的焊锡所连接短路，另一种现象则是因检验人员使用镊子、竹签等操作不当而导致脚与脚碰触短路，也包括残余锡渣使脚与脚短路。

3）偏位：由于元器件在焊接前定位不准，或在焊接时造成失误导致引脚不在规定的焊盘区域内。

4）少锡：少锡是指锡点太薄，不能将零件铜皮充分覆盖，影响连接固定作用。

5）多锡：零件脚完全被锡覆盖，即形成外弧形，使零件外形及焊盘位不能见到，不能确定零件及焊盘是否上锡良好。

6）错件：零件放置的规格或种类与作业规定或 BOM、ECN 不符者，即为错件。

7）缺件：应放置零件的位置，因不正常的原因而产生空缺。

8）锡球、锡渣：PCB 表面附着多余的焊锡球、锡渣，会导致细小引脚短路。

9）极性反向：极性方位正确性与加工要求不一致，即为极性错误。

(3) 不良锡点可能产生的原因

1）形成锡球，锡不能散布到整个焊盘——烙铁温度过低，或烙铁头太小、焊盘氧化。

2）拿开烙铁时形成锡尖——这多是由于加热温度不足或焊剂过少，以及烙铁离开焊点时角度不当造成的。

3）锡表面不光滑、起皱——烙铁温度过高，焊接时间过长。

4）松香散布面积大——烙铁头拿得太平。

5）锡珠——锡线直接从烙铁头上加入、加锡过多、烙铁头氧化、敲打烙铁。

6）PCB 离层——烙铁温度过高，烙铁头碰在板上。

7）夹松香焊接——焊锡与元器件或印制板之间夹杂着一层松香，造成电连接不良。若夹杂加热不足的松香，则焊点下有一层黄褐色松香膜。若加热温度太高，则焊点下有一层炭化松香的黑色膜。对于有加热不足的松香膜的情况，可以用烙铁进行补焊。对于已形成黑膜的，则要“吃”净焊锡，清洁被焊元器件或印制板表面，重新进行焊接才行。

8）冷焊——焊接时烙铁温度过低或加热时间不足，焊锡未完全熔化、浸润，焊锡表面不光亮（不光滑），有细小裂纹。

9）焊锡连桥——指焊锡量过多，造成元器件的焊点之间短路。对超小元器件及细小印制电路板进行焊接时要尤为注意。

10）焊剂过量，焊点周围松香残渣很多——当少量松香残留时，可以用电烙铁再轻轻加热一下，让松香挥发掉，也可以用蘸有无水酒精的棉球，擦去多余的松香或焊剂。

5. 焊接新方法

随着计算机科学技术的发展，焊接方法和设备不断更新，有波峰焊、再流焊、倒装焊、超声波焊、激光焊等。在接下来的3.4.2节中，对波峰焊和再流焊进行了详细介绍。

3.4.2 SMT

1. SMT 简介

SMT是英文Surface Mounting Technology的缩写，意思为表面贴装技术，即用自动贴装设备将片式化、微型化的无引线或短引线表面贴装元器件直接贴、焊到印制电路板正反面的规定位置上，它具有装配密度高、体积小、重量轻、电性能优良、可靠性高、生产效率高、易实现自动化等诸多优点。贴片技术一般用于数字电路板，如手机、数字音响、数码相机、计算机、DVD、DVB、机顶盒、液晶电视、等离子电视、背投电视、双频或高清CRT电视等数字家用电器。贴片技术是一种新型的、未来会大量使用的电路板装配方法，所以要熟悉和掌握好这门技术。

2. SMT 的安装方式

表面安装方式分为单面混合安装、双面混合安装和完全表面安装三种，每一种安装方式有不同特点。

（1）单面混合安装工艺流程 该安装方式有两种类型的工艺流程：一种是采用先贴法；另一种是采用后贴法。其工艺流程中都采用了双波峰焊接工艺。

先贴法的工艺流程如图3-105所示。

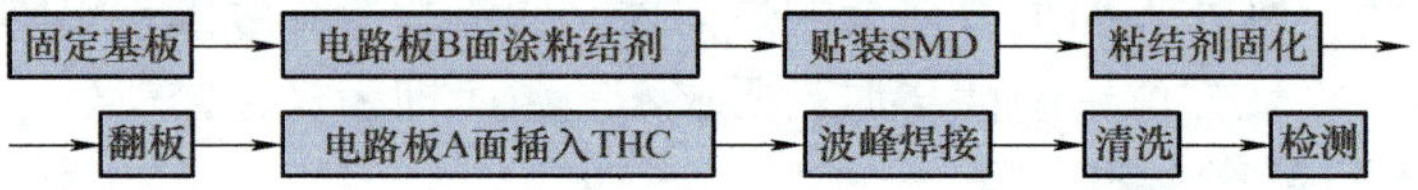

图3-105 先贴法工艺流程

后贴法的工艺流程如图3-106所示。

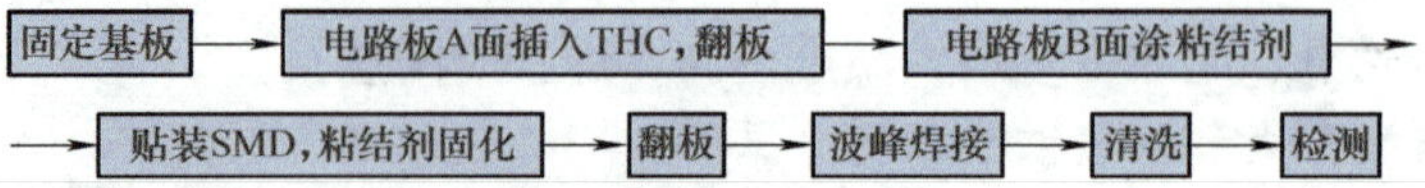

图3-106 后贴法工艺流程

（2）双面混合安装工艺流程 该安装方式包括两种：一种是SMD和THC同在电路板A面的安装结构；另一种是电路板A面和B面都有SMD，而THC只在A面的安装结构。

前一种安装结构的工艺流程如图3-107所示。

后一种安装结构的工艺流程如图3-108所示。

在上述安装结构的工艺流程中，因采用再流焊工艺，所以需要涂敷焊膏。安装时，把焊膏涂在基板焊盘处，贴装SMD，焊膏有一定的粘度，以使SMD保持在固定位置上，然后经

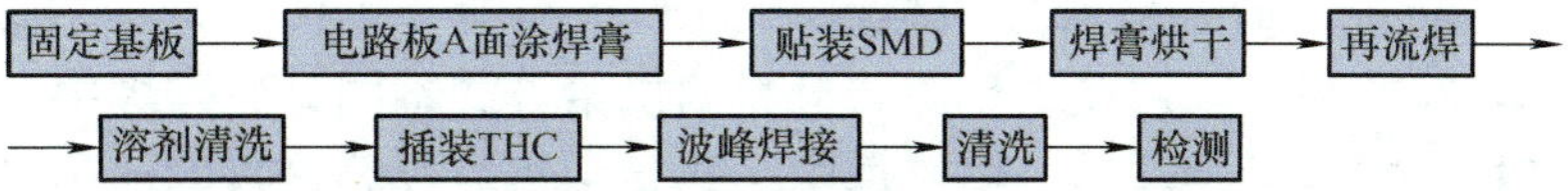

图 3-107　双面混合安装工艺流程（一）

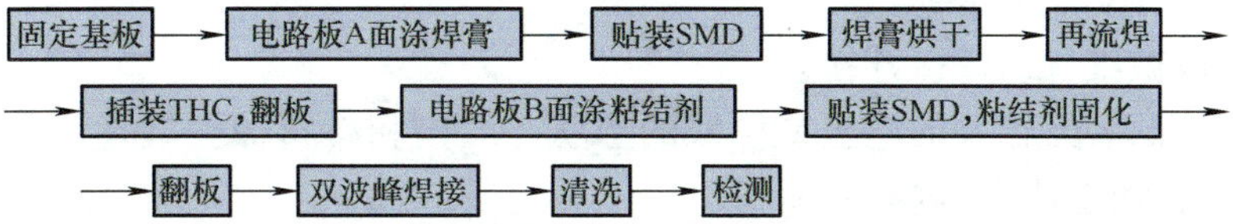

图 3-108　双面混合安装工艺流程（二）

高温重熔焊料，将 SMD 焊接在基板上。

(3) 完全表面安装工艺流程　完全表面安装有单面安装和双面安装之分。

单面表面安装的工艺流程如图 3-109 所示。

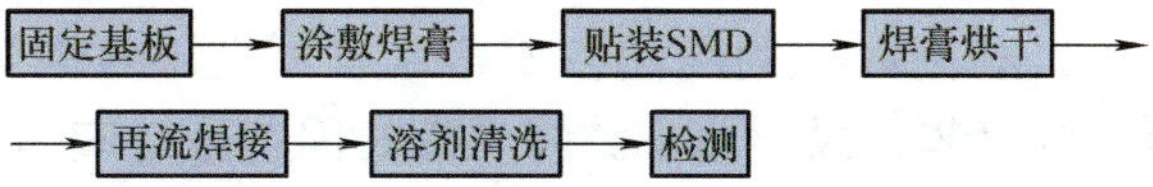

图 3-109　单面表面安装工艺流程

双面表面安装的工艺流程如图 3-110 所示。

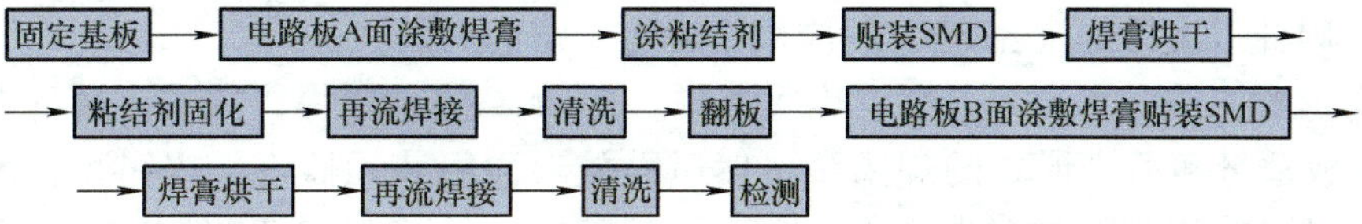

图 3-110　双面表面安装工艺流程（一）

在双面表面安装的工艺流程中，电路板的两面都采用了再流焊工艺，这样 A 面安装的 SMD 经过了两次再流焊接。当进行 B 面安装时，A 面向下，已经焊接好的 A 面上的 SMD 在 B 面进行再流焊接时，其焊料会再熔融，这些 SMD 在传送带轻微振动时会发生移位，甚至脱落，所以 A 面涂敷焊膏后还需要用粘结剂固化。

双面表面安装还可采用另一种结构的工艺流程，即 A 面电路板采用再流焊工艺，B 面电路板采用双波峰焊工艺。这一方式的工艺流程如图 3-111 所示。

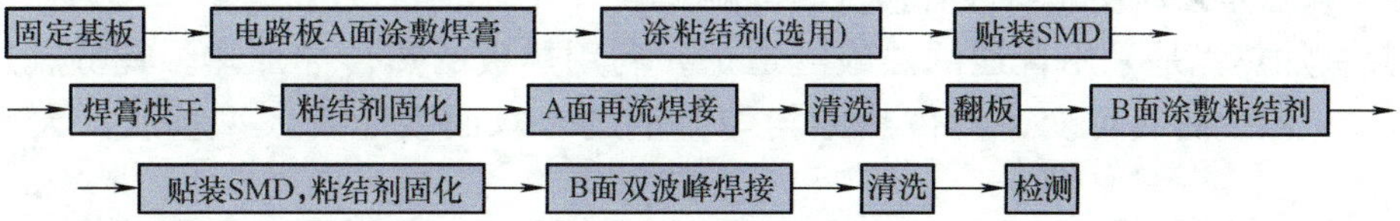

图 3-111　双面表面安装工艺流程（二）

以上介绍了几种典型的表面安装工艺流程，实际安装中应根据客观条件和具体的表面安装要求，综合多种因素确定合适的表面安装工艺流程。

3. SMT 焊接工艺

根据熔融焊料的供给方式，SMT 中采用的软钎焊技术主要有波峰焊（Wave Soldering）

和再流焊（Reflow Soldering）。波峰焊根据波峰的形状不同有单波峰焊、双波峰焊等形式。波峰焊和再流焊之间的基本区别在于热源与钎料的供给方式不同。波峰焊中，钎料波峰有两个作用：一是供热，二是提供钎料。再流焊中，热是由再流焊炉自身的加热机理决定的。

（1）SMT 焊接特点

1）元器件本身受热冲击大。

2）要求形成微细化的焊接连接。

3）由于表面贴装元器件的电极或引线的形状、结构和材料种类繁多，因此要求能对各种类型的电极或引线都能进行焊接。

4）要求表面贴装元器件与 PCB 上焊盘图形的接合强度和可靠性高。

（2）波峰焊工艺 波峰焊工艺是利用波峰焊机内的机械泵或电磁泵，将熔融钎料压向波峰喷嘴，形成一股平稳的钎料波峰，并源源不断地从喷嘴中溢出，装有元器件的印制电路板以直线平面运动的方式通过钎料波峰面而完成焊接的一种焊接工艺技术。按波形个数又分成单波峰、双波峰、三波峰和复合波峰四种。波峰焊工艺用于 SMT 的焊接主要包括双波峰、喷射波峰、气泡式波峰等，利用锡波的湍流冲刷作用，可克服气泡遮蔽效应。SMT 中的波峰焊，通常采用双波峰焊接工艺，以避免单波峰焊接时因遮蔽效应而出现的质量问题，如漏焊、桥接和焊缝不充实等缺陷。

双波峰焊接的优点在于对传统的印制电路板焊接工艺有一定的继承性，但在高密度组装中，双波峰焊接仍无法完全消除桥接等焊接缺陷，特别是不适合热敏元器件和一些大而多引脚的 SMD，因此双波峰焊接在 SMT 的应用中也有一定的局限性。

（3）再流焊工艺 再流焊工艺也称回流焊，是 SMT 的主要焊接方式。预先在电路板的焊接部位施放适量和适当形式的焊锡膏，然后贴放表面组装元器件，焊锡膏将元器件粘在 PCB 上，通过加热使焊膏中的焊料熔化而再次流动，以达到将元器件焊接在印制板上的目的。

再流焊的加热方法包括红外线加热、热风循环加热、热板加热、激光加热、加热工具（如热棒）加热等多种形式。

1）红外线加热：是目前应用最普遍的再流焊加热方式，采用吸收红外线热辐射加热，升温速度可以控制，具有较好的焊接可靠性；其缺点是材料不同，热吸收量不同，因而要求元器件外形差异不可太大，热敏元器件应屏蔽起来。

2）热风循环加热：是利用高温加热的空气在炉内循环加热。其特点是加热均匀，温度控制容易，缺点是强风使元器件有移位的可能。

3）热板加热：是采用普通的热板隧道炉，利用热板的热传导加热。其特点是结构简单，投资少，温度曲线可变，但传热不均匀，不适合双面装配及大型基板、大元器件的装配。

4）激光加热：是辐射加热的一种特殊方法，利用激光的热能加热，焊接可局部进行，集光性良好，适合于高精度焊接，但设备较昂贵。

5）加热工具（热棒）加热：通过各种形状加热工具的接触，利用热传导进行加热。其特点是加热工具的形状自由变化，可持续加热，对其他元器件的热影响小，热集中性良好，但工具的加压易引起元器件位置偏离，且温度均匀性差。

上述加热方法各有其优缺点，表面安装中应根据实际情况合理选择使用。其中红外线、热风循环、热板等加热方法属于整体加热方式；而激光、加热工具（热棒）等加热方法属于局部加热方式。整体加热方式可使贴装在电路板上的元器件同时完成焊接，效率高，但电路板及元器件不需焊接的部位也被加热，有产生热应力的可能。局部加热方式只选择必要的部位进行加热，避免了不需焊接的部位或元器件产生热应力的危险，但效率较低。

再流焊与波峰焊相比，具有如下特点：①再流焊不是直接将电路板浸渍在熔融焊料中，因此，元器件受到的热冲击较小；②再流焊工艺简单，返修的工作量很小；③再流焊仅在需要的部位施放焊料，并能控制焊料的施放量，避免桥接等缺陷，可靠性高，焊接质量好；④再流焊的焊料是能够保证正确组分的焊锡膏，一般不会混入杂质；⑤当 SMD 的贴放位置有一定偏离时，由于熔融焊料的表面张力作用，只要焊料的施放位置正确，就能自动校正偏离，使元器件固定在正常位置。

3.4.3 无铅焊接技术

1. 无铅焊接技术的发展

无铅就是使用其他金属取代锡铅焊料中的金属铅。以锡铅合金焊料为主的焊接技术在电子工业中的应用已经非常成熟，其优异的综合性能和低廉的成本，使其地位很难被动摇。然而无铅浪潮是大势所趋，淘汰有铅焊料不可逆转。欧盟 RHS 在 2006 年 7 月 1 日起全面实行电子产品无铅化，中国政府于 2003 年 3 月由原信息产业部拟定的《电子信息产品生产污染防治管理法》自 2006 年 7 月 1 日起禁止电子产品含铅（Pb）。无铅焊接已经进入实用阶段，但是目前无铅焊接还不能完全代替有铅焊接，还有一些关键问题需要解决。

无铅焊接技术的关键是无铅焊料，此外，还有无铅焊接设备和工具，以及无铅焊接工艺、焊点可靠性等技术问题。

目前国际上对无铅的标准尚无明确统一的定义，国际标准组织（ISO）提案要求电子装联用焊料中铅的含量应低于 0.1WT%，不过在无铅焊料中通常会根据不同的产品要求，在锡料中掺一些铜和银等其他金属物质来增强锡丝的活性。对于电子组装企业来说，无铅焊接技术的应用已经是摆在企业面前必须解决的现实问题。

2. 无铅焊料

（1）对无铅焊料的要求 理想的 Sn-Pb 合金替代材料应该具有的性能是：

1）熔点应同 Sn-Pb 体系焊锡的熔点（183℃）接近。

2）成本要低，导电性好。

3）机械强度和耐热疲劳性要与 Sn-Pb 体系焊锡大体相同。

4）焊锡的保存稳定性要好。

5）耐疲劳性强。

6）能确保有良好的润湿性和安装后的机械可靠性。

7）焊接后对各种焊接点检修容易，应有良好的电可靠性。

（2）焊料金属 根据材料学原理，目前地球上已经发现的金属元素中，可以取代 Pb，与 Sn 形成合金焊料的金属材料屈指可数，仅有 Ag、Cu、Bi、In、Sb、Zn 等几种。它们与 Sn 形成二元或三元合金。

二元合金：Sn-Bi、Sn-In、Sn-Ag、Sn-Zn、Sn-Cu；

三元合金：Sn-Ag-Cu、Sn-In-Cu、Sn-In-Ag。

从金属资源的地球储量、成本、合金熔点、材料强度、工艺性能、使用性能等多种因素综合，目前工业应用比较多、综合性能较好的无铅焊料是Sn-Ag-Cu，简称SAC无铅焊料，已经有系列产品供应。例如：

Sn95.5-Ag3.8-Cu0.7：熔点为217℃，简称387；

Sn96.5-Ag3.0-Cu0.5：熔点为217~219℃，简称305。

为了降低成本，现在一部分低Ag合金得到推崇，例如，SAC105（Ag1.0-Cu0.5）、SAC0507（Ag0.5-Cu0.7），性能与305相差不大，价格却低不少。

此外，业界也在探索在基本合金金属之外加入少量其他金属，例如镍、稀土元素等成分，以图改进无铅合金的性能。

（3）助焊剂 无铅助焊剂的要求：

1）由于助焊剂与合金表面之间有化学反应，因此不同合金成分要选择不同的助焊剂。

2）由于无铅合金的浸润性差，要求助焊剂活性高。

3）提高助焊剂的活化温度，要适应无铅焊接温度。

4）焊后残留物少，并且无腐蚀性。

5）良好的焊膏印制性。

由于无铅合金与焊件的润湿性普遍低于有铅合金，同时焊接温度的提高也增加了金属表面的氧化作用，因此必须使用活性更强的助焊剂以去除氧化层、增强润湿性。但是这样会使焊剂残留物增多、腐蚀作用加强、产生电迁移等缺陷增加、清洗难度加大等。

尽管目前有关厂商已经推出许多助焊剂产品，但是由于助焊剂的活性与低腐蚀作用是相互矛盾的要求，因此需要寻找它们的平衡，同时符合环境保护要求和成本要求等，科技界还在努力研究性能更好的无铅助焊剂。

3. 无铅焊接设备与工艺

（1）对无铅焊接设备与工艺的要求

1）设备中与锡接触部分本身不能含有铅的成分。

2）无铅锡的熔炉能够耐腐蚀的性能较好。

3）适应无铅合金焊接工艺要求，能够准确控制焊接温度。

4）要求机器的冷却速度较快。

（2）元器件及PCB的无铅化 无铅焊接工艺流程中，元器件及PCB镀层的无铅化技术相对要复杂，涉及领域较广，这也是国际环保组织推迟无铅化进程的原因之一。在相当时间内，无铅焊料与Sn-Pb的PCB镀层共存，而带来“剥离（Lift-off）”等焊接缺陷，设备厂商不得不从设备上克服这种现象。另外，对PCB制作工艺的要求也相对提高，PCB及元器件的材质要求耐热性更好。

（3）焊接设备的无铅化 需要解决无铅焊料带来的焊接缺陷及焊料对设备的影响，如预热/锡炉温度升高、喷口结构、氧化物、腐蚀性、焊后急冷、助焊剂涂敷、氮气保护等。

无铅焊接要求的温度曲线分析如图3-112所示。

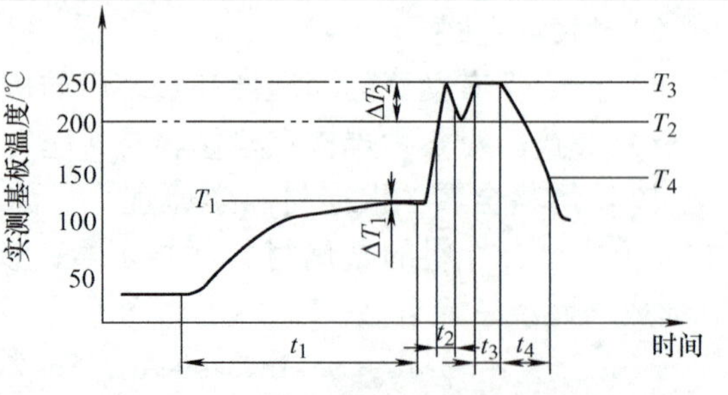

图3-112 无铅焊接要求的温度曲线

通过上述曲线图和金属材料学知识可以了解到，为了获得可靠、最佳的焊点，温度 T_2 最佳值应大于无铅锡的共晶温度，锡液焊接温度应控制在（250 ± 20）℃（比有铅锡的温度要求更严）。一般有高可靠要求的军用产品，$\Delta T < 30$℃，对于普通民用产品，建议温差可放宽到 $\Delta T_2 < 50$℃（根据日本松下的要求）；预热温度 T_1 比有铅焊要稍高，具体数值根据助焊剂和 PCB 工艺等方面来定，但 ΔT_1 必须控制在 50℃以内，以确保助焊剂活化性能的充分发挥和提高焊锡的浸润性；焊接后的冷却从温度 T_3（250℃）降至温度 T_4（100～150℃），建议按 7～11℃/s 的降幅梯度控制；温度曲线在时间上的要求主要是预热时间 t_1、浸锡时间 t_2、t_3 及冷却时间 t_4，这些时间的具体数值的确定要考虑元器件、PCB 的耐热性及焊锡的具体成分等多方面因素，通常 t_1 为 1.5min 左右，$t_2 + t_3$ 在 3～5s 之间。

（4）回流焊技术的应用

1）回流焊技术是应用回流焊对无铅锡膏进行回流的焊接技术。传统锡膏的共晶成分是锡和铅，锡铅比为 Sn63/Pb37 的锡膏回流共晶温度为 183℃，锡铅比为 Sn62/Pb36 加 2% 的锡膏回流共晶温度为 179℃。对于无铅锡膏，在合金成分中去掉了铅，接近共晶的合金是锡银铜合金。多数无铅合金，包括 Sn-Ag-Cu 其熔点都超过 200℃，高于传统的锡铅合金的共晶温度，这使回流焊接温度升高，这是无铅回流焊的一个主要特点。

2）传统的锡铅合金回流时，共晶温度为 179～183℃，焊接时小元器件引脚的峰值温度达到 240℃，而大元器件引脚的峰值温度可达 210℃左右，大小元器件温度差近 30℃，这个差别不会影响元器件寿命。当使用无铅锡膏时，由于无铅锡膏的熔点温度高于锡铅的共晶温度，例如 Sn/Ag 成分的锡膏熔点范围是 216～221℃，这就使得被加垫的大元器件引脚温度要高于 230℃以保证熔温，而小元器件引脚的峰值温度要保持在 240℃左右，大小元器件的温度差小于 10℃，这是无铅回流焊的另一个主要特点。

3）无铅回流焊的主要问题：技术上要解决的主要问题是在回流熔融温度范围内，尽可能减小被焊元器件之间的温度差，确保热冲击不影响元器件的寿命。解决办法是用多温区、高控温精度的氮气保护回流焊炉，精确调试回流焊曲线。因此，在无铅回流焊的设计中，在各独立温区尺寸减小的同时增加温区数目，增加助焊剂分离及回收装置，设计新型中心支撑。

4）回流焊曲线调试应注意：

① 提高预热温度。无铅回流焊接时，回流焊炉的预热区温度应比锡铅合金回流的预热温度要高一些，通常高 30℃左右，在 170～190℃之间（传统的预热温度一般为 140～160℃）。提高预热区温度的目的是为了减少峰值温度，以减少元器件间的温度差。

② 延长预热时间。适当延长预热的时间，预热太快一方面会引起热冲击，不利于减少在形成峰值回流温度之际，元器件之间的温度差。因此，适当延长预热的时间，使被焊元器件温度平滑上升到预定的预热温度。

③ 延长回流区梯形温度曲线。在控制最高回流温度的同时，增加回流区温度曲线宽度，延长小热容量元器件的峰值时间，使大小热容量的元器件均达到要求的回流温度，并避免小元器件的过热。

④ 调整温度曲线的一致性。测试调整温度曲线时，虽然各测试点的温度曲线有一定的离散性，不可能完全一致，但要认真调整，使其各测试点温度曲线尽量趋向一致。

（5）预热方式　预热时间 t_1 在 1.5min 左右输送 PCB 的速度为 1.2m/min，预热长度要保障在1.8m以上；为保障预热的热稳定性，预热结构必须采用封闭式的结构，预热方式建议采用热风预热方式。从国内外设备厂研制的波峰焊及用户使用分析，采用热风预热方式比较理想，因为采用全热风加热，可提高热效率，提高PCB的温度均匀性。针对无铅波峰焊，人们又开发出一种新的控制方式：自适应PID控温方式，解决了传统固定PID及ON-OFF控制方式对温度的冲击，达到较佳的预热曲线，保证预热区与焊接区的温度下降值在30℃以内。预热曲线如图3-113所示。

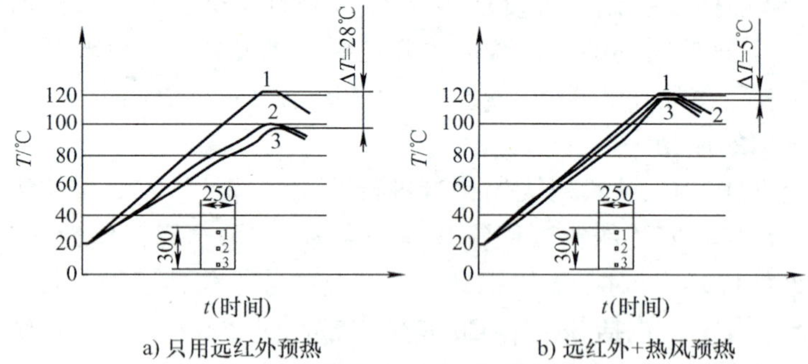

图3-113 预热曲线

条件：PCB板厚1.6mm 运输速度为1.2m/min

（6）锡炉喷口 要克服无铅焊料润湿性（铺展能力）差给焊接带来的影响，需要4s以上的浸锡时间。如果采用双波峰焊接，两波峰之间的最低温度要在220℃以上，锡炉喷口的结构必须能符合以上的温度曲线，设备厂家通过减小两喷口之间距离的设计，来达到这个要求。

由于高Sn含量的无铅焊料更易氧化，另外无铅焊料的成本较高，控制锡氧化物生成量是焊接设备厂家必须考虑的问题，一些国内外的厂家已推出新的波峰喷口结构，氧化物生成量同过去相比可减少一半。

（7）腐蚀性 无铅焊料的高Sn含量，在高温下对Fe有很强的溶解能力，传统的波峰焊焊料槽及喷口大多数采用不锈钢材料，从而发生溶解反应，随着时间的推移，最终导致部件的溶蚀损坏，特别是喷口及叶轮部件。现在国外大多数厂家的焊锡槽采用铸铁并镀防护层，国内大多数厂家采用钛合金材料。

（8）氧化 同Sn-Pb合金焊料相比，高Sn含量的无铅焊料在高温焊接中更容易氧化，从而在锡炉液面形成氧化物残渣（SnO_2），过多的氧化物不但影响焊接品质，而且会造成焊料成本的浪费，尤其是对现在昂贵的无铅焊料来说更是如此。多数设备厂家采用改善锡炉喷口结构来减少氧化物，当然最好的对策是加氮气保护，虽然氮气保护系统设备前期投入较大，但是从长远利益考虑是合理的。国内外很多设备厂家都已推出氮气保护的波峰焊，技术已成熟。

（9）焊后急冷却 在无铅焊接工艺应用中，通孔基板的波峰焊接时常常会发生“剥离”缺陷（Lift-off或Fillet lifting），产生的原因在于冷却过程中，焊料合金的冷却速率与印制电路板的冷却速率不同所致。无铅化推广前期，无铅焊料与镀有Sn-Pb的元器件会有一段时间共存，如果采用的是含Bi无铅焊料，此种现象更为突出，解决对策是在波峰焊出口处加冷却系统。至于冷却方式及冷却速率的要求要根据具体情况而定，因为冷却速率超过6℃/s，设备冷却系统要采用冷源方式，大多数采用冷水机或冷风机。国外有的研究提到用冷液方式，可达到20℃/s 以上的冷却效果，但成本非常高，对于大规模电子产品生产厂家是无法承受的，属于早期实验。真正被推广应用的，是在日本大多数厂家采用的全无铅化方案（焊料/元器件/基板等全部无铅化），设备冷却结构采用强制自然风冷却。对于国内电子产品生产厂家，建议采用 Sn-Ag-Cu 合金或 Sn-Cu 合金的焊料，快速冷却速率控制在 6～80℃/s 或 8～120℃/s，冷却方式采用自然风强制冷却或带冷水机冷源的方式。

（10）助焊剂　无铅焊料的特殊性，在焊接工艺中必须有对应的助焊剂相匹配，基于环保的考虑，应减少使用醇类溶剂，逐步推广 VOC-FREE 环保助焊剂。

由于无铅焊料润湿性差，克服焊接缺陷在很大程度上要通过助焊剂成分及喷雾方式来改变，传统的发泡式喷雾结构已不再适应现在的工艺，一些喷雾结构经过设备厂家改良，如喷雾移动采用步进电动机方式，助焊剂供给采用恒压系统、强力抽风过滤系统，目的是使喷雾效果均匀，降低挥发性物质的排放量。

（11）控制　控制系统发展的方向主要是数字化控制及管理。

控制系统除了要求对运输速度、助焊剂涂敷均匀度、预热温度、锡炉温度、冷却速度等精确控制外，还应该对生产过程中所有的工艺参数（运输速度；助焊剂涂敷厚度、浓度、宽度、角度；预热温度；锡炉温度；冷却速度；氮气浓度等）均实现数字化控制，便于参数的重复利用。

4. 无铅焊接技术中常见质量缺陷分析与解决方法

（1）焊点成形差　现象：焊点波纹粗劣，焊点不均匀、不整齐，焊料与母材不圆滑过渡，如图 3-114 所示。原因：①焊接温度过高或过低；②焊接中传输速度过快或过慢。解决：控制温度和速度。

（2）表面气孔　现象：焊接过程中，焊膏中的气体未完全挥发，而焊点已经凝固，在焊点表面形成孔洞，如图 3-115 所示。原因：①焊膏密封不好，水分增加；②焊膏回温不足；③焊膏搅拌不均匀。解决：①按要求存放；② 充分回温；③ 搅拌均匀。

图 3-114　焊点成形差

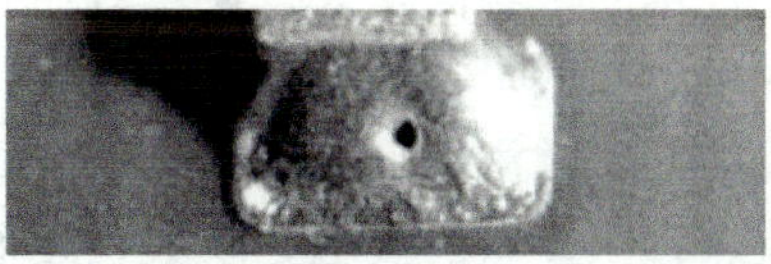

图 3-115　气孔

（3）表面夹渣　现象：在焊接过程中，主要是在层与层间出现外部看到的残渣，如图 3-116 所示。原因：① 焊膏失效；② 温度低。解决：① 选用合格焊膏；② 选择合理的焊接温度。

（4）表面裂纹　现象：在焊点表面出现开裂，如图 3-117 所示。原因：冷却时有振动。解决：对回流焊炉进行修理。

（5）虚焊　现象：焊接完毕，焊点润湿不良，如图 3-118 所示。原因：①焊点氧化；②温度低。解决：元器件和 PCB 应按规定保管，调整炉温曲线。

图 3-116　夹渣图

图 3-117　表面裂纹

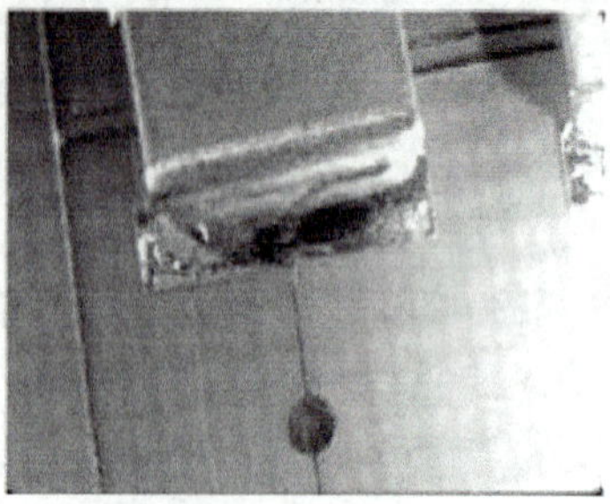

图 3-118　虚焊

3.4.4　接触焊接技术

接触焊接是一种不需要焊料和焊剂，即可获得可靠连接的焊接技术。电子产品中，常用的接触焊接种类有压接、绕接、穿刺、螺纹连接等。

1. 压接

（1）压接的概念　压接是使用专用工具，在常温下对导线和接线端子施加足够的压力，使两个金属导体（导线和接线端子）产生塑性变形，从而达到可靠电气连接的方法，一般适用于导线的连接，如图 3-119 所示。

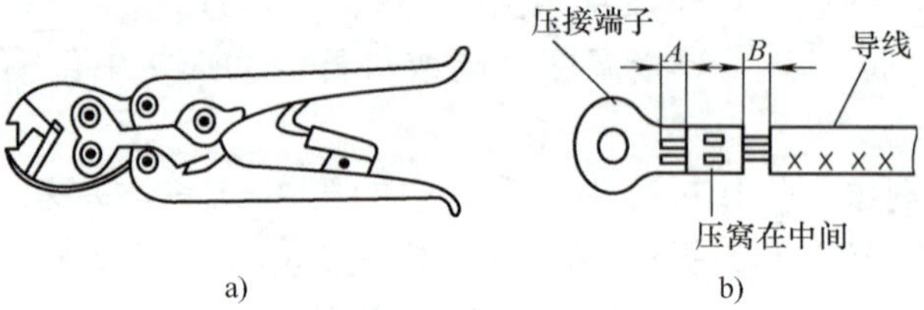

图 3-119　手动压接钳及压接示意图

（2）压接的特点

1）工艺简单，操作方便，不受场合、人员的限制。

2）连接点的接触面积大，使用寿命长。

3）耐高温和低温，适用于各种场合，且维修方便。

4）成本低，无污染，无公害。

5）缺点：压接点的接触电阻大，因而压接处的电气损耗大。

（3）压接工具的种类

1）手动压接工具：其特点是压力小，压接的程度因人而异。

2）气动式压接工具：其特点是压力较大，压接的程度可以通过气压来控制。

3）电动压接工具：其特点是压接面积大，最大可达 325mm^2。

2. 绕接

（1）绕接的概念　绕接是用绕接器，将一定长度的单股芯线高速地绕到带棱角的接线柱上，形成牢固的电气连接。绕接通常用于接线柱和导线的连接，如图 3-120 所示。

（2）绕接的特点

1）接触电阻小，抗振能力比锡焊强，工作寿命长（达 40 年之久）。

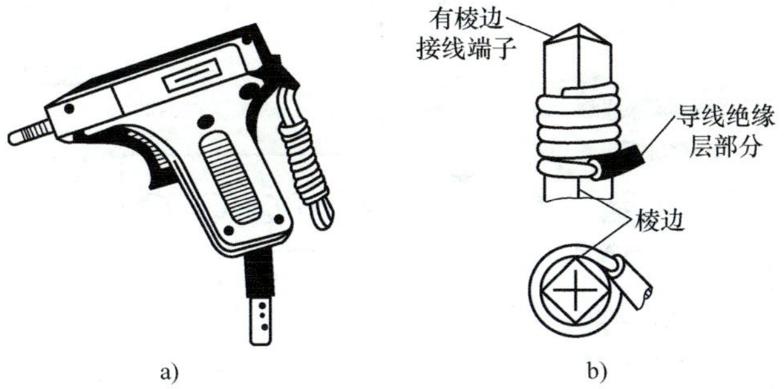

图3-120　电动型绕接枪及绕接示意图

2）可靠性高，不存在虚焊及焊剂腐蚀的问题。

3）不会产生热损伤。

4）操作简单，对操作者的技能要求低。

5）对接线柱有特殊要求，且走线方向受到限制；多股线不能绕接，单股线又容易折断。

3. 穿刺

穿刺工艺适用于以聚氯乙烯为绝缘层的扁平线缆和接插件之间的连接。

穿刺焊接的特点：节省材料，不会产生热损伤，操作简单，质量可靠，工作效率高（为锡焊的3~5倍），如图3-121所示。

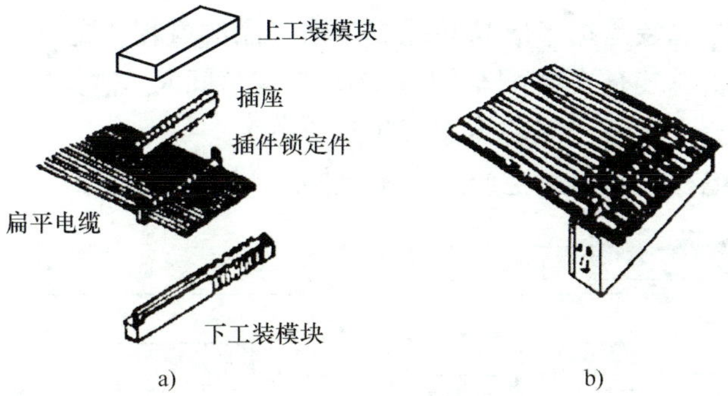

图3-121　穿刺焊接

4. 螺纹连接

（1）螺纹连接的概念　螺纹连接是指用螺栓、螺钉、螺母等紧固件，把电子设备中的各种零、部件或元器件连接起来的工艺技术。螺纹连接的工具包括不同型号、不同大小的螺钉旋具、扳手及钳子等。

（2）常用紧固件的类型及用途　用于锁紧和固定部件的零件称为紧固件。在电子设备中，常用的紧固件有：螺钉、螺母、螺栓和垫圈等，如图3-122所示。

（3）螺纹连接方式　常用的螺纹连接方式有螺栓连接、螺钉连接、双头螺柱连接和紧定螺钉连接等。

（4）螺钉的紧固顺序　当零部件的紧固需要两个以上的螺钉连接时，其紧固顺序（或拆卸顺序）应遵循“交叉对称、分步拧紧（拆卸）”的原则，如图3-123所示。

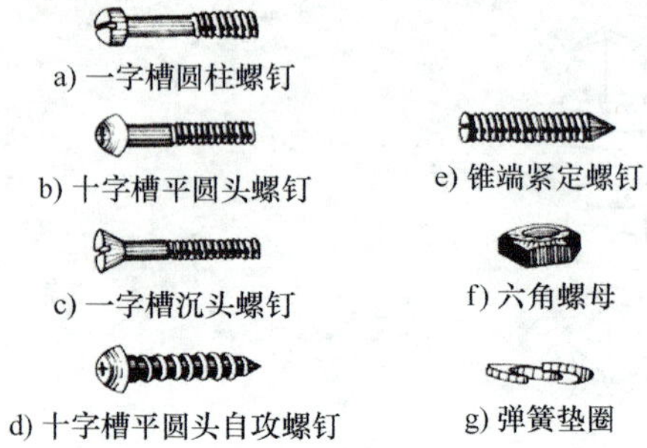

图 3-122 部分常用紧固件示意图

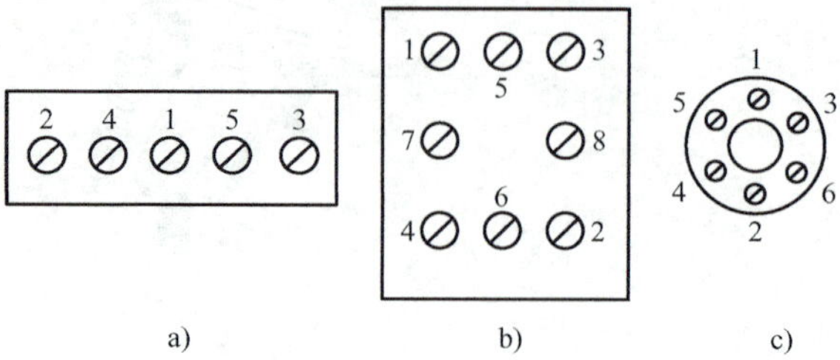

图 3-123 螺钉的紧固或拆卸顺序

（5）螺纹连接的特点 连接可靠，装拆、调节方便，但在振动或冲击严重的情况下，螺纹容易松动，在安装薄板或易损件时容易产生形变或压裂。

（6）防止紧固件松动的措施 常用措施有加双螺母、加弹簧垫片、蘸漆、点漆和加开口销钉等。

3.5 总装工艺

1. 电子整机总装概述

电子整机总装是指将组成整机的各零部件、组件，经单元调试、检验合格后，按照设计要求进行装配、连接，再经整机调试、检验形成一个合格的、功能完整的电子整机产品的过程，通常简称为总装。总装是把半成品装配成合格产品的过程，是电子产品生产过程中一个极其重要的环节。整机总装是在装配车间（亦称总装车间）完成的。对于批量生产的电子整机，目前大都采用流水作业（又称流水线生产方式）。

图 3-124 为彩色电视机的一般生产过程示意图。

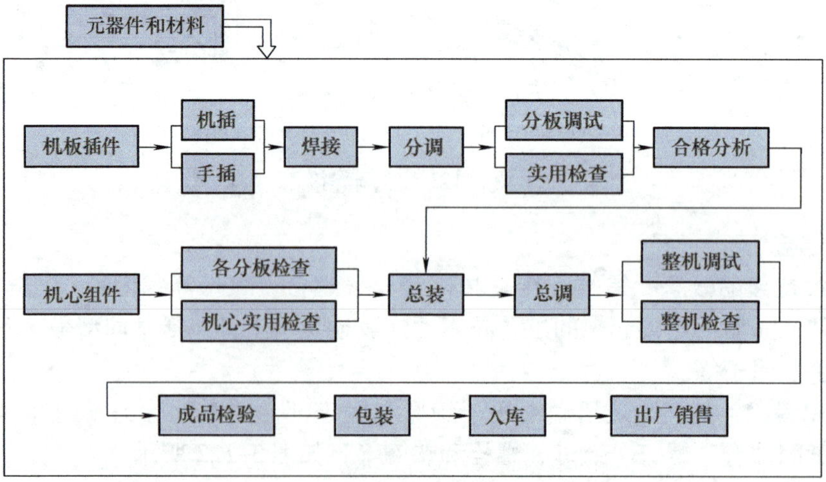

图 3-124 彩色电视机的一般生产过程示意图

2. 电子整机总装的内容

电子整机总装包括机械装配和电气装配两大部分的工作，即包括将各个零件、部件、整件（如各机电元器件、印制电路板、底座、面板以及装在它们上面的元器件），按照设计要求，安装在不同的位置上，在结构上组合成一个整体，再完成各部分之间的电气连接，形成一个具有一定功能的整机，以便进行整机调试、检验和测试等。

总装的装配方式按整机结构分，有整机装配和组合件装配两种。

对整机装配来说，整机是一个独立的整体，它把零件、部件、整件通过各种连接方法安装在一起，组成一个不可分割的整体，具有独立工作的功能，如收音机、电视机、信号发生器等。整机装配的连接方式有两类：一类是可拆卸连接，即拆散时操作方便，不易损坏任何零部件，如螺接、销接、夹紧和卡扣连接等；另一类是不可拆卸连接，即拆散时会损坏零部件或材料，如粘接、铆接等。

对组合件装配来说，整机是若干个组合件的组合体，每个组合件都有一定的功能，而且可以随时拆卸，如大型控制台、插件式仪器等。

3. 电子整机总装的工艺原则和基本要求

（1）电子整机总装的工艺原则　电子产品的整机装配要经过多道工序，安装顺序是否合理直接影响到整机的装配质量、生产效率和操作者的劳动强度。

整机总装的工艺原则是：先轻后重、先小后大、先铆后装、先里后外、先低后高、上道工序不影响下道工序的安装，注意前后工序的衔接，使操作者感到方便、省力和省时。

（2）电子整机总装的基本要求　整机总装的基本要求是：牢固可靠，不损伤元器件和零部件，不碰伤面板、机壳表面的涂敷层，不破坏整机的绝缘性，安装件的方向、位置、极性正确，保证产品各项性能指标稳定和具有足够的机械强度。

4. 电子整机总装的工艺流程

总装的形式应根据产品的性能、用途和总装数量决定，各厂所采用的作业形式不尽相同。但总体来看，有装配准备、部件装配、整件调试、整机检验、包装入库等几个环节，如图 3-125 所示。

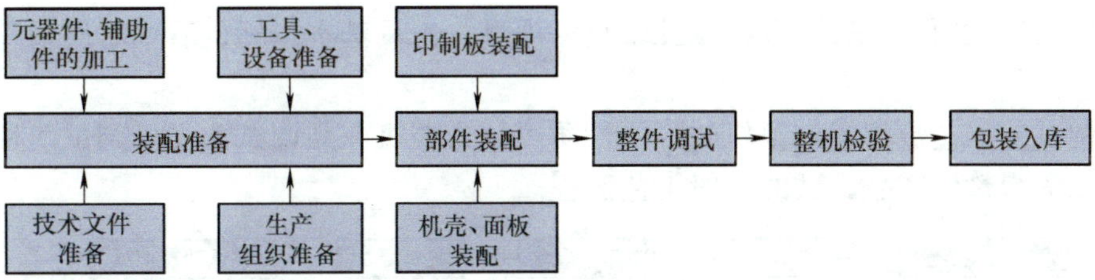

图 3-125　整机总装工艺过程

彩色电视机总装一般工艺流程如图 3-126 所示。

（1）零、部件的配套准备　电子产品在总装之前，应对装配过程中所需的各种装配件（包括单元电路板）和紧固件等从数量的配套和质量的合格两个方面进行检查和准备，并准备好整机装配与调试中的各种工艺文件、技术文件，以及装配所需的仪器设备。

（2）整机装配　整机装配工艺过程即为整机的装接工序安排，就是以设计文件为依据，按照工艺文件的工艺规程和具体要求，把各种电子元器件、机电元件及结构件通过螺接、铆接和粘接等工艺，装连在印制电路板、机壳、面板等指定位置上，构成具有一定功能的完整的电子产品的过程。在整机装配过程中，各工序除按工艺要求操作外，应严格进行自检、互

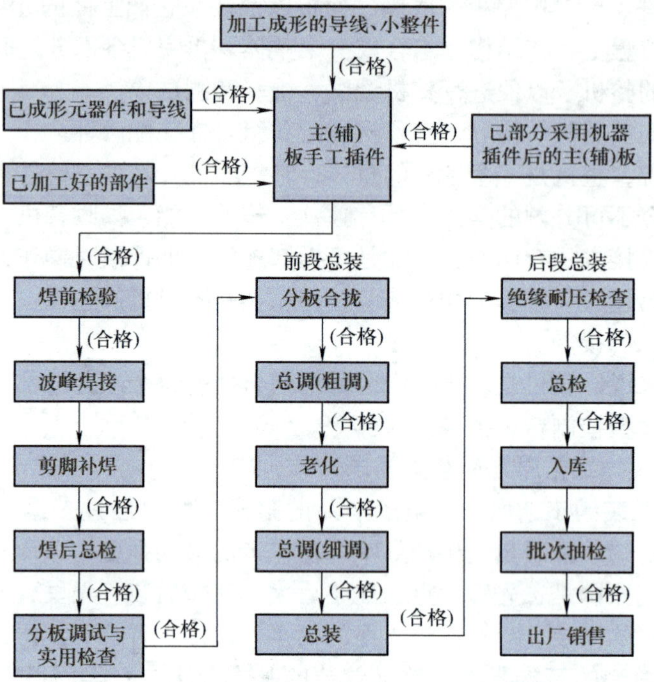

图 3-126 彩色电视机总装一般工艺流程

检，并在装配过程的一定阶段设置相应的专检工序，分段把好装配质量关，以提高整机生产的一次合格率。这部分内容在本章 3.1 节中有详细介绍。

（3）整机调试 整机调试包括调整和测试两步工作，即对整机内可调部分（如可调元器件及机械传动部分）进行调整，并对整机的电性能进行测试。整机调试是在单元部件调试的基础上进行的，是一个循序渐进的过程，其原则是：先外后内；先调结构部分，后调电气部分；先调独立项目，后调存在相互影响的项目；先调基本指标，后调对质量影响较大的指标。

整机调试的工艺流程根据整机的不同性质可分为整机产品调试和样机调试两种不同的形式。图 3-127 为整机产品调试的一般工艺流程。

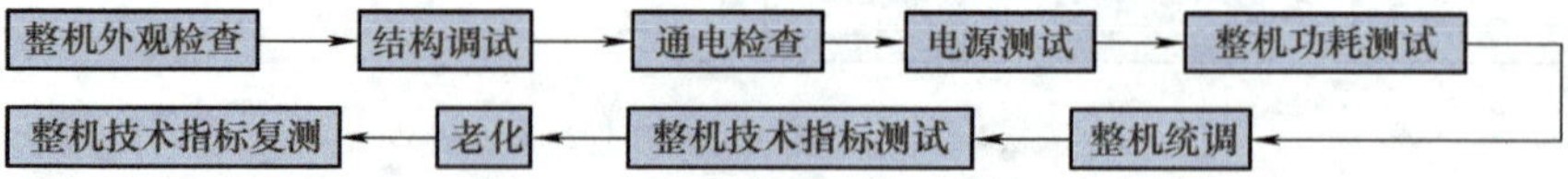

图 3-127 整机产品调试的一般工艺流程

（4）整机检验 整机检验应按照产品的技术文件要求进行，检验整机的各种电气性能、机械性能和外观等。通常按以下几个步骤进行。

1）对总装的各种零、部件的检验。检验应按规定的有关标准进行，剔除废次品，做到不合格材料和零、部件不投入使用。这部分的检验是由专职检验人员完成的。

2）工序间的检验。后一道工序的工人检验前一道工序工人加工的产品质量，不合格产品不流入下一道工序。工序间的检验点通常设置在生产过程中的一些关键工位或易波动的工位上。这部分的检验一般是由生产车间的工人进行互检完成的。

3）电子产品的综合检验。电子整机产品全部装配完之后，进行全面的检验。一般是先由车间检验员对产品进行电气、机械方面全面的检验，认为合格的产品，再由专职检验员按比例进行抽样检验，全部产品检验合格后，电子整机产品才能进行包装和入库。

（5）包装 包装是电子整机产品总装过程中，起保护产品、美化产品及促进销售的重要环节。电子总装产品的包装，通常着重于方便运输和储存两个方面。

（6）入库或出厂 合格的电子整机产品经过合格的包装，就可以入库储存或直接出厂运往需求部门，从而完成整个总装过程。

习题 3

1. 名词解释：

浸焊 波峰焊 再流焊 印制板图 电子整机装配 搪锡

2. 简述手工焊接有哪几个基本步骤。

3. 电子整机组装完成后，为什么还要进行必要的调试？

4. 电子整机总装的一般顺序是怎样的？

5. 为什么要控制电烙铁的温度？通常采用哪些方法来控制电烙铁的温度？

6. 简述手工焊接时，烙铁的握法及适用范围。手工焊接按步骤划分为五步法和三步法两大类，简述五步法是指哪五步，三步法是哪三步。

7. 印制电路板上焊盘的大小及引线的孔径如何确定？

8. 整机装配的工艺原则及基本要求是什么？

9. 试说明电子整机装配的内容、特点和方法。

10. 常见的搪锡方法有哪几种？简述搪锡的操作要领。

11. 简述元器件引线成形的意义及引线成形的方法。元器件引线成形有哪些技术要求？

12. 试述印制电路板上元器件的插装方法及插装技术要求。

第4章 电子调试工艺

内容提要

电子调试包括调整与测试两部分工作，是保证电子产品质量的重要环节。本章主要介绍了电子调试工艺的一般程序与基本要求，对调试、检验用常用电子仪器仪表的基本原理与操作规范作了说明，重点阐述了电子测试的基本方法与基本技术。

4.1 调试的一般程序及工艺要求

4.1.1 调试的一般程序

调试一般包括调整与测试两部分工作，电子产品整机内的电感线圈磁心、电位器、微调可变电容等都是可调元件，与电气指标有关的机械传动部分、调谐系统部分等是可调部件。因此，调试内容包括对可调元件、可调部件的调整，对整机电气性能的测试。

比较复杂的无线电整机一般由若干单元电路板、组装部件、机械结构等组成，因此，其调试的一般程序是先对单元电路板、组装部件、机械结构等进行调试，当达到技术指标要求之后，才进行总装，然后对整机进行调试，整机调试完后，按要求进行例行试验，最后进行复调。

对于比较简单、小型的整机，在焊接和安装完成之后，一般直接进行整机调试，其调试程序比较简单，例如稳压电源、晶体管收音机等简单、小型的整机都可直接进行调试。

调试的整个过程都是按照调试工艺文件的要求进行的。调试工艺文件是由工厂或企业的工艺技术部门根据产品的设计要求编制的，其编制原则从技术要求、生产效率要求、质量要求等方面进行考虑。对技术要求方面，提出单元电路和部件调试的技术指标，并能保证单元电路板、部件的功能符合整机的要求；整机调试部分应按设计的整机性能，提出整机调试技术指标；生产效率方面主要考虑到调试所用设备的通用性、可靠性、操作复杂性以及维修方便和使用安全等，生产线调试尽量使用专用设备，以简化操作、提高效率；质量要求方面，应充分考虑调试工艺的合理性，保证调试顺利，减少故障，提高可靠性。

调试工艺文件内容应包括调试项目、调试步骤和方法、测试条件、安全操作规程与注意事项，调试工艺文件还应具体规定调试工位的人数、调试所需仪器仪表的型号及数量、所需工具与材料以及调试接线图等。

4.1.2　调试的一般工艺要求

为保证电子产品的质量，在调试过程中除了要保证调试工艺完整性以外，对调试的一般工艺还有如下几点要求。

1. 调试环境的要求

调试场地周围环境总是存在一定程度的电磁场干扰，外界干扰信号使测量数据不准确，存在严重干扰时调试甚至无法进行，因此，调试场地应避免工业干扰、强功率电台以及其他电磁场干扰。屏蔽室对各种干扰信号具有良好的屏蔽作用，在屏蔽室内进行调试比较稳定可靠。特别在调试高频电路时应在屏蔽室进行，为了防止电源波动和干扰，供调试用交流电源须经过隔离变压器，并且还要交流稳压。屏蔽室或其他调试场地应有良好的安全设施，确保调试设备和人员的安全。

2. 仪器仪表选用与使用

1）根据调试工艺文件的要求，正确地选择调试用的仪器仪表或专用调试设备，无论通用还是专用设备，都要符合一定的计量和检测要求，通常都要具有合格的计量报告，而且要定期地进行计量校准。此外，调试用的仪器仪表本身的误差应小于被测量所要求的精度。

2）所有仪器仪表应接统一地线，需要预热的仪器应按规定的时间预热。按照调试工艺文件的规定，选择好仪器的量程以及调准好零点。

3）对灵敏度较高的仪表，测量时不但要有良好的地线，而且相互之间的连接线必须采用屏蔽线。对要求防振、防尘、防电磁场的仪器仪表，使用时应考虑必要的防护措施。

4）进行高频测量时，应使用高频头直接与被测点接触，连接线与地线越短越好，以减少测量误差。

3. 调试前的准备工作

1）调试是一项技术性较强的工作，调试人员要具有比较熟练的技术，要求调试人员既懂得被调试产品的工作原理，又能合理地使用仪器仪表，并能理解相应的文件、图样。在开始调试之前，调试人员必须认真阅读调试工艺文件，熟悉本工位的调试内容、调试部位、调试步骤与调试方法。

2）单元电路板、部件、整机在通电前，必须经过严格的检查，检查合格后方可通电进行调试。对于单元电路板，可用直接观察和万用表检查的方法，检查印制电路板有无漏焊、短路、插错元器件等，此种检查方法不可避免地存在漏检，须反复检查多次。随着电子技术的发展，现在已开始使用计算机检测电路故障。对于部件、整机，主要检查安装工艺是否符合要求，连接是否正确，各种控制开关是否正常，熔丝是否符合规定值，整机是否接好负载或假负载，对发现的问题应及时解决，确定无误后方可给整机接通电源。

3）屏蔽室或车间生产线一般都有安全措施，但调试人员必须按照安全操作规程充分做好个人的准备，如调试高压高频设备时，应穿高压防护衣、高压绝缘鞋，戴高压防护手套。

4）调试之前，应把调试用的图样、文件、工具及备用件放置在适当的位置上。

4. 通电调试要求

通电时，应注意不同类型整机的通电程序。若通电后一切正常，可进行静态调试，静态调试正常后再注入信号进行动态调试，调试人员在进行调试时应单手操作，以防触电危害。

4.2 调试、检验仪器的基本原理与操作规程

检验仪器与设备会直接影响测量结果的准确性与有效性，影响检验工作的质量。检验操作规程是对检验仪器使用、操作进行有效控制的技术性文件，以操作规程形式给出，阐明检验仪器使用方面的要求。作为使用、操作检验仪器的规范性指导，仪器操作规程应直接用于检验环境的建设。

下面介绍可用于电子产品调试与检验的六种通用电子测量仪器的基本原理和使用规范。考虑到适用性和通用性，并不要求内容和形式的统一，读者可根据自己的仪器配置和控制要求进行调整和制定。

4.2.1 交流毫伏表的基本原理与操作规程

在电子测量领域中，电压测量是最主要的测量。交流毫伏表是测量低频交流信号电压的一种均值电压表，其表头偏转正比于被测电压的平均值，但仪表刻度盘是按正弦波有效值进行刻度的。所以，只有测量正弦波电压时，从表盘上读得的读数才是正确的。当测量非正弦波电压时，其读数没有直接的物理意义，根据“平均值相等示值也相等”的基本示值规律，只有把读数乘以0.9，才表示被测电压的平均值。

交流毫伏表表头同时有dB刻度，被测电平的读出等于步进衰减器步位所标的dB值和表头所指dB值的代数和。

1. 主要技术指标

1）电压范围：1mV～300V。

2）频率范围：20Hz～1MHz。

2. 交流毫伏表（DA-16型）操作规程

（1）用途 用于测量低频交流信号的电压和电平。

（2）操作步骤

1）检查在用交流毫伏表周期校准合格标记，合格方可使用。

2）交流毫伏表应平稳放置。通电前应调整表头的机械调零螺钉，使表针指示在零位。

3）根据被测信号值的大小选择电压量程，若不知被测信号的大小，可先选择最大量程，再逐步减小到合适的量程。

4）接通电源，待表针稳定后，将输入线短路，调整调零旋钮，使表针指示在零位，即可进行测量。

5）测量时，先将输入线的地线（屏蔽线）与被测电路公共点相连，然后将输入线的信号端接至被测点上。测量完毕，先将信号端撤下，再断地线。

6）当做电平表使用时，测量的电平数值为表针所指的dB数与选择量程开关所指的电平分贝数的代数和。

7）仪器使用完毕后，应关掉电源，整理附件，清点检查后放置好。

8）填写质量记录：仪器设备使用管理记录。

（3）注意事项

1）机械调零螺钉不需经常调整。

2）选择量程尽量使表针指示在满量程 2/3 以上。

（4）维护保养

1）平常保持仪器的平稳放置，保证附件完整。注意平时的防尘、防潮。

2）仪器若有损坏，应及时维修。维修后，须进行调整，保证各项参数指标均能符合技术要求后才可使用。

3）仪器在使用过程中，应进行周期校准，校准可根据国家标准和制造商指南，合格后方可用于检验或试验。

4）仪器故障时应做相应记录，填写质量记录：仪器设备故障记录。

4.2.2　通用示波器的基本原理与操作规程

1. 通用示波器基本原理

通用示波器一般具有两个独立 Y 通道，可同时测量两个信号，Y 放大器频带宽度为 0 ~ 20MHz，偏转因子为 5mV/div，扫描时基系统最高扫描速度为 0.5μs，仪器内附有 1kHz、0.2V（p-p）的探极校准信号，可做仪器内部校准。

2. 通用示波器（XJ4328）操作规程

（1）用途　用于直接观测和显示被测信号波形。定量观测周期性信号电压、周期、相位和脉冲信号的前后沿、脉宽、上冲、下冲等参数。

（2）操作步骤

1）检查在用示波器周期校准合格标记，合格方可使用。

2）开机预热，调节“辉度”与“聚焦”旋钮使亮度适中，聚焦最佳。

3）使用仪器内部的探极校准信号，进行使用前校准。

4）根据被测信号选择正确的输入耦合方式、触发方式、扫描工作方式、垂直工作方式。

5）根据被测信号的电压和周期选择适当的 Y 轴灵敏度（V/div）和 X 轴扫描速度（s/div），输入被测信号，显示稳定清晰的波形。

6）调节垂直位移和水平位移，使波形在示波管的有效面积内进行测量，尽量使波形移至屏幕中心区域，避免因示波管的边缘失真而产生测量误差。

7）仪器使用完毕后，应关掉电源，整理附件，清理检查后放置好。

8）填写质量记录：仪器设备使用管理记录。

（3）注意事项

1）检查电源应适用于 220(1 ±10%)V 的范围。

2）使用环境温度为 0 ~40℃，湿度≤90%，工作环境应无强烈的电磁场干扰。

3）显示光点的辉度不宜过高，以免损坏屏幕。

4）应使用光点聚焦，不要使用扫描线聚焦。

5）为获得最佳频率补偿，专用探极使用前要校正。

6）一般示波器给定的允许最大输入电压值是峰值，而不是有效值。对于灵敏度选择开关，应选择较低灵敏度挡，再依次增加，调节出大小适中的波形。

（4）维护保养

1）平常保持仪器的平稳放置，保证附件完整。注意平时的防尘、防潮。

2）仪器若有损坏，应及时维修。维修后，须进行调整，保证各项参数指标均能符合技术要求后才可使用。

3）仪器在使用过程中，应进行周期校准，校准可根据国家标准和制造商指南，合格后方可用于检验或试验。

4）仪器故障时应做相应记录，填写质量记录：仪器设备故障记录。

4.2.3 低频信号发生器的基本原理与操作规程

1. 低频信号发生器的基本原理

低频信号发生器是一种正弦信号源，可产生 1Hz ~ 1MHz 的正弦信号，具有一定的电压与功率输出，主要是为测量和调试各种电子仪器、无线电设备以及电路元器件的频率特性提供信号源。

低频信号发生器的核心是主振级，频率段的转换由“频率范围”旋钮通过改变电容容量的大小来实现，每个波段内的频率调节，由三个十进制“频率调节”旋钮通过改变电阻的大小实现。

主要技术指标：

1）频率范围：1Hz ~ 1MHz 连续可调。

2）频率准确度：±(1 ~ 2)%。

3）输出电压：0 ~ 5V 连续可调。

4）输出衰减：粗衰减，0 ~ 90dB；细衰减，与粗衰减配合，衰减量连续可调。

2. 低频信号发生器（XD2 型）操作规程

（1）用途 在电子电路测量中，低频信号发生器输出低频正弦信号作为激励源使用，可用于电子测量设备中的低频放大器特性的测量，如电子放大器增益的测量、相位差的测量、非线性失真的测量等。

（2）操作步骤

1）检查在用低频信号发生器周期校准合格标记，合格方可使用。

2）接通电源，提前预热。

3）选择输出频率，根据所使用的频率范围，调节“频率范围”旋钮选择波段，再调节三个“频率调节”旋钮，按照十进制原则细调到所需频率。

4）调节输出电压，输出 1 ~ 5V，可直接调节输出旋钮，从电压表指示；如需小信号输出可用输出衰减进行适当的衰减，这时的实际输出为电压指示值再缩小所选衰减 dB 的倍数。

5）仪器使用完毕后，应关掉电源，整理附件，清理检查后放置好。

6）填写质量记录：仪器设备使用管理记录。

（3）注意事项

1）使用 220V、50Hz 交流电源。

2）若想达到足够的频率稳定度，需使仪器提前预热 30min。

（4）维护保养

1）平常保持仪器的平稳放置，保证附件完整。注意平时的防尘、防潮。

2）仪器若有损坏，应及时维修。维修后，须进行调整，保证各项参数指标均能符合技术要求后才可使用。

3）仪器在使用过程中，应进行周期校准，校准可根据国家标准和制造商指南，合格后方可用于检验或试验。

4）仪器故障时应做相应记录，填写质量记录：仪器设备故障记录。

4.2.4 高频信号发生器的基本原理与操作规程

1. 高频信号发生器的基本原理

高频信号发生器是一种能提供等幅正弦波和调制波的高频信号源，工作频率一般为100kHz～30MHz，输出幅度能做较大范围调节，特别是有微弱的输出以适于测试接收机的需要。

高频信号发生器的核心是主振级，主振级产生高频等幅正弦信号，而且要求频率范围宽、振荡频率稳定、频谱纯度高、幅度不随频率变化。振荡电路通常采用LC振荡器，通过切换振荡回路中的电感来改变频段，通过改变振荡回路的可变电容来对振荡频率进行连续调节。

主要技术指标：

（1）频率范围 100kHz～30MHz分八个波段，输出载波或调幅波（内调制信号频率400Hz和1000Hz，调制度0～100%）。

（2）输出电压 0.1μV～1V：在“0～1V”插孔中输出电压为0～1V；在“0～0.1V”插孔中输出电压为1μV～0.1V，使用带有分压器的输出电缆可使最小输出电压为0.1μV。

（3）频率误差 固有误差≤±1%；工作误差≤±1%；连续工作8h频率漂移≤±0.5%。

2. 高频信号发生器（XFG-7型）操作规程

（1）用途 高频信号发生器作为正弦信号源，可以加以调制，为高频电子电路调试提供所需的各种模拟射频信号，广泛应用于调试、校准接收设备等测量工作（如灵敏度、选择性的测量）。

（2）操作步骤

1）检查在用高频信号发生器周期校准合格标记，合格方可使用。

2）准备工作，将各开关和旋钮调到起始位置，电压表和调幅度表的表针用表头上的调零螺钉调到零（机械零点）。

3）接通电源，提前预热。

4）将“波段”开关放在空挡，即任何两挡的中间，此时没有信号输出。若此时电压表有指示，应调节“V零点”旋钮使指针指在零位。

5）等幅振荡输出。

① 将“调幅选择”开关放在“等幅”位置。将“波段”开关放在相应的波段，调节“频率调节”粗调旋钮到需要的频率附近，再调节微调旋钮以得到准确的频率。

② 转动“载波调节”旋钮，使旋钮上的红线指在“1”上，这时在“0～0.1V”插孔中输出的电压等于“输出-微伏”旋钮读数和“输出-倍乘”开关乘数的乘积，单位为微伏（μV）；如果需要输出的电压大于0.1V，应该从“0～1V”插孔中输出，这时仍应调节“载波调节”旋钮，使电压表指在1V，调节“输出-微伏”旋钮指数的1/10为输出信号的幅度值，单位为伏（V）。

③ 输出0.1μV以下电压，需用带有分压器的输出电缆，在电缆“0.1”接线柱引出信号的电压值，应再乘以0.1。

6）内调制调幅波输出。

① 将“调幅选择”开关放在相应的调幅信号位置（1000Hz或400Hz），按选择等幅振荡频率的方法选择载波频率，调节“载波调节”旋钮到电压表指示为1V。

② 调节“调幅度调节”旋钮，从调幅度指示电表上的读数确定输出调幅波的调幅度。输出电压的计算方法与等幅振荡相同。

7）外调制调幅波输出。

① 将“调幅选择”开关放在等幅位置。

② 按选择等幅振荡频率的方法选择载波频率。

③ 选择合适的音频信号发生器作为音频信号源。

④ 音频信号输出调到最小，并将它送至“外调幅输入”接线柱上，逐渐增大输出，直到调幅度指示表上的读数满足需要为止，这时调幅度指示表上的读数就是输出调幅波的调幅度。输出电压计算方法与等幅振荡相同。

8）仪器使用完毕后，应关掉电源，整理附件，清理检查后放置好。

9）填写质量记录：仪器设备使用管理记录。

（3）注意事项

1）使用220V、50Hz交流电源。

2）若想达到足够的频率稳定度，需使仪器提前预热30min。

3）由于仪器的输出电压值在不同频率时都不一样，因此，每换一个频率都必须按上述方法重新校准一次。

4）电压表指示输出载波信号的电压值，只有在1V红线处才能保证指示的准确度，其他刻度仅供参考。

（4）维护保养

1）平常保持仪器的平稳放置，保证附件完整。注意平时的防尘、防潮。

2）仪器若有损坏，应及时维修。维修后，须进行调整，保证各项参数指标均能符合技术要求后才可使用。

3）仪器在使用过程中，应进行周期校准，校准可根据国家标准和制造商指南，合格后方可用于检验或试验。

4）仪器故障时应做相应记录，填写质量记录：仪器设备故障记录。

4.2.5 失真度仪的基本原理与操作规程

1. 失真度仪的基本原理

从低频到高频信号只要通过非线性器件或电路，都会产生新的频率分量，即其输出中不仅有与原来信号相同的基波分量，而且有各次谐波的分量，这种现象称为非线性失真。非线性失真的程度可用非线性失真系数（简称失真度）来表示。失真度是衡量线性系统工作性能的重要指标。失真度测量常用基波抑制法测量，常用的失真度仪通常是基于基波抑制法的测量原理。

主要技术指标：

1）频率范围：20Hz ~ 20kHz，分三挡。

2）测量范围：10% 与 100% 两挡。

3）输入电压：100% 校准时，300mV ~ 50V。

2. 失真度仪操作规程

（1）用途　用于线性系统失真度性能的测量。

（2）操作步骤

1）检查在用失真度仪周期校准合格标记，合格方可使用。

2）接通电源，提前预热。

3）根据线性系统输出信号的频率，用频率选择开关选择合适的频率范围。

4）选择校正模式，输入信号。

5）调节输入衰减和输入电压调节旋钮，进行初始基准校准，保持电压表指示为满度 100%。

6）选择失真模式，用调谐旋钮进行初始化基准，保持电压表指示最小，指示读数即为非线性失真的百分数。

7）仪器使用完毕后，应关掉电源，整理附件，清理检查后放置好。

8）填写质量记录：仪器设备使用管理记录。

（3）注意事项

1）使用 220V、50Hz 交流电源。

2）若想达到足够的频率稳定度，需使仪器提前预热 30min。

3）使用环境温度为 10 ~ 40℃，湿度≤80%。

4）失真度每一次测量都要选择校正模式进行校准。

（4）维护保养

1）平常保持仪器的平稳放置，保证附件完整。注意平时的防尘、防潮。

2）仪器若有损坏，应及时维修。维修后，需进行调整，保证各项参数指标均能符合技术要求后才可使用。

3）仪器在使用过程中，应进行周期校准，校准可根据国家标准和制造商指南，合格后方可用于检验或试验。

4）仪器故障时应做相应记录，填写质量记录：仪器设备故障记录。

4.2.6　电子计数器的基本原理与操作规程

1. 电子计数器基本原理

通用电子计数器是一种最常见、最基本的数字化仪器，它利用数字电路技术对在给定时间内通过的脉冲进行计数并显示计数结果，具有测量频率、周期、频率比、时间间隔、累加计数等多种功能。其基本原理都是将频率信号进行整形，转换成脉冲，进行数字计数，最后把计数结果以单位时间内脉冲个数的量值，用数字显示器直接显示出来。

主要技术指标：

（1）测量范围　频率测量：1Hz ~ 10MHz，闸门时间有 10ms、0.1s、1s、10s 四挡，测量单位为 kHz，小数点自动定位。

周期：10s ~ 0.4μs，若有多周期测量，有周期倍乘 ×100、×101、×102、×103 四挡，测量单位为 μs，小数点自动定位。

（2）输入电压范围 衰减器设定在 30mV 挡，正弦波为 30mV ~ 1V（有效值），脉冲波为 0.1 ~ 1V（p-p）。衰减器设定在 0.3V 挡，正弦波为 0.3 ~ 1V（有效值），脉冲波为 1 ~ 30V（p-p）。

（3）显示方式 八位 LED 记忆显示，十进制读数，自动复原，也可人工复原。振荡器采用 5MHz 标准频率，频率稳定度 $\leqslant 1\times10^{-8}$。

2. 电子计数器（E312A 型）操作规程

（1）用途 用来进行频率和时间的测量。

（2）操作步骤

1）检查在用电子计数器周期校准合格标记，合格方可使用。

2）接通电源预热，进行“自校”检查。

3）频率测量：选择“频率”测量功能，选择适当的闸门时间，由 A 通道输入被测信号，用 AC 耦合方式，调节触发电平即可。

4）周期测量：选择“周期”测量功能，选择适当的倍乘率，由 A 通道输入被测信号，用 AC 耦合方式，调节触发电平即可。

5）仪器使用完毕后，应关掉电源，整理附件，清理检查后放置好。

6）填写质量记录：仪器设备使用管理记录。

（3）注意事项

1）确认电源在 220(1 ±10%)V 范围内。

2）当采用机内晶振时，选择“内接”位置。

3）测量脉冲波、三角波、锯齿波时，选择 DC 耦合方式，将触发电平调节旋钮拉出。

（4）维护保养

1）平常保持仪器的平稳放置，保证附件完整。注意平时的防尘、防潮。

2）仪器若有损坏，应及时维修。维修后，须进行调整，保证各项参数指标均能符合技术要求后才可使用。

3）仪器在使用过程中，应进行周期校准，校准可根据国家标准和制造商指南，合格后方可用于检验或试验。

4）仪器故障时应做相应记录，填写质量记录：仪器设备故障记录。

4.3 电子电路的检测方法

电子产品在生产或使用中，由于各种原因，往往会出现各种故障，需要进行检修，这时人们应很快地分析故障的原因，并找出故障的部位。除了在实践中对电子产品积累一定的检修经验外，选择合理的电子电路检测方法就显得特别重要。在此，主要介绍电子电路的常规检测方法，但这些方法并不是一成不变的，而应针对电路的故障灵活地运用才能收到好的效果。

4.3.1 常用的检测方法

1. 直观法

(1) 原理　直观法是通过人的眼睛或其他感觉器官去发现故障、排除故障的一种维修方法。

(2) 应用　实现过程应坚持先简单后复杂、先外面后里面的原则。实际操作时，首先面临的是如何打开机壳的问题，其次是对已拆开电器内的各种电子元器件的形状、名称、代表字母、电路符号和功能都能一一对上号，即能准确识别电子元器件。作为直观法主要有两个方面的检查内容：其一是对实物的检查；其二是对图像的检查。前者适合于各种检修场合，后者主要用于有图像的视频设备，如电视机。

直观法检修时，主要分成以下三个步骤：

1）打开机壳之前的检查：观察电器的外表，看看有无碰伤痕迹，机器上的按键、插口、电气设备的连接线有无损坏等。

2）打开机壳后的检查：观察电路板及机内各种装置，看熔丝是否熔断，元器件有无相碰、断线，电阻有无烧焦、变色，电解电容有无漏液、裂胀及变形，印制电路板上的铜箔和焊点是否良好等。观察机内时，可用手拨动一些元器件、零部件，以便直观法充分检查。

3）通电后检查：这时眼要看电器内部有无打火、冒烟现象，耳要听电器内部有无异常声音，鼻要闻电器内部有无烧焦味，手要摸一些管子、集成电路是否烫手，如有异常现象，应立即关机。

(3) 检修实例

1）故障电器：MF85 型万用表。

2）直观法检查。

① 打开机壳之前的检查：观察万用表外表有无问题。使用欧姆挡时，红、黑表笔短路调零，表针不动。

② 打开机壳之后检查：首先发现印制板右上角有烧黑痕迹。仔细看，基板上设置的熔丝已断，其次又发现两个整流管都有裂痕，用镊子碰触玻璃二极管，管子马上破裂。

3）分析与排除故障。通过以上直观法检查，可判断该万用表是因选错测试项目和量程不对而损坏的，换上相同规格的熔丝和两只 2CK 整流二极管后，万用表恢复正常的测试功能。

(4) 几点说明

1）直观法的特点是十分简单，不需要其他仪器，对检修电器的一般性故障及损坏性故障很有效果。

2）直观法检测的综合性较强，它是同检修人员的经验、理论知识和专业技能等紧密结合起来的，要运用自如，需要大量的实践，才能熟练地掌握。

3）直观法适合于各种类型的故障，直观法检测往往贯穿在整个检修过程，与其他检测方法配合使用效果更好。

2. 电阻法

(1) 原理　电阻法是利用万用表欧姆挡测量电器的集成电路、晶体管各脚和各单元电路的对地电阻值，以及各元器件自身的电阻值来判断故障的一种检修方法。

(2) 应用 一般而言，电阻法有“在线”电阻测量和“脱焊”电阻测量两种方法。

“在线”电阻测量，由于被测元器件接在整个电路中，所以万用表所测得的阻值会受到其他并联支路的影响，在分析测试结果时应给予考虑，以免误判。

“脱焊”电阻测量，指的是被测元器件一端或整个元器件从印制电路板上脱焊下来，再用万用表测电阻的一种方法，这种方法操作起来较麻烦，但测量结果准确、可靠。

1）开关件检测。各种电器中的开关件很多，如电源开关、按键、琴键开关等，测量它们的接触电阻与断开电阻是判断开关组件质量好坏最常用的手段。接触电阻应小于 0.5Ω，断开电阻应大于几千欧为正常。

2）铜箔线路的检测。铜箔线路较细，常发生断裂故障，而且这种断裂往往难以用肉眼分辨，这时应用万用表“R×1”挡来测试。测量时，应结合直观法来操作，应抓住印制板电路的走向、焊点位置等特性，用分段测量的方法找出断裂点。

对于铜箔断裂点桥接有两种方法，其一是用导线桥接；其二是直接用焊锡桥接，如图 4-1 所示。

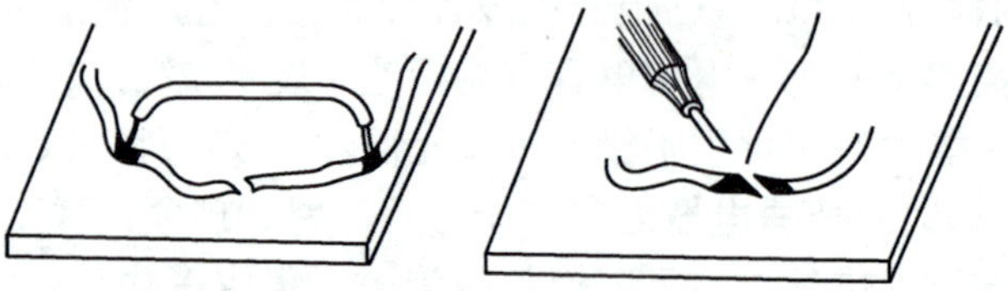

图 4-1 铜箔断裂处的桥接

注意：有时印制电路板铜箔上涂有防护层，应首先把铜箔上的防护层（阻焊剂）去掉，然后再进行焊接，在连接两根断裂的铜箔线条时，两边必须焊牢。

3）元器件质量检测。电阻法可以判断电阻、电容、电感、晶体管等元器件的质量好坏。有关元器件的质量判断在第 2 章已有专门论述，这里不再重复。

电阻法操作，一般先测试在线电阻的阻值。测得各元器件阻值后，万用表的红、黑表笔要互换一次，再测试一次阻值，这样能排除外电路网络对测量结果的影响，要根据两次的测量结果进行判断。必要时，还要将元器件进行脱焊测量，如图 4-2 所示，在线就无法测量 R 的阻值。

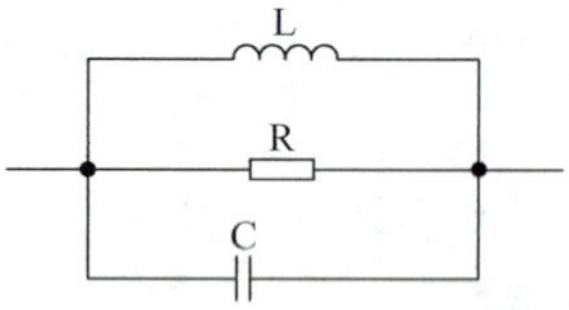

图 4-2 R、L、C 并联电路

4）接插件的通断检测。电器内部接插件也有很多，如耳机插座、电源转换插座、电路板上各种信号接插组件等，均可用电阻法测试其好坏。如对圆孔形插座，可以通过插入与拔出来检测其接触电阻；对其他接插组件检测时，可通过摆动接插件来测其接触电阻，若阻值大小不定，说明存在接触不良故障。

(3) 检测实例

1）被检测电路：松下 L15 录像机一台。

2）故障现象：录像机射频输出无图像。

3）电阻法检测：录像机发生上述故障，可初步判断射频变换器有故障，而内部集成电路 LA7051 一般不易损坏，检查重点放在振荡电路晶体管 VT 和二极管调制器 VD2 上，内部测试局部电路如图 4-3 所示。用吸锡烙铁焊下 L15 射频变换器，把两侧板打开，印制板电路中元器件均为贴片元器件，其中 VD2 有三个引脚，其形状很像一只晶体管。由于受电感线圈 T3 的影响，二极管变换器 VD2 无法在线测试，只能脱焊检测，发现 VD2 正反向均有明显的漏电现象。用同规格器件或两只 1N4148 直接代用，故障排除。

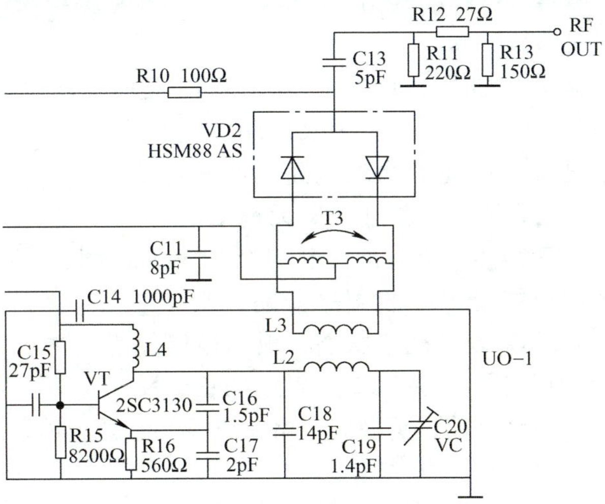

图 4-3 射频变换电路

(4) 几点说明

1) 电阻法对检修开路或短路性故障十分有效。检测中，往往先采用在线测量方式，发现问题后，可将元器件拆下后再检测。

2) 在线测试一定要在断电情况下进行，否则测试结果不准确，而且还会损坏万用表。

3) 检测一些低电压供电的集成电路时，不要用万用表“R × 10k”挡，以免损坏集成电路。

4) 电阻法在线测试元器件质量好坏时，万用表的红、黑表笔要互换测试，尽量避免外电路对测试结果的影响。

3. 电压法

(1) 原理 电压法是通过测量电子电路或元器件的工作电压并与正常值进行比较来判断故障的一种检测方法。

(2) 应用 经常测试的电压是各级电源电压、晶体管的各极电压以及集成电路各引脚电压等，一般而言，测得电压结果是反映电器是否正常的重要依据，电压偏离正常值较大的地方，往往是故障所在的部位。

电压法可分为直流电压检测和交流电压检测两种。

1) 交流电压的检测。一般电器电路中，因市电交流回路较少，相对而言，电路不复杂，测量时较简单，一般可用万用表的交流 500V 电压挡测量电源变压器的一次绕组，这时应有 220V 电压。若没有，故障可能是熔丝熔断，或电源线及插头有损坏；若交流电压正常，可测量电源变压器的二次侧，看是否有低电压，若无低电压，则可能是一次绕组开路性故障较大，而二次侧开路性故障很小，因为二次电压较低，线圈烧断的可能性较小。电压法检测中，要养成单手操作习惯，测高压时，要注意安全。

2) 直流电压的检测。对直流电压的检测，首先从整流电路、稳压电路的输出端入手，根据测得的输出端电压高低来判断哪一部分电路或某个元器件有故障。

对测量放大器的每一级电路电压，首先应从该级电源电路元器件着手，通常电压过高或过低均说明电路有故障。

直流电压法还可检测集成电路的各脚工作电压，这时要根据维修资料提供的数据与实测值进行比较来确定集成电路的好坏。

（3）检测实例 故障电路如图4-4所示，检查VT1级放大器发现无集电极电压。由于VT1的集电极直流工作电压是VT2电子滤波器电路提供的，这样进一步检查的重点部位转移到VT2级电路。首先测量VT2的发射极电压，测量结果为0，说明VT2无输出电压，再测VT2的集电极电压，测得的结果有正常电压 $+V$，可见VT2出了故障。故障原因可能是VT2发射结开路，或VT2基极偏置回路开路而导致VT2处于截止状态，根据检修经验，前者的可能性远大于后者，测量VT2发射结的正、反向电阻都很大，即VT2发射结开路，更换同规格VT2后，故障排除。

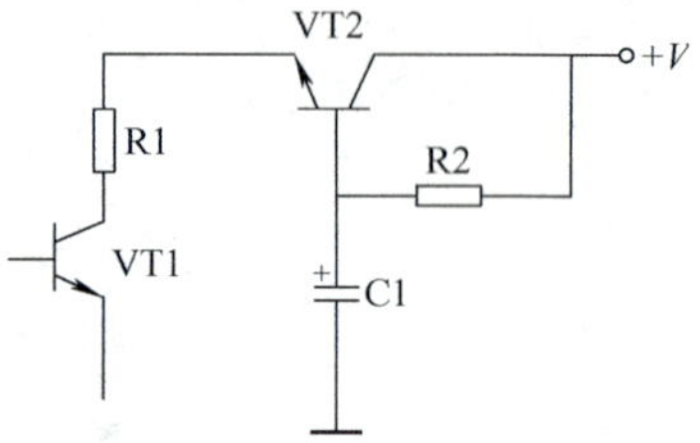

图4-4 电子滤波示意电路

（4）几点说明

1）通常检测交流电压和直流电压直接用万用表测量，但要注意万用表的量程和挡位的选择。

2）电压测量是并联测量，要养成单手操作习惯，测量过程必须精力集中。

3）电器内有多于一根地线时，要注意找对地线后进行测量。

4. 电流法

（1）原理 电流法是通过检验晶体管、集成电路的工作电流、各局部电路的电流和电源的负载电流来判断电路故障的一种检修方法。

（2）应用 用电流法检测电子电路时，可以迅速找出晶体管发热、电源变压器元器件发热的原因，也是检测各晶体管、集成电路工作状态的常用手段。电流法检测时，常需要断开电路，把万用表串入电路，这一步实现起来比较麻烦，但遇到电路烧熔丝或局部电路有短路时，采用电流法得出的测试结果比较说明问题。

电流法检测可分为直接测量法和间接测量法两种。

电流法直接测量要注意选择合适的电流测量口。一般用刀片在铜箔上划一道口子，制造出一个电流测量口。以7管超外差收音机为例，正常的静态整机电流为8~10mA，过大或过小都说明直流供电电路中有问题；又如变频管的正常集电极电流应为0.3~0.6mA；第一中放级的静态电流应为0.3~0.6mA；第二中放级的静态电流应为0.6~0.9mA；前置低放级的静态电流应为1mA左右；功放级静态电流为2~6mA。实际测试中可根据测得的电流偏大或偏小来判断故障的原因或部位，一般当测得某级静态电流为0时，说明该管子截止；当测得的电流很大时，可能是该管子饱和了，这两种状态都是故障，应重点检查偏置电路。

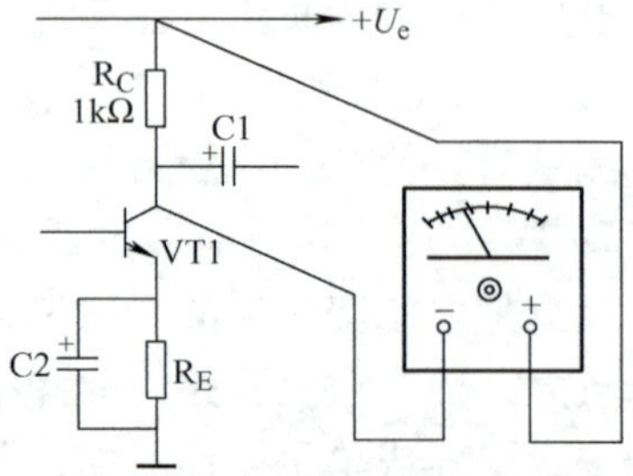

图4-5 测试放大器集电极电阻的压降

电流法的间接测量实际上是用测电压换算电流或用特殊的方法来估算电流的大小。举例说明，如图4-5

所示，欲测晶体管该级电流时，可以通过测量其集电极或发射极上串联电阻的压降换算出电流，这种方法的好处是无须在印制板上制造测量口。另外，有些电器在关键电路上设置了温度保险电阻，通过测量这类电阻上的压降，再应用欧姆定律换算出电路的电流值。若某些温度保险电阻烧断，可直接用万用表电流挡进行测量。

（3）检测实例　检测电路为一六管超外差收音机，如图 4-6 所示。电路中总静态电流的测量方法是：将万用表拨在电流挡，选择合适的量程，将收音机电源开关拨在“关”的位置，将万用表的红、黑表笔分别接在开关两端（注：黑表笔接在靠电源负极端），此时是利用电流表来接通电路的，且音量电位器无法调节，测得的电流即为整机静态电流。对于各级集电极静态电流的测量，需要制造测量口，这种方法较繁琐，且易损伤印制电路板，所以实际操作可采用间接的方法测试各集电极的静态电流：一是通过测量晶体管集电极电阻压降或发射极电阻压降来换算集电极电流；二是将被测晶体管的基极与地短路，通过观察整机静态工作电流量的减少来判断被测晶体管的集电极电流，如测得整机静态电流为 10mA，短路变频管的基极到地，测得整机静态电流减少了 0.5mA，则表明变频管的集电极电流为 0.5mA；短路中放管的基极到地，测得整机静态电流减少了 0.6mA，则表明中放管的集电极电流为 0.6mA；再短路输入变压器 T4 二次侧的中心抽头端到地，这时已完全短路两个推挽管的基极到地，总电流减少了 3mA，表明 VT5、VT6 两管电流约为 3mA；依次类推，可测得各晶体管集电极的静态电流。

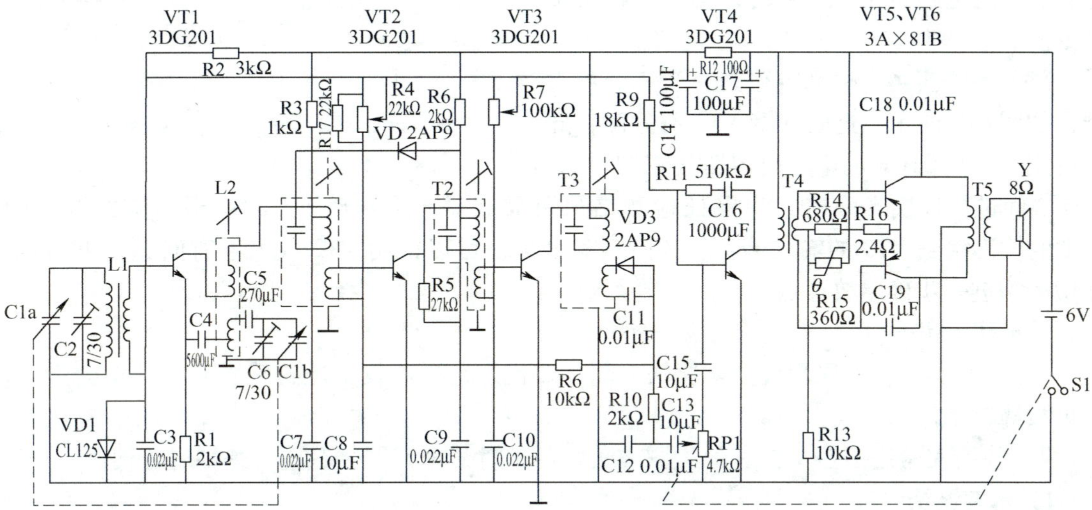

图 4-6　超外差收音机电路图

（4）几点说明

1）遇到熔丝烧断和有局部电路短路时，采用电流检测效果较明显。

2）电流是串联测量，电压是并联测量，实际操作时往往先采用电压测量法，有必要时才采用电流测量法。

3）测量收音机、功放设备等静态电流时，不要给电路加入信号，操作时要注意表笔的正负极与量程。

4）收音机整机静态电流的检测中，通过短路各级管子基极到地来估算各级集电极静态电流的方法，在实际操作中是十分有效的。

5. 代换实验法

(1) 原理 代换实验法是用规格相同、性能良好的元器件或电路代替故障电器上某个被怀疑又不便测量的元器件或电路，从而来判断故障的一种检测方法。

(2) 应用 代换实验法在确定故障原因时准确性是100%，但操作时比较麻烦，有时很困难，对电路板有一定的损坏，所以代换法要根据电路故障的具体情况，以及检修者现有的备件和代换的难易程度而定。应该注意，在代换元器件或电路的过程中，连接要正确可靠，不要损坏周围其他元器件。如怀疑两个引脚间的元器件开路时，可不必拆下它们，而是在电路板上这两个引脚上再焊上一个同规格的元器件，焊好后故障消失，证明被怀疑已损坏的元器件是开路的。

当怀疑某个电容容量减小时，也可以采用直接并联的方式焊上同规格的电容。

当代换局部电路时，如怀疑某一级放大器有故障，可将此级放大器的输出端断开，另找一台同型号或同类型工作正常的机器，在同样的部位断开，将好的机器断开之前的电路接到要修理机器断开点之后的电路上。此时若机器正常工作，说明断开点之后的电路正常，再将断开点移至该级放大器的输入端，再做上述代换实验，若此时故障出现，说明刚才怀疑是正确的，否则可排除对象。代换检测尤其适合双声道音响疑难故障的修理，因为双声道电器的左、右声道电路是完全一致的，为交叉代换带来方便。

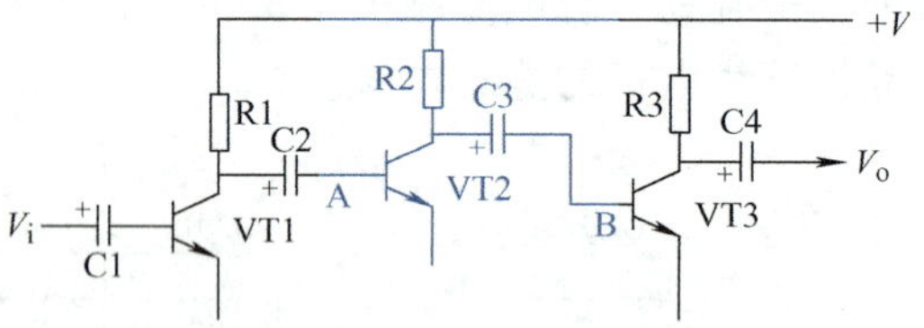

图4-7 三级放大器示意图

(3) 检测实例 故障电路是一个三级放大器，如图4-7所示。这时怀疑VT2有故障，此时可用一只0.01μF的耦合电容跨接在图中A、B点之间进行代换（有时，为保证检测结果可靠起见，可再将C3的一根引脚断开），现VT1的输出接到VT3的输入端，若故障现象消失，可以说明VT2放大器有问题，再结合其他检测法进一步确定故障点。

(4) 几点说明

1）严禁大面积地采用代换实验法，胡乱取代，这样不仅不能排除故障，甚至会进一步扩大故障范围。

2）代换实验法一般是在其他检测方法之后，对某个元器件有重大怀疑时才使用。

6. 示波器法

(1) 原理 示波器法是利用示波器跟踪观察信号通路各测试点，根据波形的有、无和是否失真来判断故障的一种检测方法。

(2) 应用 示波器的特点在于直观、迅速有效，有些高级示波器具有电子元器件检测功能。

1）A类晶体管放大的波形测试。为保证A类放大器无失真输出，其晶体管基极偏置电阻必须选择得合适，否则输出端会产生波形失真，示波器法可方便观察其波形是否失真。A类放大器测试电路及其测试波形如图4-8所示，测试中，调整信号发生器输出400Hz的正弦波，示波器调整至工作状态。信号发生器的输出端接至放大器的输入端，调整信号发生器输出使得输出振幅合适；Y轴探头接至放大器输出端，调节示波器Y轴增益，使得输出波形在屏幕范围内。

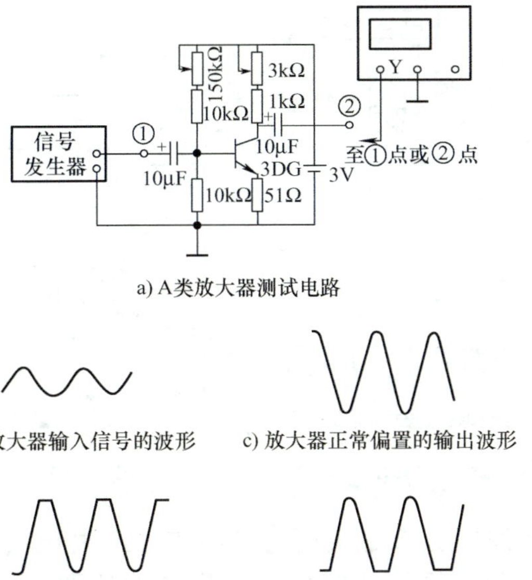

a) A类放大器测试电路

b) 放大器输入信号的波形　c) 放大器正常偏置的输出波形

d) 晶体管偏置消退时的输出波形　e) 晶体管偏置过大的输出波形

图 4-8　A 类放大器的测试电路及其测试波形

图 4-8b 是放大器输入信号的波形，图 4-8c 是放大器正常偏置的输出波形，与输入波形反相，图 4-8d 是晶体管偏置消退时的输出波形，这是因为工作区域进入截止区造成的，图 4-8e 是晶体管偏置过大的输出波形，这是因为工作区域进入饱和区造成的。调节晶体管基极和集电极电位器可改变波形失真。

2）B 类晶体管放大器的波形测试。B 类推挽放大器偏置在截止区，没有信号时静态电流很小，由于集电极电流的非线性，在信号振幅通过零点并从一个管子到另一个管子交替时，会产生交越失真。为防止集电极电流完全截止，应在推挽晶体管基极加微小的偏压，借助于示波器，可以观察波形对电阻的选择，B 类放大器的测试电路及其测试波形如图 4-9 所示。信号发生器输出频率为 1kHz，振幅值在合适的电平，调节示波器增益及频率微调旋钮，使屏幕上显示的信号波形便于观察。调节电路中的电位器，使其阻值在 100Ω 以上，扬声器两端将出现不失真正弦波形，如图 4-9b 所示；将电位器阻值减小，甚至短路，输出波形将产生交越失真，如图 4-9c 所示。借助示波器，可以选择使波形不失真的最小阻值，以保证放大器高效率工作。

3）检测晶体管收音机的本振电路。收音机的本振电路是一个自激振荡器，测试电路如图 4-10 所示。调节示波器的扫描频率以及 Y 轴增益，以便示波器观察到若干个完整的正弦波信号。

调节收音机的可变电容，信号的频率将发生变化，对中波段收音机的本振而言，其工作频率可在 550～1650kHz 中频范围内调节；如果用一短路线将混频管的基极与发射极短路，则振荡信号消失。

（3）检测实例　这里以超外差收音机为例，谈谈收音机失真的检测方法。

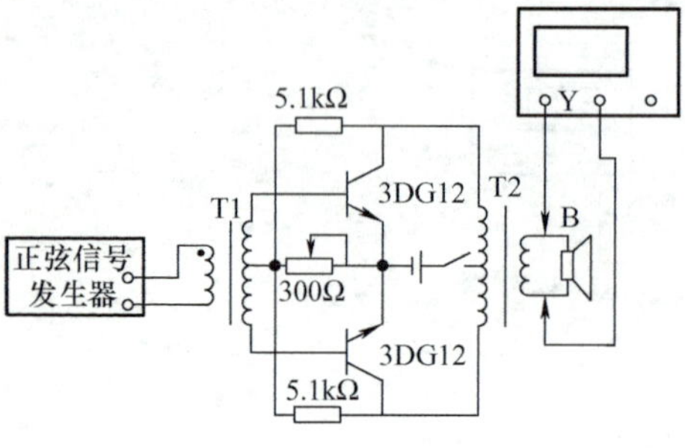

a) B类放大器的测试电路

b) 不失真输出波形

c) 交越失真输出波形

图 4-9　B 类放大器的测试电路及其测试波形

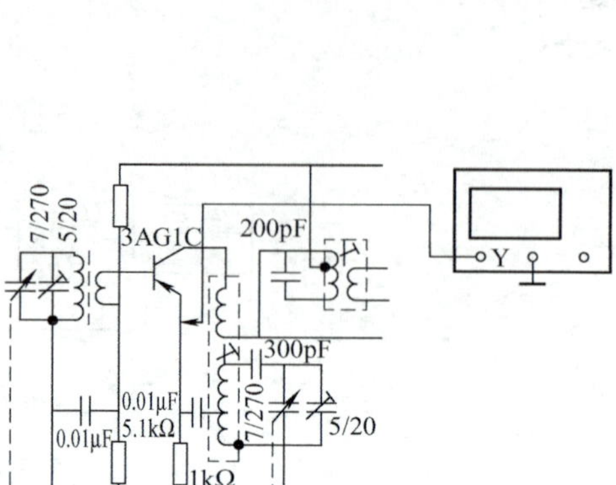

a)

b)

图 4-10　测试收音机本机振荡电路

造成收音机失真的原因很多，主要有各级工作点电压不对、AGC 工作不正常等因素，利用示波器，可以很方便地观察到各种失真的波形，从而判断故障出现在哪里。图 4-11 所示为相对于正弦波而言的各种失真波形，表 4-1 给出了各种失真波形产生的原因以及解决失真的方法。测试中，可参照图 4-11 所示的波形与表 4-1 来判断故障原因及其部位。

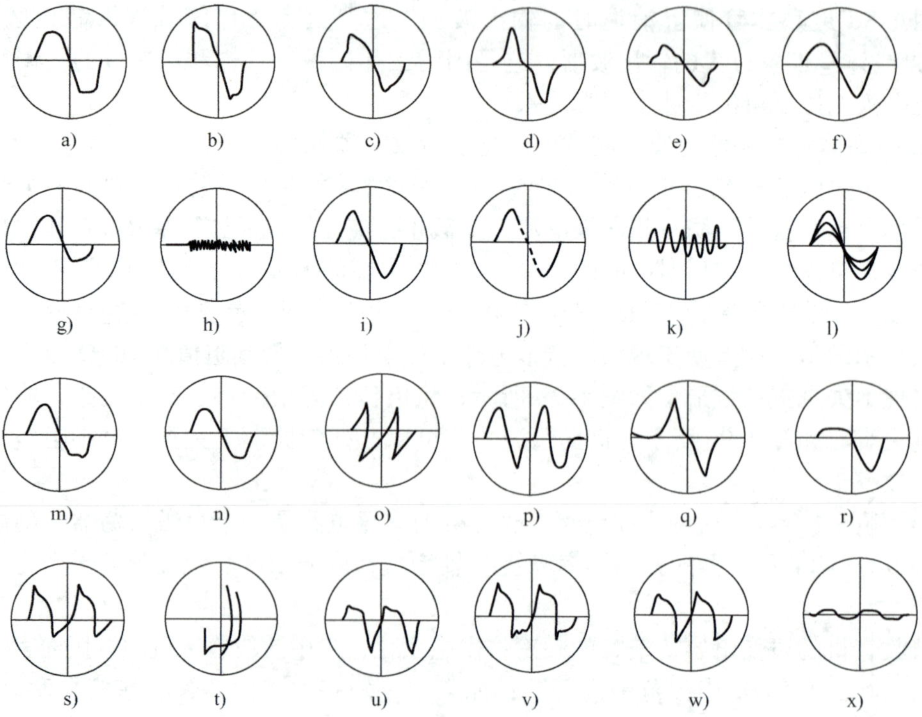

图 4-11　超外差收音机波形失真图

表 4-1　超外差收音机失真原因及解决方法

失真波形序号	失 真 原 因	解 决 办 法
a	输出功率超过额定值时，大多是外来信号过强；输出功率尚未达到额定值时，大多是电源电压低、功放管 β 低	减小外来信号；提高电源电压、更换功放管
b	同 a	同 a
c	扬声器音圈被卡住，致使最大输出时，音圈的自感电动势变小，注意与 b 比较	更换扬声器
d	推挽管偏置电流太小	调整偏置电流
e	可能是推挽管的偏置电流过大	减小偏置电流
f	可能是推挽管不对称或前置电路工作点不合适	配对推挽管、调整工作点
g	可能是多级失真叠加而成	逐级调整工作点
h	可能是布线不当、负反馈太强、工作点不当	改变布线，减少反馈量，调整工作点
i	同 h	同 h
j	可能是布线不当、负反馈太强、工作点不当以及变压器漏感过大等	改变布线，减少反馈量，调整工作点，在输出变压器一次侧并联旁路电容改进退耦电路
k	变压器漏感过大，工作点选择不当或退耦电路不良	输出变压器一次侧并联旁路电容改进退耦电路，调整工作点
l	电源滤波不良（交流供电的收音机）	检查滤波器和整流电路
m	可能是推挽管不对称，工作点选择不当，其中一管正常，一管饱和	配对推挽管，调整工作点
n	阻容耦合电路的时间常数太大	加大偏置电流，减少耦合电容的容量
o	多半是中级放大电路的旁路电容失效，中放管的 E、C 接反，检波器滤波电容失效	逐级检查工作点
p	某元器件失效、电路碰线或晶体管不良	逐级检查工作点
q	输出变压器漏感过大、高音频旁路电容失效	在输出变压器二次侧并联旁路电容
r	推挽输出变压器半边短路	检查输出变压器
s	推挽输出变压器半边开路	检查输出变压器
t	推挽输出一次侧中心抽头同边头调错	检查输出变压器
u	推挽输入变压器半边短路	检查输入变压器
v	推挽输入变压器半边开路	检查输入变压器
w	输入变压器位置误装输出变压器	更换
x	输出变压器位置误装输入变压器	更换

（4）几点说明

1）示波器法的特点在于直观，通过示波器可直接显示信号波形，也可测量信号的瞬时值。

2）不能用示波器去测量高电压和大幅度脉冲部位，如电视机中显示管的加速极与聚焦极电压。

3）当示波器接入电路时，注意它的输入阻抗的旁路作用，通常采用高输入阻抗、小输入电容的探头。

4）示波器的外壳和地端要良好接地。

4.3.2 逻辑推理检测方法

1. 信号注入法

（1）原理 信号注入法是将各种信号逐级注入电器可能存在故障的有关电路中，然后利用示波器和电压表等测出数据或波形，从而判断各级电路是否正常的一种检测方法。

（2）应用 信号注入电路常用于检测收音机、录音机、电视机等音频设备，对灵敏度低、声音失真等较复杂的故障，该方法检测起来十分有效。

信号注入法检测一般分为两种：一是顺向寻找法，它是把信号加在电路的输入端，然后再用示波器或电压表测量各级电路的波形和电压，从而判断故障出现在哪一个部位；二是逆向检查法，就是把示波器和电压表接在电路的输出端，然后从后向前逐级加电信号，从而查出问题的所在。

下面通过收音机框图来说明信号注入法顺向寻找故障的过程。顺向寻找也叫信号寻迹，它的特点是信号源不动，示波器逐级移动，如图4-12所示，将收音机准确地调到某一个频道，或用信号发生器输出一个已调高频信号，加到待测收音机的输入端，并且把音量电位器开到中间位置，用示波器从音量电位器开始检测。若有信号，说明故障出现在音频放大部分，然后将示波器探头移到图4-12中B、C、E、F各点，直至信号消失，即可探明故障位置在信号消失点之前的那一级电路。图4-12中标明了信号寻迹可能出现的两种结果、结论和下一步做法。

上面介绍了信号注入顺向寻找故障的方法，下面介绍信号注入逆向寻找故障的过程，如图4-13所示，图中给出了收音机音频电路框图和信号注入程序图。作为收音机输出端监测用的仪器，可以是示波器、电压表以及其他监测设备，但最好直接用扬声器，通过扬声器的音量大小以及音质来判断故障的位置。

测试音频部分的信号发生器的频率选择1kHz或400Hz，信号发生器输出端地线应与各测试点附近的地线相连，信号发生器的高电位输出端应串联一个几微法的电解电容，再接到各级的输入端，以免信号发生器和收音机的直流电源相互影响。在检测低频前置放大器时，为了减少仪表与电路间的阻抗不匹配而引起的失真，最好再串入一只1kΩ左右的电阻。

从图4-13中可以看到，信号注入程序图中，测试信号从E点开始注入，并逐级向远离扬声器方向移动。每加到一级，都要注意扬声器有没有信号的声音，或者示波器监测时是否有波形，是否失真。可能得出的结论和下一步采取的措施按信号注入程序图标注步骤进行。

测试中需要强调的是：

1）测试点越靠近扬声器，要求信号幅度也越大，这样才能激励扬声器到足够的音量。因此，测试前充分了解被测电路的特性是非常重要的。

2）音频放大器每级增益为20~30dB，即100~300倍，若某一级要求输入信号过大，说明该级增益过低，需做进一步检查。

3）如果信号加到某一级上，发现示波器波形有严重失真，说明失真可能发生在该级，应做进一步检查。

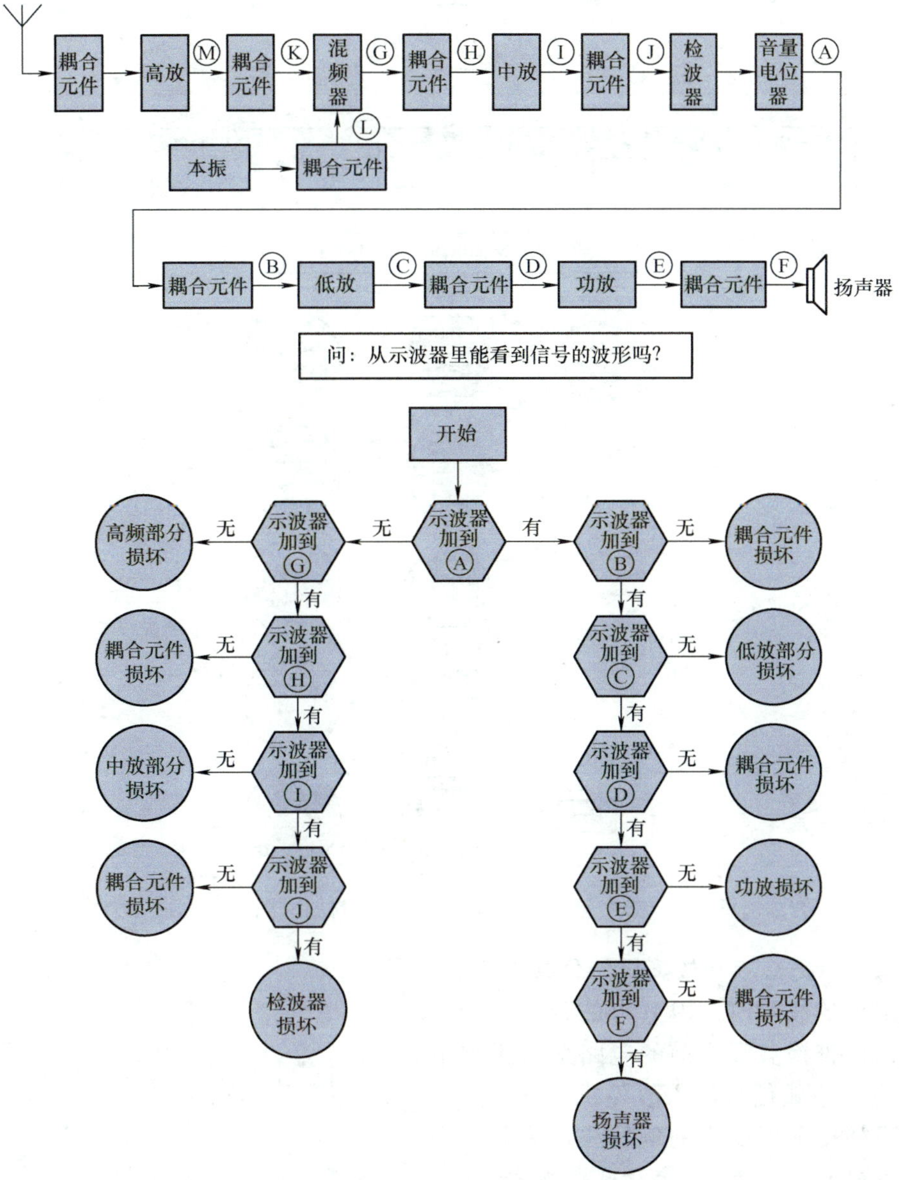

图 4-12 收音机框图与信号寻迹图

综上所述，采用信号注入法可以把故障孤立到某一部分或某一级，甚至某一个元器件，如耦合元件。对于判断出在某一部分后的情况，可进一步通过别的检测方法检查、核实，从而找出故障所在。

(3) 检测实例 这里介绍用一台没有故障的好收音机作信号源，注入一台有故障的收音机来判断故障部位的实例。如图 4-14 所示，这是咏梅 605 型收音机的检波电路，从第三中频变压器二次侧与检波二极管 VD3 的接点 A 处引出一条引线 AA′，从音量电位器非接地端 B 引出一条引线 BB′，从音量电位器接地端 C 引出一条引线 CC′，电容 C1 选 0.01μF，C2 选 10μF，都是隔直流用的。检测之前，先把好收音机调到某个电台上，并将音量电位器调到

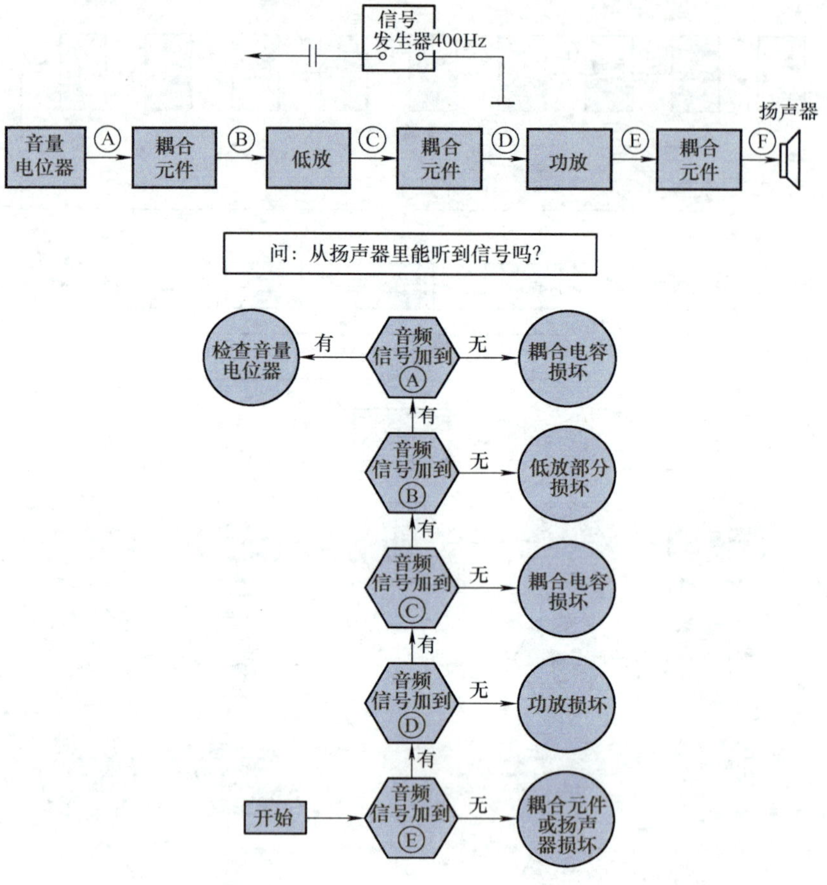

图 4-13　收音机音频逆向寻找故障图

最小位置，然后把 C 点与故障机的公共点相连。检查音频部分的故障时，用 B 点的音频信号注入故障机；检查检波级之前的电路是否正常工作，用 A 点的中频信号注入故障机，输入的部位和顺序可根据前面所讲的信号注入法程序来进行，也可根据实际情况，灵活选择测试点。

实例：咏梅 605 型收音机一台，故障时无声。

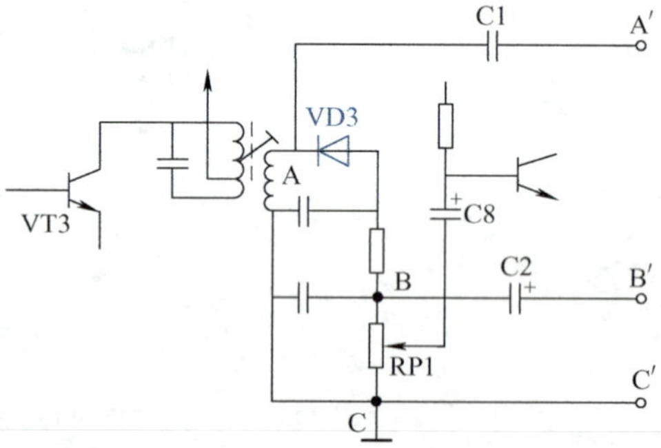

图 4-14　咏梅 605 型收音机检波电路

检测步骤：

1）直观法检查未发现问题。

2）用万用表测电压和静态总电流都正常。

3）用正常机的 B 点信号给故障机注入信号，如图 4-15 所示。用 B 接触 VD3 的正极①点，故障机扬声器还是无声，说明①点以后的电路有问题；然后将 B 接触②点，故障机扬声器发出正常机收到的节目的声音，说明②点以后的电路正常，故障出现在①点与②点之间的电路中。现从 C8 的负极输入信号，扬声器有正常机的节目，说明 C8 电容是好的，然后用 B 接触电位器 RP1 的非接地端④，扬声器无声。故障范围缩小到 C8 电容负极与电位器中心抽头这段导线上。经检查发现电位器中心焊片底下的引线锈断，重新焊好，故障排除。

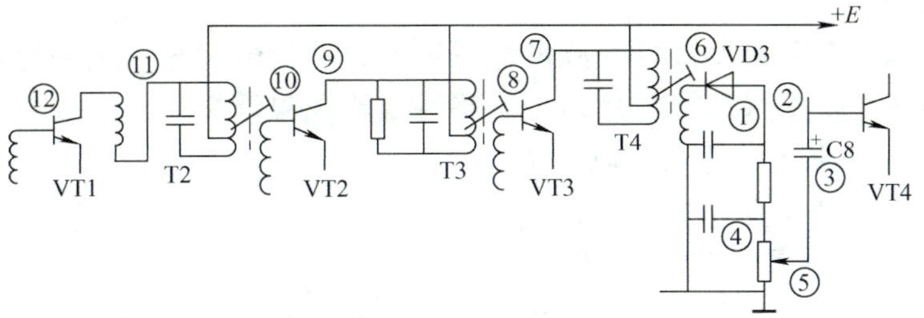

图 4-15　故障收音机测试示意图

实际中，故障是多种多样的，读者可以以此例举一反三，只要综合掌握好前面讲的检测方法，修理故障收音机是不成问题的。

(4) 几点说明

1）信号注入点不同，所用的测试信号也不同。在变频级以前要用高频信号，在变频级到检波级之间应注入 465kHz 的载波信号，在检波级到扬声器之间应注入音频信号（20Hz ~ 20kHz）。

2）注入的信号不但要注意其频率，还要选择它的电平。所加的信号最好与该点正常工作时的信号一致。

3）因测试点与地之间有直流电位差，故信号发生器的输出端要加隔直电容。

4）检测电路无论是高频放大电路，还是低频放大电路，都选择由基极或集电极注入信号。检查多级放大器，可以从前级逐级向后检查，也可以从后级逐级向前检查。

2. 分割法

(1) 原理　分割法是把与故障有牵连的电路从总电路分割出来，通过检测，肯定一部分，否定一部分，一步步缩小故障范围，最后把故障部位孤立出来的一种检测方法。

(2) 应用　分割法对于由多个模块或多个电路板及转插件组合起来的电路，应用起来比较方便。例如：某电器的直流熔丝熔断，说明负载电流过大，同时导致电源输出电压下降。要确定故障原因，可将电流表串在直流熔丝处，然后用分割法将被怀疑的那部分电路与总电路分割开来，这时看总电流的变化，若分割开某部分电路后电流降到正常值，说明故障就在分割的那部分电路中。

分割法依其分割方法不同有对分法、特征点分割法、经验分割法及逐点分割法。

所谓对分法，是把整个电路一分为二，测出故障在哪一半电路中；然后将有故障的一半电路再一分为二，这样一次又一次地一分为二，直至检测出故障级电路为止。

特征点分割法，是根据信号在传输过程中的特征来分割电路，例如，收音机信号在传输过程中可分为高频、中频、低频三个过程，那么可将变频器、检波器作为两个分割点来检测。

经验分割法，是根据人们的经验，估计故障在哪一级，那么将该级电路的输入、输出端作为分割点。

逐点分割法，是指按信号传输顺序，由前到后或由后到前逐级加以分割。其实，在上述介绍的信号注入法中已经采用了逐点分割法。

应用分割法检测电路时务必小心谨慎，有些电路是不能随便断开的，不然故障未排除，还会添新的故障。

(3) 检测实例 当遇到收音机直流供电系统短路性故障时最宜采用分割法来检测。这时，只要逐级断开并联支路，若断开某一支路时短路现象消失，那么故障肯定在这一支路中。图4-16所示是某收音机直流供电系统的原理框图，该电路属于复联型电路，其中，所有的去耦、滤波属于串联性质的，其他部分电路属于并联性质的。当发现整机电流很大，或开机电源电压下降很多时，肯定电路中存在短路性故障。此时，可先断开滤波电阻，若故障消失，故障将在滤波电阻以左，否则将在功放级；如果故障在滤波电阻以左，可再断开去耦1的电阻，这样逐级分割可把故障压缩到很小的范围内。

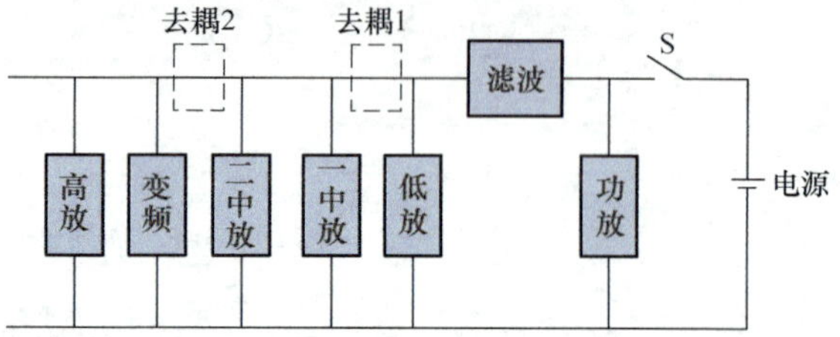

图4-16 收音机直流供电系统原理框图

(4) 几点说明

1）分割法对于收音机电路中短路性故障十分有效。

2）分割法严格来说，不是一种独立的检查方法，而是要和其他检测方法配合使用，才能提高工作效率。

3）分割法在操作中要小心谨慎，特别是在分割电路时，要防止损坏元器件、集成电路和印制电路板。

3. 短路法

(1) 原理 短路法是用一只电容或一根导线短路某一部分电路或某一元器件，使之暂时失去作用，从而来判断故障的一种检测方法。

(2) 应用 短路法主要适用于检修故障电路产生的噪声、交流声或其他干扰等，对于判断电路是否有阻断性故障十分有效。

应用短路法检测电路过程中，对于低电位，可以直接用导线短接到地；对于高电位，应用交流短路，即用20μF以上的电解电容对地短接，保证直流高电位不变；对电源电路不能随便使用短路法。

例如：有一台收音机噪声大，这时用一只100μF的电解电容，从检波级开始将其输入、输出端短路接地，这样逐级往后进行。当短路某级输入时，收音机仍有噪声，而短路其输出端后即无噪声时，那么噪声就在该级电路中。其实，短路法是一种特殊的分割法。

在检波级前各点采用短路法时，由于工作频率较高，用于短路的电容容量可选用0.1μF。

(3) 检测实例 利用短路法检测某音频放大电路，如图4-17所示。首先将音量电位器RP1关掉，若此时噪声存在，说明噪声故障在RP1动片之后的电路中，即IC1集成电路出现问题的可能性很大。

当关掉音量电位器无噪声时，可开大音量电位器，此时噪声出现，并且噪声输出大小受音量电位器控制，这说明噪声故障出现在音量电位器RP1之前的电路中。此时，可用短路法短接A处，即将VT2的基极与发射极短接，若仍有噪声，说明VT2放大器有故障；若噪声消失，说明故障在 VT2 放大级之前。再将短接点移至 B 点，即将 VT1 的基极与发射极短接，若噪声出现了，说明 VT1 放大器有故障；若无噪声，说明噪声在 VT1 之前，应做进一步的检查。

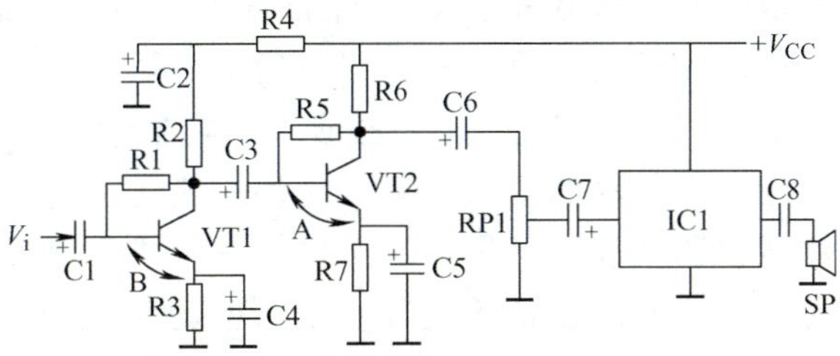

图 4-17 短路法检测音频放大电路

(4) 几点说明

1）短路法只适合于噪声的故障，对交流声和啸叫不适用。啸叫故障往往发生在环路内，在这一环路内任一处进行短接，都将破坏自激的幅度条件，使啸叫消失，导致无法准确搞清楚故障的具体部位。

2）短路法检测主要是放大管的基极与发射极之间的短接，不可采用集电极对地短接。

3）对于直接耦合方式的放大器，在短接一只管子时将会影响其他晶体管的工作点，这点有时会引起误判。

4.4 整机调试的一般工艺

由于无线电电路设计的近似性、元器件的离散性和装配工艺的局限性，装配完后的整机一般都要进行不同程度的调试，显然，电路设计越完善、准确，元器件的筛选越严格，生产水平越高，调试的过程就越短。调试是电子产品生产过程中的一个重要环节，调试工艺水平在很大程度上决定了整机的质量。

调试一般工艺包括：调试工艺流程的安排、调试工序之间的衔接、调试手段的选择、调试工艺文件的编制（调试工艺卡、操作规程、质量分析表等）。

整机调试工艺流程的安排，应根据整机的组成及结构情况，设置若干个调试工序（或工位）。一般调试工艺流程的安排原则是先外后内，先调结构部分后调电气部分，先调独立项目后调有相互影响的项目，先调基本指标后调对质量有较大影响的指标。整个调试过程是循序渐进的过程，例如，黑白电视机是在各部件（高频头、中方、行扫描、列扫描、视放、伴音、电源等）都已调好的基础上，进行整机调试。

调试工序之间的衔接，是指处理好上一道工序与下一道工序之间的关系。现代大批量生产的电子产品的调试，是以流水作业的形式进行的，为了使整个调试过程按照规定的调试流程有条不紊地进行，应避免重复和调乱可调元器件的现象，要求调试人员在自己的调试工序岗位上，除了完成本工序调试任务外，不得调整与本工序无关的元器件。此外，在本工序调试的项目中，有些故障比较严重，短时间内无法排除，就应把此部件拿开，另行处理，不能流入到下一道工序，对于在本工序调好的元器件，应在它上面做好标记。例如，将已调好的电感线圈的磁心用蜡封住，如有必要还要把本工序所测试的技术数据交给下一道工序。

调试手段的选择，是指调试环境、调试设备、调试方法的选择。调试环境会对调试造成一定的影响，环境条件一般是指温度、湿度、大气压力、机械振动、噪声、电磁干扰等因素。调试场地应避免这些因素的影响，保证有良好的调试环境。

调试设备的配置，是根据每个调试的内容，配备各种类型的仪器仪表或专用设备。例如，静态工作点调试，配备精度较高的万用表；波形测试，配备符合要求的示波器；频率特性测试，配备频率特性测试仪（扫频仪）；振荡器测试，配备数字频率计、频谱仪等。仪器仪表是调试人员的耳目，为获得准确的测试结果，配备的仪器仪表或专用设备必须具有一定的精度。要求调试人员注意仪器仪表经计量后的误差值，以便在测量中给予修正。

调试方法是指对仪器仪表、专用设备的正确使用和正确掌握调试的基本方法。电子产品一般由高频电路、低频电路、振荡电路、电源电路等部分组成。不同电路的调试方法有所不同，要求调试人员掌握一定的测试技术与调试的基本知识。

4.4.1 单元部件调试

无线电发射机主要有高频振荡器、调制（调幅、调频、调相）器、高频功率放大器、发射天线、电源等单元部件组成；无线电接收机主要由高频调谐放大器、混频器、本机振荡器、中频放大器、检波或鉴频器、低频放大器、电源、终端设备等单元部件组成。

1. 单元部件调试的一般工艺流程

无线电整机各单元部件调试的一般工艺流程如图 4-18 所示。

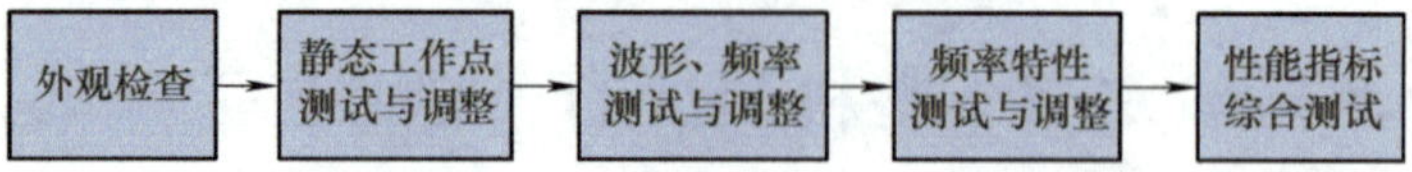

图 4-18　单元部件调试工艺流程

（1）外观检查　单元部件检查按调试前准备工作所提出的要求进行。

（2）静态工作点测试与调整　进行静态调试时，应根据调试工艺文件的要求，调整某些元器件使静态工作点达到要求。静态调试时也会发现一些故障，这些故障无非是由元器件、电路和装配工艺三方面因素引起的。例如，元器件的失效、参数发生偏移、短路、错接、虚焊、漏焊、设计不善和绝缘不良等，都是导致故障的原因，发现故障应及时排除。

（3）波形、频率测试与调整　波形、频率测试属于动态测试，无线电整机需要进行波形、频率测试的单元部件较多。例如，同时需要测量波形、频率的单元部件有高频振荡器、本机振荡器和其他振荡器，需要测量波形的有高频放大器（电压、功率）、低频放大器和其他放大器等。测试单元部件波形时，大多数需要在单元部件的输入端输入信号。进行测试时要注意仪器仪表与单元部件间的连线，特别是对高频电路测试时，仪器应使用高频探头，连接线采用屏蔽线，注意连线要尽量短，以避免杂散电容、电感和两线之间耦合而影响波形、频率测量的准确性。

（4）频率特性测试与调整　高频放大器、中频放大器常采用调谐放大器。调谐放大器有单调谐、双调谐放大器。作为调谐放大器主要技术指标之一的频率特性曲线是通过扫频仪测得的。单调谐放大器的调试比较简单，只要调整调谐回路的电容或电感线圈磁心就能得到单峰的谐振曲线；双调谐放大器的调试方法比较复杂，一般先调一次回路的电容（或电感），再调二次回路的电容（或电感），使这两个回路的谐振频率都调谐在所要求的频率上，然后调整耦合元件（互感或电容），使谐振曲线达到规定的要求。进行频率特性曲线的调试时，注意连线尽量短，否则观察到的曲线有时会不真实或受各种因素（如人体感应、移动引线位置等）的影响，使特性曲线变化。在无线电整机中，各种滤波器、鉴频器都需要进行频率特性测试。

(5) 性能指标综合测试 单元部件在静态工作点、频率以及频率特性等各项测试和调整后，最后一般还要进行整个单元的性能指标测试。不同类型的单元部件其性能指标各不相同，调试要根据具体情况进行，保证单元部件的功能符合整机的要求。

2. 单元部件调试举例

现以收音机 AM 中波段频率覆盖调试为例，调试工艺如表 4-2 和图 4-19 所示。

表 4-2 作业指导书

机种	PH-W3000FUS		类别	调试	调试日期	年 月 日
使用仪器	1. 高频信号发生器一台 2. 双踪示波器一台 3. 毫伏表一台 4. 直流稳压电源一台 5. 环形天线一部		信号输入方式		环形天线距离收音机 60cm	
			调制频率		400Hz	
			调制度		30%	
使用电压	AC6V 或 DC12V		输出阻抗		扬声器 3.2Ω 或耳机 32Ω	
收音机输出信号	扬声器标准输出：0.4V 以上；耳机标准输出：0.1V 以上					
频 率 覆 盖 调 试						
序号	调试项目	作业顺序和测试方法				
1	AM 频率覆盖检查	1. 将测试机的功能旋钮置于“RADIO”位置，波段开关置于“AM”位置 2. 低端频率：515kHz 以下 高端频率：1670kHz 以上				
2	AM 三点跟踪检查	1. 高频信号发生器输出电平为 78dB 2. 测试机分别调谐接收 600kHz、900kHz、1400kHz 信号时，扬声器输出应大于 0.4V 或耳机输出大于 0.1V				
3	AM 刻度误差检查	1. (600 ±25) kHz 2. (900 ±35) kHz 3. (1400 ±25) kHz				

调幅收音机中波段频率覆盖调试具体说明如下：所有仪器仪表都要预热。高频信号发生器输出信号经屏蔽线加到环形天线上，被调试收音机距离环形天线 60cm，毫伏表、示波器接在收音机扬声器两端。

(1) AM 频率覆盖检查 将测试机的功能旋钮置于“RADIO”位置，波段开关置于“AM”位置。

1）调节调谐旋钮，把指针旋到中波段的最低端，高频信号发生器调制度调到 30%，调节输出频率，使输出频率为 500kHz，调节振荡线圈 T7 的磁心，使毫伏表显示最大，且波形不失真。

生产工艺卡			
机种	PH—W3000FUS		
类别	频率覆盖调试		
审核		编制	
日期		日期	

操作项目和技术要求

波段开关置于“AM”挡：

a. 调整C07使低端频率为510kHz。
b. 调整C05使高端频率为1670kHz。
c. 调谐于600kHz处，调整磁棒线圈，使低端输出最大。
d. 调谐于1400kHz处，调整C04，使高频输出最大。

以上操作反复调整多次，使频率覆盖符合要求。

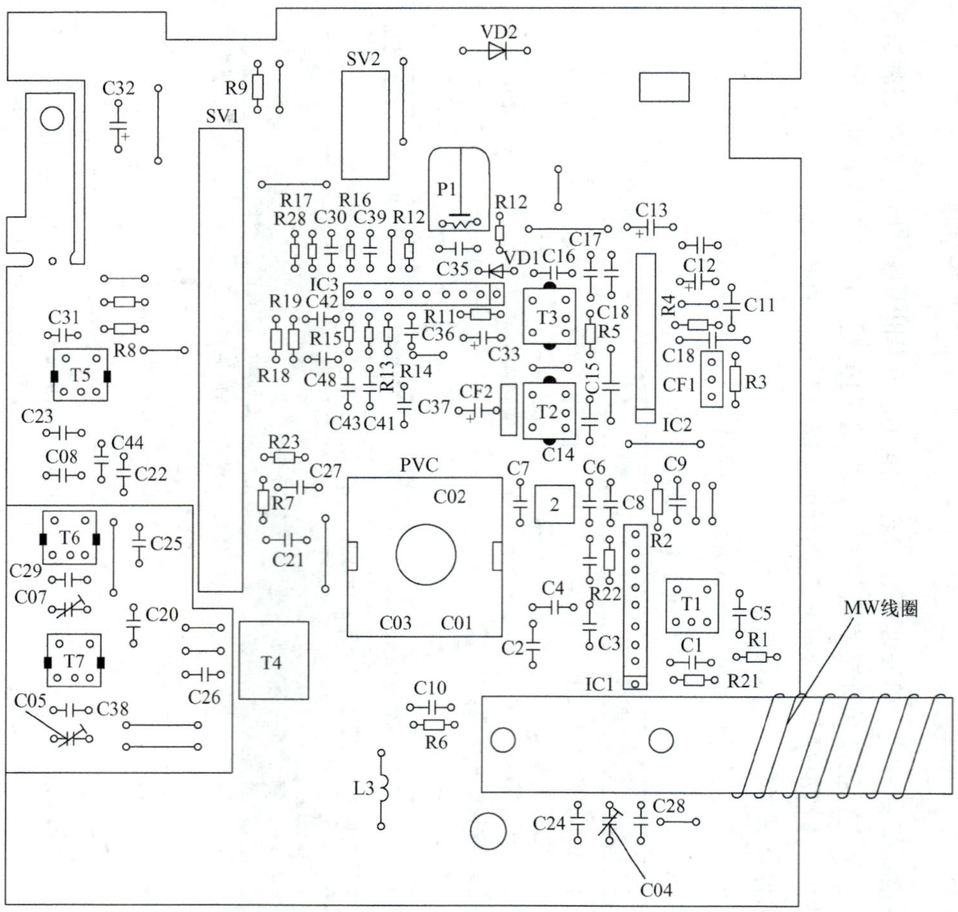

图4-19 生产工艺卡

2）调节调谐旋钮，把指针调到中波段的最高端，高频信号发生器调制度旋钮维持不变，高频信号发生器输出频率为 1670kHz，调节振荡回路的微调电容 C05，使毫伏表指示最大，且波形不失真。

(2) AM 三点跟踪检查　根据整机要求，分别检查 600kHz、900kHz、1400kHz 三点的输出电压，信号大小应满足调试要求，即扬声器输出电压应大于 0.4V 或耳机输出电压大于 0.1V。仪器仪表与被测收音机的连接线同频率覆盖调试要求。

1）调节高频信号发生器，使其输出频率为 600kHz，调制度为 30%，输出电平为 78dB。将被测收音机调谐接收 600kHz 信号，调整磁棒线圈的位置，使接在扬声器两端的毫伏表指示最大。

2）调节高频信号发生器，使其输出频率为 1400kHz，调制度为 30%，输出电平为 78dB。将被测收音机调谐接收 1400kHz 信号，调整天线输入回路的微调电容 C04，使接在扬声器两端的毫伏表指示最大。

3）调节高频信号发生器，使其输出频率为 900kHz，调制度为 30%，输出电平为 78dB。将被测收音机调谐接收 900kHz 信号，调整本机振荡回路的微调电容 C50，使接在扬声器两端的毫伏表指示最大。

4）以上调整需反复多次，使频率三点跟踪符合要求。

4.4.2　整机调试

单元部件调试时，往往有些故障没有反映出来或反映不明显。当组装成整机之后，由于各部分之间产生电气性能相互牵连影响，一些故障就明显反映出来了。整机调试的目的是使电子产品完全达到设计指标的要求。

1. 整机调试工艺流程

整机调试工艺流程如图 4-20 所示。

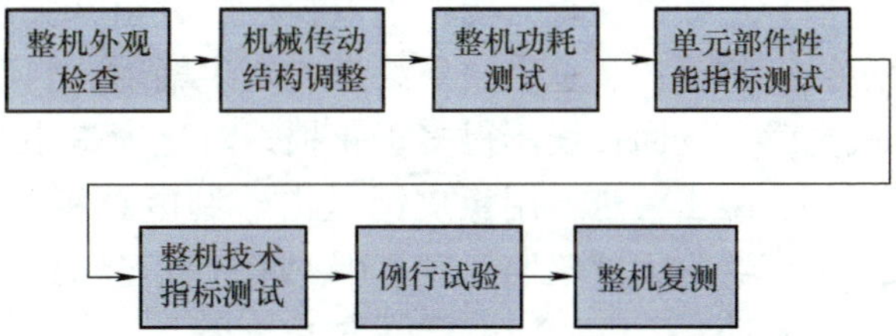

图 4-20　整机调试工艺流程示意图

1）根据工艺文件按先外后内的原则进行整机外观检查，检查方法、检查内容可参照 4.1 节调试的一般工艺要求。现以收录机为例，外观检查包括如下内容：天线检查、手提把检查、机壳螺钉检查、电池夹弹簧检查、差拍开关检查、刻度尺检查、按键检查、旋钮检查、四周外观检查、机内异物检查等。

2）外观检查完毕，接着调试机械部分，电子产品是机电一体化产品，调整机械结构主要是检查各单元印制板、各部件与插座的固定是否牢靠，有无松动现象，各单元印制电路板、各部件之间的连接线插头、插座的接触是否牢固，机械传动部分是否灵活。

3）整机功耗测试是使用交流调压器调整整机的供电电压，使其为 220V。当整机工作正常后，测量整机总的交流电流，将交流电流值乘以 220V 便是整机的功率损耗。如果整机的功耗偏离设计要求，说明机内有短路或其他不正常现象，应关机进行检查。

4）单元部件在整机装配之前虽进行过检查调试，但将各单元部件装配为整机后，还必须对各单元部件的功能进行全面测试，这是因为各单元部件组装成整机后，其性能参数会受到一些影响，例如输入输出阻抗、负载的影响。整机调试中对单元部件进行调试，使各单元部件的功能符合整机的要求。

5）整机技术指标测试是对已调整好的整机进行严格的技术确定，以判断它所达到的水平，不同类型的整机有各自的技术指标，并规定相应的测试方法，例如，黑白电视机的整机技术指标共46项，其中42项规定了测试方法。因此，对黑白电视机整机技术指标测试时，必须严格按照国家暂行规定的《黑白电视广播接收机测量方法》进行，对调幅广播收音机国家也规定了测量方法。

6）例行试验是对整机进行可靠性测试，试验内容按整机各自的要求进行。

7）例行试验完毕，对整机的技术指标进行复测，当达到技术要求后，可包装入库。

2. 整机调试举例

为了加强对整机调试的认识，现以黑白电视广播接收机为例，介绍调试步骤。

注意：虽然现在市场上已较少见黑白电视机了，但黑白电视机作为一种经典的电子产品，涉及电子产品的方方面面，对于学习与实践仍是非常好的平台。此外，电子产品千千万，功能、产品结构各异，在此主要学习电子产品调试的基本流程与一般工艺，举一反三，再应用到其他电子产品中。

电视机有些指标是直接在电视荧屏上观察和测定的，例如图像分辨率、几何失真、灰度等级鉴别等，大多数指标是需要用仪器进行测定的。对于大批量生产的电视机，其单元部件在总装整机之前，都进行过严格的测试，整机装配之后，通常可按如下步骤进行调试：

（1）外观检查 检查电视机外壳、显像管表面有无烫伤或擦伤现象，推拉开关、亮度按钮、对比度按钮、频道开关、微调旋钮等应转动灵活。

（2）整机功耗测试 使用交流调压器调整整机的供电电压，使其为220V。将电视机的对比度调到最小，亮度调到适中，伴音音量足够大，测量此时的整机交流电流，将交流电流值乘以220V便是整机的功率损耗。

（3）空频道检查光栅 当电视机的频道开关旋钮置于空频道时，光栅上不应有明显的阻尼条、行脉干扰、垂直白条滚道、寄生辐射、自激跳火、麻点飞火等各种现象。亮度旋钮调至最亮时，场回扫线不得多于4根，对比度最小时亮度能关得暗，不应有关机亮点。

（4）敲击检查 用橡皮锤敲击印制电路板时，空频道光栅应无黑白条及其他不正常现象，扬声器应无“咯咯”声，接收图像信号时，图像上应无黑白条及其他不正常现象，图像应不晃动。

（5）检查图像中心位置 接收电视测试信号（电视测试信号由专用的电视信号发生器产生），调整偏转线圈的位置和中心调节磁片，使大圆尽可能位于荧光屏的正中，使图像的中心与荧光屏的几何中心重合（即上下、左右对称），然后固定偏转线圈的紧固螺钉。

（6）检查幅度和线性 调节场线性和场幅度电位器，使图像中央大圆基本上为正圆，圆外方格为正方形，大小均匀。当行幅不足或太大时，可调换逆程电容（行幅不足则加大逆程电容，行幅太大则减小逆程电容）；当荧光屏左右两边的方格比中心的宽时，可减小S形矫正电容，反之则加大。通过反复调节达到如下要求：

1）幅度要求。四周均应看到半格以上的黑白格子；调节行频与场频时四周均不应露边；中央大圆水平和垂直直径比应小于15:16。

2）线性要求：相邻两个最宽方格与最窄方格宽度之差不应超过规定值：行为2.5mm，

场为 2mm。

(7) 检查图像质量　电视机接收电视测试卡信号，在音量最小、亮度适中的情况下，调节天线、频道及微调，使图像最佳。此时，灰度应明显分出 6 级以上，分辨率应看清 5MHz 脉冲串，但不应有错格、扭格及第一个歪扭现象。

(8) 检查伴音质量　音量开至足够大时，声音清晰、洪亮，无明显失真、蜂音等杂音，图像上无伴音干扰现象。

(9) 检查场同步范围　将场频电位器旋至最高端，然后调节场频电位器使场频同步，检查场同步范围应≥90°（场频电位器的转角），在场同步范围内除少数位置外，图像不应有上下微抖现象。

(10) 检查行同步范围　松开行调节杆，调到图像同步位置，再左右旋转调节杆，当旋转角度大，图像又能保证同步时，则说明行同步保持范围比较宽。同时可以观察在同步状态下，图像在荧光屏上左右移动的位置。

(11) 检查行消隐　调节行频率旋钮时，图像左侧或右侧不应有雾状垂直白条或黑白条。

(12) 检查电源调整率　将对比度调到最小，亮度调到适中，用调压器将电源供电电压降到 180V。此时，图像缩小，行缩小≤0.3 格，场缩小≤0.3 格，无露边、无卷边、无激励不足，图像无扭动、无明显纹波、无伴音干扰等现象，因伴音大小而引起的图像变化≤0.1 格（单边）。

(13) 检查高压调整率　当亮度从最小到最大变化时，图像变化：行变化≤0.6 格（单边），场变化≤0.4 格（单边）。

(14) 检查各电位器的作用　亮度、对比度、音量等电位器应起作用，各电位器缓慢转动时，荧光屏上无明显噪声干扰及突跳，扬声器无杂音。

习题 4

1. 电子调试工作一般分为哪两部分？
2. 电子调试工艺文件的编制原则是什么？电子调试工艺文件应包括哪些内容？
3. 电子调试工艺的基本要求有哪些？
4. 对于调试、检验用的仪器仪表，有什么基本要求？
5. 简述直观检测法的基本原理。
6. 简述电阻检测法的基本原理。
7. 简述电压检测法的基本原理与技术要点。
8. 简述电流检测法的注意事项。
9. 简述代换法的适用性。
10. 简述示波器法的工作原理与适应性。
11. 说明用信号注入法检测超外差收音机的工作流程。
12. 简述整机调试的工序。
13. 用示波器测量一正弦信号，Y 轴的量程是 100mV/div，X 轴的量程是 10ms/div。测得正弦信号的峰-峰值是 4 格，周期是 5 格。试计算该正弦信号的有效值和工作频率。

第5章 电子产品检验

内容提要

本章阐述了电子产品检验的必要性与法律要求，详细说明了电子产品检验的基本概念，介绍了电子产品检验的一般工艺，包括元器件检验、过程检验与型式检验，着重介绍了电子产品生产过程中的抽样检验方法。

5.1 电子产品检验的基础知识

5.1.1 电子产品的检验要求

电子产品检验的目的是判定产品对标准的符合性，任何一款电子产品，首先必须符合产品所在生产地或市场地的国家法律法规要求。如果该产品有国家标准，则必须符合国家标准的要求；如果该产品有行业标准，则必须符合行业标准的要求；如果没有国家标准也没有行业标准，则必须符合企业标准的要求。

1. 法律法规要求

随着世界经济一体化的进程，不同的经济体为了自身的经济利益、安全利益等，均会提出一系列的法律法规来限制本区域内的产品生产及销售，更重要的是限制外区域的产品输入。因此，电子产品的生产和销售首先必须符合生产或销售所在地的法律法规要求。

（1）中华人民共和国的《电子信息产品污染控制管理办法》 为控制和减少电子信息产品废弃后对环境造成的污染，促进生产和销售低污染电子信息产品，保护环境和人体健康，在中华人民共和国境内生产、销售和进口电子信息产品过程中控制和减少电子信息产品对环境造成污染及产生其他公害，适用本办法，俗称中国的RoHS。但是，出口产品的生产除外。

《管理办法》明确要求：电子信息产品设计者在设计电子信息产品时，应当符合电子信息产品有毒、有害物质或元素控制国家标准或行业标准，在满足工艺要求的前提下，采用无毒、无害或低毒、低害、易于降解、便于回收利用的方案。

（2）欧洲共同体的《电气、电子设备中限制使用某些有害物质指令》 《电气、电子设备中限制使用某些有害物质指令》就是人们俗称的RoHS指令，是对在欧洲共同体范围内生产或销售的电子、电气设备制定的必须要符合的法律法规。其根本目的在于：一是设立技术壁垒，提高产品准入门槛；二是加强环境保护，确保可持续发展。

指令主要针对电子电气产品中的铅（Pb）、镉（Cd）、汞（Hg）、六价铬（Cr^{6+}）、多溴联苯（PBBs）、多溴联苯醚（PBDEs）六种有害物质进行限制。RoHS 指令的涵盖范围为 AC1000V、DC1500V 以下的，由目录所列出的电子、电气产品（特别指明豁免的除外，如压电陶瓷类）：

1）大型家用电器：冰箱、洗衣机、微波炉、空调等。

2）小型家用电器：吸尘器、电熨斗、电吹风、烤箱、钟表等。

3）IT 及通信仪器：计算机、传真机、电话机、手机等。

4）民用装置：收音机、电视机、录像机、乐器等。

5）照明器具：除家庭用照明外的荧光灯等照明控制装置。

6）电动工具：电钻、车床、焊接设备、喷雾器等（需安装的大型产业工具除外）。

7）玩具/娱乐、体育器械：电动车、电视游戏机。

8）医疗器械：放射线治疗仪、心电图测试仪、分析仪器等。

9）监视/控制装置：烟雾探测器、恒温箱、工厂用监视控制机等。

10）自动售货机等。

实际上德国、英国、日本、美国等国家针对电子、电气设备的生产、销售均提出了自己的相关法律法规，相关产品在这些国家和地区生产、销售时必须要符合当地的法律法规。

以下以中国造的手机为例，来说明如何确保需要出口到欧洲的手机是符合 RoHS 指令要求的。

如手机要出口到欧洲，则整机（包括备用电池、手机配件等）必须完全符合 RoHS 要求，就需要委托具有 RoHS 认证资格的专业检测机构（第三方）对整机或相关材料进行 RoHS 检测。主要检测项目见表 5-1。

表 5-1　RoHS 六大类有害物质含量标准表

化学测试分类	测 试 项 目	检测要求（限定值）
RoHS 指令	Cd（镉）	100ppm 以内
	Pb（铅）	1000ppm 以内
	Hg（汞）	1000ppm 以内
	Cr（VI）（六价铬）	1000ppm 以内
	PBBs（多溴联苯）	1000ppm 以内
	PBDEs（多溴联苯醚）	1000ppm 以内
包材指令	94/62/EC 包材指令	参考第 94/62/EC 号欧盟《有关包装材料指令》要求
电池指令	2006/66/EC 新电池指令	参考第 2006/66/EC 号《关于电池及蓄电池、废弃电池及蓄电池以及废止 91/157/EEC 的指令》要求

注：ppm 表示 $10^{-4}\%$ 或 10^{-6}，即表示百万分之一。

对于手机类产品而言，通常主要分为金属材质、塑料材质和其他材质，金属材质只需要做重金属检测（铅、汞、镉、六价铬），塑料材质需要做规定的六项（铅、汞、镉、六价铬、多溴联苯、多溴二苯醚），其他材质只需做重金属测试。

只有在检测结果均符合“RoHS 六大类有害物质含量标准表”的要求时，该产品才能进入欧洲市场。

2. 产品使用安全性要求

从安全系统工程学上讲，安全一般是指没有危险，国外有时称为无事故。产品的安全性就是指产品在制造、安装、使用和维修过程中没有危险，不会引起人员伤亡和财产损坏事故。产品的安全性包括的范围很广，《电气设备安全设计导则》（GB/T 25295—2010）对电气设备安全设计提出了具体要求：根据可能发生事故的类型，可以将产品的安全性归纳为机械安全性、电气安全性、化学安全性三个方面；根据可能发生危险的不同因素，安全性可分为功能安全性、结构安全性、材料安全性、使用安全性、保护安全性、标志安全性、运输安全性、环境安全性等方面。

显然任何产品在投入使用前均必须确保产品的安全性，必要时均必须经过相关专业的安全检测。

对于手机而言，存在的主要危险来自于手机电池的腐蚀性和可爆炸性，这就需要对手机电池进行相关的安全性检测，对其结构安全性、材料安全性、使用安全性、保护安全性等做出评估。

3. 产品使用功能上的要求

产品存在的价值在于其可以满足客户的使用功能上的要求，而确认产品能否满足客户使用要求必须经过相应的功能测试。

功能测试又称黑盒测试（Black-box Testing）、数据驱动测试或基于规范的测试。用这种方法进行测试时，被测产品被当做看不见内部的黑盒。在完全不考虑产品内部结构和内部特性的情况下，测试者仅依据产品功能的需求规范考虑确定功能结果的正确性。因此黑盒测试是从用户观点出发的测试，黑盒测试直观的想法就是既然产品被规定做某些事，那我们就看看它是不是在任何情况下都实现该功能。完整的“任何情况”是无法验证的，为此黑盒测试也有一套产生测试用例的方法，以产生有限的测试用例而覆盖足够多的“任何情况”。

手机作为一种通信工具，其核心功能要求就是满足远程通话，对其功能测试的关键在于不同的测试环境上其通话质量的测试。

4. 产品使用外观上的要求

现在市场变了，和过去不一样了，并且变化也太快了，收集信息都来不及，甚至刚收集完就过时了，消费者的消费行为越来越变得难以捉摸。过去单纯靠设计师个人品位进行设计的方法已经一去不复返了，设计师必须根据自己团体和其他厂商的实际情况、国内市场和国外市场的设计现状，以及消费者的消费行为，尽可能地收集有关信息，经过思考整理后，预测今后两年的设计发展方向，并融入到自己的设计中去，做出消费者喜好的好设计，并保持其一贯风格。科学技术日新月异，市场竞争日趋激烈，产品更新异常加速，预测今后两年的发展趋势甚为重要。当然能预测今后五年甚至更多年的设计发展趋势实属大智慧，但是人的能力毕竟是有限的，因此预测的时间性和准确性也是有限的，能准确预测今后两年的设计发展趋势实属难能可贵。有了这个方向，也是做好设计的前提和依据。设计师只有设计出产品之后才真正知道是否受市场欢迎，而市场却要求产品生产之前就是受欢迎的，否则就是浪费人力、财力和物力。这就更说明预测今后两年的设计发展趋势多么重要。

手机作为私人用品，随着目前手机生产技术的日趋成熟，销售价格的日益下降，手机的外观是否符合个人的兴趣及爱好已决定了手机的销售市场，其外观检验要求也更加细致和深入。

5.1.2　电子产品的缺陷

1. 电子产品缺陷等级的定义

电子产品缺陷等级的定义见表 5-2。

表 5-2　电子产品的缺陷等级与缺陷描述

序号	缺陷等级	符号	缺陷描述
1	安全问题（Safe）	S	产品设计与 IEC 或 ISO 法规不符；产品处于一种危险状态，以至于对人或周围环境有所伤害和损害
2	严重问题（Critical）	A	导致系统崩溃、死机、死锁、内存泄露、数据丢失的严重问题。缺陷会引起客户对产品的极大不满，且缺陷极易被发现
3	主要问题（Major）	B	系统的主要功能失效，没有崩溃。但会导致后续操作或工作不能继续进行。缺陷是客户无法接受的
4	次要问题（Average）	C	系统的次要功能失效，但后续操作或工作仍可以继续进行。缺陷是客户可以接受的
5	微不足道问题（Minor）	D	微不足道的功能失效，客户也许觉察不到该功能失效，该功能失效不影响诊断和检查。不会引起客户不满，缺陷不易被察觉
6	需改善的问题（Enhancements）	E	没有引起功能失效，不是一个缺陷，是客户使用过程建议改善的问题。这个问题可能涉及可制造性、可服务性、产品的成本等因素

2. 电子产品的缺陷状态

电子产品缺陷状态与缺陷状态描述见表 5-3。

表 5-3　电子产品的缺陷状态与缺陷状态描述

缺陷状态	缺陷状态描述
原因未知（Root Cause is unknown）	新发现的缺陷或以前版本产品的遗留缺陷，引起缺陷的原因尚未查出 当前状态时，所对应的活动是：查找引起缺陷的根本原因
指派（Assigned）	已判断出引起缺陷的原因，缺陷被指派给具体人员进行解决，但具体的解决方案还在策划或实施过程中 当前状态时，所对应的活动是：策划解决方案、实施解决方案、进行部件/单元测试
已解决（Resolved）	引起缺陷的原因已确定，解决方案已经被实施并通过了部件/单元测试 当前状态时，所对应的活动是：系统验证或内部确认
已验证（Verified）	引起缺陷的原因已确定，实施解决方案后已通过系统验证及内部确认。产品状态可以提交进行设计确认、生产过程确认和服务确认 当前状态时，所对应的活动是：设计确认、生产过程确认和服务确认
已确认（Validated）	解决方案已经通过设计确认、生产过程确认和服务确认 当前状态时，所对应的活动是：解决方案发布至生产、服务、质量等相关部门
已关闭（Closed）	解决方案已经正式发布至生产、服务、供应链、质量等相关部门，并且相关工作都已更新完毕，比如产品 BOM、采购合同等
暂不解决（Postponed）	引起缺陷的根本原因已确定，但暂无解决方案或解决方案暂不实施，需延期解决，且缺陷可以被接受
无效（Inefficacy）	重复、无法重现等无效缺陷

3. 电子产品缺陷产生的原因

一是产品设计上的缺陷，即由于设计上的原因，导致产品存在危及人身、财产安全的不合理危险。例如，使用瓦斯炉的火锅，因结构或安全系数设计上的不合理，有可能导致在正常使用中爆炸，该产品即为存在设计缺陷的产品。

二是产品制造上的缺陷，即由于产品加工、制作、装配等制造上的原因，导致产品存在危及人身、财产安全的不合理危险。例如，生产的幼儿玩具制品，未按照设计要求采用安全的软性材料，而是使用了金属材料并带有锐角，危及幼儿人身安全。该产品即存在制造上的缺陷。

三是告知上的缺陷（也称指示缺陷或说明缺陷），即由于产品本身的特性而具有一定合理危险性。对这类产品，生产者应当在产品或者包装上，或者在产品说明书中，加注必要的警示标志或警示说明，告知使用注意事项。如果生产者未能加注警示标志或者警示说明，未标明使用注意事项，导致产品产生危及人身、财产安全的危险的，该产品即属于存在告知缺陷的产品。例如，燃气热水器在一定条件下对使用者有一定的危险性，生产者应当采用适当的方式告知其安全使用注意事项，如必须将热水器安装在浴室外空气流通的地方等。如果生产者没有明确告知，就可认为该产品存在不合理的危险。产品存在上述任何一种缺陷，造成他人人身、财产损害的，生产者都要依法承担赔偿责任。

5.1.3 电子产品检验的基本概念和分类

1. 电子产品检验的基本概念

定义：通过观察或判断，适当地结合测量、试验所进行的符合性评价（GB 19000—2008）。

1）检验判定“合格”、“不合格”是符合性判定；而不合格处理是适用性判定，不是检验的职能。

2）判定合格只是对品质标准而言，并不意味着质量水平的高低。

2. 电子产品检验的主要影响因素

影响电子产品检验的主要影响因素有 6 个，简称“5M1E”：人员（Man）、机器（Machine）、材料（Material）、方法（Method）、测试（Measurement）、环境（Environment）。

3. 电子产品检验的分类

1）按检验数分：全检、抽检、免检。

2）按工序流程分：IQC（来料检验）、IPQC（过程检验，可再分为首检、转工序检验等）、FQC（成品检验）、OQC（出货检验）、驻厂 QC（品质控制）。

3）按检验人责任分：专检、自检、互检。

4）按检验场所分：工序专检和线上巡检、外协检验、库存检验、客处检验。

5.1.4 电子产品检验的一般流程

电子产品检验的一般流程图如图 5-1 所示。

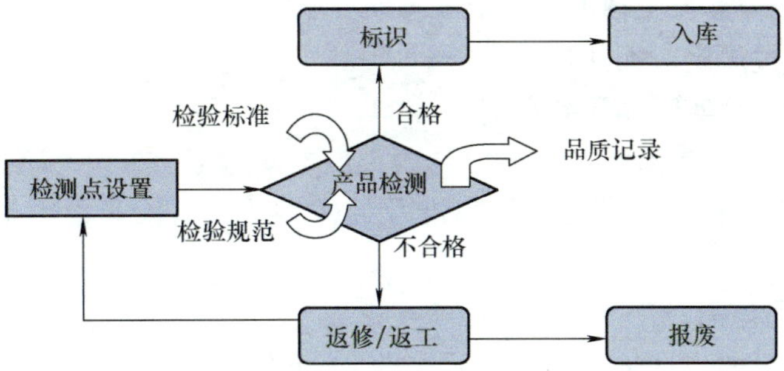

图 5-1 电子产品检验的一般流程图

5.1.5 电子产品的生产过程与检验过程的关系

1. 几个基本概念

(1) 批 在一定条件下生产出来的一定数量的单位产品所构成的团体，常用的批的单位：卷、箱、包、个、张、板、千克。

(2) 检验批 为实施检验而汇集起来的单位，以便于抽样进行，使抽样结果更具代表性。

(3) 样本及样本容量 *n* 样本是检验批中所抽取的一部分个体，而样本容量则是指样本中个体的数目。

(4) 不良率 指百件样本中不合格品数。

(5) 抽样方法（抽样技术） 从检验批中抽取样品的方法。

(6) 抽样标准 抽样方案所依附的具有一定规则的表单，如 MIL-STD105E、GB/T 2828.1—2012 等。

(7) 抽样方案（计划） 样本大小或样本大小系列和判定数组的组合（*n*/Ac，Re），Ac 为接收数，Re 为拒收数。

2. 首件检验

首件检验：指在生产开始时（或上班、下班）及工序因素调整后（换人、换料、设备调整等）对制造的第 1 ~ 5 件产品进行的检验。

首件检验由操作者、检验员共同检验，操作者首先进行自检，合格后送检验员专检。

首件检验的目的：为了尽早发现生产过程中影响产品质量的系统因素，防止产品成批报废。

3. 全检

(1) 全检的概念 就是对在一定条件下生产出来的全部单位产品均必须进行检验。

(2) 全检的适应范围

1）批量太小，失去抽检意义时。

2）检验手续简单，不至于浪费大量人力、经费时。

3）不允许不良品存在，该不良品对制品有致命影响时。

4）工程能力不足（CPK 的值小于 1.33 时）。

注意： CPK（Complex Process Capability Index）是现代企业表示制程能力的指标。制程

能力是过程性能的允许最大范围与过程的正常偏差的比值。

5）其不良率超过规定，无法保证品质时。

6）为了解该批制品实际品质状况时。

4. 抽检

（1）抽检的概念 按照一定的抽样标准及抽样方法，从检验批中抽取一定数量的单位产品进行检验的方法。

（2）抽检的适用范围

1）产量大、批量大，且是连续生产无法做全检时。

2）进行破坏性测试时。

3）允许存在某种程度的不良品时。

4）需要减少检验时间和经费时。

5）提醒生产者要注意品质时。

6）满足消费者要求时。

5. 免检

（1）免检的概念 就是对在一定条件下生产出来的全部单位产品免于检验。

特别注意：免检并非放弃检验，而应加强生产方过程质量的监督，一旦有异常，马上采取有效措施。

（2）免检的适用范围

1）生产过程相对稳定，对后续生产无影响。

2）国家批准的免检产品及产品质量认证产品的无试验买入时。

3）长期检验证明质量优良、使用信誉高的产品的交收中，双方认可生产方的检验结果，不再进行进料检验。

6. 让步放行

（1）让步放行的概念

1）针对成品的让步放行：在顾客同意的前提下可以将不影响客户使用要求的产品让步出货，但必须做好标志，确保可追溯性。

2）针对原材料、半成品的让步放行：在不影响到产品的性能要求及产品检验标准要求时，经品管、技术、生产联合确认的原材料及半成品可以让步使用，同时要做好相关标志。

（2）让步放行的适用范围

1）客户可以接收或已经得到客户确认时。

2）当原材料、半成品来不及检验时，可以紧急放行。

7. 自检

（1）自检的概念 生产工人在产品制造过程中，按照质量标准和有关技术文件的要求，对自己生产的产品或完成的工作任务，按照规定的时间和数量进行自我检验，把不合格品主动地“挑”出来，防止流入下道工序。

（2）自检的作用

1）有利于对生产过程中的每一个零件、每一道工序进行严格监督，层层把关，防止废次品流入下道工序。

2）提高检验工作效率，减少专检人员的工作量，节约检验费用。

3）生产工人可以及时了解自己工作的质量状况并及时改进，使工艺过程始终保持稳定状态，从而提高产品质量。

8. 互检

（1）互检的概念　生产工人之间对生产的产品或完成的工作任务进行相互的质量检验。

（2）互检的方法

1）同一班组相同工序的工人相互之间进行质量检验。

2）班组质量管理员对本班组工人生产的产品质量进行抽检。

3）下道工序的工人对此道工序转来的产品进行检验。

4）交接班工人之间对所交接的有关事项（包括质量）进行检验。

5）班组之间对各自承担的作业进行检验。

注意：质量互检要求每个操作者，特别要注意对前道工序加工件的检验。

5.2　抽样检验方法

5.2.1　抽样检验概述

抽样检验并非任何场合都适合，有些可以做抽样检验，有些就非得做全检不可。主要是看检验群体的性质、数量、体积大小，或者由检验所产生的经费及检验方式而定。

1. 适用抽样检验的场合

1）属于破坏性检验，如材料强度试验。

2）检验群体非常多，如贴片电阻、贴片电容等。

3）检验群体体积非常大，如原棉等。

4）产品属于连续体的物品，如纱线等。

5）希望节省检验费用。

2. 抽样标准

MIL STD105E 起源于二战时期美国国防部对武器设备的验收标准，经过半个世纪的发展已逐渐被人们用到质量检验领域，目前在全世界具有广泛的适用性。中国于 2003 年发布了与此等同的国家标准 GB/T 2828. 1—2003。

（1）抽样方案　根据一批批产品品质变化的情况，按照预先指定的调整规则，随时更换抽样方案。当批的品质处于正常情况时，采用一个正常抽验方案；当批的品质变坏时，改用一个加严抽验方案；如果批的品质稳定地处于好的状态，可使用一个放宽抽验方案。国际上不少国家都采用这种调整型抽样方案进行产品验收。

（2）允收水准 AQL　AQL 是对过程平均不合格率规定的、认为满意的最大值，可以将它看做可接收的过程平均不合格率和可接收之间的界限，换句话说，如果正在生产的产品大多数批的平均品质至少像 AQL 一样好，则生产过程可认为是满意的。

AQL 的考虑原则：

1）对使用要求较高的产品，AQL 要小些，如军用 AQL≤工业用 AQL≤民用 AQL。

2）影响较严重的不合格品或不合格项，AQL 要小些，如电气性能 AQL≤机械性能 AQL≤外观性能 AQL。

3）贵重物品或装配到贵重产品的配件产品，AQL 应小些。

4）检验项目少或检验费用较低的产品，AQL 可小些。

5）不易由下一道工序发现剔除的不合格项（品）、虽能发现却无法剔除，或虽能剔除但将造成较大损失的 AQL 应小些。

（3）检验水准 检验水准确定了批量和样本大小之间的关系，如果批量大，样本数也随之增大，但不是按比例增大，对大批量样本所占的比例要比小批量中样品所占的比例小。

一般常用的检验水准有一般检验水准Ⅰ、Ⅱ、Ⅲ和四个特殊检验水准 S-1、S-2、S-3、S-4，一般检验水准最常用，除了特殊规定使用别的检验水准外，通常使用检验水准Ⅱ，特殊检验水准 S-1、S-2、S-3、S-4 一般在破坏性检查时采用。

检验水准Ⅰ给定的样本大小约比检验水准Ⅱ的小一半，而检验水准Ⅲ给定的样本大小约为检验水准Ⅱ的 1.5 倍。

例如，对于批量为 360，不同检验水准的样本大小见表 5-4。

表 5-4 批量为 360 的不同检验水准与样本大小的关系

检验水准	字码	样本大小	备注
Ⅰ	G	32	一次抽检
Ⅱ	J	80	一次抽检
Ⅲ	K	125	一次抽检

3. 抽样检验的方式

（1）一次抽样检验 根据从批中一次抽取的样本的检验结果，决定是否接收该批叫做一次抽样检验，一次抽样检验结果取决于样本 N 对应的接收数 Ac、拒收数 Re、样本中检验发现的缺陷或缺陷产品数 r。如果 $r \leqslant$ Ac，则认为可接收此批；如果 $r \geqslant$ Re，则认为应拒收此批。

（2）二次抽样检验 二次抽样检验是首先从批中抽取样本量为 N_1 的第一样本，根据检验结果，决定是否接收、拒收该批或决定再抽取样本量为 N_2 的第二样本，再根据全部样本的检验结果，决定接收或拒收该批。

（3）多次抽样检验 多次抽样检验的抽样至多 k 次（$k>3$），每次样本量分别为 N_1、N_2、…、N_k。第 i 次（$1<i<k-1$）抽取样本后，根据样本累积结果做出接收该批、拒收该批或抽取下一样本的决定。第 k 次抽取样本后，必须做出接收或拒收该批的决定。

需要特别指出的是，因为是抽样检验，将不合格批误判为合格批的可能性是存在的，其可能性通常用“冒险率（a）”来表示。例如，日本家用电器的冒险率为 0.1%~0.05%。

5.2.2 GB/T 2828.1—2012 标准

GB/T 2828.1—2012 标准也可用于连续批抽样，前提是：产品的生产过程是一致的、稳定的，生产过程是在有效的、严格的品质保证体系下进行的。GB/T 2828.1—2012 用于连续批抽样时，为了控制产品的批次质量由于某些未受控制因素的影响而引起的变化。GB/T 2828.1—2012 按严格程度分为三种抽样方案：正常检验、加严检验及放宽检验，按一定条件可以相互转换。

1. 样本量代码

GB/T 2828.1—2012 标准用英文大写字母 A、B、C、…、R 表示样本量代码。根据批量 N 及指定的检验水平，从表 5-5 中可查得样本量代码。

例如：设 $N=1000$，采用检验水平 Ⅰ，从表 5-5 中查得样本量代码为 G。

表 5-5　样本量代码对照表

批量 N	特别检验水平				通常检验水平		
	S-1	S-2	S-3	S-4	Ⅰ	Ⅱ	Ⅲ
2～8	A	A	A	A	A	A	B
9～15	A	A	A	A	A	B	C
16～25	A	A	B	B	B	C	D
26～50	A	B	B	B	B	D	E
51～90	B	B	C	C	C	E	F
91～150	B	B	C	D	D	F	G
151～280	B	C	D	E	F	G	H
281～500	B	C	D	E	F	H	J
501～1200	C	C	E	F	G	J	K
1201～3200	C	D	E	G	H	K	L
3201～10000	C	D	F	G	J	L	M
10001～35000	C	D	F	H	K	M	N
35001～150000	D	E	G	J	L	N	P
150001～500000	D	E	G	J	M	P	Q
500001 以上	D	E	H	K	N	Q	R

2. GB/T 2828.1—2012 抽样方案的使用

已经明确产品的批量 N、AQL 值、检验水平检验的严格程度。

第一步：根据批量 N 及检验水平查得样本量代码。

第二步：依据选定的检验严格程度查相应的抽样检查表。

检索正常检验一次抽样方案，见表 5-6；检索加严检验一次抽样方案，见表 5-7；检索放宽检验一次抽样方案，见表 5-8。

第三步：在表中，根据抽样方案代码向右，在样本栏查得样本量 n，再从代码所在行、AQL、所在列的交叉格中，读出［Ac，Re］。如果该交叉格中不是数字而是箭头，则进入第四步。

第四步：沿着箭头方向，读出箭头所指第一个［Ac，Re］，然后由此［Ac，Re］所在行向左，在样本栏读出相应样本量 n、这时第三步所得的样本量 n 作废，当样本量 n 大于批量 N 时，则作全数检验。

3. 转移原则

GB/T 2828.1—2012 标准对正常检验、加严检验、放宽检验之间的转移原则进行了规定，一开始都是正常检验。

表 5-6 正常检验一次抽样方案（主表）

样本大小字码	样本量	合格质量水平（AQL）																									
		0.01	0.015	0.025	0.04	0.065	0.10	0.15	0.25	0.40	0.65	1.0	1.5	2.5	4.0	6.5	10	15	25	40	65	100	150	250	400	650	1000
		Ac Re	Ac Re	Ac Re	Ac Re	Ac Re	Ac Re	Ac Re	Ac Re	Ac Re	Ac Re	Ac Re	Ac Re	Ac Re	Ac Re	Ac Re	Ac Re	Ac Re	Ac Re	Ac Re	Ac Re	Ac Re	Ac Re	Ac Re	Ac Re	Ac Re	Ac Re
A	2	↓	↓	↓	↓	↓	↓	↓	↓	↓	↓	↓	↓	↓	↓	0 1	↓	↓	1 2	2 3	3 4	5 6	7 8	10 11	14 15	21 22	30 31
B	3	↓	↓	↓	↓	↓	↓	↓	↓	↓	↓	↓	↓	↓	0 1	↑	↓	1 2	2 3	3 4	5 6	7 8	10 11	14 15	21 22	30 31	44 45
C	5	↓	↓	↓	↓	↓	↓	↓	↓	↓	↓	↓	↓	0 1	↑	↓	1 2	2 3	3 4	5 6	7 8	10 11	14 15	21 22	30 31	44 45	↑
D	8	↓	↓	↓	↓	↓	↓	↓	↓	↓	↓	↓	0 1	↑	↓	1 2	2 3	3 4	5 6	7 8	10 11	14 15	21 22	30 31	44 45	↑	↑
E	13	↓	↓	↓	↓	↓	↓	↓	↓	↓	↓	0 1	↑	↓	1 2	2 3	3 4	5 6	7 8	10 11	14 15	21 22	30 31	44 45	↑	↑	↑
F	20	↓	↓	↓	↓	↓	↓	↓	↓	↓	0 1	↑	↓	1 2	2 3	3 4	5 6	7 8	10 11	14 15	21 22	↑	↑	↑	↑	↑	↑
G	32	↓	↓	↓	↓	↓	↓	↓	↓	0 1	↑	↓	1 2	2 3	3 4	5 6	7 8	10 11	14 15	21 22	↑	↑	↑	↑	↑	↑	↑
H	50	↓	↓	↓	↓	↓	↓	↓	0 1	↑	↓	1 2	2 3	3 4	5 6	7 8	10 11	14 15	21 22	↑	↑	↑	↑	↑	↑	↑	↑
J	80	↓	↓	↓	↓	↓	↓	0 1	↑	↓	1 2	2 3	3 4	5 6	7 8	10 11	14 15	21 22	↑	↑	↑	↑	↑	↑	↑	↑	↑
K	125	↓	↓	↓	↓	↓	0 1	↑	↓	1 2	2 3	3 4	5 6	7 8	10 11	14 15	21 22	↑	↑	↑	↑	↑	↑	↑	↑	↑	↑
L	200	↓	↓	↓	↓	0 1	↑	↓	1 2	2 3	3 4	5 6	7 8	10 11	14 15	21 22	↑	↑	↑	↑	↑	↑	↑	↑	↑	↑	↑
M	315	↓	↓	↓	0 1	↑	↓	1 2	2 3	3 4	5 6	7 8	10 11	14 15	21 22	↑	↑	↑	↑	↑	↑	↑	↑	↑	↑	↑	↑
N	500	↓	↓	0 1	↑	↓	1 2	2 3	3 4	5 6	7 8	10 11	14 15	21 22	↑	↑	↑	↑	↑	↑	↑	↑	↑	↑	↑	↑	↑
P	800	↓	0 1	↑	↓	1 2	2 3	3 4	5 6	7 8	10 11	14 15	21 22	↑	↑	↑	↑	↑	↑	↑	↑	↑	↑	↑	↑	↑	↑
Q	1250	0 1	↑	↓	1 2	2 3	3 4	5 6	7 8	10 11	14 15	21 22	↑	↑	↑	↑	↑	↑	↑	↑	↑	↑	↑	↑	↑	↑	↑
R	2000	↑	↑	1 2	2 3	3 4	5 6	7 8	10 11	14 15	21 22	↑	↑	↑	↑	↑	↑	↑	↑	↑	↑	↑	↑	↑	↑	↑	↑

表 5-7　加严检验一次抽样方案（主表）

样本大小字码	样本量	合格质量水平（AQL）																									
		0.01	0.015	0.025	0.04	0.065	0.10	0.15	0.25	0.40	0.65	1.0	1.5	2.5	4.0	6.5	10	15	25	40	65	100	150	250	400	650	1000
		Ac Re	Ac Re	Ac Re	Ac Re	Ac Re	Ac Re	Ac Re	Ac Re	Ac Re	Ac Re	Ac Re	Ac Re	Ac Re	Ac Re	Ac Re	Ac Re	Ac Re	Ac Re	Ac Re	Ac Re	Ac Re	Ac Re	Ac Re	Ac Re	Ac Re	Ac Re
A	2	↓	↓	↓	↓	↓	↓	↓	↓	↓	↓	↓	↓	↓	↓	↓	0 1	↓	↓	1 2	2 3	3 4	5 6	8 9	12 13	18 19	27 28
B	3	↓	↓	↓	↓	↓	↓	↓	↓	↓	↓	↓	↓	↓	↓	0 1	↓	↓	1 2	2 3	3 4	5 6	8 9	12 13	18 19	27 28	41 42
C	5	↓	↓	↓	↓	↓	↓	↓	↓	↓	↓	↓	↓	↓	0 1	↓	↓	1 2	2 3	3 4	5 6	8 9	12 13	18 19	27 28	41 42	↑
D	8	↓	↓	↓	↓	↓	↓	↓	↓	↓	↓	↓	↓	0 1	↓	↓	1 2	2 3	3 4	5 6	8 9	12 13	18 19	27 28	41 42	↑	↑
E	13	↓	↓	↓	↓	↓	↓	↓	↓	↓	↓	↓	0 1	↓	↓	1 2	2 3	3 4	5 6	8 9	12 13	18 19	27 28	41 42	↑	↑	↑
F	20	↓	↓	↓	↓	↓	↓	↓	↓	↓	↓	0 1	↓	↓	1 2	2 3	3 4	5 6	8 9	12 13	18 19	↑	↑	↑	↑	↑	↑
G	32	↓	↓	↓	↓	↓	↓	↓	↓	↓	0 1	↓	↓	1 2	2 3	3 4	5 6	8 9	12 13	18 19	↑	↑	↑	↑	↑	↑	↑
H	50	↓	↓	↓	↓	↓	↓	↓	↓	0 1	↓	↓	1 2	2 3	3 4	5 6	8 9	12 13	18 19	↑	↑	↑	↑	↑	↑	↑	↑
J	80	↓	↓	↓	↓	↓	↓	↓	0 1	↓	↓	1 2	2 3	3 4	5 6	8 9	12 13	18 19	↑	↑	↑	↑	↑	↑	↑	↑	↑
K	125	↓	↓	↓	↓	↓	↓	0 1	↓	↓	1 2	2 3	3 4	5 6	8 9	12 13	18 19	↑	↑	↑	↑	↑	↑	↑	↑	↑	↑
L	200	↓	↓	↓	↓	↓	0 1	↓	↓	1 2	2 3	3 4	5 6	8 9	12 13	18 19	↑	↑	↑	↑	↑	↑	↑	↑	↑	↑	↑
M	315	↓	↓	↓	↓	0 1	↓	↓	1 2	2 3	3 4	5 6	8 9	12 13	18 19	↑	↑	↑	↑	↑	↑	↑	↑	↑	↑	↑	↑
N	500	↓	↓	↓	0 1	↓	↓	1 2	2 3	3 4	5 6	8 9	12 13	18 19	↑	↑	↑	↑	↑	↑	↑	↑	↑	↑	↑	↑	↑
P	800	↓	↓	0 1	↓	↓	1 2	2 3	3 4	5 6	8 9	12 13	18 19	↑	↑	↑	↑	↑	↑	↑	↑	↑	↑	↑	↑	↑	↑
Q	1250	↓	0 1	↓	↓	1 2	2 3	3 4	5 6	8 9	12 13	18 19	↑	↑	↑	↑	↑	↑	↑	↑	↑	↑	↑	↑	↑	↑	↑
R	2000	0 1	↑	↓	1 2	2 3	3 4	5 6	8 9	12 13	18 19	↑	↑	↑	↑	↑	↑	↑	↑	↑	↑	↑	↑	↑	↑	↑	↑

表 5-8　放宽检验一次抽样方案（主表）

样本大小字码	样本量	合格质量水平（AQL）																									
		0.01	0.015	0.025	0.04	0.065	0.10	0.15	0.25	0.40	0.65	1.0	1.5	2.5	4.0	6.5	10	15	25	40	65	100	150	250	400	650	1000
		Ac Re	Ac Re	Ac Re	Ac Re	Ac Re	Ac Re	Ac Re	Ac Re	Ac Re	Ac Re	Ac Re	Ac Re	Ac Re	Ac Re	Ac Re	Ac Re	Ac Re	Ac Re	Ac Re	Ac Re	Ac Re	Ac Re	Ac Re	Ac Re	Ac Re	Ac Re
A	2	↓	↓	↓	↓	↓	↓	↓	↓	↓	↓	↓	↓	↓	↓	0 1	↓	↓	1 2	2 3	3 4	5 6	7 8	10 11	14 15	21 22	30 31
B	2	↓	↓	↓	↓	↓	↓	↓	↓	↓	↓	↓	↓	↓	0 1	↑	↓	↓	1 2	2 3	3 4	5 6	6 7	10 11	14 15	21 22	30 31
C	2	↓	↓	↓	↓	↓	↓	↓	↓	↓	↓	↓	↓	0 1	↑	↓	↓	1 2	2 3	3 4	5 6	6 7	8 9	10 11	14 15	21 22	↑
D	3	↓	↓	↓	↓	↓	↓	↓	↓	↓	↓	↓	0 1	↑	↓	↓	1 2	2 3	3 4	5 6	6 7	8 9	10 11	14 15	21 22	↑	↑
E	5	↓	↓	↓	↓	↓	↓	↓	↓	↓	↓	0 1	↑	↓	↓	1 2	2 3	3 4	5 6	6 7	8 9	10 11	14 15	21 22	↑	↑	↑
F	8	↓	↓	↓	↓	↓	↓	↓	↓	↓	0 1	↑	↓	↓	1 2	2 3	3 4	5 6	6 7	8 9	10 11	↑	↑	↑	↑	↑	↑
G	13	↓	↓	↓	↓	↓	↓	↓	↓	0 1	↑	↓	↓	1 2	2 3	3 4	5 6	6 7	8 9	10 11	↑	↑	↑	↑	↑	↑	↑
H	20	↓	↓	↓	↓	↓	↓	↓	0 1	↑	↓	↓	1 2	2 3	3 4	5 6	6 7	8 9	10 11	↑	↑	↑	↑	↑	↑	↑	↑
J	32	↓	↓	↓	↓	↓	↓	0 1	↑	↓	↓	1 2	2 3	3 4	5 6	6 7	8 9	10 11	↑	↑	↑	↑	↑	↑	↑	↑	↑
K	50	↓	↓	↓	↓	↓	0 1	↑	↓	↓	1 2	2 3	3 4	5 6	6 7	8 9	10 11	↑	↑	↑	↑	↑	↑	↑	↑	↑	↑
L	80	↓	↓	↓	↓	0 1	↑	↓	↓	1 2	2 3	3 4	5 6	6 7	8 9	10 11	↑	↑	↑	↑	↑	↑	↑	↑	↑	↑	↑
M	125	↓	↓	↓	0 1	↑	↓	↓	1 2	2 3	3 4	5 6	6 7	8 9	10 11	↑	↑	↑	↑	↑	↑	↑	↑	↑	↑	↑	↑
N	200	↓	↓	0 1	↑	↓	↓	1 2	2 3	3 4	5 6	6 7	8 9	10 11	↑	↑	↑	↑	↑	↑	↑	↑	↑	↑	↑	↑	↑
P	315	↓	0 1	↑	↓	↓	1 2	2 3	3 4	5 6	6 7	8 9	10 11	↑	↑	↑	↑	↑	↑	↑	↑	↑	↑	↑	↑	↑	↑
Q	500	0 1	↑	↑	↓	1 2	2 3	3 4	5 6	6 7	8 9	10 11	↑	↑	↑	↑	↑	↑	↑	↑	↑	↑	↑	↑	↑	↑	↑
R	800	↑	↑	↑	1 2	2 3	3 4	5 6	6 7	8 9	10 11	↑	↑	↑	↑	↑	↑	↑	↑	↑	↑	↑	↑	↑	↑	↑	↑

(1) 从正常到加严　在进行正常检验时，凡连续2、3、4 或5 批中有2 批经初检验被拒收（不算再次提交）（注：再次提交批是指拒收后经采取筛选和返工等措施后再提交检验的批），则从下一批起转为加严检验。

(2) 从加严到正常　在进行加严检验时，若连续 5 批经初检验被接收，则从下一批起转为正常检验。

(3) 从正常到放宽　在进行正常检验时，若下列诸条件都满足，则从下一批起开始执行放宽检验：

1）连续 10 批进行正常检验，初检验均被接收。

2）条件 1）规定的批数所抽取的样本中，不合格品（或不合格）总数小于或等于表 5-6中规定的界限数。

3）生产处于稳定状态。

4）考虑希望放宽检验以节省检验费用。

需要注意的是，放宽检验是非强制性的，如果需要可转回正常检验。

(4) 从放宽到正常　在进行放宽检验时，若出现下列任一情况，则从下一批起转回正常检验：

1）一批被拒收。

2）生产开始不正常或停滞。

3）由于其他原因，认为有必要转回正常检验。

(5) 暂停检验　在进行加严检验时，在连续批的被检验累积未接收批数达到 5 批时，本标准规定暂停接收检验，等供方采取纠正措施后，才能恢复检验。

例 5.1　设 ALQ =0.065，检验水准为Ⅱ，使用一次正常检验方案，最近连续 10 批的检验结果见表 5-9，请问可否转为放宽检验？

解：最近连续接收 10 批的累计不合格品数为

$$0+1+1+0+2+0+1+2+0+1=8$$

查表 5-9，10 批累计抽样总数为 1130，在表 5-6 中的 800 ~ 1249 范围内，此范围所在行与 AQL =0.065 所在列交叉格中为检验的界限数 2，今累计不合格品数为 8，大于界限数 2，则不可转为放宽检验。

表 5-9　最近连续 10 批检验结果

批序号	批量	代码	样本数	Ac　Re	检验结果	判决
1	3000	K	125	2　3	0	接收
2	500	H	80	(1)　2	1	接收
3	2500	K	125	(2)　3	1	接收
4	56	E	20	3. 1	0	接收
5	1500	K	125	2　3	2	接收
6	4520	L	200	3　4	0	接收
7	2500	K	125	2　3	1	接收
8	2500	K	125	2　3	2	接收
9	1200	J	80	1　2	0	接收
10	1500	K	125	2　3	1	接收
合计	—	—	1130	—	8	—

5.3 电子产品检验的一般工艺

检验工艺在整个产品生产工艺中占有很重要的位置。检验工艺可以是整套工艺中的一部分，也可以单列出来。

电子产品的检验工艺一般分为三个部分：元器件检验工艺、装配过程检验工艺与整机检验工艺。

在电子产品制造（生产）的工厂或车间，为了保证产品的顺利生产，每一道工序都要设立检验岗位，杜绝不合格品流入下一道工序，这样才能保证产品质量。除此之外，还要对生产各个阶段进行“验收控制”，也就是为了保证产品符合预先规定的质量标准，不让不合格品入库、出厂或流入下一道工序。为此，要对元器件、原材料、半成品、成品进行检验，并且根据检验结果，对产品质量进行评价，同时做出接收或拒收的判断。

常用的电子产品检验方法有全检与抽样检验两大类。所谓全检，是指对所有产品100%进行检验；而抽样检验是按照国家标准 GB/T 2828.1—2012《计数抽样检验程序 第1部分：按接收质量限（AQL）检索的逐批检验抽样计划》和 GB/T 2829—2002《周期检验计数抽样程序及表（适用于对过程稳定性的检验）》抽取产品样本进行检验。

电子产品的一般检验工艺流程及常用检验方法如图5-2所示。

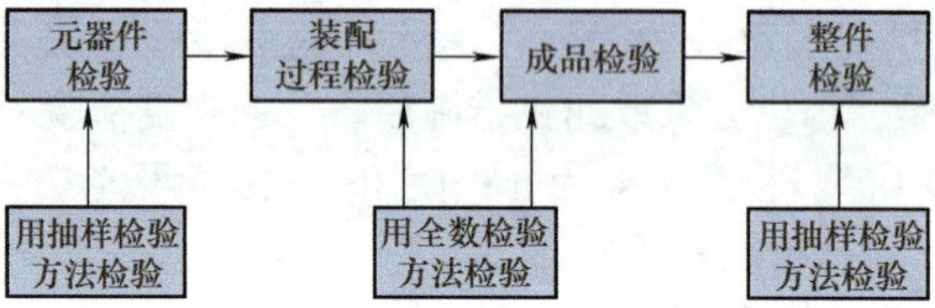

图5-2 电子产品一般检验工艺流程及常用检验方法

检验工艺文件主要依据产品的设计文件、工艺文件、相关的国家标准、部颁标准、企业标准等文件与资料来指定，包括以下几项：

1. 检验项目

根据设计文件与工艺文件标准等文件及资料的要求制定。

2. 技术要求

根据确定的检验项目对应制定出检验的技术要求。

3. 检验方法

根据检验的技术要求，按照规定的环境条件、测量仪表、工具和设备条件，对规定的技术指标按照规定测量方法进行检验。

4. 检验方式

有两种，即全数检验和抽样检验。

5. 缺陷分类

分为重缺陷与轻缺陷。

6. 缺陷判据

按照国家标准 GB/T 2828.1—2012 与 GB/T 2829—2002 进行判断。

5.3.1　元器件检验工艺

元器件的检验工艺在电子产品生产过程中占有关键和重要的位置，因为元器件是组成电子产品的基本组成单元，所以对元器件检验工艺必须严格要求。

工厂在生产之前先要对外购或定做的结构件、零件、部件、元器件按照检验工艺要求进行检验，并做好检验记录，填写好检验报告，合格的做好标志送入元器件仓库。结构件、零件、部件、元器件根据生产任务单发料，车间根据生产单领取材料进行生产。

1. 元器件检验

常用的元器件包括电阻、电容、电感、半导体器件、集成电路、电声器件、接插件、开关件、外观结构件等。

例 5.2　二极管检验工艺要求。

解：(1) 检验项目：外观、正反向电阻、可焊性。

(2) 技术要求：正向电阻≤1kΩ，反向电阻 ≥500kΩ；外观标志清晰、可焊性好。

(3) 检验方法：外观用目测方法，正反向电阻用模拟万用电表或数字万用表进行测量，可焊性用槽焊法。

(4) 缺陷分类：重缺陷包括开路、短路、极性反、引线断、无标记或标记错、标记混乱、壳裂、可焊性差（经锡锅浸入 0.5s 醮锡，其醮锡面 <95%，锡锅温度为 235℃）；轻缺陷包括标记不清、外观差、引脚沾漆、漆层长。

(5) 缺陷判据用质量合格水平（AQL）进行判定。重缺陷：AQL 为 0.04；轻缺陷：AQL 为 0.4；可焊性：AQL 为 0.25。

2. 零部件、材料检验

常用的结构件、零件、部件、原材料，包括线材、印制板（PCB）、焊料、焊剂等。

例 5.3　PCB 印制板检验工艺。

解：(1) 检验项目：连线、断线、可焊性、外形尺寸、有效孔径。

(2) 技术要求：按设计图样。

(3) 检验方法：连线、断线用目测法；外形尺寸、有效孔径用卡尺测量；可焊性用 1～3 块电路板试焊。

(4) 检验方式：按 GB/T 2828.1—2012 采用一次正常抽样，一般检查水平。

(5) 缺陷分类：重缺陷包括印制板外形尺寸、孔眼不符合要求，漏孔，漏工序，连线断，焊盘残缺 >1/4，焊盘底层严重发黑，不易焊，阻燃起泡，板料分层，不阻燃，线条连焊，字符方向反；轻缺陷包括：线边缘略有毛刺，孔略偏，字符不清晰、略变形。

(6) 缺陷判据用质量合格水平（AQL）进行判定。重缺陷：AQL 为 0.4；轻缺陷：AQL 为 1.5。

5.3.2　过程检验工艺

过程检验在电子行业中俗称流水检验，一般分为 PCB 装配检验、焊接检验、单板调试检验、组装合扰检验、总装调试检验、成品检验。每道工序检验都有相应的检验工艺和检验报告。

例 5.4　PCB 贴片、插装检验工艺。

解：（1）技术要求：按图检验贴片、插件的规格、型号、位号，不得错贴、错插、漏贴、漏插，特别是对有极性、方向性的元器件更应注意检查，不得有误。贴片、插件要求整齐、到位，不得有歪斜现象。

（2）检验方法：目测法。

（3）检验方式：全检。

例 5.5 PCB 印制板焊接后的焊点检验。

解：（1）检验项目：焊点。

（2）技术要求：焊锡适量，焊点光滑，无毛刺、沙眼、气孔等现象，无虚焊、假焊现象，印制板焊点无拉尖、桥连、溅锡现象。

（3）要求补焊后检验。

（4）检验方法：目测法。

（5）检验方式：全检。

5.3.3 整机检验工艺

整机检验应按照产品标准（或产品技术条件）规定的内容进行。整机检验一般分为三种：交收试验、定型试验（型式检验）和例行试验。

1. 交收试验

交收试验由生产质量检验监督部门负责进行，订货方可派代表参加，其结果将作为确定产品能否出厂的依据。检验内容包括常温下的开箱检查项目和常温条件下的安全、电性能、机械性能的检验项目。这些检验内容由检验人员按照产品标准（或产品技术条件）的规定，对产品进行抽检，按照 GB/T 2828.1—2012 采用一次正常抽样、一般检查水平进行检验。

常用的检验方法包括：

（1）开箱检查 开箱检查项目：包装检查、产品外观检查。

检查方法：目测法。

（2）安全检验 安全检查项目：安全标记、电源线、正常条件下的防触电、绝缘电阻及抗电强度等。

检验方法：用相关的检测仪器设备。

（3）电性能检验 主要电性能参数检查：按照产品标准（或产品技术条件）的规定检查。

检验方法：用相关的检测仪器设备。

（4）机械性能检验 机械性能的检验项目：开关、按键、旋钮的操作灵活性、可靠性，整机机械结构及零部件安装的紧固性。

检验方法：目测法和手感法。

2. 定型试验

检验内容除包括交收试验的全部项目外，还应包括环境试验、可靠性试验、安全性试验和电磁兼容性试验。为了保护用户、消费者人身安全和合法利益，环境试验、可靠性试验、安全性试验和电磁兼容性试验均为国家强制执行标准。试验时可在试制品中按照国家抽样标准进行抽样，或将试制品全部进行抽样。试验目的主要是考核试制阶段中试制样品是否已达到产品标准的全部内容。

(1) 环境试验　依据国家标准（如 GB/T 9384—2011《广播收音机、广播电视接收机、磁带录音机、声频功率放大器（扩音机）的环境试验要求和试验方法》）进行试验，环境试验主要包括气候试验和机械试验。

1）气候试验内容：高温负荷试验、高温储存试验、恒定湿热试验、低温负荷试验、低温储存试验、温度变化试验、低气压试验。

2）机械试验内容：扫频振动、碰撞试验、跌落试验。

(2) 可靠性试验　依据国家标准（如 GB/T 5080.1—2012《可靠性试验　第 1 部分：试验条件和统计检验原理》）进行试验。

(3) 安全性试验　依据国家标准（如 GB 8898—2011《音频、视频及类似电子设备 安全要求》）进行试验。

在电子产品中，安全标准常采用项目为：电涌试验、湿热处理、绝缘电阻和抗电强度。

(4) 电磁兼容性试验　电磁兼容性指标包括干扰特性、传导抗干扰强度和辐射抗扰度等方面。涉及国家标准 GB 13837—2012《声音和电视广播接收机及有关设备　无线电骚扰特性　限值和测试方法》、GB/T 9383—2008《声音和电视广播接收机及有关设备抗扰度限值和测量方法》。

3. 例行试验

例行试验内容与定型试验的内容基本一致，一般在下列情况之一时进行：

1）正常生产过程中，应定期或积累一定产量后周期性进行一次例行试验。

2）长期停产后恢复生产时，出厂检验结果与上次检验结果有较大差异时，应进行例行试验。

3）国家质量监督机构提出进行例行试验的要求。

例行试验检验项目包括：电性能参数测量、安全试验、可靠性试验、电磁兼容性试验。

5.3.4　关键工序质量控制点的设置

整机总装工艺中，各个工位、工序都要求一定的质量特性，但这些质量的重要程度对整机产品使用的影响程度不是完全相同的，为了保证整机产品的质量，必须对影响产品质量的关键工位工序、薄弱环节、重点控制的质量特性等采取强化管理的措施，使工序处于良好的控制状态，保证产品达到规定的质量指标要求。

1. 质量控制点的对象

质量控制点的设置就是确定质量控制点的对象。这一对象可以是该工序的产品特性值，如性能指标、主要工艺条件等。产品特性值会对产品质量特性及缺陷严重性产生影响。质量特性一般分为三类：

1）关键特性：指该特性如失效或变坏，可导致危及人身安全或产品无法实现规定的功能。

2）重要特性：指该特性如失效或变坏，可迅速导致或显著影响最终产品不能实现要求的功能，但不会发生危及人身安全的后果。

3）一般特性：除关键特性、重要特性以外的所有特性。

缺陷的严重性也分为三类：

1）致命缺陷（Z）：对使用、维修或保管产品的人有危险或不安全的缺陷。

2）重缺陷（A）：不构成致命缺陷，但能够造成故障或严重降低产品的实用性能的缺陷。

3）轻缺陷（B）：不构成致命或重缺陷，只对产品的实用性有轻微影响的缺陷。

2. 质量控制点设置的原则

总装工艺过程中，在哪个工位、工序设置控制点最好呢？应按以下原则考虑：

1）对产品的实用性（性能、寿命、可靠性、安全性等）有严重影响的关键质量特性、关键部位或重要影响因素。

2）对工艺上有严格要求、对下道工序的工作有严重影响的关键质量特性、部位。

3）对质量不稳定、出现不合格多的项目。

4）用户反馈的重要缺陷项目。

3. 质量控制点设置实例

现以电视机总装生产流水线的质量控制点设置为例，介绍质量控制点的设置情况。

电视机总装生产流水线共设置有三个质量控制点：

第一个质量控制点设置在整机老化前。因为整机安装到此工序时，除后盖外已基本安装到位了。此时，整机的性能如何，各项技术指标是否合格，都会对整机的实用性产生重要影响。只要有一项指标不合格，电视机就无法正常使用。此时，必须按照电视机的各项性能指标逐项进行检验，只有检验合格后才能进入下一道工序。

第二个质量控制点设置在整机常温老化后。整机经过老化试验，元器件经受了一定的考验，汰劣存优，老化试验已是检验整机质量好坏的一道重要关口，因此在此设置质量控制点是很适宜的。

第三个质量控制点设置在整机电性能总检和安全试验工位，此时，电视机的前、后盖一合拢，整机已安装完毕。电性能总检是全面衡量整机质量的试金石，而安全试验是整机的关键特性，当整机满足安全试验的指标要求时，整机的实用性就有了可靠保证。

由此可见，电视机在整机装配过程中通过这三个质量控制点的有效控制，整机产品的质量就有了可靠的保证。

当然，一件合格的产品不是依靠检验出来的，而是生产出来的。因此，在整机装配生产的自始至终，每个装配工序都要树立质量第一的意识，自觉地严格遵守工序纪律，按章操作，加强工艺和质量管理，在员工中广泛开展质量管理活动（QC），提高产品的一次直通率，以质取胜。

习题 5

1. 名词解释。

批　检验批　样本与样本容量　抽样方案　首件检验　全检　抽检

2. 说明自检与互检工作的意义。

3. 什么情况下，适合选用抽样检验？

4. 解释抽样检验标准中 Ac 与 Re 的含义。

5. 抽样检查中，有哪些检验水准？

6. 设 $N=800$，采用通常检验水平Ⅱ，请问抽样检查的样本量代码是什么？

7. 设 AQL 值为 0.1，检验水平为Ⅰ，批产品量为 1500，请问抽样检查的样本量是多少？什么情况下接收或拒收该批产品？

8. 解释 IQC、IPQC、FQC、OQC、驻厂 QC 的含义。

9. 说明定型试验包括哪些检验内容？

10. 电子产品检验文件应包括哪些内容？

11. 电子产品检验工艺，一般分为元器件检验、过程检验与整机检验，试说明各种检验在生产中的重要性。

12. 在电子产品生产中，为保证电子产品的质量，需要设置质量控制点，请问在设置质量控制点时，应考虑什么？

13. RoHS 指的是什么？

14. 影响电子产品检验的影响因素，简称“5M1E”，请说明“5M1E”的含义。

第6章 电子工艺实训

内容提要

电子工艺实训是电子工艺课程的重要教学环节，理论与实践紧密相结合，培养懂理论、会操作、能管理的综合性电子应用人才。通过实践性教学环节的严格训练，达到熟练掌握电子产品装配、调试与检验的操作能力。电子工艺实训分为基础练习与综合训练两个部分，基础练习部分安排在课堂教学中，或与相关理论内容实施“教、学、做”一体化教学；综合训练部分作为课程的综合实训，建议安排1~2周时间选择1~2个课题进行实施。

6.1 基础练习

6.1.1 电阻、电容、电感和变压器的认识与检测

1. 实训目的

1）熟悉电阻、电容、电感与变压器的各种外形结构，掌握其标志方法。

2）掌握用万用表测量电阻阻值的方法，并计算电阻的实际偏差。

3）学会用万用表测量电解电容的漏电阻、估算电解电容的容量以及判断电解电容的好坏。

4）掌握用万用表检测与判断电感与变压器的好坏。

2. 实训内容与要求

（1）内容 识别与检测电阻、电容、电感与变压器。

（2）要求

1）通过电阻、电容、电感与变压器表面上的标志，识别它们的技术参数。

2）用万用表检测电阻、电容、电感与变压器，测量它们的技术参数，或判断它们的质量好坏。

3）实训前，预习2.1~2.4节相关内容。

3. 实训仪表、工具与材料

1）仪表：万用表。

2）工具：镊子、尖嘴钳。

3）材料：若干个不同类型的电阻、电容、电感、电源变压器一个。

4. 实训步骤

（1）电阻的识别与检测 按表 6-1 所示的要求识别与检测各电阻的技术参数，并计算电阻阻值的实际偏差，填入表 6-1 中。

表 6-1 电阻的识别与检测

电阻编号	电阻的标志方法	电阻的标志内容	电阻的识别结果			测量结果（电阻阻值）	电阻偏差
			电阻阻值	允许偏差	额定功率		

（2）电容的识别与检测 对于小容量电容，根据电容表面的标志进行识别，并将识别结果填入表 6-2 中；对于电解电容，除标志识别外，要求用万用表检测电容的正反向充电特性以及漏电阻，判断电解电容的容量以及性能好坏，并将结果填入表 6-2 中。

表 6-2 电容的识别与检测

电容编号	电容的标志方法	电容的标志内容	电容的识别结果			测量结果		性能判断
			电容容量	允许偏差	电容类型	正反向充电的快慢	漏电阻	

（3）电感的识别与检测 按表 6-3 所示内容识别与检测电感，并将识别与检测结果填入表 6-3 中。

表 6-3 电感的识别与检测

电感编号	电感的标志方法	电感的标志内容	电感的识别结果		测量结果（电感的直流电阻）	性能判断
			电感容量	允许偏差		

（4）电源变压器的识别与检测 按表 6-4 所示识别与检测变压器，并将识别与检测结果填入表 6-4 中。

表 6-4 电源变压器的识别与检测

变压器的型号	变压器的标志方法	变压器的标志内容	变压器的识别结果			测量结果（线圈电阻阻值）		性能判断
			输出电压	允许偏差	输出功率	一次绕组	二次绕组	

5. 实训总结

1）总结电阻、电容、电感各有哪些种类，各有哪些标志类型，在识别中有哪些注意事项。谈谈用万用表检测电阻、电容、电感的体会，尤其是万用表电阻挡挡位的选择。

2）总结电源变压器的作用、性能参数的含义，谈谈用万用表判断电源变压器性能的依据以及局限性。

6.1.2 半导体器件的认识与检测

1. 实训目的

1）掌握二极管的工作特性以及识别与检测方法。

2）掌握晶体管的工作特性以及识别与检测方法。

3）掌握集成运放放大器的引脚判别以及各引脚电阻的检测。

2. 实训内容与要求

（1）内容 识别与检测半导体器件。

（2）要求

1）通过半导体器件的外形与表面上的标志，判断半导体器件的引脚与极性。

2）用万用表检测半导体器件，判断它们的引脚与极性，初步判断半导体器件的质量。

3）实训前，预习 2.5 ~2.6 节相关内容。

3. 实训仪表、工具与材料

1）仪表：万用表。

2）工具：镊子、尖嘴钳。

3）材料：整流二极管、发光二极管、检波二极管各 2 个，PNP 型晶体管、NPN 型晶体管各 2 个，通用集成运算放大器（简称运放）一块。

4. 实训步骤

（1）二极管的识别与检测 按表 6-5 所示的要求识别与检测各二极管的技术参数，并将结果填入表 6-5 中。

表 6-5 二极管的识别与检测

二极管编号	二极管的识别结果			测量结果		性能判断
	二极管的外形（画出二极管的外形、引脚号、极性符号）	二极管的型号	二极管的种类	正向电阻	反向电阻	

(2) 晶体管的识别与检测 按表6-6所示的要求识别与检测各晶体管的技术参数，并将结果填入表6-6中。

表6-6 晶体管的识别与检测

晶体管编号	晶体管的识别结果			测量结果（引脚极性）			性能判断（估算 I_{CEO}、β 的大小）
	晶体管的外形（画出晶体管的外形、标注引脚号）	晶体管的型号	晶体管的种类	1	2	3	

(3) 通用集成运放的识别与检测 按表6-7所示内容识别与检测集成运放，并将识别与检测结果填入表6-7中。

表6-7 集成运放的识别与检测

集成运算放大器型号	集成运算放大器的识别结果			测量结果（各引脚对地电阻）								
	集成运算放大器的外形（画出集成运算放大器的外形、标注引脚号）	集成运算放大器的型号	集成运算放大器的特性（通过图书或网络查询获得）	1	2	3	4	5	6	7	8	…

5. 实训总结

1）总结二极管、晶体管各有哪些种类，如何用万用表判断二极管、晶体管的极性，以及如何初步判断二极管、晶体管的性能。

2）总结集成运算放大器的特点，以及集成运算放大器性能的初步判别方法。

6.1.3 开关件、接插件、熔断器与电声器件的认识与检测

1. 实训目的

1）熟悉开关件、接插件的各种外形结构，掌握其检测方法。

2）熟悉各种熔断器的外形与标志，掌握其检测方法。

3）熟悉各种电声器件（传声器、扬声器、耳机）的外形，学会用万用表检测电声器件的好坏。

2. 实训内容与要求

(1) 内容 识别与检测开关件、接插件、熔断器与电声器件。

(2) 要求

1）用万用表判断开关件、接插件、熔断器的好坏。

2）用万用表判断传声器、扬声器、耳机等电声器件的质量好坏。

3）实训前，预习2.7～2.8节相关内容。

3. 实训仪表、工具与材料

1）仪表：万用表。

2）工具：镊子、尖嘴钳

3）材料：若干个不同类型的开关件、接插件、熔断器，驻极体传声器、动圈式扬声器、耳机各一个。

4. 实训步骤

（1）开关件、接插件、熔断器的识别与检测 按表6-8所示的要求识别与检测各开关件、接插件、熔断器的工作特性，并将观察与检测结果填入表6-8中。

表6-8 开关件、接插件、熔断器的识别与检测

器件编号	器件名称	器件外形与符号	测量结果			性能判断
			接触电阻	断开电阻	熔断器直流电阻	

（2）电声器件的识别与检测 按表6-9所示的要求识别与检测电声器件的工作特性，并将观察与检测结果填入表6-9中。

表6-9 电声器件的识别与检测

器件名称	器件的外形	器件的型号	测量结果			性能判断
			非吹气电阻	吹气电阻	线圈电阻/声音	
传声器					—	
扬声器			—	—		
耳机			—	—		

5. 实训总结

1）总结开关件、接插件、熔断器在电路中的作用，如何用万用表判断开关件、接插件、熔断器的好坏。

2）总结不同电声器件的检测方法，尤其注意万用表挡位的选择。

6.1.4 元器件引线、线缆与线扎的加工

1. 实训目的

1）熟悉电子产品焊接前，元器件引线、线缆的加工方法，掌握其加工技能。

2）学会线扎加工的方法，并掌握其技能。

2. 实训内容与要求

（1）内容 元器件引线、线缆与线扎的加工。

(2) 要求

1) 正确处理元器件与导线在电子产品焊接前的预加工工艺。

2) 正确选择线扎的加工工具与材料，并实施线扎的加工操作。

3. 实训仪表、工具与材料

1) 仪表：万用表。

2) 工具：镊子、尖嘴钳、电烙铁、剥线钳、剪刀或斜口钳、热风枪、烙铁架、美工刀。

3) 材料：若干个不同类型的电子元器件、若干段不同类型的导线、上蜡棉线或亚麻线、多种线扎搭扣、热缩套管、粘结剂、焊锡与松香、清漆等。

4. 实训步骤

(1) 元器件引线的预加工

1) 元器件引线上锡。

① 校直元器件引线，可用镊子将元器件引线校直。

② 清洁元器件引线的表面，用美工刀清除离元器件根部 2 ~ 5mm 处外部引线表面的氧化层，或用乙醇、丙酮擦洗。

③ 给元器件引线表面上锡，将元器件引线放在松香表面，将烙铁加热后蘸上焊锡，适当用力将烙铁压在引线表面，然后边沿着引线缓慢移动烙铁边转动引线，使引线表面均匀上锡。

注意：元器件引线上锡工艺要求可参考图 6-1。

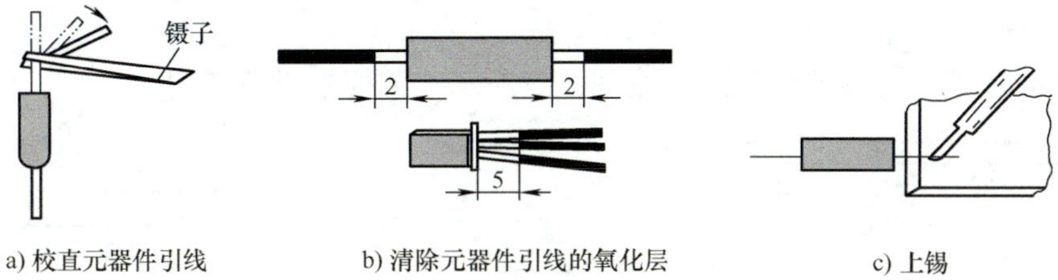

图 6-1　元器件引线上锡工艺要求示意图

2) 元器件引线成形。为了方便将元器件插到印制板上，提高插件效率，应根据焊点之间的距离与安装空间，预先将元器件的引线加工成一定的形状。

根据给定的元器件，按照图 6-2、图 6-3 所示的工艺要求，实施元器件引线的成形。

(2) 线缆预加工

1) 普通导线的预加工。普通导线的预加工包括剪裁、剥头、清理、浸锡与标记。

① 导线的裁剪。先拉直导线，然后用剪刀或斜口钳剪切。

② 导线的剥头。导线的剥头一般采用刃切法与热切法。

③ 导线的清理。采用刮砂的方法清理较粗芯线表面的氧化层与涂漆层，对较细芯线表面的氧化层用化学的方法进行清理。

④ 导线的捻头。将多股线按原合股方向拧紧，注意捻线角度为 30° ~ 45°。

⑤ 导线的浸锡。采用手工浸锡，注意浸锡时间为 1 ~ 3s，且只能浸到距离绝缘层 1 ~ 2mm 处。

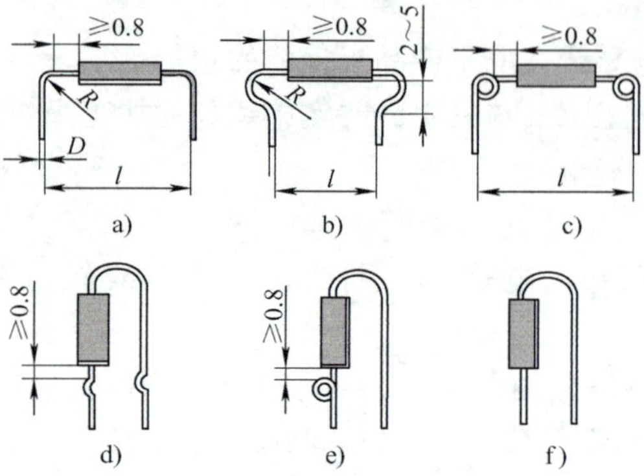

图 6-2 电阻、电容成形工艺要求示意图

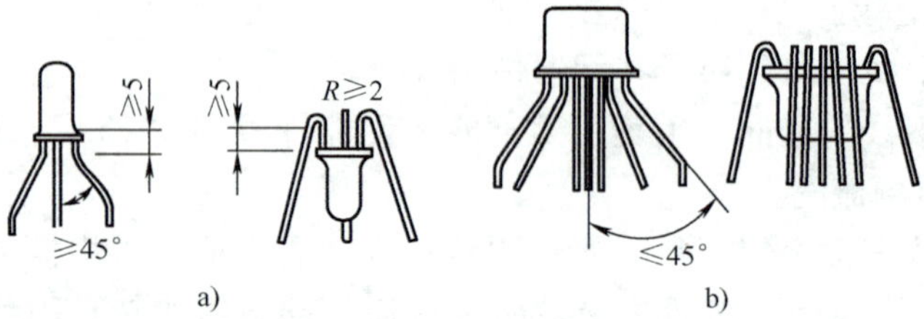

图 6-3 晶体管、集成电路成形工艺要求示意图

⑥ 导线的标记。按现有条件，按图 6-4 所示的工艺要求进行导线的标记。

2）屏蔽导线的线段加工。

① 屏蔽导线不接地线段的加工，按图 6-5 所示工艺要求进行练习。

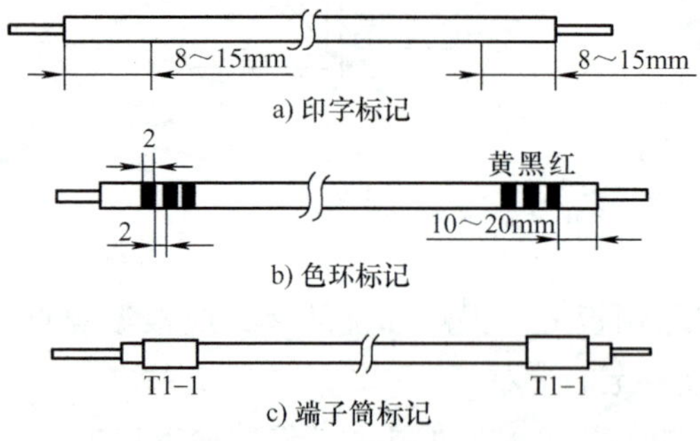

图 6-4 导线端头标记示意图

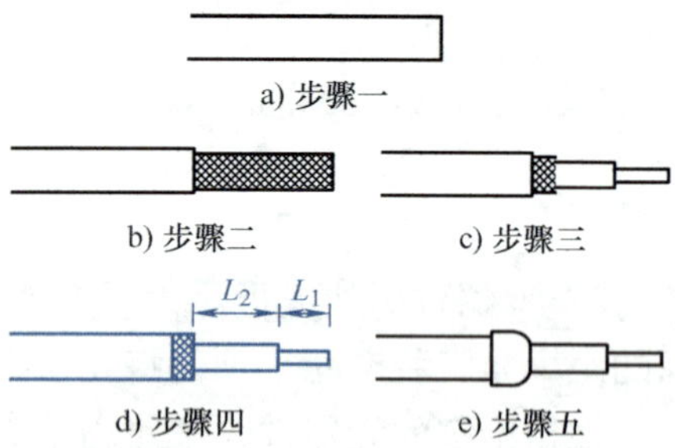

图 6-5 屏蔽导线不接地线段加工示意图

② 屏蔽导线接地线段的加工，按图 6-6 所示工艺要求进行练习。

3）棉织线套电缆端头的加工，按图 6-7 所示工艺要求进行练习。

棉织线套电缆一般用于经常活动的器件的连线，对它的加工主要是进行棉织套端的绑扎，工艺要求如图 6-7 所示。

① 适当剪去棉织套。

② 用棉扎线绑扎棉织套电缆端头。

③ 拉紧棉扎线后将多余的扎线剪掉，并在棉扎线上涂上清漆。

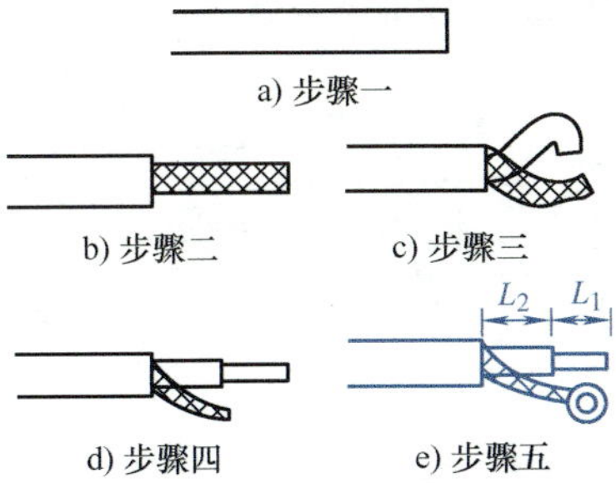

图 6-6　屏蔽导线接地线段加工示意图

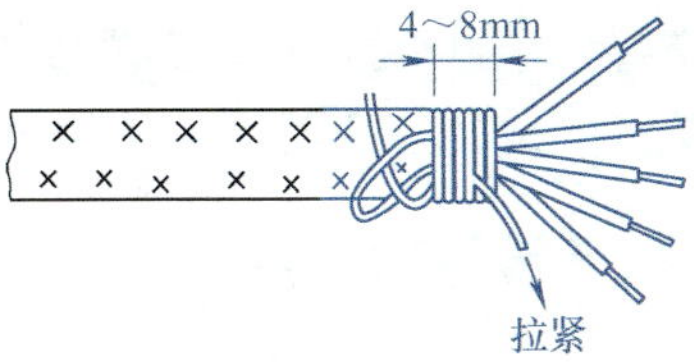

图 6-7　棉织线套电缆端头的绑扎示意图

(3) 线扎加工

1）线绳绑扎。

① 连续结工艺。按照图 6-8 所示工艺要求，进行连续结的绑扎。

② 点结工艺，按照图 6-9 所示工艺要求，进行点结的绑扎。

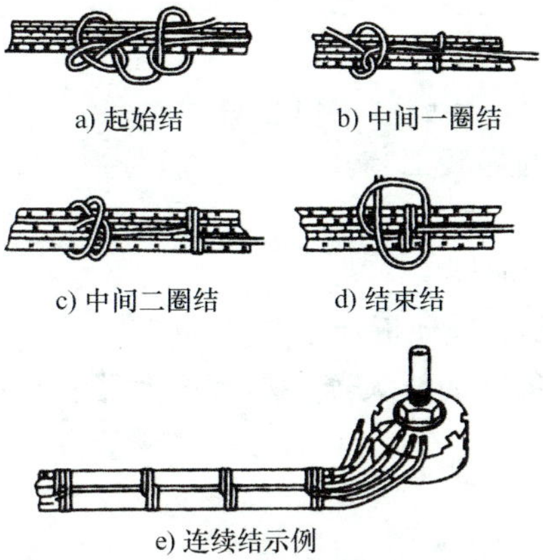

图 6-8　连续结绑扎的示意图

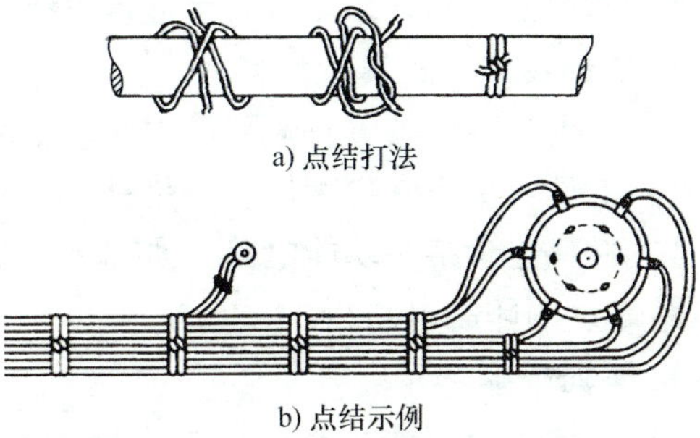

图 6-9　点结绑扎的示意图

③ 分支线扎的工艺。按照图 6-10 所示工艺要求，进行分支线扎的加工。

2）线扎搭扣的绑扎。线扎搭扣的绑扎方法经济适用，适合大批量生产中，是目前最主要的绑扎方法。按照图 6-11 所示工艺要求，进行线扎搭扣的绑扎。

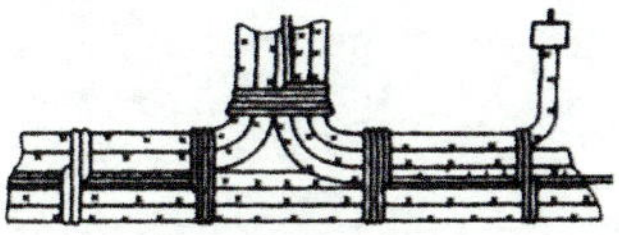

图 6-10　分支线扎加工的示意图

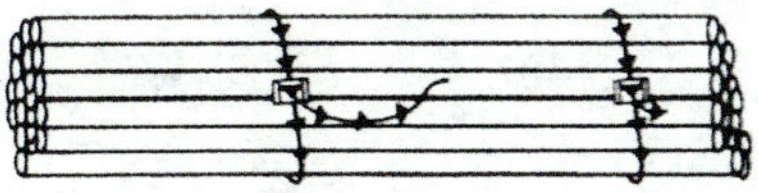

图 6-11　线扎搭扣的绑扎方法

3）粘扎。常用的粘结剂有呋喃溶液，粘扎时，将待黏合导线整理成线扎初样，然后用毛笔蘸呋喃溶液涂在导线束上，经过 2～3min 后，待粘结剂凝固后便可，如图 6-12 所示。

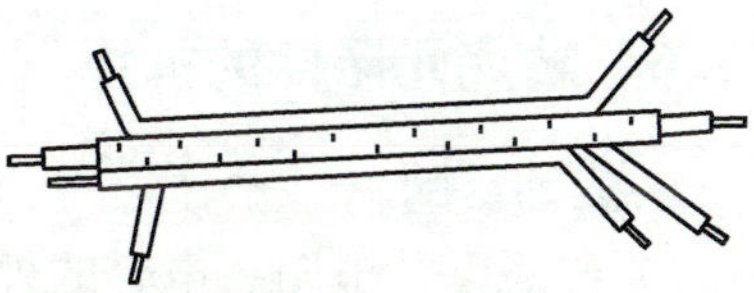

图 6-12　粘扎方法

4）套管的线扎。选择相应直径热缩套管，按需剪成一定的长度，将导线一一穿过套管，整理导线束后，用加热器加热套管即可。

5. 实训总结

1）总结元器件引线预加工的工艺过程与工艺要求。

2）总结导线引线预加工的工艺过程与工艺要求。

3）总结线扎的加工方法，以及各种方法的加工流程与工艺要求。

6.1.5 通孔元器件的拆焊

1. 实训目的

1）进一步熟悉各电阻、电容、电感等元器件的识别与检测。

2）锻炼印制电路板识图的基本技能。

3）掌握手工拆、焊电路板的基本方法，培养手工拆、焊电路板的基本技能。

4）锻炼电路测试的基本技能。

2. 实训内容与要求

（1）内容 电路板通孔元器件的拆、焊。

（2）要求

1）反复进行印制电路板上通孔元器件的拆、焊操作，并进行考核。

2）实训前，预习3.4节有关插件（通孔元器件）的焊接工艺。

3. 实训仪表、工具与材料

1）仪表：万用表、直流稳压电源、信号发生器、示波器。

2）工具：镊子、尖嘴钳、电烙铁、烙铁架、吸锡器、其他拆焊工具。

3）材料：含某一功能电路（如基本放大器电路、负反馈放大器、功率放大器、直流稳压电路等）的印制电路板。

4. 实训步骤

1）选择一块功能正常的印制电路板，根据提供印制电路板的功能，用仪器仪表进行测试。

2）根据选择的印制电路板，绘制印制电路板的PCB图。

3）利用拆焊工具，将印制电路板的通孔元器件拆除。

4）整理元器件与印制电路板。

5）按原绘制的PCB图，将刚才拆下的通孔元器件全部插回电路板并焊接。

6）测试电路。

7）重复3）、4）、5）、6）步骤。

5. 实训总结

1）根据绘制的PCB图转换为电路原理图。

2）总结印制电路板通孔元器件拆、焊的技巧与注意事项。

6.1.6 贴片元器件的拆焊

1. 实训目的

1）熟悉贴片电阻、电容的外形结构，掌握其识别方法。

2）掌握手工拆、焊印制电路板贴片元器件的基本方法，锻炼手工拆、焊印制电路板贴片元器件的基本技能。

2. 实训内容与要求

(1) 内容　拆、焊印制电路板贴片元器件。

(2) 要求

1）反复实施印制电路板贴片元器件手工拆、焊的操作。

2）预习 2.9 节有关贴片元器件的知识以及 3.4 节有关 SMT 元器件的焊接工艺。

3. 实训仪表、工具与材料

1）仪表：万用表。

2）工具：镊子、尖嘴钳、电烙铁、烙铁架、恒温烙铁、吸锡器、其他拆焊工具。

3）材料：若干个不同类型的贴片电阻、电容，贴片元器件焊接练习电路板 1 块。

4. 实训步骤

1）根据印制电路板的标志，将贴片元器件一一焊到印制电路板上。

2）将印制板上的贴片元器件一一从电路板上拆除。

3）整理焊下的贴片元器件与印制电路板。

4）重复 1）、2）、3）步骤。

5. 实训总结

1）总结贴片元器件的特点。

2）总结贴片元器件焊接的基本方法与基本技巧。

6.1.7　印制电路板的制作（雕刻法）

目前，印制电路板的手工加工方法主要有热转印法、感光法和雕刻法，本实训中主要以 HW3030 雕刻机为例学习雕刻机的使用方法。

1. 实训目的

1）进一步了解电路板在电子产品中的重要性，掌握印制电路板制作的工艺流程。

2）学会用雕刻机制作单、双面电路板。

2. 实训仪器、工具与材料

1）仪器：HW3030 雕刻机。

2）工具：螺钉旋具、尖嘴钳、HW3030 雕刻机专用刀具。

3）材料：单面覆铜板、双面覆铜板。

3. HW3030 雕刻机的主要结构与控制面板

HW3030 雕刻机的主要结构与控制按键如图 6-13 和图 6-14 所示。

① 主轴起停开关：起动/停止主轴电动机。

② X、Y 粗调：X、Y 方向位置快速移动。

③ Z 粗调：Z 方向位置快速移动。

④ 设原点：将当前位置设为原点。

⑤ 回原点：X、Y、Z 回到设置的原点位置。

⑥ Z 微调、试调旋钮：左旋，Z 向下 0.01mm/格；右旋，Z 向上 0.01mm/格；按下进行试雕。

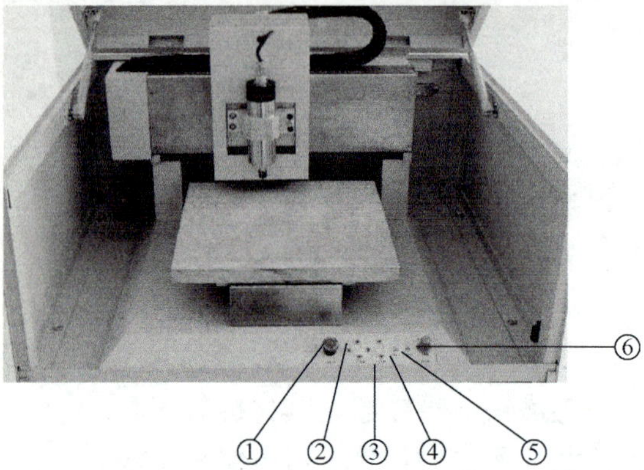

图 6-13 HW3030 雕刻机的主要结构与控制按键

图 6-14 HW3030 雕刻机的复位按键

⑦ 保护复位钮：当 X、Y、Z 超限保护后，需按下保护复位钮，同时移动 X、Y、Z 位置回到正常位置。

4. HW3030 型雕刻机的操作使用方法

（1）生成加工文件 电路板文件设计好后，需输出机器可执行的加工文件（Gerber 文件），来驱动机器刻制出需要的电路板。Protel 99SE/ Protel DXP 2004/ ORCAD /PADS 等软件均自带了自动输出 Gerber 文件功能，下面以 Protel DXP 2004 环境介绍如何生成机器所需的 Gerber 加工文件。

注意： PCB 文件转换前，应检查当前 PCB 文件是否有 Keep Out（禁止布线）层，如果未设置 Keep Out 层，则添加。雕刻机软件以 Keep Out 层为加工边界。

1）生成 Gerber 文件。打开 mainboard. PCB 文件，执行“文件→输出制造文件→Gerber Files”命令，显示图 6-15 所示的光绘文件设定对话框。其中含有 5 个选项卡，用于设置 Gerber 文件的精度和输入板层等参数。

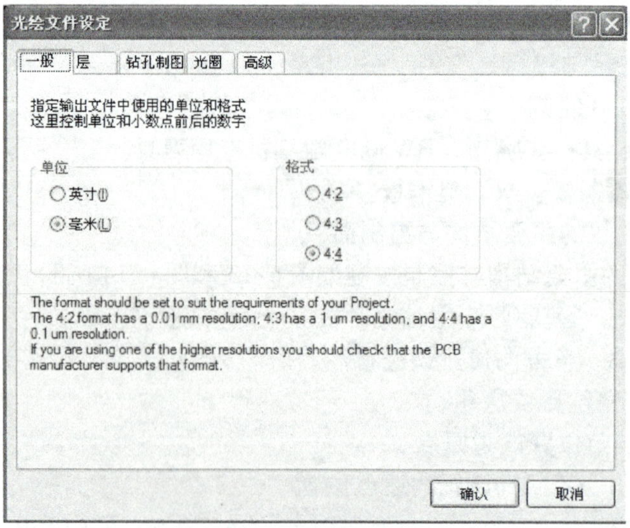

图 6-15 光绘文件的设定

在“一般”标签中设置“单位”栏用公制单位“毫米”作为度量单位，设置“格式”栏为“4:4”，如图 6-15 所示。

单击“层”标签，则对话框内容如图 6-16 所示，在该对话框中选择输出的层，一次选中需要输出的所有的层。

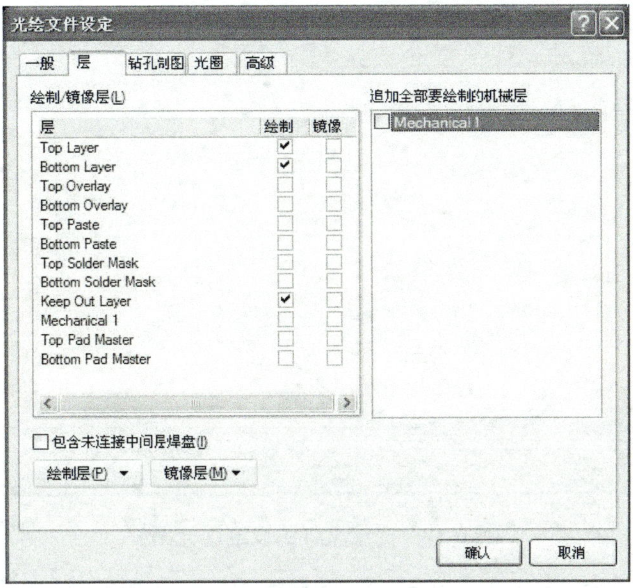

图 6-16　光绘文件的设定（层）

注意：请保持“镜像”栏的所有层为未选中。

单击“钻孔制图”标签，如图 6-17 所示，取消其中所有选中项目。

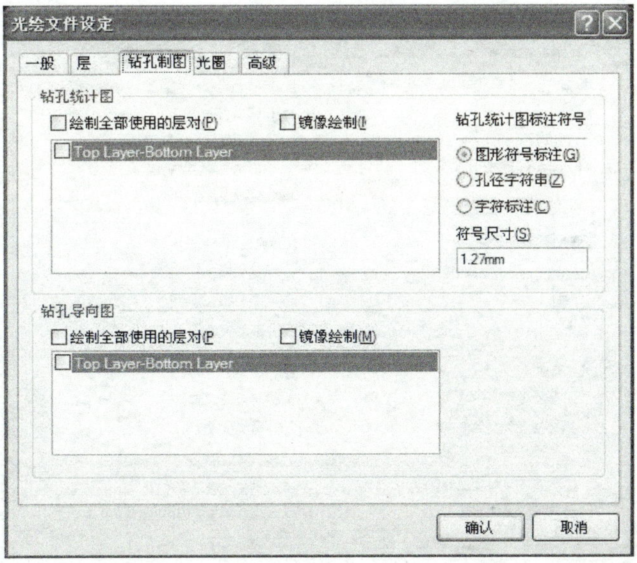

图 6-17　光绘文件的设定（钻孔制图）

单击“光圈”标签，然后选择“嵌入的光圈”，这时系统将在输出加工数据文件时，自动产生 D 码文件，如图 6-18 所示。

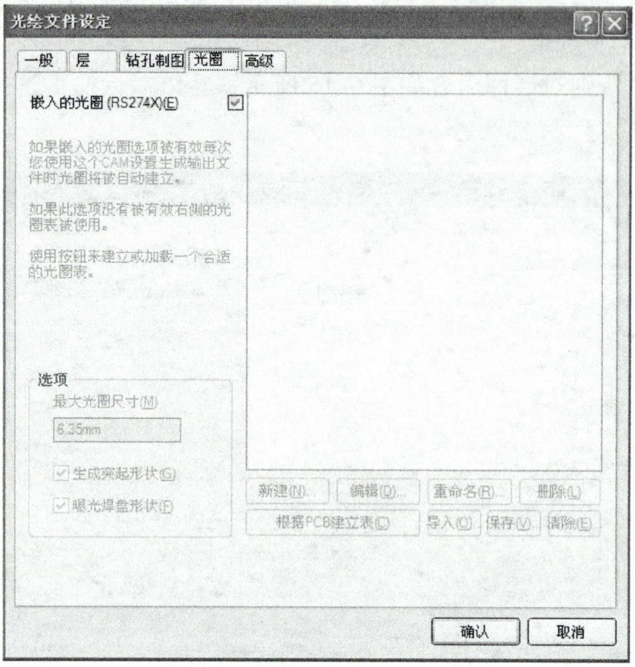

图 6-18 光绘文件的设定（光圈）

单击“高级”标签，系统显示如图 6-19 所示。在“其他”栏中，选中“用软件画弧线”复选框，其余采用默认设置。“胶片尺寸”和“光圈匹配容许误差”栏采用默认值，在“前导/殿后零字符”栏中选中“抑制前导零字符”单选按钮，在“胶片上位置”栏中选中“参考相对原点”单选按钮。

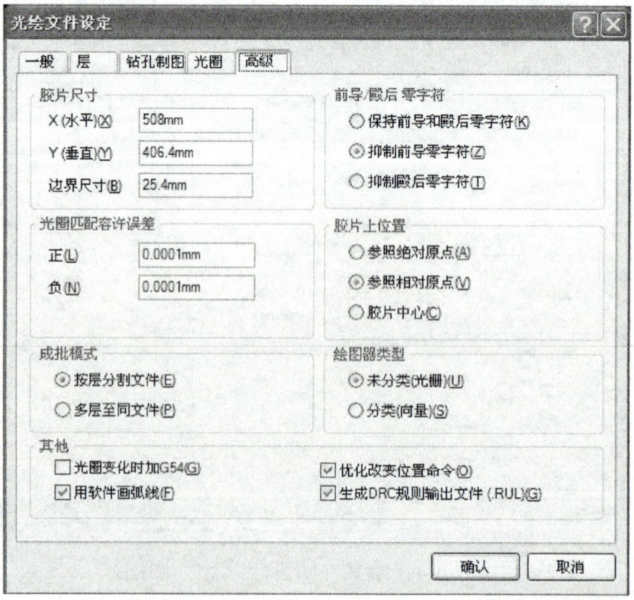

图 6-19 光绘文件的设定（高级选项）

设置完毕后，单击“确认”按钮，系统输出各层的Gerber文件，同时启动CAMtastic1，以图形方式显示这些文件，如图6-20所示。本设备需要三个Gerber文件：顶层文件*.gtl、底层文件*.gbl、禁止布线层文件*.gko，都自动保存在当前PCB文件的目录下。至此，各层加工文件输出完毕。

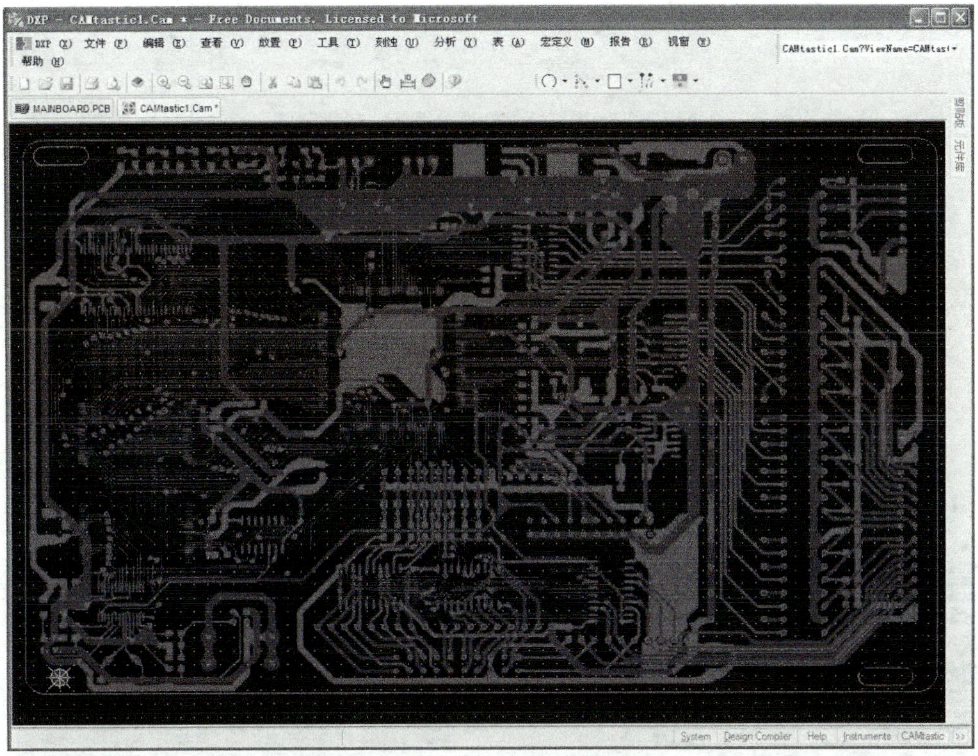

图6-20 CAMtastic1

2）输出钻孔加工文件。执行“文件→输出制造文件→NC Drill Files”命令，在弹出的对话框中，选择单位为“毫米”，数据格式为“4:4”，并将“前导/殿后零字符”栏设置为“抑制殿后零字符”，如图6-21所示。

单击“确认”按钮，输出NC钻孔图形文件，如图6-22所示。加工所需的钻孔文件为*.txt，自动保存在当前PCB文件的目录下。

（2）雕刻前的准备操作 加工文件生成后，就要调整机器来加工设计好的电路板了。下面介绍机器的使用。

1）固定电路板。确认雕刻机硬件与软件安装完成后，选取一块比设计电路板图略大的覆铜板，一面贴双面胶，贴胶要注意贴匀，然后将覆铜板贴于工作平台板的适当位置，并均匀用力压紧、压平。

注意：定位孔在电路板上下沿左右两边，因此应在覆铜板左右各空出1cm。

2）安装刀具。在电路板制作中，双面板的钻孔需要钻头，雕刻需要雕刻刀，割边需要铣刀，选取一种规格的刀具，使用双扳手将主轴电动机下方的螺钉松开，插入刀具后拧紧。主轴电动机钻夹头带有自矫正功能，可防止刀具安装歪斜。

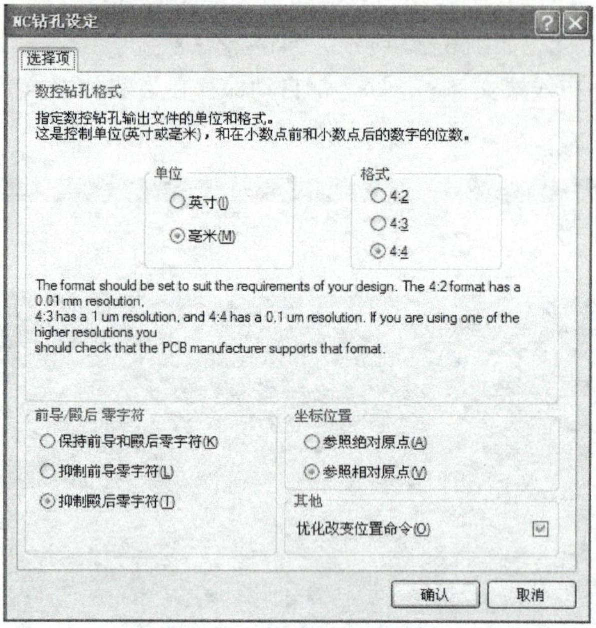

图 6-21　钻孔输出设定

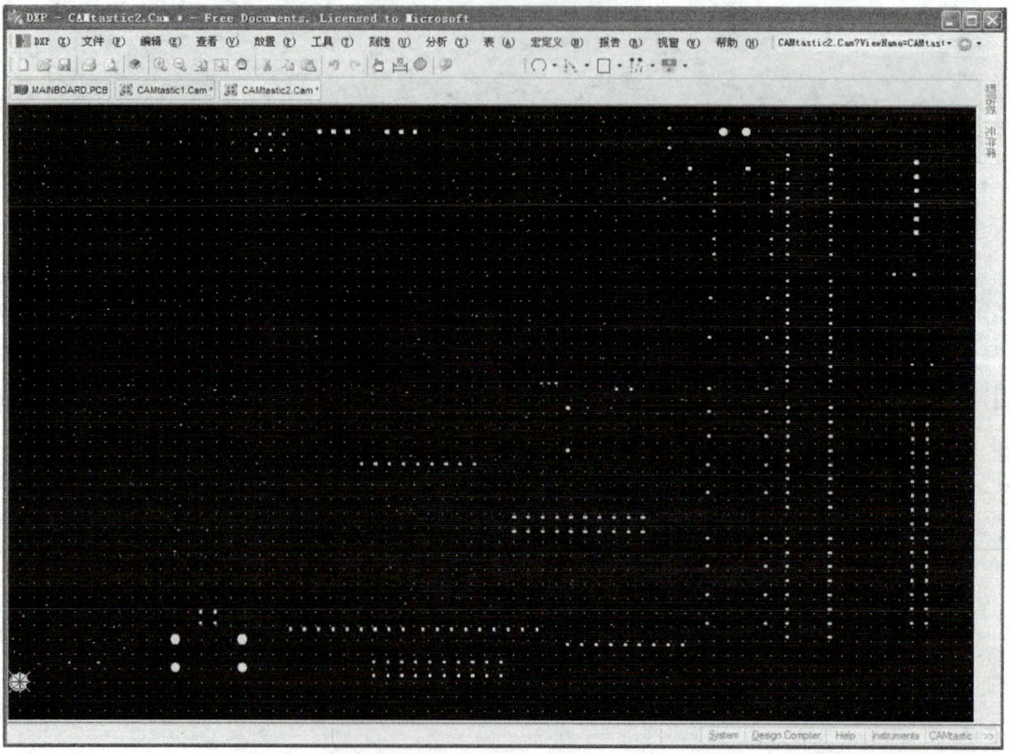

图 6-22　钻孔图形

注意： 安装刀具时，请勿取下钻夹头，因为钻夹头已经高速动态平衡校正。

3）开启电源。开启雕刻机电源，Z 轴会自动复位，此时主轴电动机仍保持关闭状态，向右旋转主轴电动机起停钮，开启主轴电源，几秒钟后，电动机转速稳定后即可开始加工。按下起停钮即可关闭主轴电动机。

注意： *在电动机未完全停止转动之前，请勿触摸夹头和刀具。*

(3) 软件功能说明

1）运行软件与选择工作文件。双击图标，打开 Circuit Workstation 软件，主界面如图 6-23 所示。

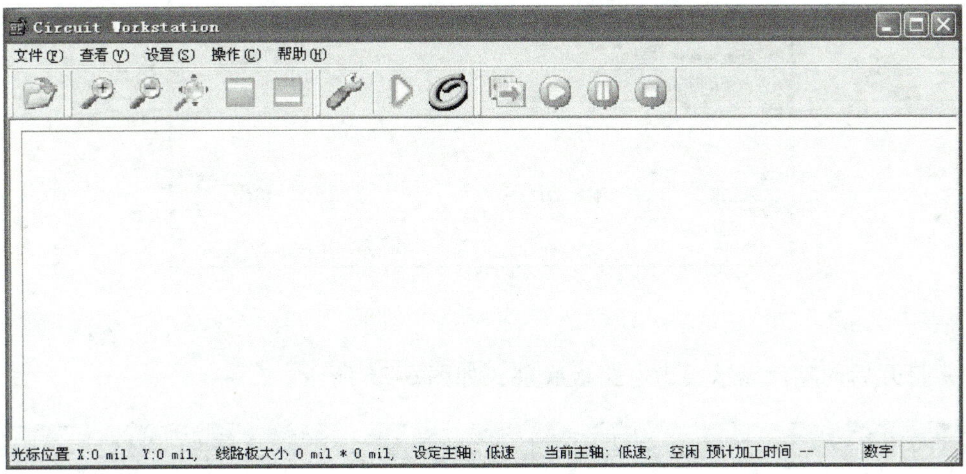

图 6-23　雕刻机工作软件

若设备未连接或主机电源未打开，会提示“设备无法连接，是否仿真运行?”，单击“是”，进入仿真状态，单击“否”，重试连接，单击“取消”，则直接退出程序。

单击菜单“文件→打开”，出现文件导入窗口，选择单/双面板，单击工具栏上的“打开”按钮，弹出图 6-24 所示的对话框。

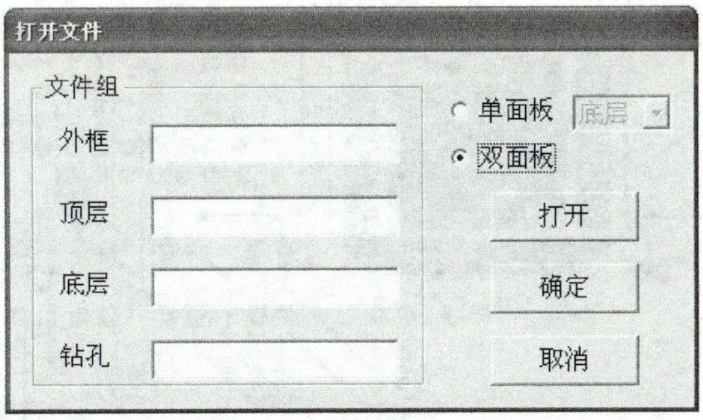

图 6-24　打开文件界面

根据所需加工的 PCB 文件类型选择单面板或双面板，再单击“打开”按钮。若为单面板，则根据铜箔所在层设定铜箔在顶层或铜箔在底层，该选项将决定钻孔的位置，可根据实际情况设置。以打开双面板 PCB 文件为例，如图 6-25 所示，在窗口中选择加工文件夹中的任意扩展名的文件，如“成都市样板.GKO”，再单击“打开”按钮。

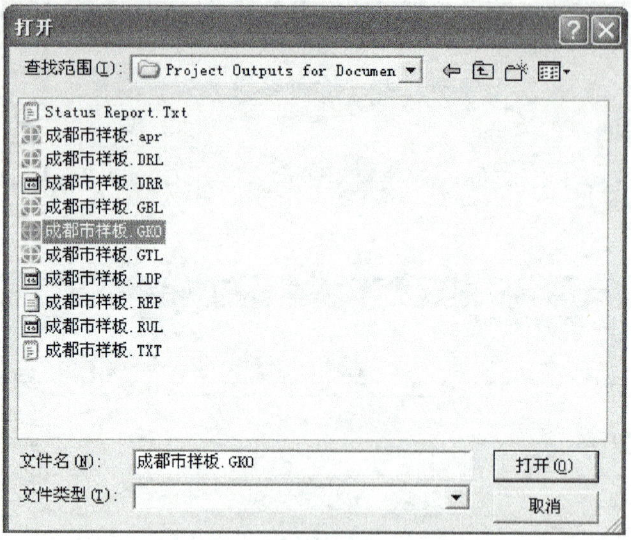

图 6-25　选择工作文件

正常打开后的默认显示层为电路板底层，如图 6-26 所示。

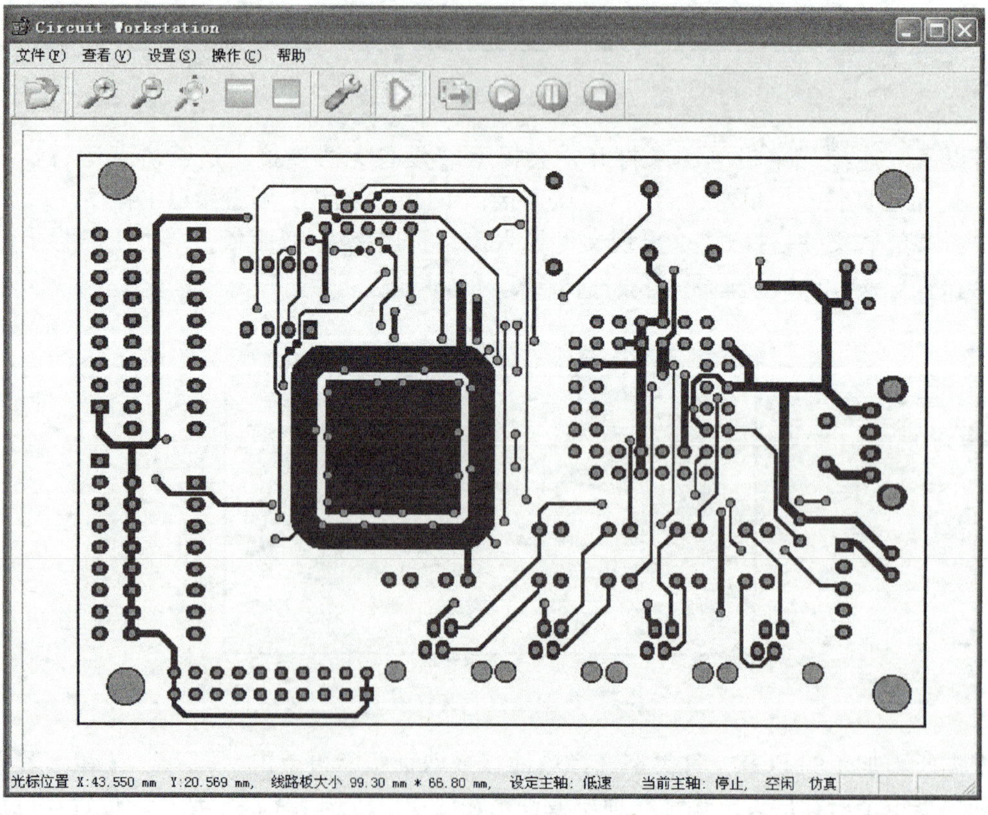

图 6-26　选择的 PCB 图

在窗口下方的状态栏中，显示当前光标的坐标位置、电路板的大小信息、主轴电动机的设定与当前状态，以及联机状态信息。默认的单位为英制 mil，可通过主菜单“查看→坐标单位切换”将显示单位切换至公制 mm。

注意：如打开过程出现异常提示，则应检查 Gerber 文件转换设置是否正确。

2）菜单。

①“查看”菜单栏。

放大、缩小、适中：可单击工具栏上的、、按钮来放大、缩小、适中显示电路图，也可按键盘上的 PageUp、PageDn 键来放大、缩小显示。在电路图上按住鼠标右键，可拖动整个板图。

顶层、底层：可单击工具栏上的、按钮，来切换显示顶层、底层电路。

孔信息：显示所有钻孔信息。

雕刻路线：显示雕刻走刀路径，用红色表示。

坐标显示：显示当前鼠标位置坐标值。

坐标单位切换：在公制、英制之间切换单位。

②“设置”菜单栏。

通信口：串口 COM1、COM2、COM3、COM4、COM5、COM6、COM7、COM8、USB 选择。

刀具库：也可单击快捷工具栏上的图标，如图 6-27 所示。

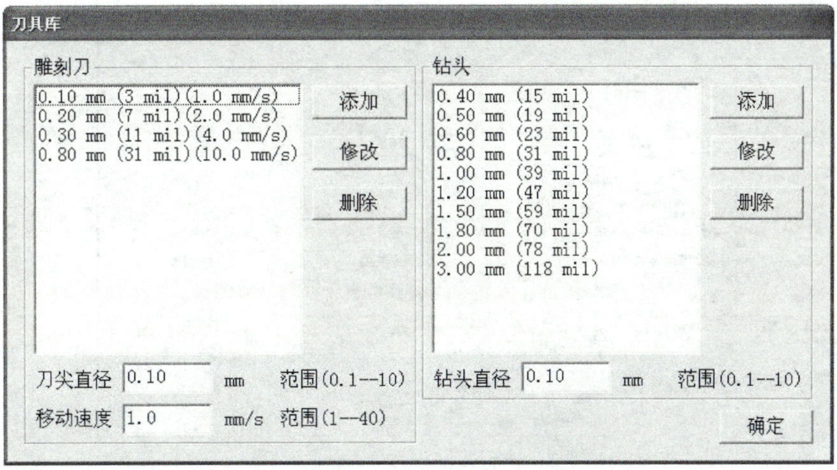

图 6-27　刀具库界面

雕刻设置：可设置割边刀直径，以及设置 KEEPOUT 层按割边刀直径显示。

主轴电动机速度：预置了高速（48000r/min）、中速（33000r/min）、低速（24000r/min）三挡可选。建议根据加工的精度和板材的材质选择合适的转速，线径线距越小，精度要求越高，刀尖选择越小，加工速度要求越快。另外，材质较硬的 FR4 板材，选择低速即可，对材质较软的柔性板材，必须选择高速。

仿真运行：功能等同工具栏上的按钮，按下时处于仿真运行状态。

仿真运行速度：设置仿真的速度，有低速、中速、高速三种选择。

完成后关闭主轴：可设置加工完成后自动关闭主轴。当主轴电动机运转时，工具栏上的指示标记为 ；当主轴电动机停止时，指示图标变灰。

完成后关闭计算机：可设置加工完成后自动关闭计算机。

③“操作”菜单栏。

向导：可单击工具栏上的 按钮，或在菜单上选择“操作→向导”，进入向导界面。向导是通过图形化界面的快速操作方法，详见下一节。

铣平面：当工作平台上的孔过多或平面明显不平时，可使用铣平面功能，如图 6-28 所示。铣平面可使用 3mm PCB 铣刀，将平面的长和宽分别填入 X、Y 方向的文本框中，深度可根据平面磨损程度设置，重叠率一般设为 30%。

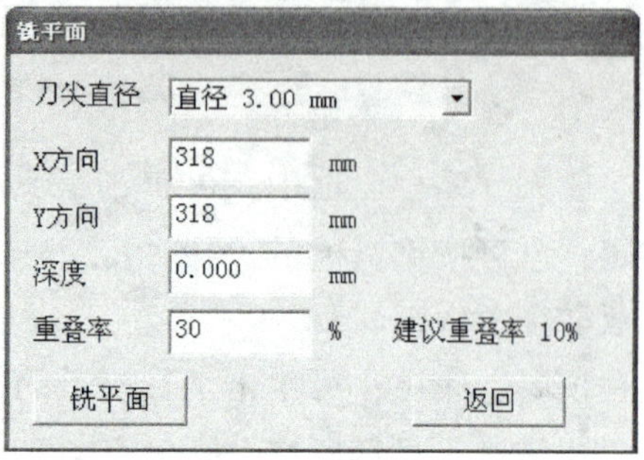

图 6-28 铣平面界面

3）向导。向导操作界面如图 6-29 所示。

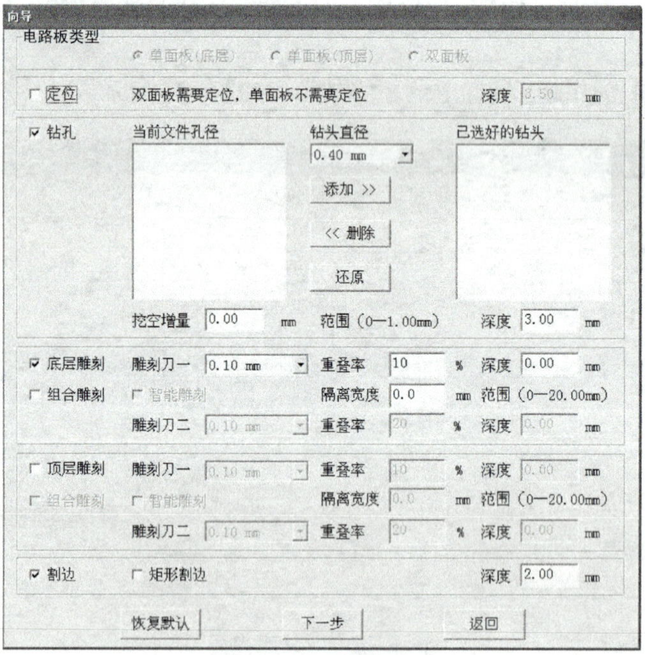

图 6-29 向导界面

① 定位。双面板需打定位孔，以保证翻面后雕刻的相对位置。打定位孔用 2.0mm 钻头，和定位销配套。定位孔深度需使得平台板上留下 2mm 左右深的孔，默认为 3.5mm。钻定位孔时，钻头将以加工原点为参考，按电路板图的 X 方向最大长度，在上下沿左右两端分别向外 6mm 和 8mm 各钻一个孔，并在左下角的定位孔上多钻一个标志孔，用以区分正反面，如图 6-30 所示。

一面加工完毕，需取下电路板，沿 X 方向翻转电路板，对准工作平台上留下的定位孔，

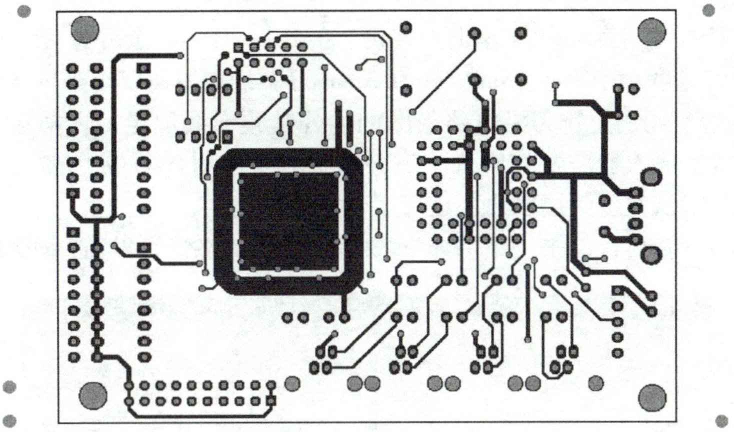

图6-30　定位示意图

放置电路板，并用定位销固定。

② 钻孔。设置各种孔径的实际钻头加工直径。电路板上需要的孔径全部列在左侧栏中，实际使用的钻头直径列在右侧栏中，中间的下拉列表框中有工具库中设置的所有钻头。从左栏的第一行开始，根据需要孔径的大小，从下拉列表框中选择相近的钻头规格，然后单击“添加≫”按钮，右栏中就会出现对应的选择。单击“删除≪”删除右栏中的选择。请确保所有需要孔径都有实际的钻头孔径与之相对应。“还原”按钮用以删除右栏中所有的选择。

挖空钻孔功能：用一种规格的挖空刀（0.8mm）把大于这个规格的孔全挖出来，这样在配件上的消耗就会减少很多。实际加工中，小于0.8mm的孔一般还是使用钻头，主要是因为小于0.8mm直径的挖空刀较易折断的缘故。使用挖空钻孔功能十分简单，只需在中间的下拉列表框中选择挖空刀，然后在钻孔时安装0.8mm的PCB铣刀，就可完成所有孔位的钻制。

挖空增量：考虑到双面板金属孔化后，孔径会比实际略小一些，用户可以在钻孔时就设置一个增量。

③ 底层、顶层雕刻。把板上线路部分以外的铜箔铣掉，刀尖直径可在刀具库中设置的所有雕刻刀中选择。重叠率是相邻两次走刀路径的重叠比率，考虑刀尖的误差，一般设置为10%，雕刻深度默认为0。雕刻的时间、效果和路径由选择的雕刻刀来决定，一般说，刀尖越大，需要的时间越短；刀尖越小，需要的时间越长，但效果越好。雕刻的深度和重叠率可根据刀尖直径调整。

组合雕刻：可以用一细一粗两把雕刻刀组合完成雕刻，先用小刀尖雕刻刀做隔离，再用大刀尖雕刻刀做大面积铣雕，在不影响雕刻精度的情况下，软件根据用户的选择自动分配雕刻区域，可以大大加快制板速度。

智能雕刻：在组合雕刻的基础上，智能雕刻同样采用两把雕刻刀，先用大刀做大面积的隔离和铣雕，软件根据用户的选择自动用小刀隔离和铣雕剩下的区域，可以大大加快制板速度，同时非常方便。

隔离宽度：用来在线路两侧隔离出指定的宽度。有些电路板含有大量空白区域，而用户并不要求将空白区域全部铣掉，只要隔离出一个宽度，用户就可以使用了。隔离宽度可以在

0～20mm 间任意设置，默认值为 0mm。

为延长雕刻刀的使用寿命，推荐走刀速度：0.1mm 刀尖，走刀速度小于等于 10mm/s；0.2mm 刀尖，走刀速度小于等于 15mm/s；0.3mm 刀尖，走刀速度小于等于 40mm/s。

④ 割边。割边是用割边铣刀沿电路板图的内外禁止布线层走刀，把板子从整个覆铜板上切割下来，直接变成人们需要的形状。割边铣刀默认使用 0.8mm 的铣刀。双面板默认在顶层割边，单面板默认在雕刻层割边，也可手动选择割边层。

完成上述各项设置后，单击“下一步”按钮，进入状态设置界面，如图 6-31 所示。

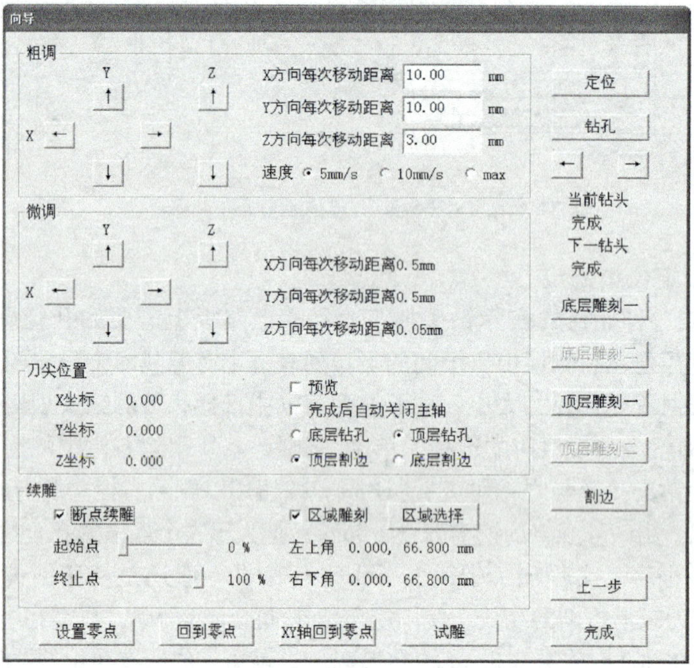

图 6-31 状态设置界面

首先调整加工钻头的位置，软件上可使用粗调和微调两种方法，粗调用来快速移动，步间距可自行设定，移动速度分为三挡：5mm/s、10mm/s、40mm/s。微调用来做细微调整，步间距 X、Y、Z 分别为 0.005mm、0.005mm、0.005mm。

刀尖位置区域显示当前加工点的坐标。选中“预览”复选框后，单击任何操作按钮都仅打开预览，不执行操作。选中“完成后自动关闭主轴”复选框，可在加工完成后，自动停止主轴电动机，用于无人值守状态。“底层钻孔”、“顶层钻孔”单选按钮用于选择钻孔时所在层。“顶层割边”、“底层割边”单选按钮用于选择割边时所在层。

钻孔按钮下方的“←”、“→”按钮用于切换不同型号的钻头。

“设置零点”按钮用于设置加工零点，设置成功后刀尖位置的 X、Y、Z 坐标应为 0、0、0。

“回到零点”按钮用于返回已设置的加工零点。动作时，X、Y 先回零，然后 Z 再回零。

“XY 轴回到零点”按钮用于仅 X、Y 返回加工零点。

“试雕”按钮用于沿电路图的最大外框走一刀，以观察铜箔板的平整度。

“续雕”栏中可以设置”断点续雕”和“区域雕刻”功能：

选中“断点续雕”复选框，可任意设置加工起始点和终止点的百分比。

选中“区域雕刻”复选框，再单击“区域选择”按钮，如图 6-32 所示，在电路图上用鼠标左键任意框选一个区域作为雕刻区域。

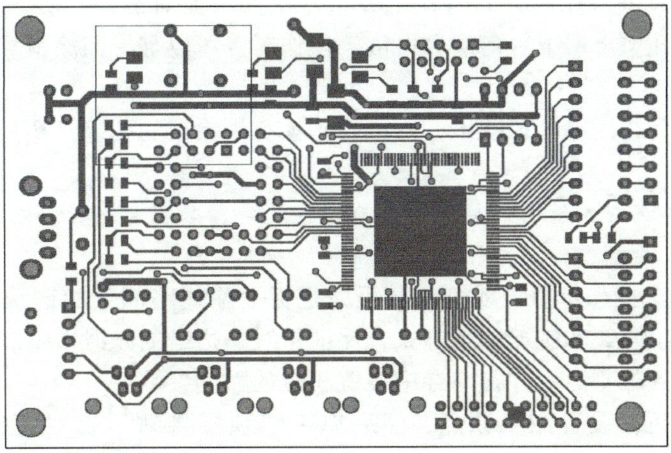

图 6-32　选择的 PCB 图

选择完雕刻区域后，再单击向导快捷按钮，回到向导界面。雕刻区域的左上角和右下角的坐标显示在区域雕刻栏中。此时，选择的操作将仅在选择的区域进行。区域雕刻可用于补雕因深度太浅未完成的区域。

（4）钻孔操作步骤　钻孔工序分为钻定位孔和钻其他孔。定位孔用于双面板翻面时确定相对位置，以进行双面板的孔金属化。单面板不需钻定位孔。钻孔时，主轴电动机自动切换为中速。

用双面胶把覆铜板平整地贴于加工平台上，根据电路板的大小，调整 X、Y 方向刀头的位置，以确定电路板合适的起始位置。

装好适当的钻头后，通过操作控制面板上的粗调按键或计算机软件上的粗调按钮调节钻头的垂直高度，直到钻头尖与电路板垂直距离为 2mm 左右。

改为手动微调，在操作控制面板上的 Z 微调旋钮是一个数字电位器旋钮，调节旋钮向左旋转，Z 轴垂直向下移动（0.01mm/格）；调节旋钮向右旋转，Z 轴垂直向上移动（0.01mm/格）。

调节钻头的高度时，钻头快接近覆铜板时，一定要慢慢旋动旋钮，直到钻头刚刚接触到覆铜板。

注意：一定要保证主轴电动机处于运转状态，否则容易造成钻头断裂，并确保当前工作面为底层。

在向导中设置钻孔参数，双面板先钻定位孔，然后钻其他孔。

更换钻头时，只需关闭主轴电动机电源，等待主轴电动机完全停止转动后，才能更换钻头。

（5）电路板孔金属化操作步骤　本方法采用纳米级银金属导电液，固化后有机物逸出，形成本征银导电层，因此导电效果非常好，适合制作包括射频、微波在内的各种技术用电路板。

用这种方法加工孔金属化的电路板非常简单，先用电路板雕刻机在覆铜板上钻好全部孔。然后，把随机配送的银金属导电液搅拌均匀，用随机提供的小毛刷在板孔上均匀来回涂覆导电液，使导电液进入孔内，同时，用吸尘器从另一面对准板孔吸，使导电液在孔内流动，最终导致仅在孔壁上留下一薄层导电液。操作时，可以翻一面涂覆导电液，确保整个孔壁导电液涂覆均匀。

涂覆好导电液后，用电吹风吹干，即可得到覆有银涂层的孔壁，实现了孔导电化。

注意：

1）导电液容易沉淀，使用前要用小毛刷搅拌均匀，否则会影响导电效果。

2）导电液不溶于酒精，请勿使用酒精稀释。

（6）电路板雕刻操作步骤 雕刻的过程即把板上除线路部分的铜铣掉的过程。本设备在雕刻过程中结合了隔离和铣雕两种方式，保证了线路边缘的光滑平整。

安装合适规格的雕刻刀，并在向导中设置相应的雕刻参数；

起动主轴电动机，设置加工原点，然后单击“顶层雕刻”或“底层雕刻”按钮开始雕刻。

制作双面板时，完成底层电路板的雕刻后，关闭控制面板上的主轴电源，取出电路板，左右翻转电路板，把粘在顶层的双面胶撕下，再在底层均匀粘好双面胶，把电路板紧贴于平台上，将电路板上的定位孔与平台上的定位孔对准，插入定位销。

打开主轴电源，重复雕刻步骤。

（7）电路板割边操作步骤 电路板雕刻完毕后，需沿禁止布线层进行割边操作，以得到最终的成品电路板。单面板在雕刻完成后，直接进行割边。双面板需在完成底层、顶层雕刻后，进行割边。在操作软件中，将割边深度设为比实际板厚多0.2mm，确保将电路板按禁止布线层边框线切割出来。割边使用0.8mm的PCB铣刀，以保证割边的平整光滑。

（8）电路板表面处理 取出电路板，将电路板清理干净后，用细砂纸轻轻地将两面线路打磨一遍，以使线路光滑饱满。为防止电路板被氧化并增加以后的可焊性，可在电路板两面适当涂上一层松香水。

5. 实训教学建议

1）首先，由实训指导教师进行演示教学。

2）结合其他工作任务，选择某一功能电路的PCB图，由学生自主制作印制电路板。

6. 实训总结

1）总结HW3030雕刻机的操作使用方法。

2）总结实际操作中，主要存在的问题与注意事项。

3）收获与体会。

6.2 综合实训

6.2.1 MF47型万用表的组装与调试

1. 实训目的

1）了解万用表的结构与工作原理，进一步掌握万用表的功能与使用方法。

2）系统锻炼学生的电子产品装配与调试能力。

2. 实训仪表、工具与材料

1）仪表：万用表。

2）工具：镊子、尖嘴钳、电子焊接工具。

3）材料：MF47 型万用表套件 1 套。

3. 万用表的测量原理

图 6-33 所示是万用表最基本的电路原理图，它由表头、电阻测量挡、电流测量挡、直流电压测量挡和交流电压测量挡几个部分组成，图中“－”为黑表笔插孔，“＋”为红表笔插孔。

（1）直流电流测量原理　如图 6-34 所示，通过转换开关，使万用表内的表头（磁电式）并联一个适当的电阻（称分流电阻）进行分流就可以扩展电流量程。

（2）直流电压测量原理　如图 6-35 所示，通过转换开关，使万用表内的表头串接一个适当阻值的电阻（倍增电阻）进行降压，就可以扩展电压量程。

（3）交流电压测量原理　因为万用表表头是直流电表，所以测量交流电压时，首先得将交流电压变换为直流电压，然后再通过表头指示，如图 6-36 所示。图 6-36 中交流电变换为直流电是由 2 个二极管完成的。扩展交流电压的方法与直流电压量程扩展原理相似，这里不再重复。

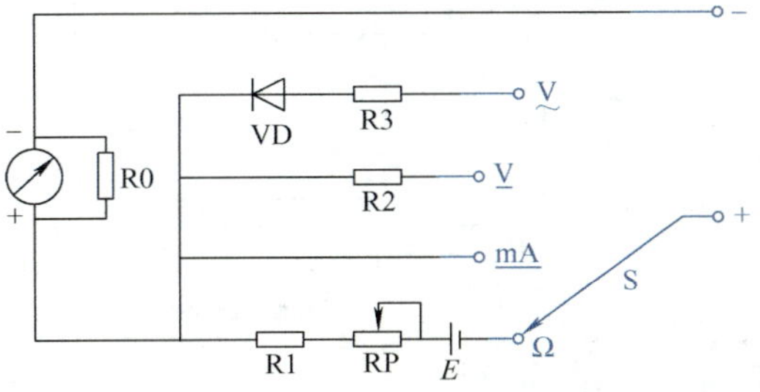

图 6-33　万用表基本原理图

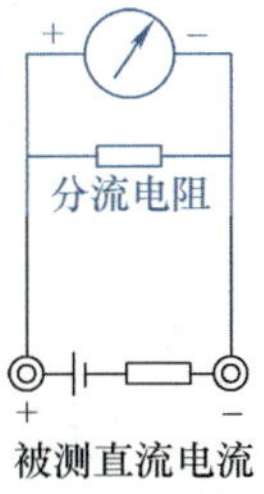

图 6-34　直流电流测量原理图

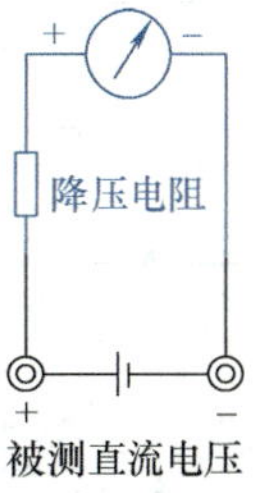

图 6-35　直流电压测量原理图

（4）电阻的测量原理　如图 6-37 所示，在表头上并联和串联适当的电阻，同时串接一节电池，电池的负极为万用表的正表笔。当用万用表的表笔去测量电阻时，流过被测电阻的电流，其大小随着被测电阻的阻值变化而改变，且与流过表头的电流成比例，因而可以测量出被测电阻的阻值。图中调零电阻是零欧姆调整电位器。表头内阻、调零电阻、分流电阻串并联后的总阻值称为表头中心等效电阻，改变表头中心等效电阻（表内等效电阻）的阻值就能改变电阻测量的量程。

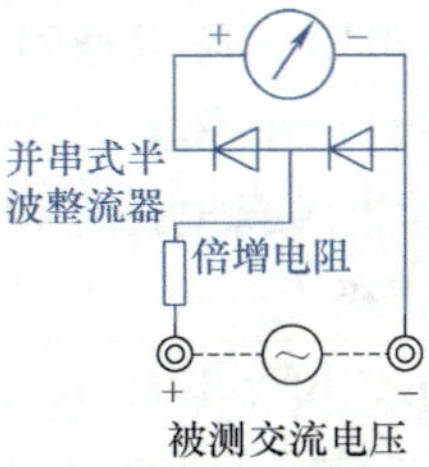

图 6-36　交流电压测量原理图

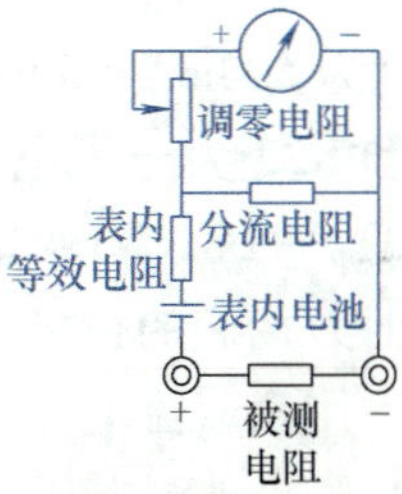

图 6-37　电阻测量原理图

4. MF47 型万用表的结构与电路图

（1）MF47 型万用表的结构 万用表由机械部分、显示部分与电气部分三大部分组成，机械部分包括外壳、挡位开关旋钮及电刷等，显示部分是表头，电气部分由测量电路板、电位器、电阻、二极管、电容等组成，如图 6-38 所示。

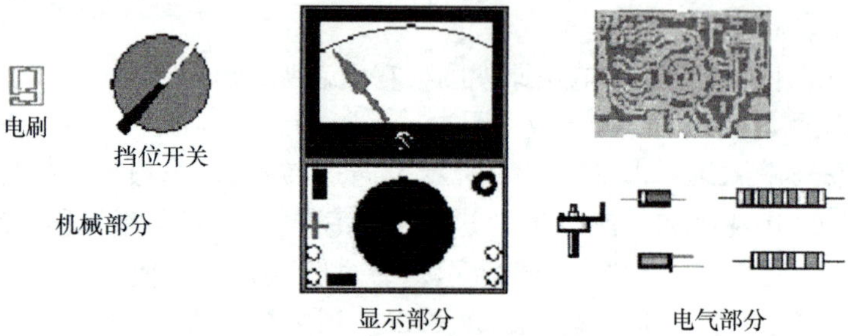

图 6-38 万用表的结构

（2）MF47 型万用表的电路原理图 图 6-39 所示为 MF47 型万用表的电路原理图。

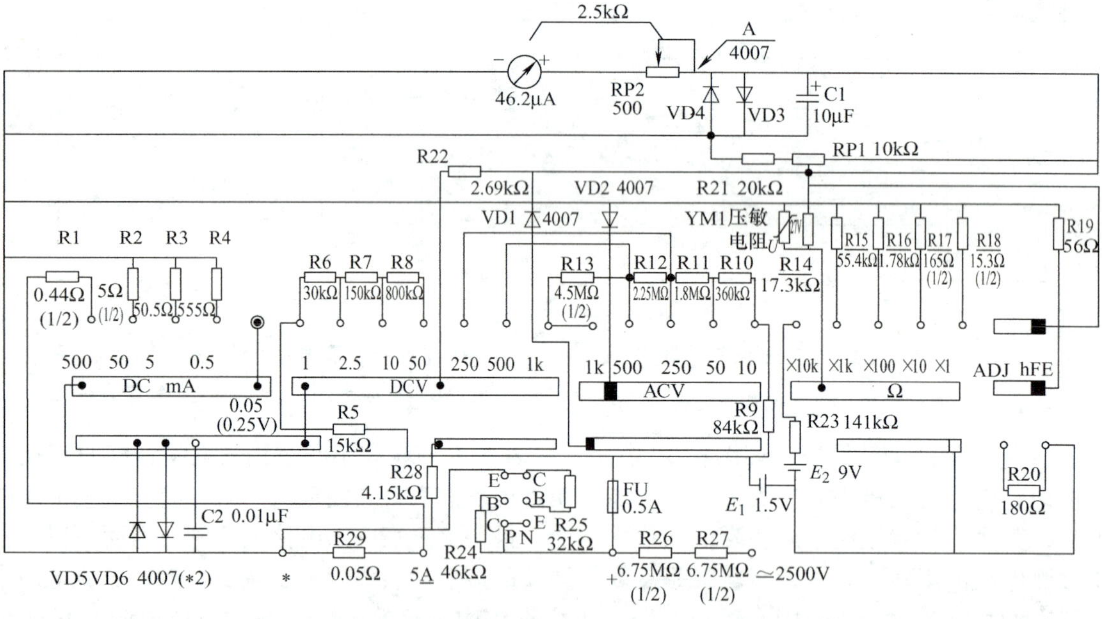

图 6-39 MF47 型万用表的电路原理图

1）MF47 型万用表直流电流测量电路。直流电流测试的电路如图 6-40 所示，图中 R1、R2、R3、R4 分别为 500mA、50mA、5mA、0.5mA 的分流电阻，可以通过转换开关控制电流的挡位。RP2 和 R22 为分压电阻，和表头的内阻（2.5kΩ）串联为万用表的表头等效内阻，数值为 5.2kΩ。VD3、VD4 用于保护表头。FU 为熔断器，起短路保护作用。I_x 为被测电流，注意测试时万用表的正极要搭在被测电路二极管的正极上。

2）MF47 型万用表直流电压测量电路。如图 6-41 所示，R5、R6、R7、R8 是测量直流电压的降压电阻，E 是被测电压。R5、R6、R7、R8 分别为 1V、2.5V、10V、50V 量程的分压电阻，此时表头的等效内阻与直流电流测量部分相同，为 5.2kΩ。

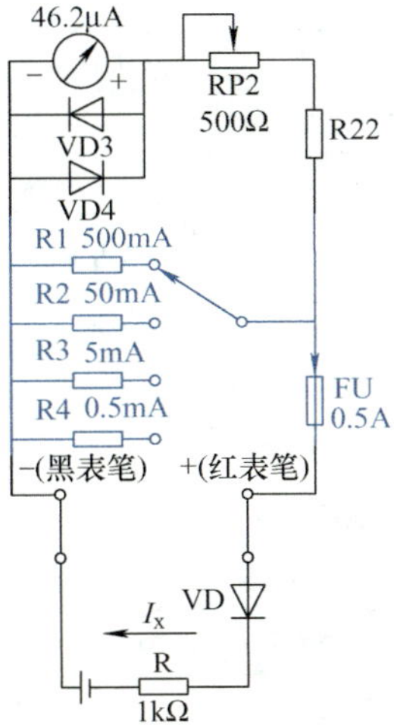

图 6-40　MF47 型万用表直流电流测量部分

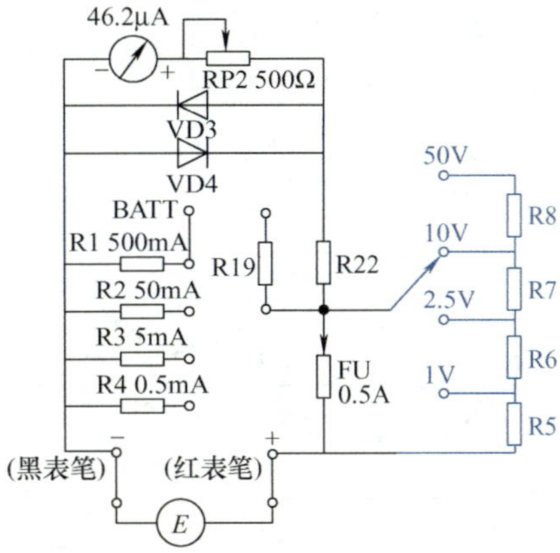

图 6-41　MF47 型万用表直流电压测量部分

3）MF47 型万用表交流电压测量电路。电路如图 6-42 所示，点画线框内为交流电流测量的分压电阻，R9、R10、R11、R12、R13 分别为 10V、50V、250V、500V、1000V 量程的分压电阻，VD1 为半波整流器件，VD2 为泄放交流电负半周的电能，以保护电流表在负半周时不受损坏。

4）MF47 型万用表电阻测量电路。电路如图 6-43 所示，图 6-43 中 RP1 为调零电位器，R21 为限流保护电阻，YM1 为压敏电阻，以防止电阻挡误测高电压时，引起电流过大烧坏表头，电阻 R15、R16、R17、R18 分别为 R×1、R×10、R×100、R×1k 电阻挡的分流电阻，此时的电池电压为 1.5V，R23 为“R×10k”挡的分流电阻，由图中可以看出，此时的电池电压为 9V。

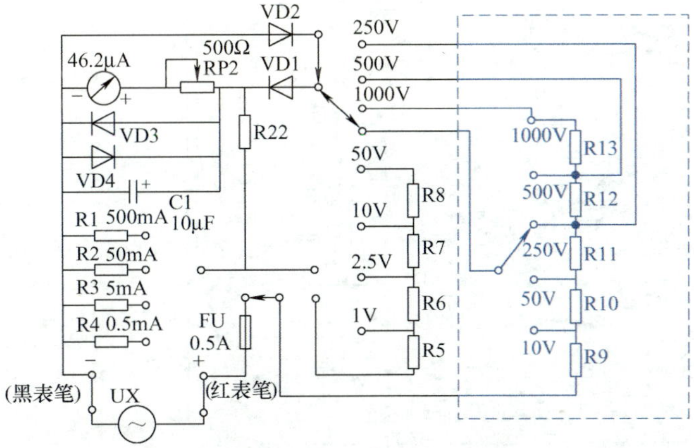

图 6-42　MF47 型万用表交流电压测量部分

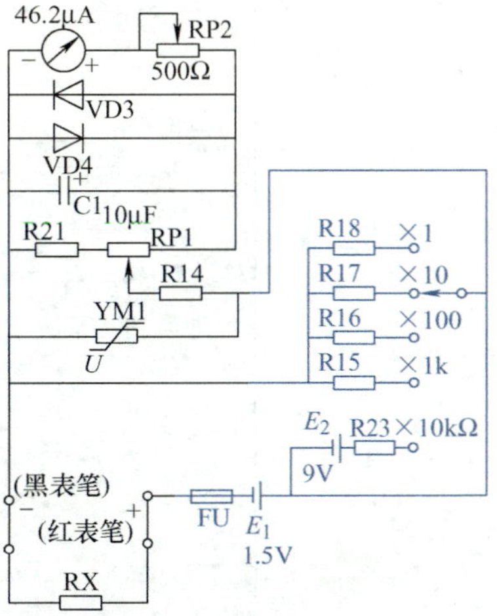

图 6-43　MF47 型万用表电阻测量部分

5. 万用表的安装步骤

(1) 准备　按照表 6-10 所示清单，领取 MF47 型万用表套件，并检测各元器件的质量。

表 6-10　MF47 型万用表元器件清单

元器件名称	元器件符号	规　格	元器件名称	元器件符号	规　格	元器件名称	元器件符号	规　格
电阻	R1	0.44Ω（1/2）	电阻	R17	165Ω（1/2）	电容	C1	10μF/16V
	R2	5Ω（1/2）		R18	15.3Ω（1/2）		C2	0.01μF
	R3	50.5Ω		R19	56Ω	电位器	RP1	10kΩ
	R4	555Ω		R20	180Ω		RP2	500Ω
	R5	15kΩ		R21	20kΩ	晶体管插座		1
	R6	30kΩ		R22	2.69kΩ	晶体管插片		6
	R7	150kΩ		R23	141kΩ	表笔插座		4
	R8	800kΩ		R24	46kΩ	挡位旋钮		1
	R9	84kΩ		R25	32kΩ	熔丝夹		2
	R10	360kΩ		R26	6.75MΩ（1/2）	V 形电刷		1
	R11	1.8MΩ		R27	6.75MΩ（1/2）	面板 + 表头		46.2μA
	R12	2.25MΩ		R28	4.15kΩ	表笔		1 对
	R13	4.5MΩ（1/2）	分流电阻	R29	0.05Ω	短路线	J1	1 根
	R14	17.3kΩ	压敏电阻	YM1	27V	电源线		5 根
	R15	55.4kΩ	二极管	VD1-VD6	1N4007	电池夹		4
	R16	1.78kΩ	FU	2cm	0.5A			

（2）电路板的焊接　如图 6-44 所示，对照电路板，将元器件装入电路板并焊接。**特别注意：**四个表针插座、一个调整电位器和一个晶体管插座必须是装于焊接面。

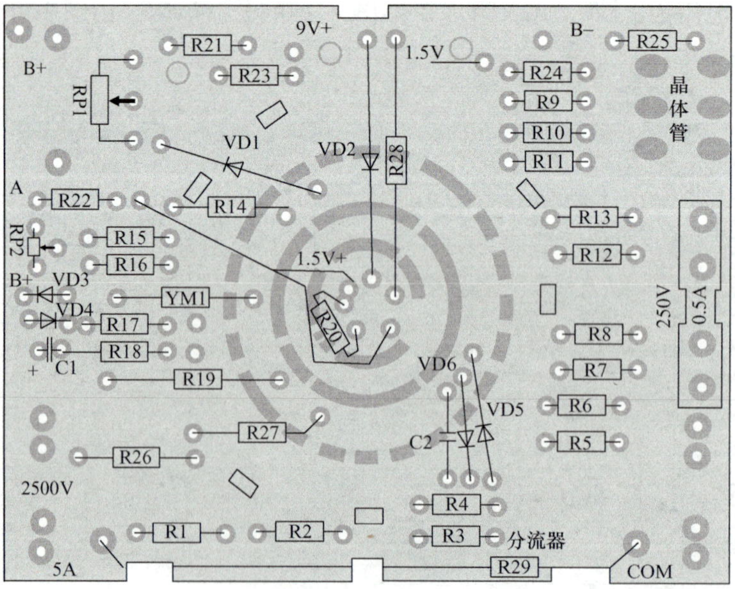

图 6-44　电路板安装示意图

注意：不同厂家的 MF47 型万用表的电路板有所不同，实际安装时，以厂家提供的电路图与印制电路板图为准。

（3）电池极板的焊接 焊接前先要检查电池极板的松紧，如果太紧应将其调整。调整的方法是用尖嘴钳将电池极板侧面的突起物稍微夹平，使它能顺利地插入电池极板插座，且不松动。为了便于焊接，应先用尖嘴钳的齿口将其焊接部位锉毛，去除氧化层。用加热的烙铁沾一些松香放在焊接点上，再加焊锡，为其搪锡。将连接线线头剥出，如果是多股线应立即将其拧紧，然后沾松香并搪锡。用烙铁运载少量焊锡，烫开电池极板上已有的锡，迅速将连接线插入并移开烙铁。焊接时，要注意连接线焊接的方向，以免影响电池极板的安装。连接线焊好后，将电池极板压下，安装到位。

（4）机械部分的安装

1）提把的安装。后盖侧面有两个“O”小孔，是提把铆钉安装孔。提把放在后盖上，将两个黑色的提把橡胶垫圈垫在提把与后盖中间，然后从外向里将提把铆钉按其方向卡入，听到“咔嗒”声后，说明已经安装到位。如果无法听到“咔嗒”声可能是橡胶垫圈太厚，应更换后重新安装。

大拇指放在后盖内部，四指放在后盖外部，用四指包住提把铆钉，大拇指向外轻推，检查铆钉是否已安装牢固。**注意：**一定要用四指包住提把铆钉，否则会使其丢失。

将提把转向朝下，检查其是否能起支撑作用，如果不能支撑，说明橡胶垫圈太薄，应更换后重新安装。

2）电刷旋钮的安装。取出弹簧和钢珠，并将其放入润滑油中，使其粘满润滑油。加油有两个作用：使电刷旋钮润滑，旋转灵活；起黏附作用，将弹簧和钢珠黏附在电刷旋钮上，防止其丢失。

将加上润滑油的弹簧放入电刷旋钮的小孔中，如图 6-45 所示，钢珠黏附在弹簧的上方，注意切勿丢失。

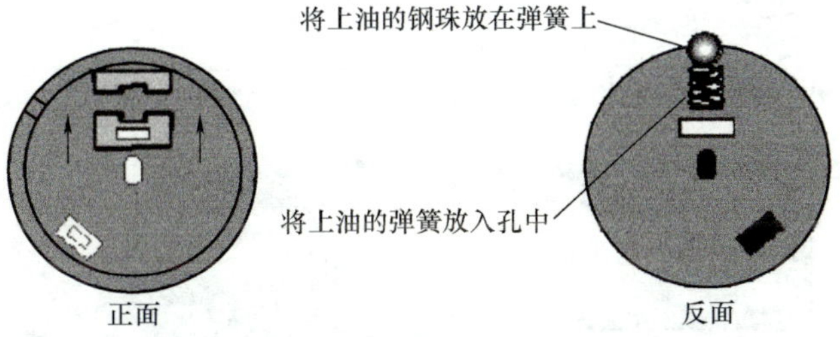

图 6-45 电路安装板安装示意图

观察面板背面的电刷旋钮安装部位，如图 6-46 所示，它由 3 个电刷旋钮固定卡、2 个电刷旋钮定位弧、1 个钢珠安装槽和 1 个花瓣形钢珠滚动槽组成。

将电刷旋钮平放在面板上，如图 6-47 所示，注意电刷放置的方向。用螺钉旋具轻轻顶，使钢珠卡入花瓣槽内，小心不要滚掉，然后手指均匀用力将电刷旋钮卡入固定卡。

将面板翻到正面，如图 6-48 所示，挡位开关旋钮轻轻套在从圆孔中伸出的小手柄上，慢慢转动旋钮，检查电刷旋钮是否安装正确，应能听到“咔嗒、咔嗒”的定位声，如果听不到则可能是钢珠丢失或掉进电刷旋钮与面板间的缝隙，这时挡位开关无法定位，应拆除重装。

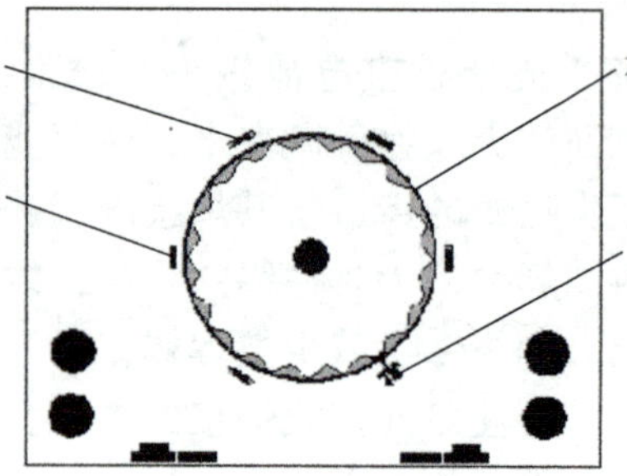

图 6-46 电刷旋钮安装部位

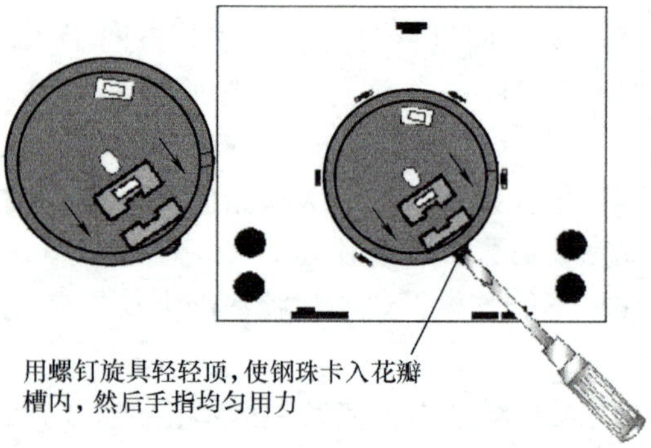

图 6-47 电刷旋钮的安装

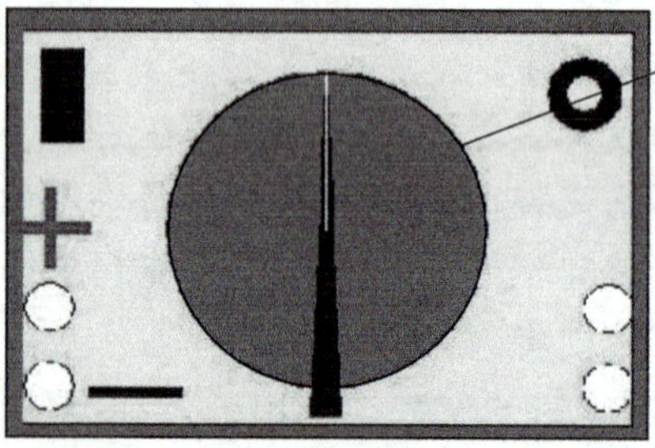

图 6-48 检查电刷按钮

将挡位开关旋钮轻轻取下，用手轻轻顶小孔中的手柄，如图 6-49 所示，同时反面用手依次轻轻扳动三个定位卡，注意用力一定要轻且均匀，否则会把定位卡扳断。小心钢珠不能滚掉。

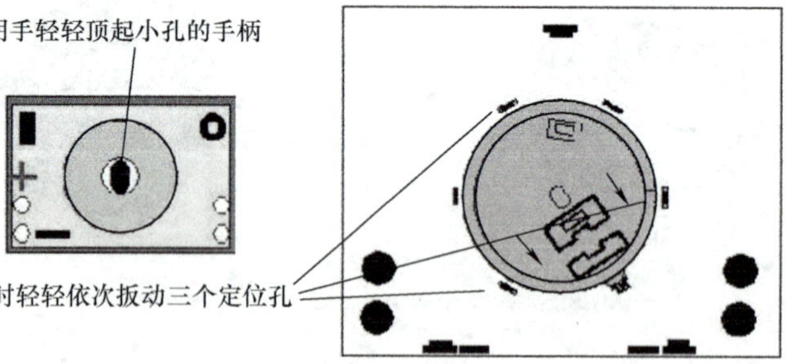

图 6-49 挡位开关的拆除

3）挡位开关旋钮的安装。电刷旋钮安装正确后，将它转到电刷安装卡向上位置，如图 6-50所示，将挡位开关旋钮白线向上套在正面电刷旋钮的小手柄上，向下压紧即可。

如果白线与电刷安装卡方向相反，必须拆下重装。拆除时用平口螺钉旋具对称地轻轻撬动，依次按左、右、上、下的顺序，将其撬下。**注意：**用力要轻且对称，否则容易撬坏。

4）电刷的安装。将电刷旋钮的电刷安装卡转向朝上，V 形电刷有一个缺口，应该放在左下角，因为电路板的 3 条电刷轨道中间 2 条间隙较小，外侧 2 条间隙较大，与电刷相对

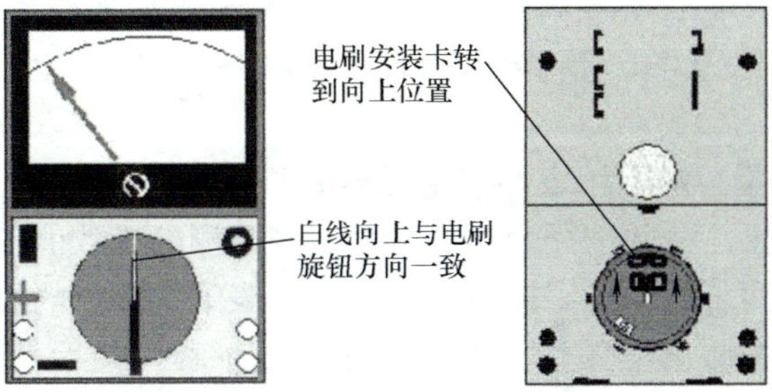

图 6-50　挡位开关旋钮的安装

应，当缺口在左下角时电刷接触点上面 2 个相距较远，下面 2 个相距较近，一定不能放错，如图 6-51 所示。电刷四周都要卡入电刷安装槽内，用手轻轻按，看是否有弹性并能自动复位。

如果电刷安装的方向不对，将使万用表失效或损坏，如图 6-52 所示。图 6-52a 中开口在右上角，电刷中间的触点无法与电刷轨道接触，使万用表无法正常工作，且外侧的两圈轨道中间有焊点，使中间的电刷触点与之相摩擦，易使电刷受损；图 6-52b、c 中使开口在左上角或在右下角，3 个电刷触点均无法与轨道正常接触，电刷在转动过程中与外侧两圈轨道中的焊点相刮，会使电刷很快折断，使电刷损坏。

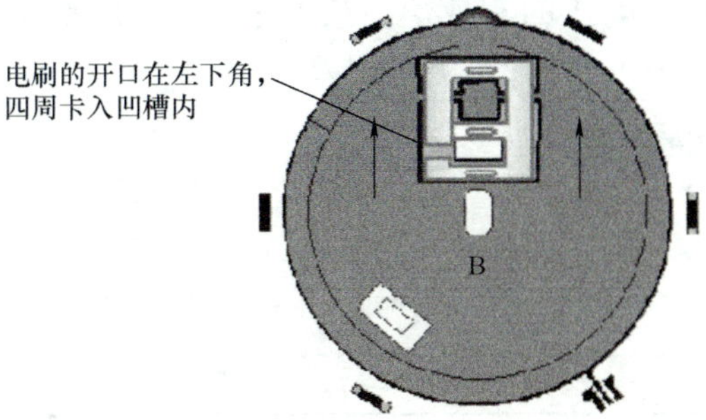

图 6-51　挡位开关旋钮的安装

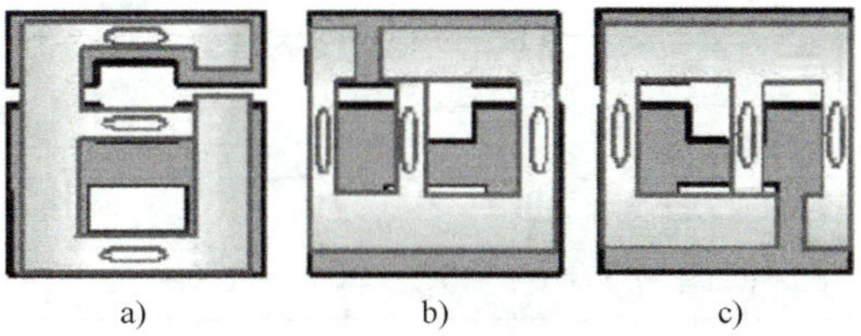

图 6-52　电刷安装的错误方法

5）电路板的安装。电刷安装正确后方可安装电路板。安装电路板前应先检查电路板焊点的质量及高度，特别是在外侧两圈轨道中的焊点，由于电刷要从中通过，安装前一定要检查焊点高度，不能超过 2mm，直径不能太大，如果焊点太高会影响电刷的正常转动甚至刮断电刷。

电路板用三个固定卡固定在面板背面，将电路板水平放在固定卡上，依次卡入即可。如果要拆下重装，依次轻轻扳动固定卡。

注意： *安装电路板前应先将表头连接到电路板上。*

最后是装电池和后盖，装后盖时左手拿面板，稍高，右手拿后盖，稍低，将后盖从下向上推入面板，拧上螺钉。**注意：** *拧螺钉时用力不可太大或太猛，以免将螺孔拧坏。*

6. 万用表的调试步骤

（1）机械调零　旋动万用表面板上的机械零位调整螺钉，使指针对准刻度盘左端的“0”位置。

注意：读数时目光应与表面垂直，使表指针与反光铝膜中的指针重合，确保读数的精度。检测时先选用较高的量程，根据实际情况，调整量程，最后使读数在满刻度的2/3附近。

（2）直流电压的测量 把万用表两表笔插好，红表笔接“+”，黑表笔接“-”，把挡位开关旋钮打到直流电压挡，并选择合适的量程。当被测电压数值范围不确定时，应先选用较高的量程，把万用表两表笔并接到被测电路上，红表笔接直流电压正极，黑表笔接直流电压负极，不能接反。根据测出电压值，再逐步选用低量程，最后使读数在满刻度的2/3附近。按照表6-11的要求，分别用安装表与标准表进行测量，将测量结果填入表中，并计算测量误差。

表6-11 直流电压的测量

被测电压/V	0.6	1.2	6.0	15	20
标准表电压/V					
安装表电压/V					
实际相对误差（%）					

（3）交流电压的测量 测量交流电压时将挡位开关旋钮打到交流电压挡，表笔不分正负极，与测量直流电压相似进行读数，其读数为交流电压的有效值。按照表6-12的要求，分别用安装表与标准表进行测量，将测量结果填入表中，并计算测量误差。

表6-12 交流电压的测量

被测电压/V	12	36	100	180	220
标准表电压/V					
安装表电压/V					
实际相对误差（%）					

（4）直流电流的测量 把万用表两表笔插好，红表笔接“+”，黑表笔接“-”，把挡位开关旋钮打到直流电流挡，并选择合适的量程。当被测电流数值范围不确定时，应先选用较高的量程。把被测电路断开，将万用表两表笔串接到被测电路上，注意直流电流从红表笔流入，黑表笔流出，不能接反。根据测出电流值，再逐步选用低量程，保证读数的精度。按照表6-13的要求，分别用安装表与标准表进行测量，将测量结果填入表中，并计算测量误差。

表6-13 直流电流的测量

被测电流/mA	10	100	300	1500	3000
标准表电流/mA					
安装表电流/mA					
实际相对误差（%）					

（5）电阻的测量 插好表笔，打到电阻挡，并选择量程。短接两表笔，旋动电阻调零电位器旋钮，进行电阻挡调零，使指针打到电阻刻度右边的“0”处，将被测电阻脱离电

源，用两表笔接触电阻两端，从表头指针显示的读数乘以所选量程的倍乘数即为被测电阻的阻值。如果示值过大或过小要重新调整挡位，保证读数的精度。按照表 6-14 的要求，分别用安装表与标准表进行测量，将测量结果填入表中，并计算测量误差。

表 6-14　电阻的测量

被测电阻/Ω	10	100	1000	10k	100k
标准表电阻/Ω					
安装表电阻/Ω					
实际相对误差（%）					

7. 实训总结

1）总结机械万用表的基本工作原理，分析 MF47 型万用表直流电压、直流电流、交流电压与电阻测量电路。

2）总结 MF47 型万用表的安装与调试过程，以及安装中出现的问题与解决方法。

3）总结万用表使用的注意事项，以及故障与维修。

4）收获与体会。

6.2.2　超外差收音机的组装与调试

1. 实训目的

1）进一步掌握元器件的识别与检测。

2）进一步锻炼电路的组装、焊接能力。

3）系统培养学生的无线电调试能力。

2. 实训仪表、工具与材料

1）仪表：万用表、高频信号发生器、环形天线。

2）工具：镊子、尖嘴钳、电烙铁、烙铁架、无感螺钉旋具。

3）材料：中夏牌 S66D（E）型收音机套件 1 套、焊接材料。

3. 实训预习要求

预习第 5 章内容。

4. 收音机电路原理分析

（1）中夏牌 S66D（E）型收音机的原理框图与电路原理图　中夏牌 S66D（E）型收音机的原理框图与电路原理图如图 6-53 和图 6-54 所示，收音机由输入调谐电路、变频电路、中放（中频放大）电路、检波电路、前置低放、功率放大（功放）电路和扬声器组成。

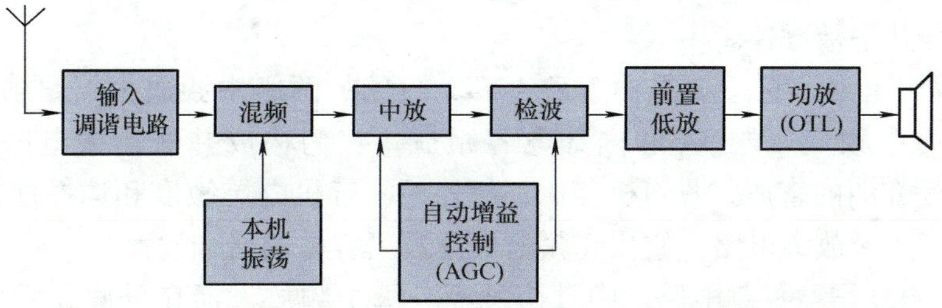

图 6-53　中夏牌 S66D（E）型收音机的原理框图

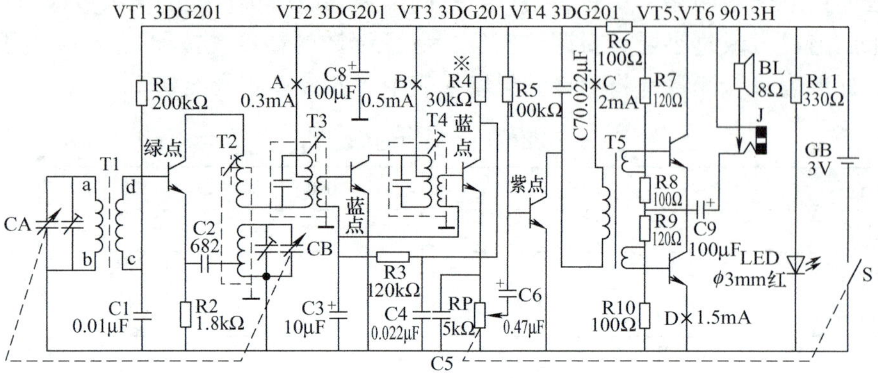

图 6-54 中夏牌 S66D（E）型收音机的电路原理图

（2）各原理框图分析

1）输入调谐电路。输入调谐电路由双联可变电容的 CA 和 T1 的一次绕组 Lab 组成，是一并联谐振电路，T1 是磁性天线线圈，从天线接收进来的高频信号，通过调整输入调谐电路的可变电容 CA 可选出需要的电台信号。

2）变频电路。本机振荡和混频合起来称为变频电路。变频电路以 VT1 为中心，它的作用是把通过输入调谐电路收到的不同频率电台信号（高频信号）变换成固定的 465kHz 的中频信号。

VT1、T2、CB 等元器件组成本机振荡电路，它的任务是产生一个比输入信号频率高 465kHz的等幅高频振荡信号。由于 C1 对高频信号相当短路，T1 的二次绕组 Lcd 的电感量又很小，对高频信号提供了通路，所以本机振荡电路是共基极电路，振荡频率由 T2、CB 控制，CB 是双联电容的另一联，调节它以改变本机振荡频率。T2 是振荡线圈，其一、二次绕组绕在同一磁心上，它们把 VT1 集电极输出的放大了的振荡信号以正反馈的形式耦合到振荡回路，本机振荡的电压由 T2 一次绕组的抽头引出，通过 C2 耦合到 VT1 的发射极上。

混频电路由 VT1、T3 的一次绕组等组成，是共发射极电路。其工作过程是：

磁性天线接收空中的电台信号，通过输入调谐电路选中某一电台信号，通过 T1 的二次绕组 Lcd 送到 VT1 的基极，本机振荡信号又通过 C2 送到 VT1 的发射极，两种频率的信号在 VT1 中进行混频，由于晶体管的非线性作用，混合的结果产生各种频率的信号，其中有一种是本机振荡频率和电台频率的差等于 465kHz 的信号，这就是中频信号。混频电路的负载是中频变压器，T3 的一次绕组和内部电容组成并联谐振电路，它的谐振频率是 465kHz，可以把 465kHz 的中频信号从多种频率的信号中选择出来，并通过 T3 的二次绕组耦合到下一级去，而其他信号几乎被滤掉。

3）中频放大电路。它主要是由 VT2、VT3 组成的两级中频放大器。第一中放电路中 VT2 的负载是由中频变压器 T4 和内部电容组成，它们构成并联谐振电路，谐振频率是 465kHz。与前面介绍的直放式收音机相比，超外差收音机的灵敏度和选择性都提高了许多，主要原因是有了中频放大电路，它比高频信号处理更容易调谐和放大。

4）检波和自动增益控制电路。中频信号经一级中频放大器充分放大后由 T4 耦合到检波管 VT3，VT3 既起放大作用，又是检波管，VT3 构成的晶体管检波电路检波效率高，有较强的自动增益控制（AGC）作用。

AGC 控制电压通过 R3 加到 VT2 的基极，其控制过程是：

外信号电压↑→u_{B3}↑—i_{B3}↑→i_{C3}↑→u_{C3}↓$\xrightarrow{\text{通过 R3}}$$u_{B2}$↓→$i_{B2}$↓→$i_{C2}$↓→信号电压↓

检波级的主要任务是把中频调幅信号还原成音频信号，C4、C5 起滤去残余的中频成分的作用。

5）前置低放电路。检波滤波后的音频信号由电位器 RP 送到前置低放管 VT4，经过低放可将音频信号电压放大几十到几百倍，但是音频信号经过放大后带负载能力还很差，不能直接推动扬声器工作，还需进行功率放大。旋转电位器 RP 可以改变 VT4 的基极对地信号电压的大小，可达到控制音量的目的。

6）功率放大电路（OTL 电路）。功率放大器的任务是不仅要输出较大的电压，而且能够输出较大的电流。本电路采用无输出变压器功率放大器，可以消除输出变压器引起的失真和损耗，频率特性好，还可以减小放大器的体积和重量。

VT5、VT6 组成同类型晶体管的推挽电路，R7、R8 和 R9、R10 分别是 VT5、VT6 的偏量电阻。变压器 T5 做倒相耦合，C9 是隔直电容，也是耦合电容。为了减少低频失真，电容 C9 选得越大越好。无输出变压器功率放大器的输出阻抗低，可以直接推动扬声器工作。

（3）元器件介绍　磁性天线采用 5mm×13mm×55mm 的中波扁磁棒，一次绕组 Lab 用线径为 0.17mm 的漆包线绕 100 圈，二次绕组用同规格的线绕 10 圈。其外形如图 6-55 所示。

可变电容 CA、CB 采用 CMB-223 型的密封双联。T2 是振荡线圈，型号为 LF10-1（红色）。T3、T4 是中频变压器，中频变压器也叫做中周，它的一次绕组有三根引线，二次绕组有二根引线。线圈绕在 I 形磁心上，磁心外面有磁帽，调节磁帽可改变线圈的电感量。中周外面有金属屏蔽外壳，把外壳接地，可减小互相干扰。T3 是第一中放用中周，型号为 TF10-1（白色），T4 是第二中放用中周，型号为 TF10-2（黑色）。T2、T3、T4 在出厂前均已调在规定频率上，如要调整只需微调，尽量不要调乱。中周外壳除了起屏蔽作用外，本电路还起导线的作用，所以安装中周时外壳必须焊接在相应处，各种元器件如图 6-56 所示。

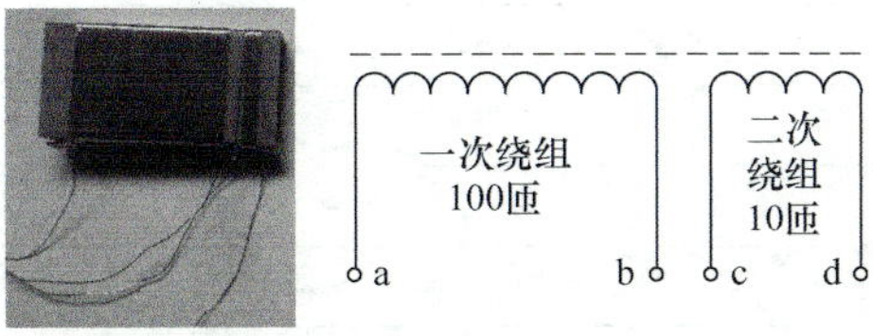

图 6-55　磁棒线圈

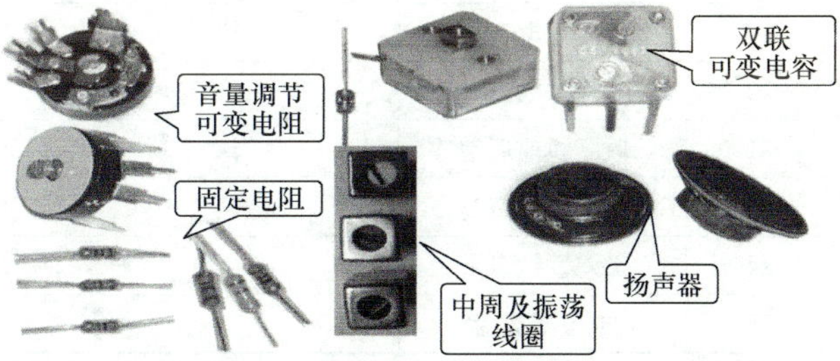

图 6-56　元器件外形

T5 是输入变压器，型号是 E14，有六个引出脚，线圈骨架上有凸点标记的为一次侧。

VT1～VT4 是高频小功率晶体管，VT1 选用低 β 值（如绿点或黄点），β 为 40～80；VT2、VT3 选用中 β 值（如蓝点和紫点），β 为 80～180；VT4 选用高 β 值（紫点或灰点），β 为120～270。VT1～VT4 的型号一般是 3DG201、9014；VT5、VT6 选用 9013，属于中功率晶体管，注意不要与 VT1～VT4 相混淆。

电容要求容量准确，C1、C2、C4、C5、C7 一般选用瓷片电容，C3、C6、C8、C9 选用电解电容，耐压一般不低于6V，漏电要小。电阻采用同规格的碳膜电阻。

5. 收音机安装与调试

(1) 领取收音机套件与元器件测试 领取收音机套件，按表6-15 所示收音机清单清点与测试元器件。

表6-15 中夏牌 S66D（E）型收音机套件清单

序号	名称	型号规格	位号	数量
1	晶体管	3DG201（绿、黄）	VT1	1只
2	晶体管	3DG201（蓝、紫）	VT2、VT3	2只
3	晶体管	3DG201（紫、灰）	VT4	1只
4	晶体管	9013H	VT5、VT6	2只
5	发光二极管	ϕ3mm 红	LED	1只
6	磁棒线圈	5 mm×13 mm×55mm	T1	1套
7	中周	红、白、黑	T2、T3、T4	3个
8	输入变压器	E 形六个引脚	T5	1个
9	扬声器	58mm	BL	1个
10	电阻	100Ω	R6、R8、R10	3只
11	电阻	120Ω	R7、R9	2只
12	电阻	330Ω、1.8kΩ	R11、R2	各1只
13	电阻	30kΩ、100kΩ	R4、R5	各1只
14	电阻	120kΩ、200kΩ	R3、R1	各1只
15	电位器	5kΩ（带开关插脚式）	RP	1只
16	电解电容	0.47μF、10μF	C6、C3	各1只
17	电解电容	100μF	C8、C9	2只
18	瓷片电容	682、103	C2、C1	各1只
19	瓷片电容	223	C4 C5 C7	3只
20	双联电容	CBM-223P	CA	1只
21	收音机前后盖			各1个
23	刻度尺和音窗			各1块
24	双联拨盘			1个
25	电位器拨盘			

1）电阻的检查：通过电阻的色环读出各电阻的阻值，并用万用表进行验证，检查其数量与参数是否与清单一致。

2）天线线圈及中周的检查：注意磁性天线线圈的导线较细，刮去漆皮时不要弄断导线。其中匝数多的为一次侧，与双联电容 CA 相接，匝数少的为二次侧，与混频管 VT1 相接。检查中周时主要应注意分清振荡线圈和中周，千万不要弄错。

3）电容的检查：因 10pF 以下的固定电容容量太小，用万用表进行测量，只能定性地检查其是否有漏电、内部短路或击穿现象。测量时，可选用万用表“R×10k”挡，用两表笔分别任意接电容的两个引脚时，阻值应为无穷大。若测出阻值（指针向右摆动）为有限值，则说明电容漏电损坏或内部击穿。检测 10pF～0.01μF 固定电容可选用万用表“R×1k”挡，对于 0.01μF 以上的固定电容，可用万用表的“R×10k”挡直接测试电容有无充电过程以及有无内部短路或漏电，并可根据指针向右摆动的幅度大小估计出电容的容量。电解电容的容量较一般固定电容大得多，所以，测量时，应针对不同容量选用合适的量程。一般情况下，1～47μF 间的电容可用“R×1k”挡测量，大于 47μF 的电容可用“R×100”挡位测量。

4）二极管的检查：选择万用表“R×1k”欧姆挡，其中黑表笔作为电源正极，红表笔作为电源负极，根据二极管正向导通、反向阻断的单向导电性，将表笔对调一次即可测出其极性及好坏。

5）晶体管的检查：

① 晶体管的基极和管型的辨识：先将万用表置于“R×1k”挡，将红表笔接假定的基极 B，黑表笔分别与另两个极相接触，观测到指针偏转很小（或很大），再将红、黑两表笔对换，观测指针偏转都很大（或很小），则假定的基极是正确的，且晶体管的管型为 PNP 型（或 NPN 型）。

② 晶体管集电极、发射极的辨识：若被测管为 NPN 型晶体管，让黑表笔接假定的集电极 C，红表笔接假定的发射极 E。两手分别捏住 B、C 两极充当基极电阻 R_B，注意不要让两手相接触，注意观察电表指针的偏转大小；之后，再将两检测极反过来假定，仍然注意观察电表指针偏转的大小。指针偏转较大的假定极是正确的，但是，如果两次测得的电阻相差不大，则说明管子的性能较差。

（2）安装与焊接 印制电路板上有元器件面和焊接面之分，如图 6-57 所示。一般将元器件安装面称为正面，覆铜焊接面称为反面。正面上的各个孔位都标明了应安装元器件的图形符号和文字符号，只需按照印制电路板上标明的符号，再通过电路原理图查找其规格，将相应元器件对号入座即可。

a) 正面　　b) 反面

图 6-57　S66D 印制板

1）焊接前，对照原理图检查印制电路板布线图及各元器件位置图，看元器件摆放的位置是否正确。要求组装之前能够清楚地将原理图和印刷电路的连线及元器件对应起来。

2）按照由里到外、从小到大、从矮到高的顺序，焊接收音机电路板上的各个元器件。

3）焊接完毕，仔细检查电路是否有虚焊、假焊和短路的地方。检查电阻是否有阻值接错的，电容、发光二极管是否有正负极反了的，晶体管的 E、B、C 脚接对了没有，中周的型号是否有误等。逐步分析，发现错误及时纠正，以免通电后烧坏元器件。

（3）调试

1）静态工作点的调试。所谓静态是指收音机未收到任何电台时的状态。晶体管的工作状态是否合适，会直接影响整机的性能，严重时甚至使整机不能工作。

所谓工作状态的调整主要是指集电极电流的调整。图 6-54 中标有“×”的地方为电流表接入处，电路板上留有四个测量电流的缺口，分别是 A、B、C、D 四个点，将电位器的开关打开（音量旋至最小即测量静态电流），用万用表的 10mA 挡测量各点的晶体管静态电流是：$I_{C1}\approx 0.3\text{mA}$，$I_{C2}\approx 0.5\text{mA}$，$I_{C4}\approx 2\text{mA}$，$I_{C5、6}\approx 1.5\text{mA}$，测量值与上述值差不多时可用。若测量电流过小，则有可能元器件脱焊或虚焊；若测量电流过大，则有可能焊点之间短路或元器件装配错误，应立即断开电源，否则可能造成元器件的损坏。

当电路正常后，用电烙铁将这四个缺口依次连接，再把音量开到最大，调节双联拨盘即可收到电台声音。如果遇到某一级电流太大或太小时，首先重点检查这一级晶体管的极性和质量，然后检查晶体管周围元器件是否有问题。

将各级静态工作点测试结果填入表 6-16 中。

表 6-16 收音机静态工作点测试表

	I_{C1}	I_{C2}	I_{C4}	$I_{C5、6}$	整机静态工作电流	结　论
正常值						
测量值						

2）中频调试。将 465kHz 的中频调幅波信号输出线的非接地端接入 VT1 的基极，地线接至电池的负极，将双联电容全旋进去，用无感起子依次调整 T3、T4 的磁心位置，以改变其电感量，使声音达最大而且不刺耳。

由于前、后级之间相互影响，需反复调整几次。

3）对刻度。接收 535kHz 的调幅波信号（将信号输出线的非接地端靠近磁性天线，地线接至电池的负极），将刻度盘旋至 535kHz 处，用无感起子调整振荡回路的线圈 T2 的磁心位置，以改变其电感量，使声音达最大而且不刺耳。

接收 1605kHz 调幅波信号（将信号输出线的非接地端靠近磁性天线，地线接至电池的负极），将刻度盘旋至 1605kHz 处，调振荡回路的补偿电容 C3（拉线电容），使声音达最大而且不刺耳。

由于高、低端之间相互影响，需反复调整几次。

4）统调。接收 600kHz 的调幅波信号（将信号输出线的非接地端靠近磁性天线，地线接至电池的负极），将刻度盘旋至 600kHz 的刻度处，调整输入回路的线圈 T1 在磁棒上的位置，以改变其电感量，使声音达最大而且不刺耳。用蜡将线圈 T1 固定。

接收 1500kHz 的调幅波信号（将信号输出线的非接地端靠近磁性天线，地线接至电池的负极），将刻度盘旋至 1500kHz 的刻度处，调输入回路的补偿电容 C2（磁可调电容），使声音达最大而且不刺耳。

6. 实训报告

1）总结收音机的工作原理。

2）总结收音机的装配过程与装配工艺，以及装配中出现的问题与解决方法。

3）总结收音机的调试过程与调试工艺，以及调试过程中出现的问题与解决方法。

4）收获与体会。

6.2.3　GQDJL-1 型单片机通用开发板的组装与调试

1. 实训目的

1）进一步熟悉各类电子元器件。

2）进一步锻炼学生的电子焊接能力。

3）分析与理解各单元电路的电路原理与功能。

4）为进一步学会单片机应用技术奠定硬件平台与硬件知识基础。

2. 实训仪表、工具与材料

1）仪表：万用表。

2）工具：镊子、尖嘴钳、电子拆焊工具。

3）材料：GQDJL-1 型单片机通用开发板套件 1 套、含测试程序的 STC89C52RC 或 STC15F2K60S2 单片机。

3. GQDJL-1 型单片机通用开发板电路分析

（1）单片机最小系统模块　图 6-58 所示为单片机最小系统模块电路与接口，GQDJL-1 型单片机开发板兼容 STC15 系列和非 STC15 系列（STC89、STC90、STC10/11、STC12）单

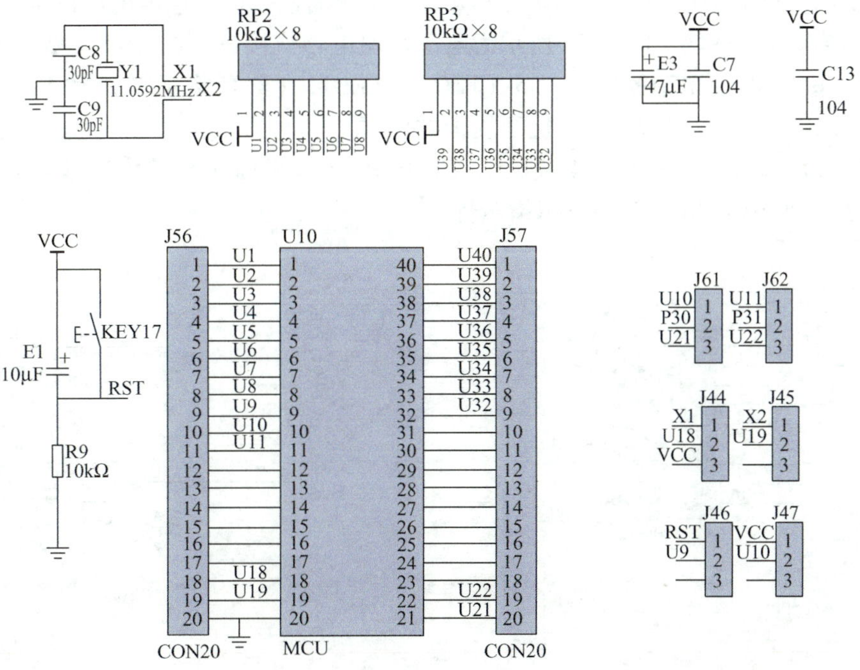

图 6-58　单片机最小系统模块

片机，STC15 系列和非 STC15 系列单片机在引脚上是不兼容的，且 STC15 系列内置了时钟与复位电路，因此，本开发板采用了跳线的方式来兼容 STC15 系列和非 STC15 系列单片机（STC89/STC90 系列、STC10/11 系列、STC12 系列等）。当 J44、J45、J46、J47、J61、J62 的 1、2 脚相接时，系统使用非 STC15 系列，如 STC89C52RC 单片机；当 J44、J45、J46、J47、J61、J62 的 2、3 脚相接时，系统使用 STC15 系列，如 ST15F2K60S2 单片机。

单片机最小系统模块是整个开发系统的核心电路，此后的实验实训都是围绕单片机模块而构建，即单片机 + 接口电路。单片机 U10 采用 STC89C52RC 或 ST15F2K60S2，具有在线下载程序功能；时钟电路由 Y1（11.0592MHz 晶振）、C8、C9（30pF 电容）组成；复位电路由 E1（10μF 电解电容）、R9（10kΩ）和 KEY17 按键组成；RP2（10kΩ×8）、RP5（10kΩ×8）为单片机 P1、P0 口的上拉电阻，便于 P0、P1 口直接与各类外围接口器件连接。E3（47μF 电解电容）、C7、C13（104 电容）用于去耦以及高频振荡。

单片机的 40 个引脚分别通过 J56、J57 引出。

注意： STC89C52RC 单片机 P0、P1、P2、P3 端口的引脚分布为：P0.0 ~ P0.7 对应 39 ~ 32，P1.0 ~ P1.7 对应 1 ~ 8，P2.0 ~ P2.7 对应 21 ~ 28，P3.0 ~ P3.7 对应 10 ~ 17。

（2）ISP 在线编程模块 图 6-59 所示为 ISP 在线编程模块，由 UB1（CH340G）、Y3（12MHz 晶振）、C16、C17（30pF）、C15（103 电容）、1N4148、R18（300Ω）、C14（104 电容）组成。CH340G 是 USB 与 TTL 串口信号转换芯片，通过网络标号 P3.0、P3.1 与 STC89C52RC 单片机的 P3.0、P3.1 引脚相接，通过网络标号 UD +、UD - 与开发板的 USB 座相接，进而与 PC 的 USB 接口相接。下载程序时，必须先安装 USB 模拟串口驱动程序，获取 USB 模拟串口的串口号，然后应用 STC-ISP 在线编程软件按取得的串口进行程序下载。

（3）电源与指示模块 图 6-60 所示为电源模块电路与接口，由 SW5（双刀双掷开关）、USB1（USB 座）、P1（电源插座）、R5（1kΩ）、LED11（红色指示灯）和 E2（47μF 电解电容）、C6（104 电容）组成。单片机开发板的电源由两种方式提供，一般在调试阶段建议采用 USB 接口从计算机中获取，当调试结束时从 P1（电源插座）输入其他形式 5V 直流电源。SW5 为电源开关，LED11 为电源指示灯。

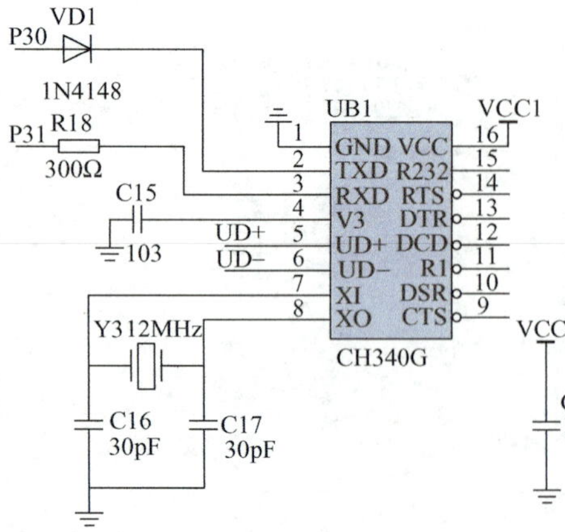

图 6-59 ISP 在线编程模块

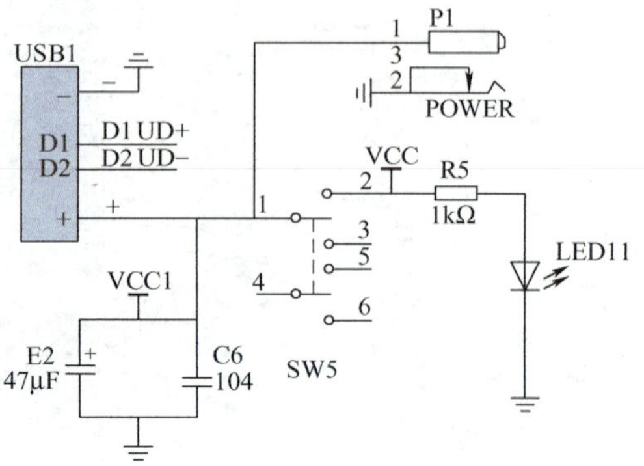

图 6-60 电源模块电路与接口

(4) LED 模块　图 6-61 所示为 LED 模块电路与接口，共有 8 个独立的 LED（LED1 ~ LED8）显示电路。RP4（1kΩ×8）排阻为 LED 的限流电阻，LED1 ~ LED8 的驱动信号从 J60 的 1 ~ 8 插针输入，用于显示单片机的工作状态或输出数据。

注意： LED 是低电平驱动。

(5) 键盘模块（含简单键盘与矩阵键盘）　图 6-62 所示为键盘模块电路与接口，由 KEY1 ~ KEY16、J48、J52 组成。

当 J52 的 2、3 脚短接时，为简单键盘，J48 的 5、6、7、8 引脚分别为按键 KEY1、KEY2、KEY3、KEY4 的按键信号输出；当 J52 的 2、1 脚短接时，为矩阵键盘，J48 的 5、6、7、8 引脚输出为矩阵键盘的列信号，J48 的 1、2、3、4 引脚输出为矩阵键盘的行信号。

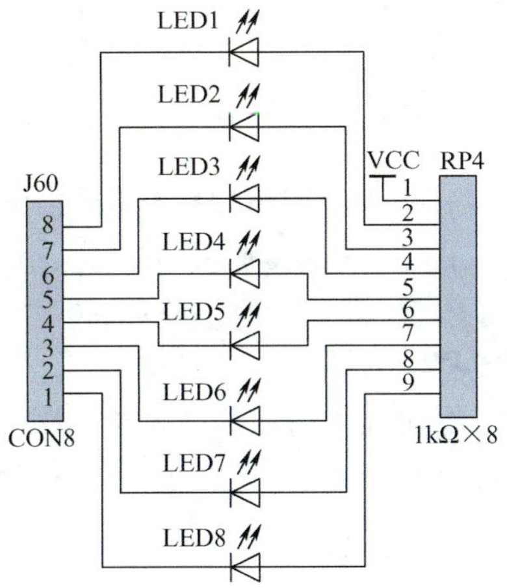

图 6-61　LED 模块

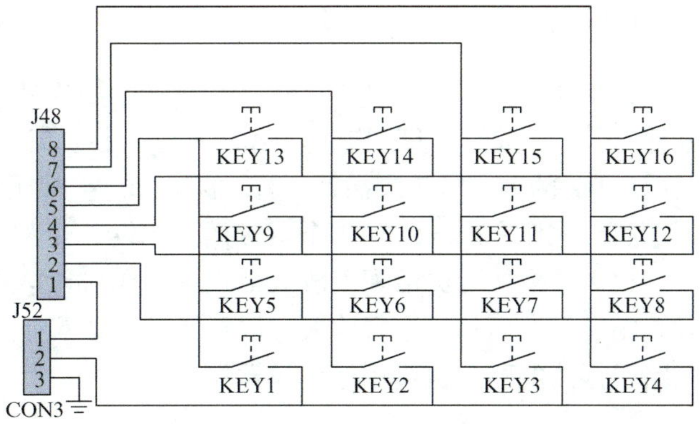

图 6-62　简单键盘模块

(6) 开关量输出模块　图 6-63 所示为开关量输出模块电路与接口，共有 4 个独立开关电路。R13 与 SW1、R12 与 SW2、R14 与 SW3、R15 与 SW4 构成 4 路开关信号，从 J53 插针输出，用于向单片机输入开关信号，起到传输命令或数据的作用。

(7) 数码 LED 显示模块　图 6-64 所示为 6 位数码 LED 显示模块电路与接口，由 RP1（220Ω×8）、LED9、LED10（3361AS）、J30、J31 构成。3361AS 为 3 位共阴极 LED 数码显示器，限流电阻为 220Ω。段驱动信号（高电平有效）从 J31 插针输入，位驱动信号（低电平有效）从 J30 插针输入。数码 LED 显示内容较丰富，主要用于显示十进制数码或其他英文字母。

(8) 单次脉冲模块　图 6-65 所示为单次脉冲模块电路与接口，由 U9（74LS00）、R10（10kΩ）、R11（10kΩ）、SW6 和 J49、J50、J51 构成。单次脉冲发生器的基本原理是由 74LS00（4-2 输入与非门）中的 1、2 与非门电路构成双稳态触发器，SW6 是触发开关，每按一次，J50 插针输出一个脉冲。J49 用于提供 74LS00 的工作电源，当 J49 的 1、2 脚短接时，74LS00 得电工作，否则不得电。J51 是 74LS00 中的 3、4 与非门的输入输出，其中 J51 的 1、2、3 脚是 74LS00 的 3 与非门的输入输出引出端，J51 的 4、5、6 脚是 74LS00 的 4 与非门的输入输出引出端。

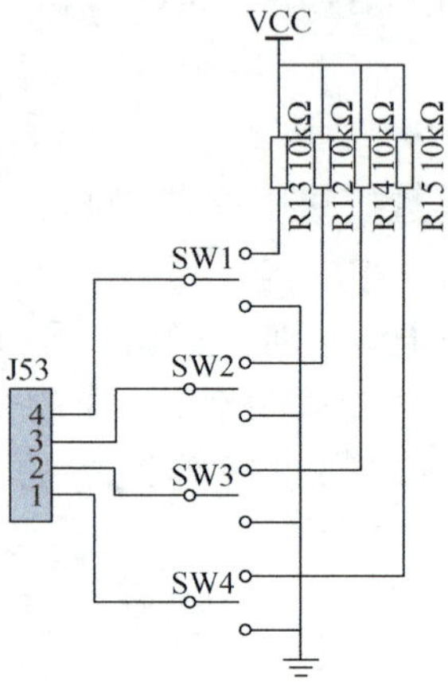

图 6-63　开关量输出模块

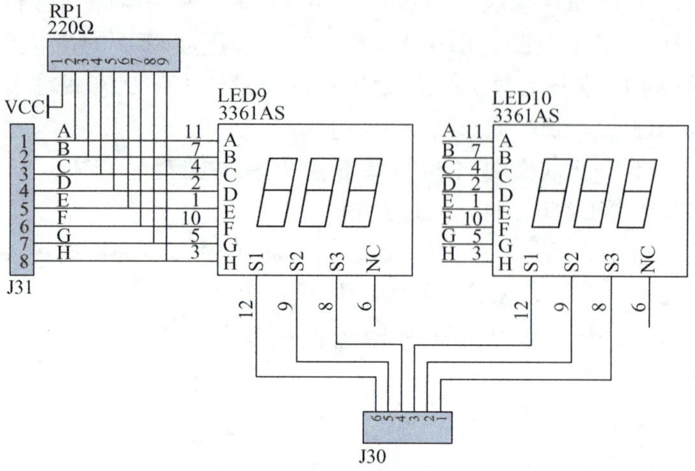

图 6-64　数码 LED 显示模块

（9）放大器模块　图 6-66 所示为放大器模块电路与接口，由 U6（LM324）、C5（104 电容）、J12、J26 和 J27 构成。LM324 是 4 运放集成电路，J26 的 1、2 脚插针用于接正、负电源。J12 的 1、2、3 脚插针，J12 的 6、5、4 脚插针，J27 的 1、2、3 脚插针，J27 的 6、5、4 脚插针分别是 LM324 中 4 个运放的输出端、反相输入端与同相输入端。

放大器模块可灵活配上放大器反馈电阻和输入电阻，构成不同放大倍数的放大器，用于对微弱模拟电压信号进行放大。同样，也可以配上其他元器件（如电容），构成微分、积分电路或振荡电路，也可用作比较器等。

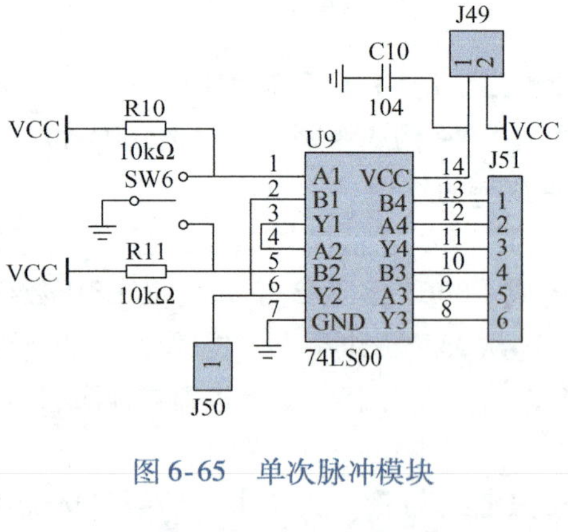

图 6-65　单次脉冲模块

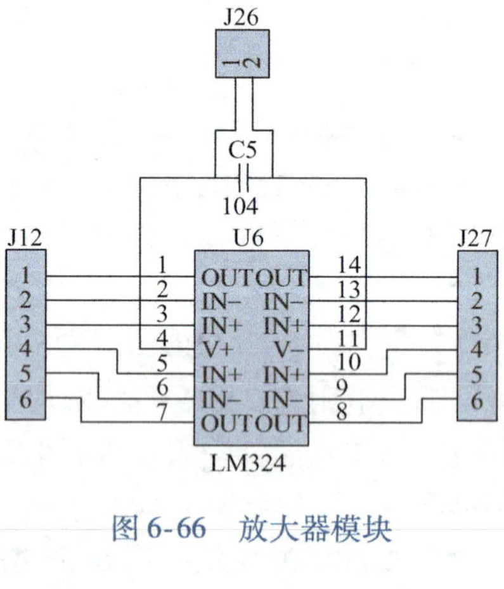

图 6-66　放大器模块

（10）D 触发器模块　图 6-67 所示为 D 触发器模块电路与接口，由 U5（CD4013）、C4（104 电容）、J9、J10 和 J11 构成。CD4013 为双 D 触发器的集成电路，D 触发器 1 的各引脚由 J10 插针引出，D 触发器 2 的各引脚由 J11 插针引出，J9 用于接通 CD4013 的工作电源，J9 的 1、2 脚插针短接时工作。

D 触发器模块主要用于构建分频器，比如，当单片机的晶振频率为 12MHz 时，ALE 输出的脉冲信号频率为 2MHz（晶振频率的 1/6）。若需要 500kHz 信号时，就可通过用 D 触发器构成的 4 分频器分频得到。

（11）继电器模块　图 6-68 所示为继电器模块电路与接口，由 VT2（8550）、RL1（继电器）、R16（1kΩ）、P2（3 位接线座）和 J54 构成。RL1 为 5V 小型继电器，P2 为继电器常闭、常开开关触点的输出插针，可用作交、直流开关使用。

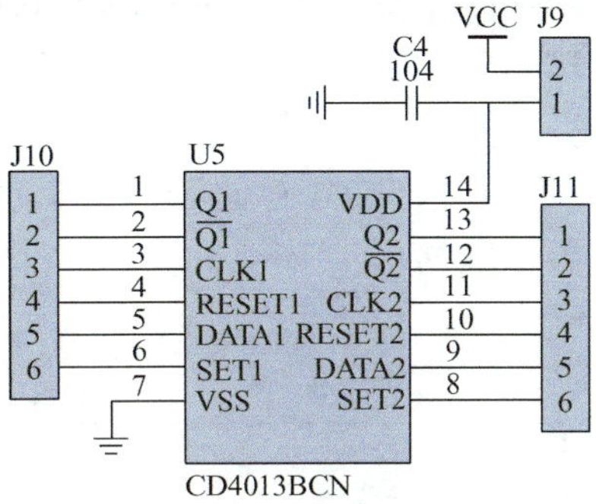

图 6-67　D 触发器模块

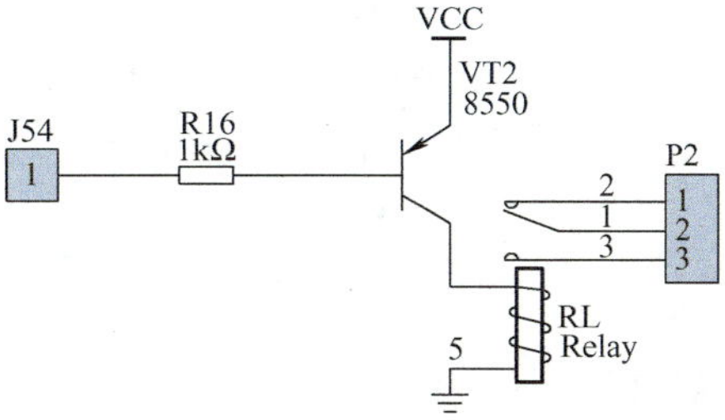

图 6-68　继电器模块

（12）蜂鸣器模块　图 6-69 所示为蜂鸣器模块电路与接口，由 VT1（8550）、LS1（5V 蜂鸣器）、R17（1kΩ）和 J55 构成。LS1 为 5V 直流蜂鸣器，J55 插针用于接驱动电平，低电平驱动。

蜂鸣器模块电路用于单片机应用系统的声音报警。

（13）D-A 转换模块　图 6-70 所示为 D-A 转换模块电路与接口，由 U3（DAC0832）、C11（104 电容）、J5、J6、J24 和 J25 构成。DAC0832 是双输入缓冲器、电流输出型的 8 位 D-A 转换器，数字输入数据通过 J6 从 DI0 ~ DI7 输入，各控制信号从 J5 输入，用于控制 D-A 转换的启动；通过 J25 外接运算放大器，放大器输出端数据即为数字信号转换后的模拟输出电压，其中基准电压固定为 5V。J24 用于接通 DAC0832 的工作电源，J24 的 1、2 脚插针短接时工作。

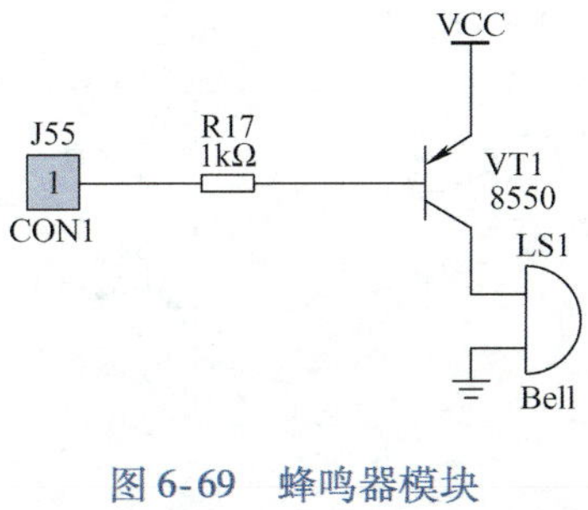

图 6-69　蜂鸣器模块

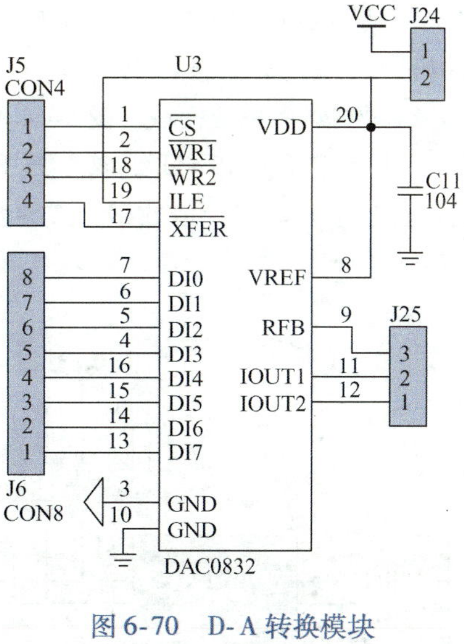

图 6-70　D-A 转换模块

（14）A-D 转换模块　图 6-71 所示为 A-D 转换模块电路与接口，由 U4（TLC549）、J28 和 J29 构成。TLC549 是串行 8 位 A-D 转换集成电路，模拟电压从 J29 的 4 脚输入，串行数字量从 J29 的 2 脚输出，串行移位脉冲从 J29 的 1 脚输入，J29 的 3 脚为片选端。J28 用于接通 TLC549 的工作电源，J28 的 1、2 脚插针短接时工作。

(15) E²PROM 存储器模块 图 6-72 所示为 E²PROM 存储器模块电路与接口，由 U2（AT24C01）、R6、R7（10kΩ）、C3（104 电容）、J7 和 J8 组成。J8 的 1、2 脚插针分别是 AT24C01 串行时钟 SCL、串行数据 SDA 的引出端，J27 用于接通 AT24C01 的工作电源，J7 的 1、2 脚插针短接时工作。

AT24C01 是 ATMEL 公司生产的 I²C 串行总线型 128B 的 E²PROM 存储器，用于存储单片机应用系统中既容易修改，断电后又不能丢失的工作参数数据。

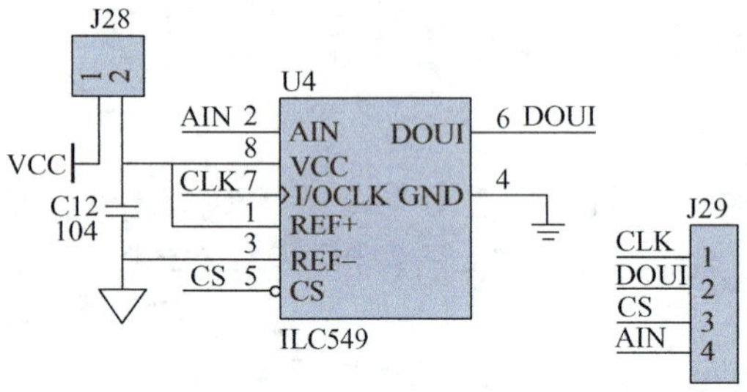

图 6-71 A-D 转换模块

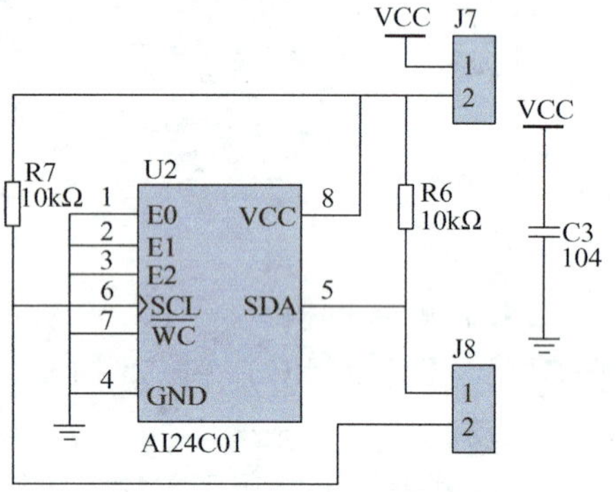

图 6-72 E²PROM 存储器模块

(16) 日历时钟 I²C 串行总线模块 图 6-73 所示为日历时钟 I²C 串行总线模块电路与接口，由 U1（PCF8563）、Y2（32.768kHz）、C2（15pF）、R1、R2、R3、R4（10kΩ）、C1（104电容）、J3 和 J4 组成。J4 的 1、2、3、4 脚插针分别是 PCF8563 的 CLKOUT、SCL、SDA、$\overline{\text{INT}}$的引出端，J3 用于接通 PCF8563 的工作电源，J3 的 1、2 脚插针短接时工作。

PCF8563 是 Philips 公司生产的 I²C 串行总线型日历时钟电路，可独立产生日历时钟信号，单片机通过串行总线读取即可。

(17) DS18B20 单总线模块 图 6-74 所示为 DS18B20 单总线模块电路与接口，由 J32（外接 DS18B20）、R8（10kΩ）和 J33 组成。DS18B20 是 DALLAS 公司生产的单总线型数字温度计，能独立进行测温、A-D 转换形成数字形式的温度数据，单片机只要通过单总线读取即可。

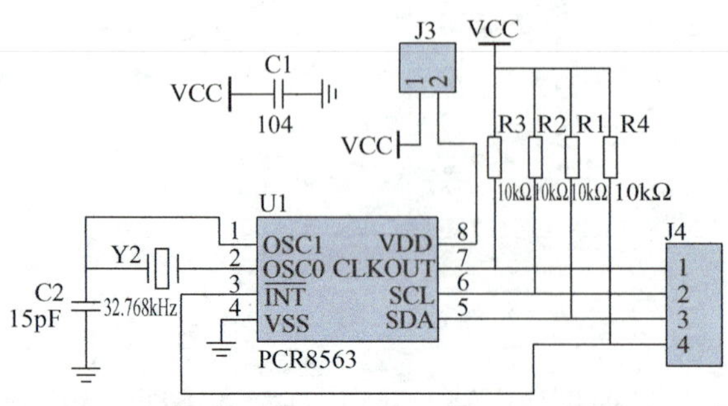

图 6-73 日历时钟 I²C 串行总线模块

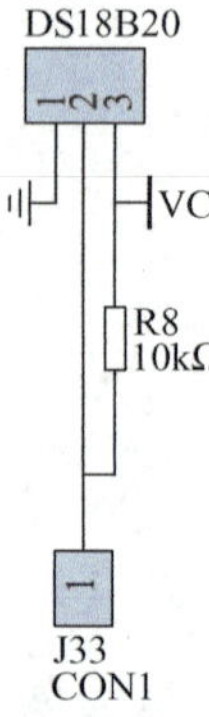

图 6-74 DS18B20 单总线模块

(18) 电位器模块　图 6-75 所示为电位器模块电路与接口，由 VR1 ~ VR4 和 J34 ~ J37 组成，VR1、VR2 是 10kΩ 的精密电位器，VR3、VR4 是 100kΩ 的精密电位器。J34 ~ J37 是 VR1 ~ VR4 对应的输出插针，用以提供各种电阻阻值，比如用作集成运放的反馈电阻和输入电阻，或外接电源利用电阻分压原理以形成可调直流输出电压。

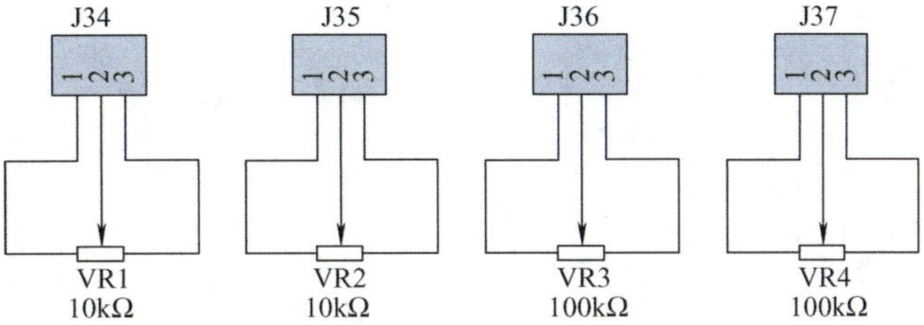

图 6-75　电位器模块

(19) 电源、地与通用中继连接模块　图 6-76 所示为电源、地与通用中继连接模块，由 J19 ~ J23 和 J38 ~ J43 组成。其中，J19 为地线连接插针，J22、J23 为电源线连接模块，其余插针为通用连接模块。

(20) 活动扩展槽连接模块　图 6-77 所示为活动扩展槽连接模块，由 U11（40 针拉杆扩展槽）、J17 和 J18 组成。单插（小于 20 针）或双插（40 针以下）的集成电路可安放在 U11 插座上，再通过 J17 或 J18 与单片机系统的其他电路相连，实现电路扩展。

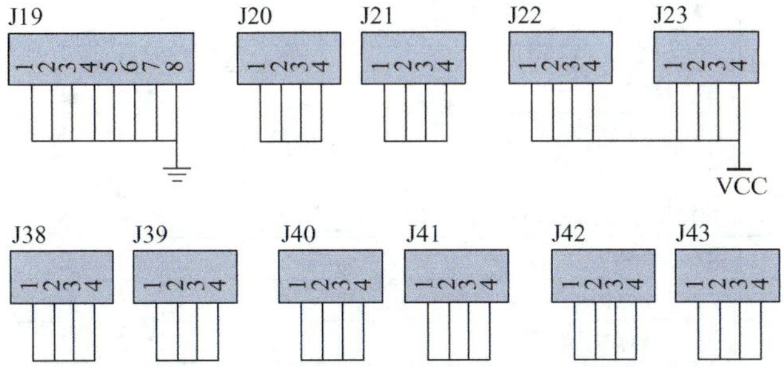

图 6-76　电源、地与通用中继连接模块

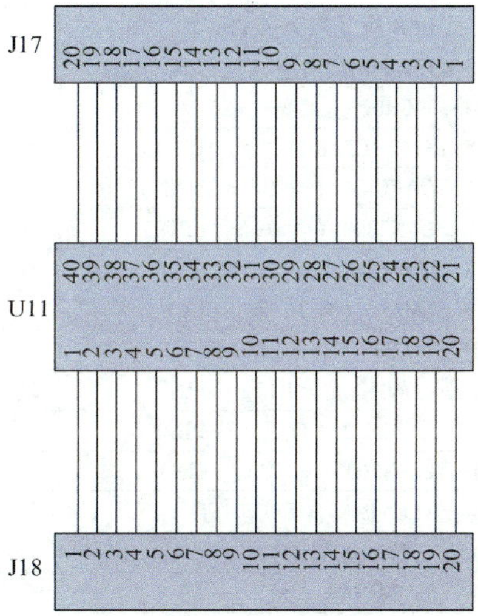

图 6-77　活动扩展槽连接模块

(21) 电路扩展模块　图 6-78 所示为电路扩展模块，由 J1、J2 和 J15、J16 组成。其中 J1、J2 为一对，J2 为插座，J1 为与 J2 对应的连接插针；J15、J16 为一对，J15 为插座，J16 为与 J15 对应的连接插针。当需要外接扩展电路模块时，可将外接扩展电路通过插针与 J2、J15 相接，再通过 J1、J16 与单片机系统电路相接，以构成相对较复杂的电子系统。比如市场上的 1602 字符型 LCD 模块、12864 图形 LCD 模块，就可将 LCD 模块安插在 J2 插座上，再通过 J1 与单片机系统相连，以实现 LCD 显示。

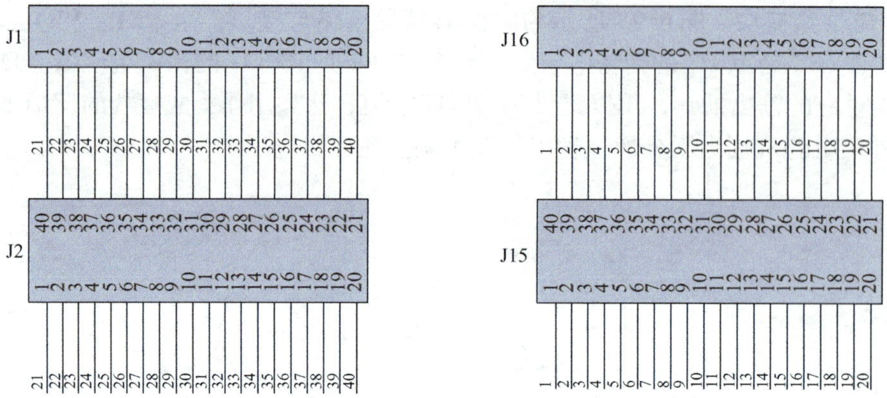

图 6-78 电路扩展模块

4. 组装与调试

(1) 领取 GQDJL-1 型通用单片机开发板套件与元器件 按表 6-17 所示，领取套件材料，测试元器件与撰写元器件测试报告。

表 6-17 GQDJL-1 型通用单片机开发板套件清单

序号	型 号	单位	数量	备注	序号	型 号	单位	数量	备注
1	PCB 环氧板	块	1		28	脉动开关	个	1	
2	USB 线（双公 A 口）	根	1		29	拨动开关	个	4	
3	3M 40P 锁紧座（宽）	只	1		30	40PIN 单排针（方）	个	10	
4	3M 40P 锁紧座（窄）	块	1		31	跳线帽	只	20	
5	STC89C52RC（含拉杆座）	块	1		32	3PIN 单排针（圆）	个	1	
6	DAC0832（含 IC 座 20PIN）	块	1		33	20PIN 双排座（方）	个	2	
7	ULN2803（含 IC 座 18PIN）	块	1		34	晶振（32.768kHz）	只	1	
8	CH340G	块	1		35	晶振（11.0592MHz）	只	1	
9	LM324（含 IC 座 14PIN）	块	1		36	晶振（12MHz）	只	1	
10	74LS00（含 IC 座 14PIN）	块	1		37	接线端子	个	1	
11	CD4013（含 IC 座 14PIN）	块	1		38	电源插座	个	1	
12	AT24C02（含 IC 座 8PIN）	块	1		39	电源开关	个	1	
13	PCF8563（含 IC 座 8PIN）	块	1		40	PCB 支座铜柱	根	5	
14	TLC549（含 IC 座 8PIN）	块	1		41	8550	只	2	
15	三位一体数码管	个	2		42	10kΩ 电阻	只	14	
16	5V 继电器（大）	个	1		43	1kΩ 电阻	只	3	
17	10kΩ 电位器	个	2		44	300Ω 电阻	只	1	
18	100kΩ 电位器	个	2		45	1N4148	只	1	
19	ϕ5mm 红色 LED 高亮	个	3		46	104 瓷片电容	只	11	
20	ϕ5mm 黄色 LED 高亮	个	2		47	103 瓷片电容	只	1	
21	ϕ5mm 绿色 LED 高亮	个	2		48	30pF 瓷片电容	只	4	
22	ϕ5mm 白发红色 LED 高亮	个	2		49	15pF 瓷片电容	只	1	
23	220Ω 排阻	个	1		50	10μF 电容	只	1	
24	102 排阻	个	1		51	100μF 电容	只	2	
25	103 排阻	个	2		52	双头杜邦单芯扩展连接线，线长 21cm	根	20	
26	蜂鸣器（5V，内置晶体管一体）	个	1		53	双头杜邦八芯扩展连接线，线长 20cm	根	4	
27	轻触开关	个	17		54	USB 座	个	1	

（2）安装与焊接 图 6-79 所示为 GQDJL-1 型通用单片机开发板的 PCB 图，按照由里到外、从小到大，从矮到高的焊接顺序，根据 PCB 图与实际元器件制定安装与焊接工艺文件。

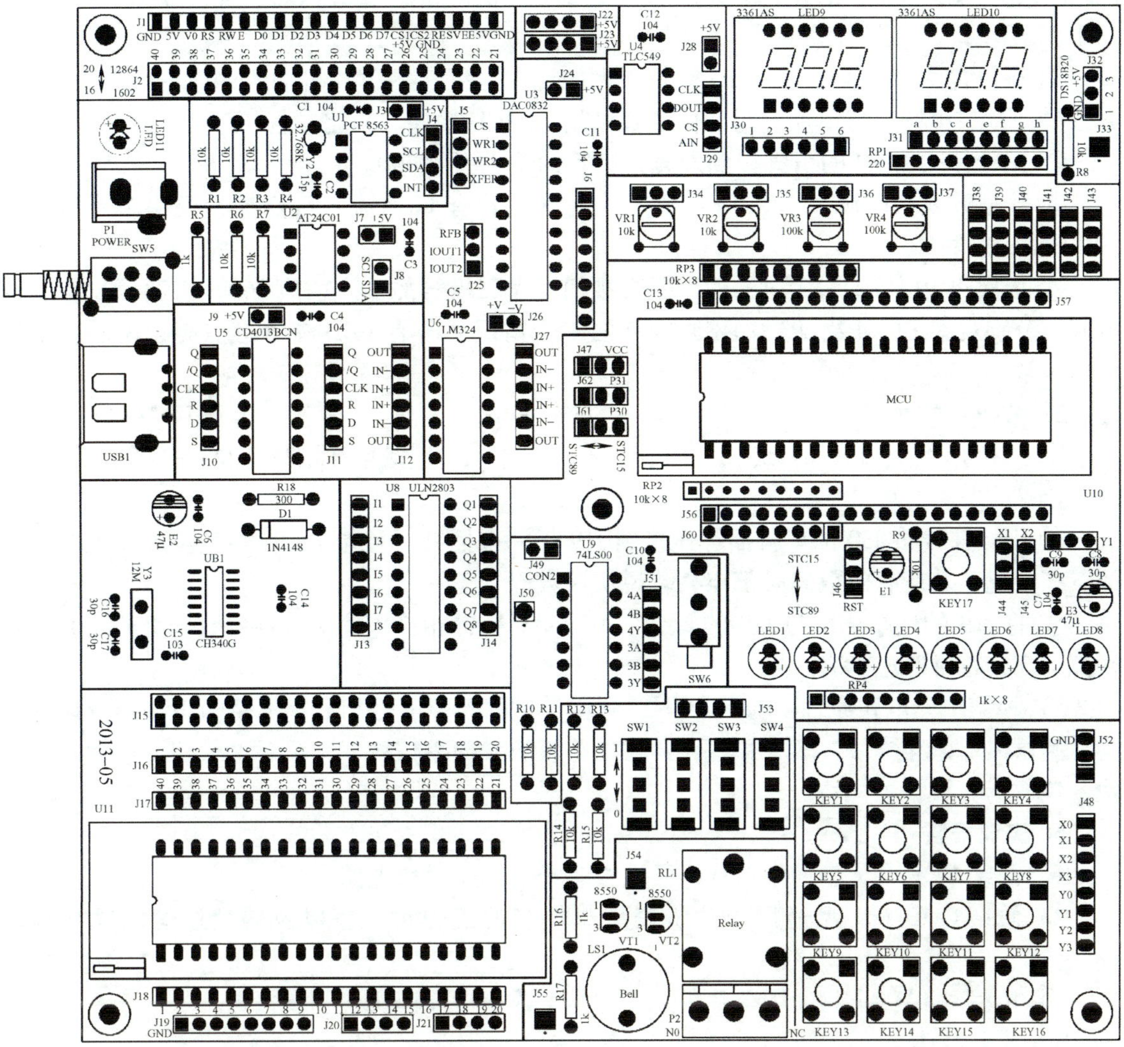

图 6-79 GQDJL-1 型通用单片机开发板的 PCB 图

根据元器件特性，在焊接过程中，有如下注意事项：

1）注意排阻的安装与焊接，一是各排阻阻值不要混淆，二是排阻公共极的位置不要搞错。

2）注意有极性元器件的焊接，主要有 USB 转串口驱动 IC（CH340G）、发光二极管、电解电容、蜂鸣器、数码管等极性元器件。

3）通孔 IC 元器件不应直接安装在电路板上，应先安装 IC 座，要注意 IC 座的安装方向，IC 座半月形标志与电路板上半月形标志位于同一个方向。

4）建议排针最后焊，因为排针很容易安装到其他元器件的位置上，容易引起混淆。

(3) 调试

1）单片机最小系统的调试。若使用 STC89C52RC 单片机，J44、J45、J46、J47、J61、J62 的 1、2 引脚短接；若使用 STC15F2K60S2 单片机，J44、J45、J46、J47、J61、J62 的 2、3 引脚短接。

① 将包含由 P0、P1、P2、P3 端口控制的流水灯程序的单片机插入 MCU 插座中。操作方法是：拉起拉杆，将单片机对准位置轻松放入 MCU 插座，再将拉杆压紧。

② 用杜邦线将 P0 的引脚接到发光二极管的输入引脚 J60。

③ 接通开发板电源，观察 LED 的工作情况，若有 LED 流水灯点亮，说明单片机以及 P0 口输出正常。

④ 依次将 P1、P2、P3 口的输出引脚接到发光二极管的输入引脚 J60，接通开发板工作电源，分别观察 P1、P2、P3 口驱动 LED 的工作情况，若有 LED 流水灯点亮，说明各端口输出正常。

2）数码管的测试。

① 用杜邦线将 J31 的 a、b、c、d、e、f、g、h 引脚接到 J22、J23 的插针（电源端）上。

② 用杜邦线将 J30 的 1 脚插针连接到 J19 任一根插针（地端），观察最左边发光二极管的点亮情况，若所有的数码段都点亮，说明该数码管正常。

③ 将 J19 的地端依次与 J30 的 2、3、4、5、6 插针相接，依次观察各数码管的发光段是否都点亮，正常时应全亮。

3）根据单元电路原理图与 PCB 图，利用学过的模拟电路和数字电路知识，自行设计方案，测试以下电路模块：SW1 ~ SW4 开关电路模块、简单按键、单次脉冲模块、D 触发器模块、集成运算放大器模块。

5. 实训报告

1）总结 GQDJL-1 型通用单片机开发板有哪些功能模块电路。

2）总结 GQDJL-1 型通用单片机安装与焊接的工作过程，以及遇到过的问题与解决办法。

3）撰写 GQDJL-1 型通用单片机元器件与电路板功能模块的测试报告。

4）收获与体会。

附　　录

附录 A　实训报告样例

A.1　电阻的识别与检测实训报告

<table>
<tr><td colspan="2">实训地点</td><td colspan="2"></td><td>时间</td><td></td><td colspan="2">实训成绩</td><td colspan="2"></td></tr>
<tr><td>姓名</td><td></td><td>班级</td><td></td><td>学号</td><td></td><td colspan="2">同组姓名</td><td colspan="2"></td></tr>
<tr><td colspan="2">实训目的</td><td colspan="8"></td></tr>
<tr><td colspan="2">实训设备与器材准备</td><td colspan="8"></td></tr>
<tr><td colspan="2">实训内容</td><td colspan="2">标志</td><td colspan="3">标称阻值</td><td colspan="2">偏差</td><td>实测阻值</td></tr>
<tr><td colspan="2" rowspan="4">色环电阻</td><td colspan="2"></td><td colspan="3"></td><td colspan="2"></td><td></td></tr>
<tr><td colspan="2"></td><td colspan="3"></td><td colspan="2"></td><td></td></tr>
<tr><td colspan="2"></td><td colspan="3"></td><td colspan="2"></td><td></td></tr>
<tr><td colspan="2"></td><td colspan="3"></td><td colspan="2"></td><td></td></tr>
<tr><td colspan="2" rowspan="4">非色环电阻</td><td colspan="2"></td><td colspan="3"></td><td colspan="2"></td><td></td></tr>
<tr><td colspan="2"></td><td colspan="3"></td><td colspan="2"></td><td></td></tr>
<tr><td colspan="2"></td><td colspan="3"></td><td colspan="2"></td><td></td></tr>
<tr><td colspan="2"></td><td colspan="3"></td><td colspan="2"></td><td></td></tr>
<tr><td colspan="2" rowspan="2">电位器</td><td colspan="2"></td><td colspan="3"></td><td colspan="2"></td><td></td></tr>
<tr><td colspan="2"></td><td colspan="3"></td><td colspan="2"></td><td></td></tr>
<tr><td colspan="2">详细写出一种敏感电阻的质量判别方法，并指出实训过程中遇到的问题及解决办法</td><td colspan="8"></td></tr>
<tr><td colspan="2">写出此次实训过程中的体会及感想，提出实训中存在的问题</td><td colspan="8"></td></tr>
<tr><td colspan="2">指导教师评语</td><td colspan="8"></td></tr>
</table>

A.2 电容的识别与检测实训报告

<table>
<tr><td colspan="2">实训地点</td><td colspan="2"></td><td>时间</td><td></td><td>实训成绩</td><td></td></tr>
<tr><td>姓名</td><td></td><td>班级</td><td></td><td>学号</td><td></td><td>同组姓名</td><td></td></tr>
<tr><td colspan="2">实训目的</td><td colspan="6"></td></tr>
<tr><td colspan="2">实训设备与
器材准备</td><td colspan="6"></td></tr>
<tr><td colspan="2">实训内容</td><td colspan="2">标称容量值</td><td colspan="2">耐压</td><td>标注方式</td><td>检测结果</td></tr>
<tr><td colspan="2" rowspan="5">铝电解电容</td><td colspan="2"></td><td colspan="2"></td><td></td><td></td></tr>
<tr><td colspan="2"></td><td colspan="2"></td><td></td><td></td></tr>
<tr><td colspan="2"></td><td colspan="2"></td><td></td><td></td></tr>
<tr><td colspan="2"></td><td colspan="2"></td><td></td><td></td></tr>
<tr><td colspan="2"></td><td colspan="2"></td><td></td><td></td></tr>
<tr><td colspan="2" rowspan="3">钽电容</td><td colspan="2"></td><td colspan="2"></td><td></td><td></td></tr>
<tr><td colspan="2"></td><td colspan="2"></td><td></td><td></td></tr>
<tr><td colspan="2"></td><td colspan="2"></td><td></td><td></td></tr>
<tr><td colspan="2" rowspan="3">涤纶电容</td><td colspan="2"></td><td colspan="2"></td><td></td><td></td></tr>
<tr><td colspan="2"></td><td colspan="2"></td><td></td><td></td></tr>
<tr><td colspan="2"></td><td colspan="2"></td><td></td><td></td></tr>
<tr><td colspan="2" rowspan="5">瓷介电容</td><td colspan="2"></td><td colspan="2"></td><td></td><td></td></tr>
<tr><td colspan="2"></td><td colspan="2"></td><td></td><td></td></tr>
<tr><td colspan="2"></td><td colspan="2"></td><td></td><td></td></tr>
<tr><td colspan="2"></td><td colspan="2"></td><td></td><td></td></tr>
<tr><td colspan="2"></td><td colspan="2"></td><td></td><td></td></tr>
<tr><td colspan="2">详细写出5000pF以上无极性电容的检测方法，并指出实训过程中遇到的问题及解决办法</td><td colspan="6"></td></tr>
<tr><td colspan="2">写出此次实训过程中的体会及感想，提出实训中存在的问题</td><td colspan="6"></td></tr>
<tr><td colspan="2">指导教师评语</td><td colspan="6"></td></tr>
</table>

A.3 电感的识别与检测实训报告

<table>
<tr><td colspan="2">实训地点</td><td colspan="2"></td><td>时间</td><td></td><td>实训成绩</td><td></td></tr>
<tr><td>姓名</td><td></td><td>班级</td><td></td><td>学号</td><td></td><td>同组姓名</td><td></td></tr>
<tr><td colspan="2">实训目的</td><td colspan="6"></td></tr>
<tr><td colspan="2">实训设备与
器材准备</td><td colspan="6"></td></tr>
<tr><td colspan="2">实训内容</td><td colspan="2">标称电感值</td><td colspan="2">电感两端的电阻</td><td>实测电感值</td><td>测试结果</td></tr>
<tr><td colspan="2" rowspan="7">线圈类电感</td><td colspan="2"></td><td colspan="2"></td><td></td><td></td></tr>
<tr><td colspan="2"></td><td colspan="2"></td><td></td><td></td></tr>
<tr><td colspan="2"></td><td colspan="2"></td><td></td><td></td></tr>
<tr><td colspan="2"></td><td colspan="2"></td><td></td><td></td></tr>
<tr><td colspan="2"></td><td colspan="2"></td><td></td><td></td></tr>
<tr><td colspan="2"></td><td colspan="2"></td><td></td><td></td></tr>
<tr><td colspan="2"></td><td colspan="2"></td><td></td><td></td></tr>
<tr><td colspan="2">实训内容</td><td colspan="2">一次绕组的
电阻值</td><td colspan="2">二次绕组的
电阻值</td><td>一、二次绕组间
的电阻值</td><td>测试结果</td></tr>
<tr><td colspan="2" rowspan="4">电源变压器</td><td colspan="2"></td><td colspan="2"></td><td></td><td></td></tr>
<tr><td colspan="2"></td><td colspan="2"></td><td></td><td></td></tr>
<tr><td colspan="2"></td><td colspan="2"></td><td></td><td></td></tr>
<tr><td colspan="2"></td><td colspan="2"></td><td></td><td></td></tr>
<tr><td colspan="2" rowspan="4">中频变压器</td><td colspan="2"></td><td colspan="2"></td><td></td><td></td></tr>
<tr><td colspan="2"></td><td colspan="2"></td><td></td><td></td></tr>
<tr><td colspan="2"></td><td colspan="2"></td><td></td><td></td></tr>
<tr><td colspan="2"></td><td colspan="2"></td><td></td><td></td></tr>
<tr><td colspan="2">详细写出电源变压器是否开路的检测方法，并指出实训过程中遇到的问题及解决办法</td><td colspan="6"></td></tr>
<tr><td colspan="2">写出此次实训过程中的体会及感想，提出实训中存在的问题</td><td colspan="6"></td></tr>
<tr><td colspan="2">指导教师评语</td><td colspan="6"></td></tr>
</table>

A.4 半导体器件的识别与检测实训报告

<table>
<tr><td colspan="2">实训地点</td><td colspan="2"></td><td>时间</td><td></td><td colspan="2">实训成绩</td><td colspan="2"></td></tr>
<tr><td>姓名</td><td></td><td>班级</td><td></td><td>学号</td><td></td><td colspan="2">同组姓名</td><td colspan="2"></td></tr>
<tr><td colspan="2">实训目的</td><td colspan="8"></td></tr>
<tr><td colspan="2">实训设备与
器材准备</td><td colspan="8"></td></tr>
<tr><td colspan="2">实训内容</td><td colspan="2">正向电阻</td><td colspan="3">反向电阻</td><td colspan="3">测试结果</td></tr>
<tr><td colspan="2" rowspan="3">普通二极管的检测</td><td colspan="2"></td><td colspan="3"></td><td colspan="3"></td></tr>
<tr><td colspan="2"></td><td colspan="3"></td><td colspan="3"></td></tr>
<tr><td colspan="2"></td><td colspan="3"></td><td colspan="3"></td></tr>
<tr><td colspan="2" rowspan="2">稳压二极管的检测</td><td colspan="2"></td><td colspan="3"></td><td colspan="3"></td></tr>
<tr><td colspan="2"></td><td colspan="3"></td><td colspan="3"></td></tr>
<tr><td colspan="2" rowspan="2">发光二极管的检测</td><td colspan="2"></td><td colspan="3"></td><td colspan="3"></td></tr>
<tr><td colspan="2"></td><td colspan="3"></td><td colspan="3"></td></tr>
<tr><td colspan="2" rowspan="2">光敏二极管的检测</td><td colspan="2"></td><td colspan="3"></td><td colspan="3"></td></tr>
<tr><td colspan="2"></td><td colspan="3"></td><td colspan="3"></td></tr>
<tr><td colspan="2">实训内容</td><td colspan="2">BE 电阻</td><td colspan="3">BC 电阻</td><td colspan="2">放大倍数</td><td>测试结果</td></tr>
<tr><td colspan="2">NPN 型晶体管质量判别</td><td colspan="2"></td><td colspan="3"></td><td colspan="2"></td><td></td></tr>
<tr><td colspan="2">PNP 型晶体管质量判别</td><td colspan="2"></td><td colspan="3"></td><td colspan="2"></td><td></td></tr>
<tr><td colspan="2">实训内容</td><td colspan="2">GK 正向电阻</td><td colspan="3">GK 反向电阻</td><td colspan="2">维持导通检测</td><td>测试结果</td></tr>
<tr><td colspan="2">单向晶闸管的检测</td><td colspan="2"></td><td colspan="3"></td><td colspan="2"></td><td></td></tr>
<tr><td colspan="2">实训内容</td><td colspan="2">T2、G 正反向电阻</td><td colspan="3">T1、G 正反向电阻</td><td colspan="2">维持导通检测</td><td>测试结果</td></tr>
<tr><td colspan="2">双向晶闸管的检测</td><td colspan="2"></td><td colspan="3"></td><td colspan="2"></td><td></td></tr>
<tr><td colspan="2">详细写出单向晶闸管的检测方法，并指出实训过程中遇到的问题及解决办法</td><td colspan="8"></td></tr>
<tr><td colspan="2">写出此次实训过程中的体会及感想，提出实训中存在的问题</td><td colspan="8"></td></tr>
<tr><td colspan="2">指导教师评语</td><td colspan="8"></td></tr>
</table>

A.5　电声器件的识别与检测实训报告

<table>
<tr><td colspan="2">实训地点</td><td colspan="2"></td><td>时间</td><td></td><td>实训成绩</td><td></td></tr>
<tr><td>姓名</td><td></td><td>班级</td><td></td><td>学号</td><td></td><td>同组姓名</td><td></td></tr>
<tr><td colspan="2">实训目的</td><td colspan="6"></td></tr>
<tr><td colspan="2">实训设备与
器材准备</td><td colspan="6"></td></tr>
<tr><td colspan="2">实训内容</td><td colspan="2">两端电阻</td><td colspan="2">吹（压）时电阻</td><td>电阻差值</td><td>测试结果</td></tr>
<tr><td colspan="2" rowspan="5">驻极体传声器的检测</td><td colspan="2"></td><td colspan="2"></td><td></td><td></td></tr>
<tr><td colspan="2"></td><td colspan="2"></td><td></td><td></td></tr>
<tr><td colspan="2"></td><td colspan="2"></td><td></td><td></td></tr>
<tr><td colspan="2"></td><td colspan="2"></td><td></td><td></td></tr>
<tr><td colspan="2"></td><td colspan="2"></td><td></td><td></td></tr>
<tr><td colspan="2" rowspan="5">扬声器的检测</td><td colspan="2"></td><td colspan="2"></td><td></td><td></td></tr>
<tr><td colspan="2"></td><td colspan="2"></td><td></td><td></td></tr>
<tr><td colspan="2"></td><td colspan="2"></td><td></td><td></td></tr>
<tr><td colspan="2"></td><td colspan="2"></td><td></td><td></td></tr>
<tr><td colspan="2"></td><td colspan="2"></td><td></td><td></td></tr>
<tr><td colspan="2" rowspan="5">压电式扬声器的检测</td><td colspan="2"></td><td colspan="2"></td><td></td><td></td></tr>
<tr><td colspan="2"></td><td colspan="2"></td><td></td><td></td></tr>
<tr><td colspan="2"></td><td colspan="2"></td><td></td><td></td></tr>
<tr><td colspan="2"></td><td colspan="2"></td><td></td><td></td></tr>
<tr><td colspan="2"></td><td colspan="2"></td><td></td><td></td></tr>
<tr><td colspan="2">详细写出压电式扬声器的检测方法，并指出实训过程中遇到的问题及解决办法</td><td colspan="6"></td></tr>
<tr><td colspan="2">写出此次实训过程中的体会及感想，提出实训中存在的问题</td><td colspan="6"></td></tr>
<tr><td colspan="2">指导教师评语</td><td colspan="6"></td></tr>
</table>

A.6 PCB 手工拆焊实训报告

<table>
<tr><td colspan="2">实训地点</td><td colspan="2"></td><td>时间</td><td></td><td>实训成绩</td><td></td></tr>
<tr><td>姓名</td><td></td><td>班级</td><td></td><td>学号</td><td></td><td>同组姓名</td><td></td></tr>
<tr><td colspan="2">实训目的</td><td colspan="6"></td></tr>
<tr><td colspan="2">实训设备与
器材准备</td><td colspan="6"></td></tr>
<tr><td colspan="2">实训内容</td><td colspan="2">完整度</td><td colspan="2">测试结果</td><td>拆焊方法</td><td>用时</td></tr>
<tr><td colspan="2" rowspan="6">电阻拆焊</td><td colspan="2"></td><td colspan="2"></td><td></td><td rowspan="6"></td></tr>
<tr><td colspan="2"></td><td colspan="2"></td><td></td></tr>
<tr><td colspan="2"></td><td colspan="2"></td><td></td></tr>
<tr><td colspan="2"></td><td colspan="2"></td><td></td></tr>
<tr><td colspan="2"></td><td colspan="2"></td><td></td></tr>
<tr><td colspan="2"></td><td colspan="2"></td><td></td></tr>
<tr><td colspan="2" rowspan="7">电容拆焊</td><td colspan="2"></td><td colspan="2"></td><td></td><td rowspan="7"></td></tr>
<tr><td colspan="2"></td><td colspan="2"></td><td></td></tr>
<tr><td colspan="2"></td><td colspan="2"></td><td></td></tr>
<tr><td colspan="2"></td><td colspan="2"></td><td></td></tr>
<tr><td colspan="2"></td><td colspan="2"></td><td></td></tr>
<tr><td colspan="2"></td><td colspan="2"></td><td></td></tr>
<tr><td colspan="2"></td><td colspan="2"></td><td></td></tr>
<tr><td colspan="2" rowspan="3">晶体管拆焊</td><td colspan="2"></td><td colspan="2"></td><td></td><td rowspan="3"></td></tr>
<tr><td colspan="2"></td><td colspan="2"></td><td></td></tr>
<tr><td colspan="2"></td><td colspan="2"></td><td></td></tr>
<tr><td colspan="2">详细写出拆焊晶体管的方法，并指出实训过程中遇到的问题及解决办法</td><td colspan="6"></td></tr>
<tr><td colspan="2">写出此次实训过程中的体会及感想，提出实训中存在的问题</td><td colspan="6"></td></tr>
<tr><td colspan="2">指导教师评语</td><td colspan="6"></td></tr>
</table>

A.7 PCB 手工焊接实训报告

<table>
<tr><td colspan="2">实训地点</td><td colspan="2"></td><td>时间</td><td></td><td>实训成绩</td><td></td></tr>
<tr><td>姓名</td><td></td><td>班级</td><td></td><td>学号</td><td></td><td>同组姓名</td><td></td></tr>
<tr><td colspan="2">实训目的</td><td colspan="6"></td></tr>
<tr><td colspan="2">实训设备与
器材准备</td><td colspan="6"></td></tr>
<tr><td colspan="2">实训内容</td><td colspan="2">安装方法</td><td colspan="2">焊点质量</td><td>拆焊方法</td><td>用时</td></tr>
<tr><td colspan="2" rowspan="6">电阻焊接</td><td colspan="2"></td><td colspan="2"></td><td></td><td rowspan="6"></td></tr>
<tr><td colspan="2"></td><td colspan="2"></td><td></td></tr>
<tr><td colspan="2"></td><td colspan="2"></td><td></td></tr>
<tr><td colspan="2"></td><td colspan="2"></td><td></td></tr>
<tr><td colspan="2"></td><td colspan="2"></td><td></td></tr>
<tr><td colspan="2"></td><td colspan="2"></td><td></td></tr>
<tr><td colspan="2" rowspan="7">电容焊接</td><td colspan="2"></td><td colspan="2"></td><td></td><td rowspan="7"></td></tr>
<tr><td colspan="2"></td><td colspan="2"></td><td></td></tr>
<tr><td colspan="2"></td><td colspan="2"></td><td></td></tr>
<tr><td colspan="2"></td><td colspan="2"></td><td></td></tr>
<tr><td colspan="2"></td><td colspan="2"></td><td></td></tr>
<tr><td colspan="2"></td><td colspan="2"></td><td></td></tr>
<tr><td colspan="2"></td><td colspan="2"></td><td></td></tr>
<tr><td colspan="2" rowspan="3">晶体管焊接</td><td colspan="2"></td><td colspan="2"></td><td></td><td rowspan="3"></td></tr>
<tr><td colspan="2"></td><td colspan="2"></td><td></td></tr>
<tr><td colspan="2"></td><td colspan="2"></td><td></td></tr>
<tr><td colspan="2">详细写出焊接晶体管的方法，并指出实训过程中遇到的问题及解决办法</td><td colspan="6"></td></tr>
<tr><td colspan="2">写出此次实训过程中的体会及感想，提出实训中存在的问题</td><td colspan="6"></td></tr>
<tr><td colspan="2">指导教师评语</td><td colspan="6"></td></tr>
</table>

附录B[⊖] TEMI电子元器件拆除与焊接能力认证

B.1 项目介绍

电子元器件拆除与焊接能力认证是由台湾嵌入式暨单晶片系统发展协会（TEMI）组织推广与实施的，深受台湾与东南亚地区电子行业界的认可。

电子元器件拆除与焊接能力认证共分成二级，分别为实用级及专业级，在认证的规划中是以高职的二、三年级以及本科大学的大一、大二为对象，认证内容主要整合学校技术理论及实操课程教学，再加上产业界实务技巧，希望培养学生在进入企业前具备实操的能力。

本认证过程包含理论和实操认证两个部分，全程共三个半小时。理论认证采用纸笔测验方式，为闭卷方式，皆为单选题，出题范围从“电子元件拆/焊理论试题”题库中抽选50题进行测验，每题2分不倒扣，及格分数80分以上（含80分），可于应试开始20分钟后交卷，完成交卷者可立即进行实操认证。

实操认证试题测试内容主要包括：成品板电路元器件拆焊、微控制器功能验证、成品板电路元器件拆焊、周边圆孔板电路布线设计与制作。规划分两阶段进行，第一阶段主要考核应试人员对于电路板上分立元器件的拆焊能力及微控制器功能验证，其中包括表面贴装元器件拆焊、插件式元器件拆焊、拆焊测试板操作等能力；第二阶段则考核应试人员对分立元器件的焊接能力及单股硬芯导线的布局与焊接能力，其中包括表面贴装元器件焊接、插件式元器件布局焊接、单股硬芯导线布局与焊接等能力。

B.2 认证标准

1）理论认证：每题2分不倒扣，及格分数为80分以上（含80分）。

2）实操认证：实用级只需完成拆焊成品板（SCBL）的拆焊操作；专业级必须完成拆焊成品板（SCBL）的拆焊操作、周边圆孔板（SCBH）的焊接与组合测试，及格分数为60分以上（含60分）。

3）综合成绩：理论、实操认证成绩皆为及格以上，电子元器件的拆焊认证方为合格。

B.3 实操试题说明

1. 试题简介

1）本试题的能力诉求主要以考核应试人员对于表面贴装电子元器件（SMD、QFP）及

⊖ 为方便广大读者对照阅读，附录B中元器件的文字符号及图形符号均保留了原试题和作图软件中的形式，未按国家标准（简称国标）予以修改。例如：图B-2中，电阻 R1 1K，其国标符号应为 R1 1kΩ；电容 C2 10μF/16V，其国标符号应为 C2 10μF/16V；发光二极管 D1，其国标符号应为 VL1。图B-4中，二极管 D3，其国标符号应为 VD3；晶体管 Q1，其国标符号应为 VT1；按钮 S3，其国标符号应为 S3，等等。——编辑注

插件式电子元器件（DIP）的拆焊、焊接以及圆孔板电子元器件布局和单股硬芯导线电路布线的能力。

2）应试人员必须将所有电子元器件进行拆焊，再依照电路图、元器件布置图及 PCB 布线图进行焊接。

3）应试人员必须将拆焊下的微控制器 EM78P451SAQ 放上测试板进行检测。

4）为落实绿色环保概念，并降低因为关键零件的品质良莠不齐可能造成的争议，在拆焊成品板的套件中所使用的 2 块 74LS47 IC、1 个 5×7 点阵显示器、1 个 74LS138 IC 为认证办理单位所有，放置于拆焊测试板上，并用颜色标注，使用完需放回拆焊测试板上。

5）在拆焊成品板的套件中附有 9V 方形电池扣，仅供应试者练习时使用。认证时需使用认证考场提供的拆焊测试板上的锂电池。

6）本试题中所使用的拆焊测试板包含 2 块 74LS47 IC、1 块 74LS138 IC、2 个共阳极七段数码管、1 个共阴极 5×7 点阵显示器、1 个 EM78P451SAQ 微控制器、4 根 3mm×35mm 规格的五彩铜柱以及 4 个 3mm 五彩螺母，皆属于认证办理单位所有，应试者必须在完成认证评分后全数归还给认证考场。

7）本试题的成品装置为可设定数字并可以随机选号的数字猜字机和随机显示并有对应按钮的跳舞机，其操作和功能依照动作要求说明进行。

2. 电路系统框图

实操电路系统框图如图 B-1 所示。

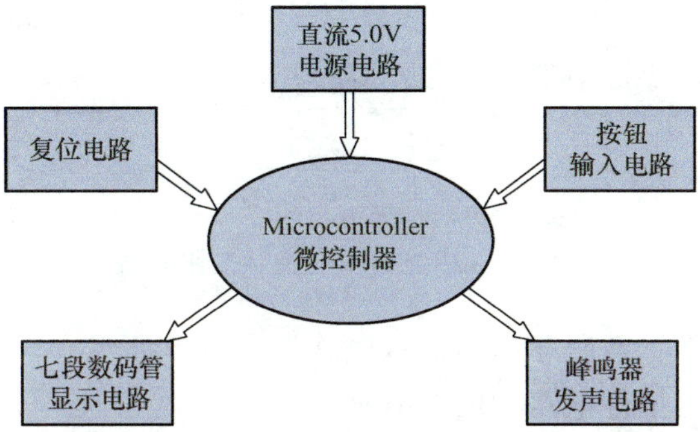

图 B-1　电路系统框图

3. 拆焊成品板（SCBL）电路图

（1）电源与电源指示　电源与电源指示电路如图 B-2 所示。

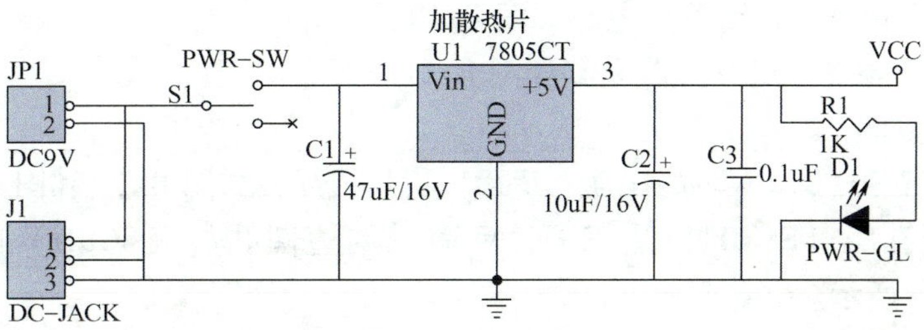

图 B-2　电源与电源指示电路

（2）单片机最小系统 单片机最小系统电路如图 B-3 所示。

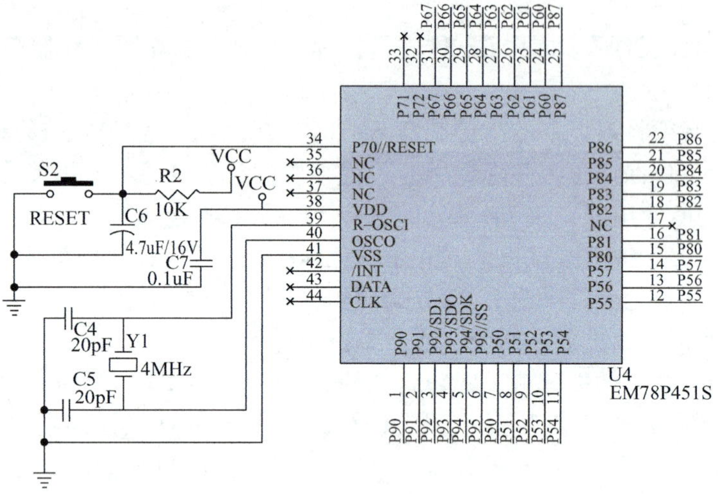

图 B-3 单片机最小系统电路

（3）声光指示与控制按钮 声光指示与控制按钮电路如图 B-4 所示。

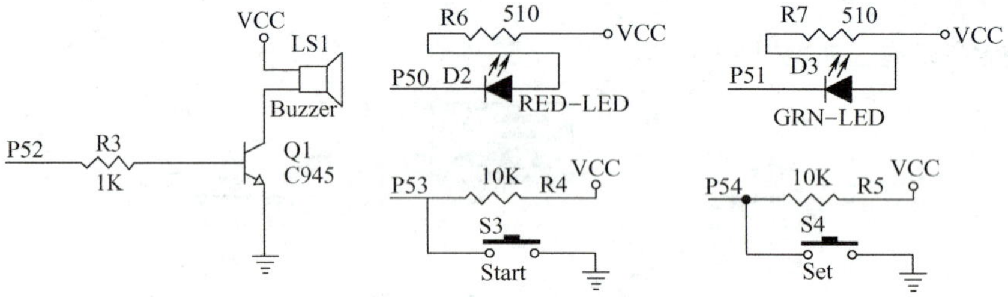

图 B-4 声光指示与控制按钮电路

（4）数码驱动与显示 数码驱动与显示电路如图 B-5 所示。

（5）接插件电路 接插件电路如图 B-6 所示。

4. 周边圆孔板（SCBH）电路图

（1）LED 点阵列驱动电路 LED 点阵列驱动电路如图 B-7 所示。

（2）译码电路 译码电路如图 B-8 所示。

（3）接插件 接插件电路如图 B-9 所示。

（4）按键输入电路 按键输入电路如图 B-10 所示。

（5）LED 点阵电路 LED 点阵电路如图 B-11 所示。

5. 元器件布局图

（1）拆焊成品板（SCBL）的正面、反面 拆焊成品板如图 B-12 和图 B-13 所示。

（2）周边圆孔板（SCBH）的正面、反面 周边圆孔板（SCBH）的正面、反面如图 B-14和图 B-15 所示。

6. 电路布线图

拆焊成品板（SCBL）电路布线图如图 B-16 和图 B-17 所示。

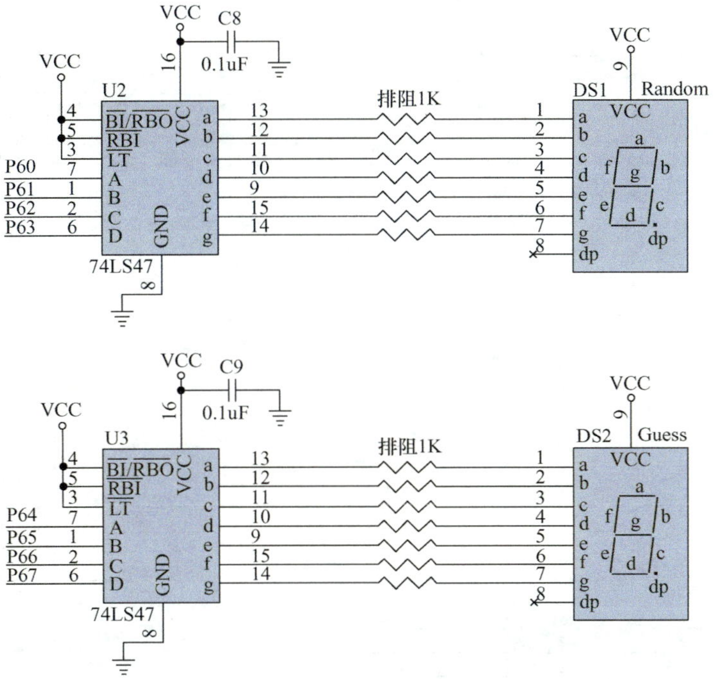

图 B-5　数码驱动与显示电路

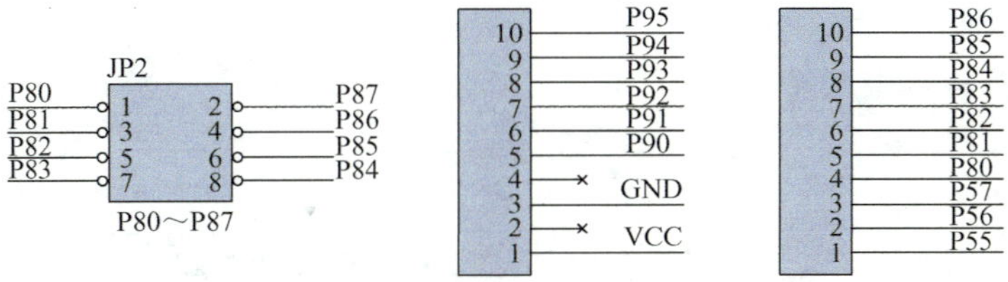

图 B-6　接插件电路

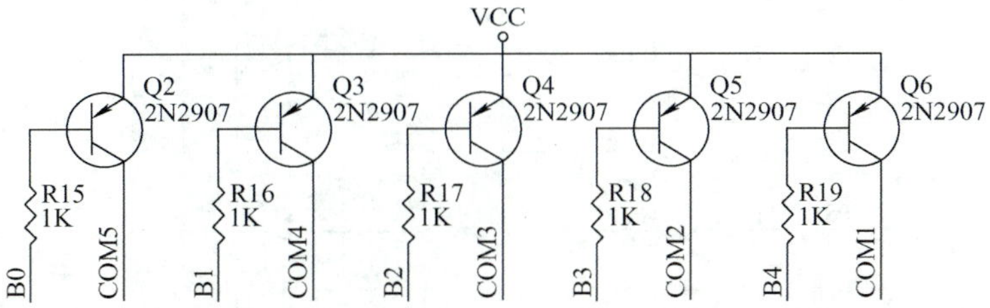

图 B-7　LED 点阵列驱动电路

7. 拆焊成品板（SCBL）电路材料表

拆焊成品板（SCBL）电路材料见表 B-1。

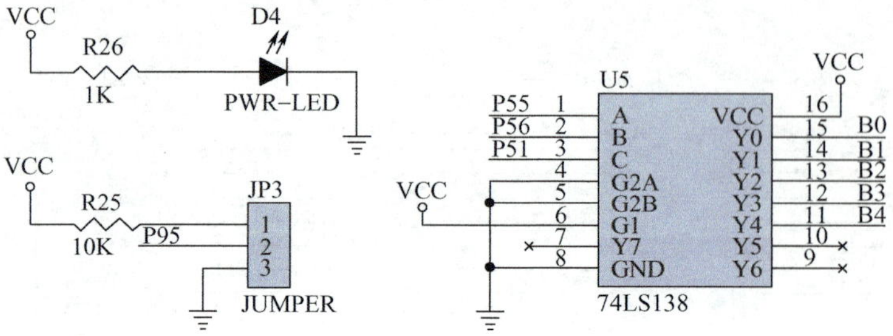

图 B-8 译码电路

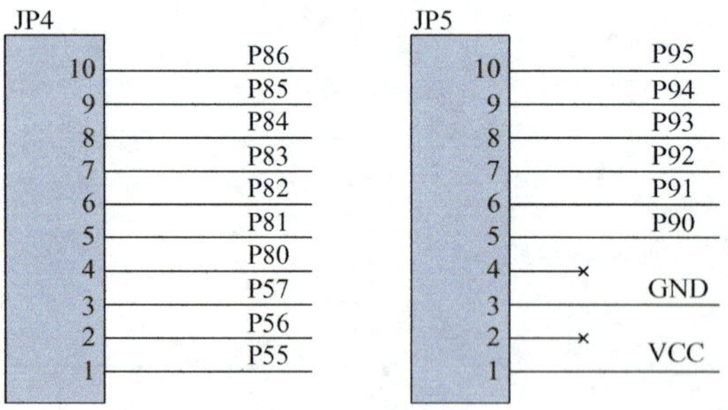

图 B-9 接插件电路

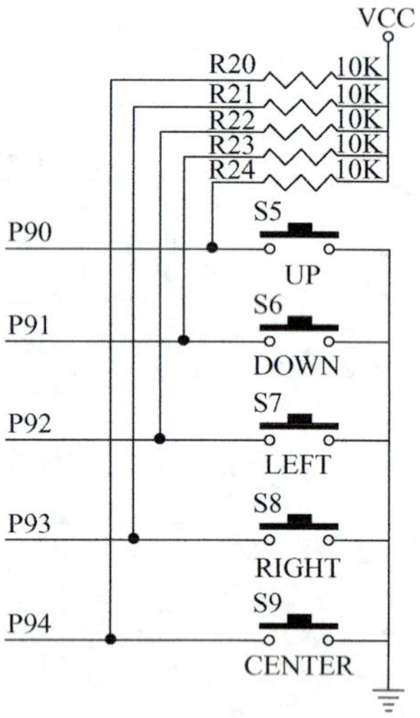

图 B-10 按键输入电路

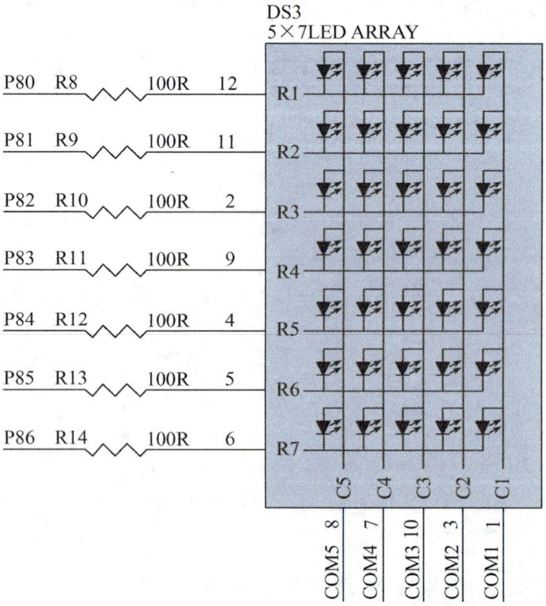

图 B-11 LED 点阵电路

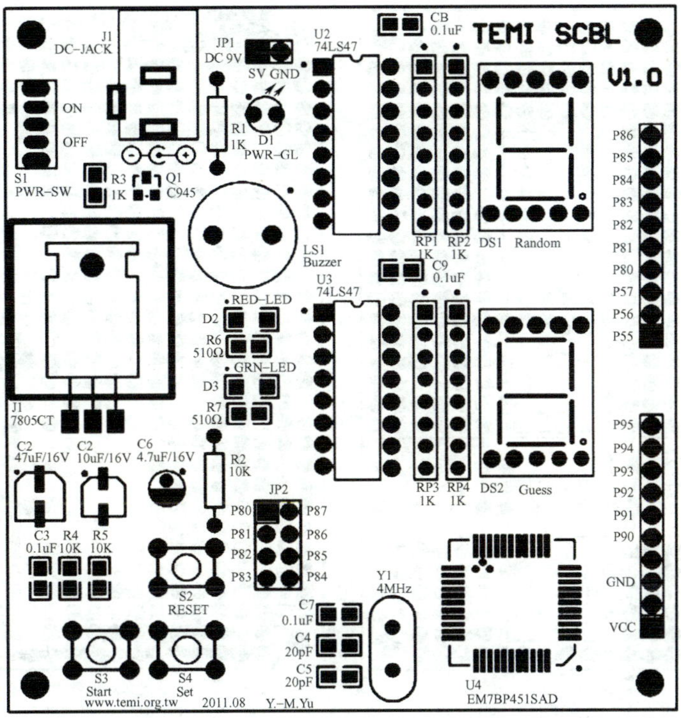

图 B-12　拆焊成品板（SCBL）的正面

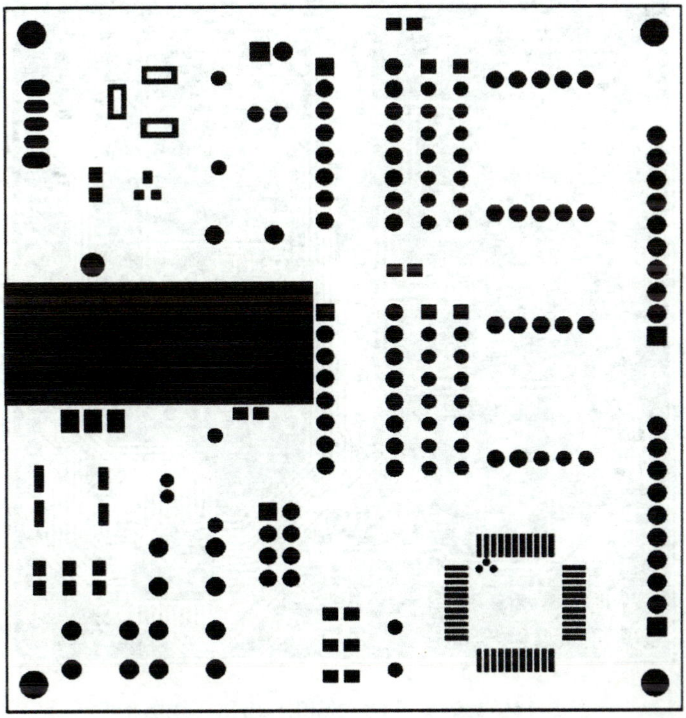

图 B-13　拆焊成品板（SCBL）的反面

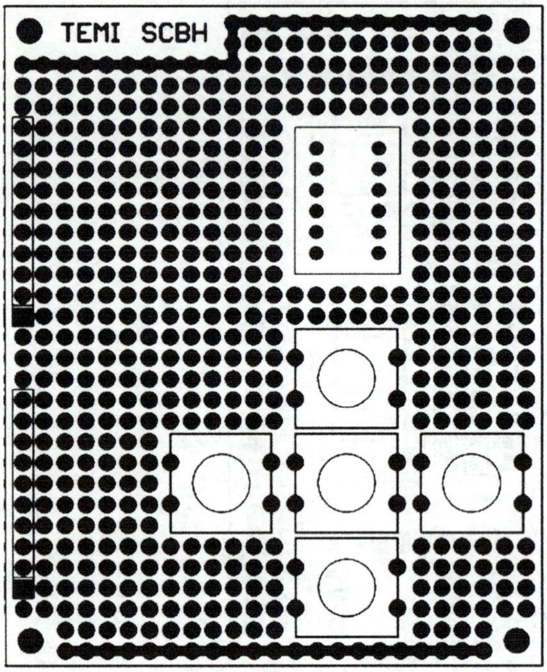

图 B-14　周边圆孔板（SCBH）的正面

图 B-15　周边圆孔板（SCBH）的反面

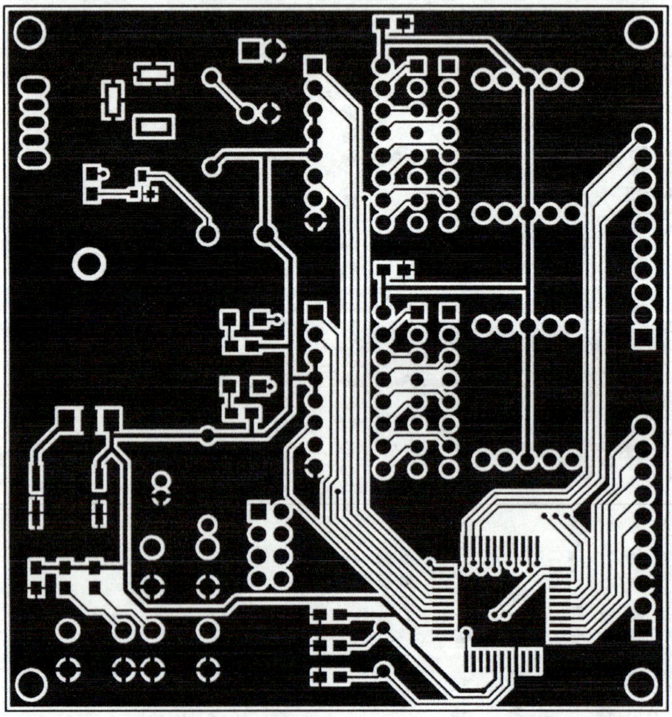

图 B-16　拆焊成品板（SCBL）电路布线图正面

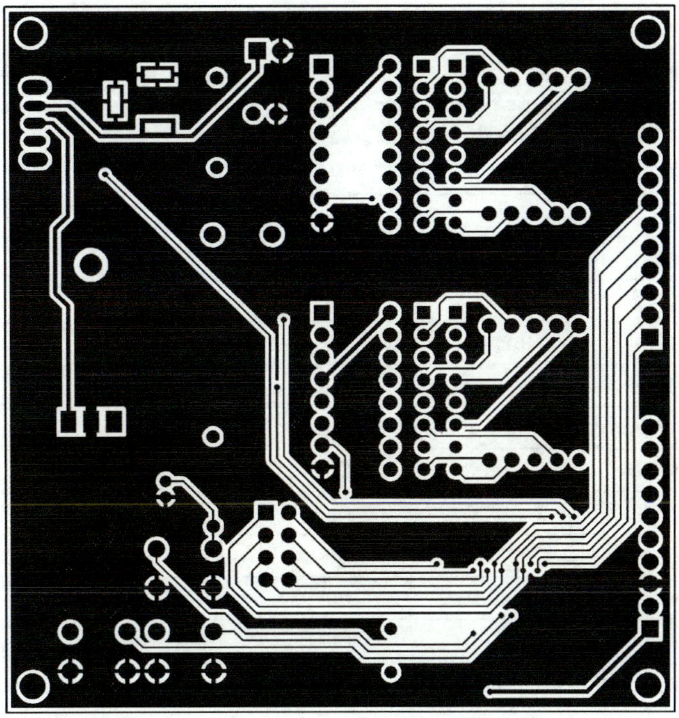

图 B-17 拆焊成品板（SCBL）电路布线图反面

表 B-1 拆焊成品板（SCBL）电路材料表

序号	名称	规格	封装方式		数量	插件位置
			种类	规格		
1	IC	7805CT	DIP	TO-220	1	U1
2	IC	EM78P451SAQ	SMD	QFP44	1	U4
3	电阻	1kΩ	DIP	1/4W	1	R1
4	电阻	10kΩ	DIP	1/4W	1	R2
5	电阻	1kΩ	SMD	0805	1	R3
6	电阻	10kΩ	SMD	0805	2	R4、R5
7	电阻	510Ω	SMD	0805	2	R6、R7
8	排阻	1kΩ	DIP	8P4R	4	RP1 ~ RP4
9	电容	104pF	SMD	0805	4	C3、C7、C8、C9
10	电容	20pF	SMD	0805	2	C4、C5
11	电解电容	47μF/16V	SMD	5mm×5.4mm	1	C1
12	电解电容	10μF/16V	SMD	4mm×5.3mm	1	C2
13	电解电容	4.7μF/16V	DIP	4mm×5mm	1	C6
14	LED	红色	SMD	1206	1	D2
15	LED	绿色	SMD	1206	1	D3
16	LED	绿色	DIP	φ3mm	1	D1

（续）

序　号	名　称	规　格	封装方式		数　量	插件位置
			种类	规格		
17	七段数码管	共阳极	DIP		2	DS1、DS2
18	晶体管	C945	SMD	SOT-23	1	Q1
19	晶振	4MHz	DIP	49US	1	Y1
20	蜂鸣器	它激式	DIP		1	LS1
21	PCB 电路板	SCBL	DIP	V1.0 版	1	
22	IC 座	16PIN	DIP	300mil	2	U2、U3
23	开关	单刀双掷	DIP	90°	1	S1
24	按键开关	6mm×6mm×5mm	DIP		3	S2～S4
25	MOLEX 公座	1×2PIN	DIP	90°	1	JP1
26	排针公座	2×4PIN	DIP	180°	1	JP2
27	散热片	П形	DIP		1	U1
28	螺钉	3mm×8mm	DIP	五彩	1	U1
29	螺母	M3	DIP	五彩	1	U1
30	电池扣	9V 方形电池用	DIP		1	供练习时使用
31	IC	74LS47	DIP	16PIN	2	考场设备

8. 周边圆孔板（SCBH）电路材料表

周边圆孔板（SCBH）电路材料见表 B-2。

表 B-2　周边圆孔板（SCBH）电路材料表

序　号	名　称	规　格	封装方式		数　量	插件位置
			种类	规格		
1	电阻	10kΩ	DIP	1/4W	6	圆点板区
2	电阻	1kΩ	DIP	1/4W	6	圆点板区
3	电阻	100Ω	DIP	1/4W	7	圆点板区
4	LED	绿色	DIP	ϕ3mm	1	圆点板区
5	晶体管	2N2907	DIP	TO-92	5	圆点板区
6	圆孔排针母座	1×6PIN	DIP	180°	2	圆点板区
7	PCB	SCBH	PCB	V1.0 版	1	
8	排针公座	1×10PIN	DIP	90°	2	圆点板区
9	排针母座	1×10PIN	DIP	90°	2	SCBL 板使用
10	IC 座	2×8PIN	DIP	300mil	1	圆点板区
11	按键	12mm×12mm×5mm	DIP		5	圆点板区
12	排针公座	1×3 PIN	DIP	180°	1	圆点板区
13	插销	1×2PIN	DIP		1	圆点板区
14	IC	74LS138	DIP	16PIN	1	考场设备
15	点阵显示器	5×7	DIP	共阴极	1	考场设备

9. 场地设备表

电子元器件拆焊能力认证场地设备见表 B-3。

表 B-3　电子元器件拆焊能力认证场地设备表（按 30 人配备）

序号	名　称	规　格	单位	数量
1	电源供应器	可调式 0～30V/2A	台	32
		附鳄鱼夹输出线 2 组	支	32
2	计算机	Windows XP 以上系统/可开机 HD40G/CD-ROM/256MB RAM/ USB/ Print-port/15in 液晶显示屏/内部区域网（理论考试用）	组	32
3	空调设备	中央空调，窗形或箱形	套	1
		通风良好（需有前后门）	套	
4	考试场地	$90m^2$ 以上，光线充足，窗户需有窗帘	间	1
5	休息室	报到及中午用餐休息室，含桌椅 30 张	间	1
6	电力系统	需全部系统及仪器启动不跳闸	套	1
7	工作桌椅	桌面 120cm×60cm 以上，32 张工作桌+3 张监评桌+2 张服务桌+1 张测试桌	张	38
8	电源延长线 6 组插孔	220（1±10%）V，20A 过载保护自动断电，3 孔电源插座（电源供应器、烙铁、热风式拆焊机使用）	组	38
9	控温烙铁	温度 200～400℃可调整，附焊接头两种（尖头及斜头）	台	32
10	热风式拆焊机	温度 200～400℃可调整，风量 8 段可调整（10mm×10mm 方形吹风嘴、单管吹风嘴）	台	32
11	拆焊测试板	SCBL/H 测试板（含 IC 拔除器、5×7 点阵×1、IC 74138×1、IC 7447×2、3mm×35mm 五彩铜柱、3mm 五彩螺母）	块	32
12	吸锡器	DP-100（或同等级）	个	32
13	夹子	SMD 专用（0402/0603/0805）	个	32
14	吸笔	需附 ϕ3mm、ϕ7mm、ϕ10mm 吸盘各 1 个，附吸针管直、弯各 1 支，可吸取 50kg 以下的 SMD 零件	组	32
15	桌垫	45cm×30cm（塑胶或木板）	套	32
16	展示成品板	实操成品展示板	套	3
17	单股硬芯导线	AWG30、Feet 100，红色接正电源端、黑色接地、I/O 端则无限制，尽量使用浅色系	套	3
18	计时器	可显示时、分、秒数字，字体高 10cm、宽 6cm 以上，可自行设定时间，可正计时与倒计时	套	1
19	锂电池模块	可提供 5V 及 8V 电源	组	10
20	备品零件柜	考题备用材料 10 套（24 格以上）	组	1
21	医药箱		组	1
22	灭火器	须可灭油性及线路起火	套	2
23	考场挂牌		组	1
24	理论认证系统	OSTS 理论线上测验系统软件	套	1
25	考场座位抽签筒	25cm×25cm×25cm，含 1～30 编号球	组	1

10. 自备工具表

自备工具见表 B-4。

表 B-4 自备工具表

序号	名称	规格	单位	数量
1	文具	水性笔（蓝色、黑色）	支	各 1
2	尺	15cm 或 30cm	支	1
3	万用表	DC20kΩ/V、AC8kΩ/V	只	1
4	焊锡		卷	1
5	焊锡吸烟器	具备活性炭滤网（可更换）或同等级以上	台	1
6	助焊剂	松香系助焊剂	瓶	1
7	斜口钳	6″电子用	把	1
8	尖嘴钳	6″电子用	把	1
9	剥线钳	1.66mm 以下	把	1
10	螺钉旋具套件	十字、一字，电子用	组	1
11	放大镜	电子光学式放大镜	个	1
12	台灯		台	1

11. 拆焊测试板动态检验

（1）拆焊测试板动态检验说明 应试者完成岗位抽签进入岗位后，先进行拆焊测试板动态检验，应试人员务必于检验时间（30 分钟）内完成，如需更换者，应于规定时间内提出更换，过时提出者予以扣分再行更换。

此拆焊测试板为一成品电路板，如图 B-18 所示。测试板下方用亚克力作为底板，并使用6 个塑胶柱支撑。其功能是供应试人员检验零件用，可检验共阳极七段数码管、EM78P451SAQ IC、74LS47 IC、74LS138 IC、5×7 点阵显示器等元器件。为方便应试人员进行拆除焊接作业，亚克力板右上方放有 IC 拔取器以及 3mm×35mm 规格的五彩铜柱 4 根、3mm 五彩螺母 4 个，在右下方放有摆放测试用零件元器件用盒，需在认证结束前检查是否齐全，如有遗失者依工作安全与习惯规定，最高可扣除 20 分。

图 B-18 拆焊测试板图

（2）检验步骤

1）检查零件、元器件是否都已放置。

2）开启锂电池及测试板电源。

3）确定测试板上 JP3 位置，其 JUMPER（跳线）需将右起第 1 只及第 2 只针脚短路。

4）按下编号 S2 RESET 键。

➢ 此时编号 DS1 和 DS2 的七段数码管，会以数字 0 每隔 1s 同时亮灭一次，表示两块 74LS47 IC 以及 2 个七段数码管正常。

➢ 编号 DS3 的 5×7 点阵显示器，则会以跑马灯的方式由右而左循环动作，表示 5×7 点阵显示器以及 74LS138 IC 正常。

5）按下编号 S3 START 键。

➢ 此时编号 DS1 的 Random 七段数码管会以 1s 为间隔显示“0～9”的数字；5×7 点阵显示器会以随机跳数字方式，分别显示“U、D、L、R、C”五个英文字母。

➢ 编号 DS2 的 Guess 七段数码管则会以数字 0 恒亮，此时表示 EM78P451SAQ IC 正常。

12. 作业流程

（1）检验　应试者须先进行认证所使用的“拆焊成品板”套件（SCBL）的动态测试，借助考场提供的拆焊测试板上的锂电池，经电源线，将电源送入拆焊成品板中进行动态检验，辨别所有零件动作是否正常无误。检验电路如图 B-19 所示。

（2）拆焊　针对拆焊成品板上的电子元器件进行拆焊作业，所有电子元器件都需完全拆焊，拆完后的电路板如图 B-20 所示。

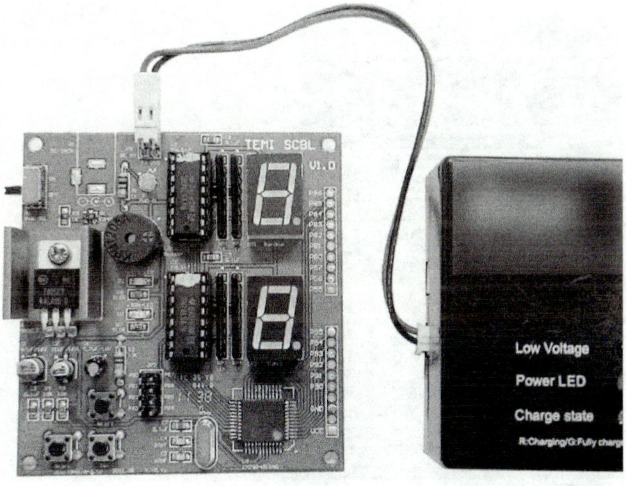

图 B-19　拆焊成品板检验电路

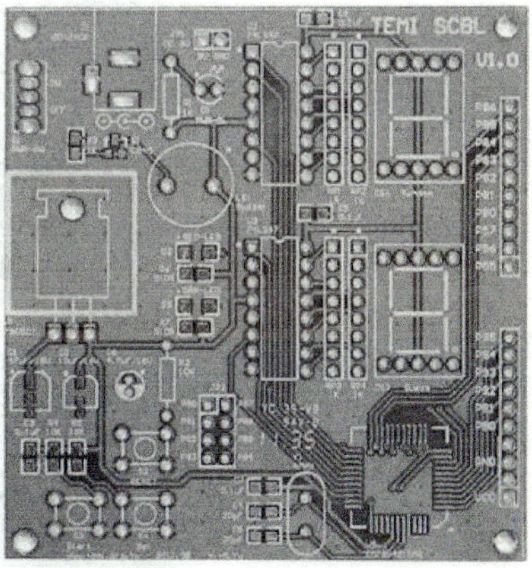

图 B-20　拆完后的拆焊成品板

（3）验证　拆焊下的 EM78P451SAQ 微控制器需放置在拆焊测试板上进行功能验证。

（4）申请第一次评分　注意：验证完后，要申请进行第一次评分。

（5）焊接　完成第一次评分后，即可进行焊接作业，必须将已拆焊的电子元器件，依电路图示焊回电路板上，完成焊接后的拆焊成品板如图 B-21 所示。

（6）周边圆孔板焊接　完成拆焊成品板焊接后，即可进行周边圆孔板焊接。将材料包中的电子元器件依电路图自行设计摆放位置并焊接，参考布局图如图 B-22 所示。

图 B-21 完成焊接后的拆焊成品板

图 B-22 周边圆孔板参考布局图

（7）电子元器件拉线并焊接 完成零件位置摆放后，进行各零件引脚拉线，需使用考场提供的单股硬芯导线，并依规定接正电源端使用红色单股硬芯导线、接地端使用黑色单股硬芯导线、I/O 资料线无限制，尽量使用浅色系颜色，参考布局如图 B-23 所示。

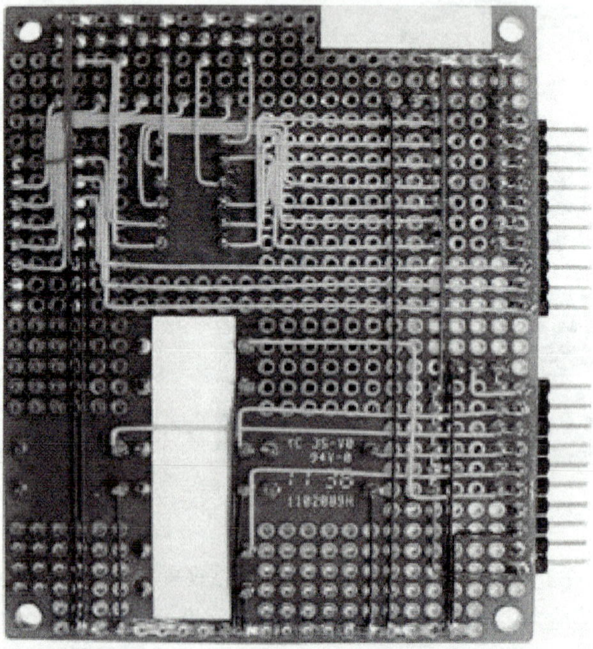

图 B-23 周边圆孔板参考布线

（8）排针母座焊接 完成周边圆孔板后，取出材料包内 1×10PIN 90°的排针母座，将母座焊到拆焊成品板（SCBL）上，如图 B-24 所示（圈选处）。

图 B-24　排针母座位置图

（9）组合测试　将拆焊成品板以及周边圆孔板组合，并进行测试，组合电路如图 B-25 所示。

图 B-25　组合电路

（10）申请第二次评分　应试者借助考场提供的拆焊测试板上的锂电池，经电源线，将电源送入组合电路板中进行功能动作测试，并举手请监评人员进行评分，需先进行拆焊成品板（SCBL）的评分再进行周边圆孔板（SCBH）的评分。

注意事项：

1）检验和第二次评分所使用到的2块74LS47 IC、1块74LS138 IC、5×7点阵显示器皆属于办理认证单位所有，使用时需从拆焊测试板上取下，必须在完成认证评分后全数插回拆焊测试板并归还给认证考场。

2）此阶段必须在完成第一次评分，即拆焊电路板拆焊评分和EM78P451SAQ微控制器功能验证评分后开始进行。

B.4 实操认证动作要求

1. 拆焊成品板动态检验

1）拆焊成品板套件为一成品电路板，应试者需在拆焊作业前，先进行通电的动态测试，确认所拿到的成品板上电子元器件动作是正常无误的。

2）应试者需利用拆焊测试板上的锂电池输出的8V电压使拆焊成品板通电，并进行电子元器件的测试。其测试方法顺序如下：

① 从拆焊测试板上取下74LS47 IC并安装到拆焊成品板上。

② 将锂电池8V电源从JP1引入。

③ 编号S1开关拨至ON（初始状态）。

➢ 编号D1的PWR-GL绿色电源指示灯会亮起。

➢ 编号D2和D3的LED指示灯每隔0.5s同时亮灭一次。

➢ 编号DS1、DS2七段数码管会以数字8每隔0.5s同时亮灭一次。

④ 按下编号S4的SET按钮。

➢ 编号DS1七段数码管应完全熄灭。

➢ 编号DS2七段数码管会以0.5s为间隔依序变换“0～9”数字。

⑤ 再次按下编号S4的SET按钮，并在0～9中选择一个数字，编号DS2七段数码管会依应试人员的选择停留在某一数字上。

⑥ 按下编号S3的START开始键。编号DS1七段数码管会快速出现0～9的数字，并随机选择停留在某一数字上。

A. 当DS1、DS2七段数码管显示数字相同时：

➢ 编号LS1蜂鸣器会连续发出100Hz“Do、Re、Mi”音响一次。

➢ 编号D3的LED绿指示灯会亮起。

B. 当DS1、DS2七段数码管显示数字不相同时：

➢ 编号LS1蜂鸣器会连续发出2kHz“哔哔”声三次。

➢ 编号D2的LED红指示灯会亮起。

⑦ 按下编号S2的RESET复位键，系统即恢复到初始状态。

2. 拆焊成品板拆焊作业（需进行第一次评分）

1）本电路板为一成品板，采取“先拆后焊”的施工程序，当完成电路板检验，确定电子元器件无误后，即进行拆焊作业。

2）拆焊作业中，必须将所有电子元器件依本试题作业规则拆除，并完整保存以便焊接作业时使用，若需更换零件，需依规定扣分。

3）当完成拆焊时，需完整保存已拆除零件，并举手请监评人员进行第一次评分，确认需拆除电子元器件完成拆除后，监评人员会在评分表上标记并签名，即可进行焊接作业。此评分项目需纳入微控制器检验测试。

3. EM78P451SAQ 微控制器检验（需进行第一次评分）

1）微控制器检验是为验证拆焊后的微控制器是否造成功能动作不正常，此检验需在第一次评分时请监评人员进行确认。

2）当完成微控制器拆除作业时，可先进行微控制器检验，需使用吸笔并选择适用此微控制器的吸盘，将微控制器吸起，其第一只脚对准拆焊测试板上 SOCKET 左下角标记 U1 处，平稳放入，确定每只引脚都已对准，再压下 SOCKET 保护装置即可。

3）检验微控制器时，可将已拆除的七段数码管一并放上拆焊测试器进行检验，其中 74LS47、74LS138 以及 5×7 点阵显示器等电子元器件，需使用原拆焊测试板上的。

4）微控制器检验步骤如下：

① 开启锂电池及测试板电源。

② 确定测试板上 JP3 位置，其 JUMPER（跳线）需将右起第 1 只及第 2 只针脚短路。

③ 按下编号 S2 RESET 键。

➢ 编号 DS1、DS2 七段数码管，会以数字 0 每隔 1s 同时亮灭一次，表示 2 个七段数码管正常。

➢ 编号 DS3 5×7 点阵显示器，则会以跑马灯方式由右而左循环动作。

4）按下编号 S3 的 START 键。

➢ 编号 DS1 七段数码管会以 1s 为间隔显示“0～9”的数字。

➢ 5×7 点阵显示器会随机显示“U、D、L、R、C”五个英文字母。

➢ 编号 DS2 七段数码管则会以数字 0 恒亮。

注意：此时当 5×7 点阵显示器随机显示英文字母时，需在 1s 内按下对应的大圆形按钮，每按对一次，其编号 DS2 七段数码管会进行累加，从 0 开始，每次加 1。

完成以上步骤后若无问题，表示 EM78P451SAQ 微控制器及 2 个七段数码管动作功能正常，即完成微控制器检验。

4. 拆焊成品板焊接作业

1）需完成拆焊以及微控制器检验作业，并在监评人员确定、签名后才可进行焊接作业。

2）此焊接作业是将已拆除的电子元器件依照电路图、元器件布置图以及本试题作业规则焊回到电路板上，完成焊接作业后，即可进行周边圆孔板焊接。

5. 周边圆孔板（SCBH）焊接作业

1）本电路板为一圆孔板，电路板上除 5×7 点阵显示器以及 5 个大圆形按钮已排好位置外，其余电子元器件需自行设计布局。

2）应试者需依照实操试卷上所提供的参考电路图，进行元器件位置布局、单股硬芯导线布线设计与制作。其导线需使用考场提供的，颜色使用依规定：“红色”为接正电源端用，“黑色”为接地端用，资料 I/O 线则无限制颜色，但需尽量使用浅色系颜色。

3）此周边圆孔板电源需使用拆焊成品板上的电源，在拆焊成品板上有规划好的 VCC 以及 GND 引脚，可经 1×10PIN 排针连至周边圆孔板上。在周边圆孔板上方第一排有铜箔连接的各圆孔，可规划成 VCC 公共点，在下方最后一排也有铜箔连接的各圆孔，可规划成 GND 公共点。

4）电阻摆放需依色码标示由左而右或由上而下，且方向要一致。

5）导线焊接需注意，每条导线其转折处需为 90°并平贴电路板。

6）两电路板组合时，需注意：拆焊成品板上应为 90° 1×10PIN 排针母座，其周边圆孔板上为 90° 1×10PIN 排针公座，都需摆放在零件面。

7）5×7 点阵显示器必须使用圆孔排针母座，不得直接焊在电路板上。

6. 组合功能测试（需进行第二次评分）

应试者需将已完成焊接的拆焊成品板以及周边圆孔板利用 1×10PIN 排针结合，并利用拆焊测试板上锂电池的输出电压（8V）使组合后的电路板通电，进行功能动作测试，测试方法如下：

1）将原放置在拆焊测试板上的 2 块 74LS47 IC、1 个 5×7 点阵显示器以及 1 块 74LS138 IC 安装在拆焊成品板以及周边圆孔板上。

2）进行拆焊成品板的检测，首先将锂电池 8V 电源从 JP1 引入。

3）确定周边圆孔板上的 JUMPER（跳线）是否将编号为 EM78P451SAQ 的微控制器 95 脚与高电平端连接上（测试拆焊成品板，即数字猜字机电路）。

4）编号 S1 开关拨至 ON（拆焊成品板初始状态）。

➢ 编号 D1 的 PWR-GL 绿色电源指示灯会亮起。

➢ 周边圆孔板上的绿色电源指示灯会亮起。

➢ 编号 D2 和 D3 的 LED 指示灯每隔 0.5s 同时亮灭一次。

➢ 编号 DS1、DS2 七段数码管会以数字 8 每隔 0.5s 同时亮灭一次。

5）按下编号 S4 的 SET 按钮。

➢ 编号 DS1 七段数码管应完全熄灭。

➢ 编号 DS2 七段数码管会以 0.5s 时间间隔依次显示“0～9”的数字。

6）再次按下编号 S4 的 SET 按钮，编号 DS2 七段数码管会停留在某一数字上。

7）按下编号 S3 的 START 开始键，编号 DS1 七段数码管会快速出现 0～9 的数字，并停留在某一数字上。

① 当 DS1、DS2 七段数码管显示数字相同时：

➢ 编号 LS1 蜂鸣器会连续发出 100Hz“Do、Re、Mi”音响一次。

➢ 编号 D3 LED 指示灯会亮起。

② 当 DS1、DS2 七段数码管显示数字不相同时：

➢ 编号 LS1 蜂鸣器会连续发出 2kHz“哔哔”声三次。

➢ 编号 D2 LED 指示灯会亮起。

8）按下编号 S2 的 RESET 复位键，系统即恢复到拆焊成品板的初始状态。

9）接下来检测周边圆孔板（SCBH），需确定周边圆孔板上的 JUMPER（跳线）是否将编号为 EM78P451SAQ 的微控制器 95 脚与地端连接（即跳舞机电路）。

11）编号 S1 开关拨至 ON（周边圆孔板初始状态）。

➢ 编号 D1 的 PWR-GL 绿色电源指示灯会亮起。

➢ 周边圆孔板上的绿色电源指示灯会亮起。

➢ 编号 DS1、DS2 七段数码管会以数字 0 每秒同时亮灭一次。

➢ 5×7 点阵显示器，会以由右向左直立条形跑马灯方式循环动作。

12）按下编号 S3 的 START 开始键。

➢ 编号 DS1 七段数码管会以 1s 间隔显示“0~9”的数字。

➢ 5×7 点阵显示器会以随机跳方式，分别显示“U、D、L、R、C”五个英文字母。

➢ 编号 DS2 七段数码管则会以数字 0 恒亮。

注意：当 5×7 点阵显示器在显示某英文字母时，需在 1s 内按下英文字母所对应位置的大圆形按钮。

① 每正确按对一次，编号 DS2 七段数码管则会从 0 开始累加，每次加 1。

② 当 DS2 七段数码管显示数字 7 以上（含）时：

➢ 编号 LS1 蜂鸣器会连续发出 100Hz“Do、Re、Mi”音响一次。

➢ 编号 D3 LED 指示灯会亮起。

③ 当 DS2 七段数码管显示数字 6 以下（含）时：

➢ 编号 LS1 蜂鸣器会连续发出 2kHz“哔哔”声三次。

➢ 编号 D2 LED 指示灯会亮起。

13）按下编号 S2 的 RESET 复位键，系统即恢复到周边圆孔板的初始状态。

B.5　实操认证评分

1）评分时，需先进行工作岗位的清洁，再展示拆焊成品板功能，操作顺序可参考拆焊成品板动态检验步骤进行。

2）以下功能动作不正常者，将直接扣除 50 分。

① 编号 D1 的 PWR-GL 绿色电源指示灯，在电源开启后功能动作不正常者。

② 周边圆孔板上的绿色电源指示灯，在电源开启后功能动作不正常者。

③ 周边圆孔板上的 5×7 点阵显示器，在电源开启并按下 S3 START 开始键后，功能动作不正常者。

④ 编号 D2 和 D3 的 LED 指示灯，在电源开启后功能动作不正常者。

⑤ 编号 DS1、DS2 七段数码管，在电源开启后功能动作不正常者。

⑥ 编号 S4 SET、S3 START、S2 RESET 键，按下无功能动作者。

⑦ 编号 DS1、DS2 七段数码管，在按下 S4 SET 或 S3 START 键时功能动作不正常者。

⑧ 编号 LS1 蜂鸣器功能动作不正常者。

⑨ 周边圆孔板上 5 个大圆形按钮，按下无功能动作者。

⑩ 周边圆孔板上 JUMPER（跳线）无法切换功能动作者。

3）实操评分标准表，见表 B-5。

表 B-5 电子元器件拆焊能力认证实操测试评分表专业级评分表

姓　　名		准考证号码		评结审果	□ 及格 □ 不及格
认证日期	__年__月__日	抽签编号 岗位号码			

不予评分项目			＊有左列事项之一者不予评分，并请考生在本栏中签名 离场时间：__时__分
一	提前弃权离场者		
二	未能于规定时间内完成者		
三	依据应试须知注意事项的第____条规定以不及格论		
四	其他突发或特殊事项者（请注明原因________）		

项目		评 分 标 准	扣分标准：每处扣分	扣分标准：最高扣分	扣分标准：本项扣分	实扣分数	备注
拆焊成品板电路	拆焊评分	1. EM78P451 QFP 44PIN IC 因拆除不当造成损坏而更换或功能测试不正常者	20	20		（最多扣20分）	
		2. 完成拆除拆焊成品板上所有零件	监评确认				
组合电路功能评分	（拆焊成品板+周边圆孔板）	1. 违反实操认证评分第二项者	50	50		（最多扣50分）	
		2. 违反作业规则一　铜箔、焊点（每处）	5	20		（最多扣50分）	
		3. 违反作业规则二　电子元器件摆放、焊接（每处）	5	20			
		4. 违反作业规则三　线材使用（每处）	5	30			
		5. 因焊接不当造成 EM7BP451 IC 损坏而更换者	20	20			
		6. 因焊接不当造成零件损坏或遗失而更换者（每个）	5	20			
工作安全	与习惯	1. 不符合工作安全要求者（毁损设备或公用器材）	20	20		（最多扣20分）	
		2. 工作桌面凌乱或离场前未清理工作台者	20	20			
		3. 自备工具未携带而向考场借用者	5	20			
		4. 未归还模组机构、工作岗位工具短缺或损毁者	10	20			
		5. 逾时未提出设备故障更换者	10	10			
累计总扣分							
实操测验总成绩							

监评（一）签名		监评（二）签名		主监评签名	

参考文献

[1] 冯力，朱敏波. 现代电子装联质量管理［M］. 西安：西安电子科技大学出版社，2009.
[2] 廖芳. 电子产品生产工艺与管理［M］. 北京：机械工业出版社，2008.
[3] 李小麟. 组件装焊工艺与技术［M］. 北京：电子工业出版社，2011.
[4] 黄永定. 电子实验综合实训教程［M］. 北京：机械工业出版社，2004.
[5] 马全喜. 电子元器件与电子实习［M］. 北京：机械工业出版社，2009.
[6] 吴建明，等. 电子工艺与实训［M］. 北京：机械工业出版社，2012.
[7] 韩广兴，等. 电子产品装配技术与技能实训教程［M］. 北京：电子工业出版社，2006.
[8] 王天曦，等. 现代电子工艺［M］. 北京：清华大学出版社，2009.
[9] 熊幸明. 电工电子技能训练［M］. 北京：电子工业出版社，2007.
[10] 葛金印. 电子产品制作工艺与操作实训［M］. 北京：电子工业出版社，2009.
[11] 孙惠康. 电子工艺实训教程［M］. 北京：机械工业出版社，2005.
[12] 王卫平，陈粟宋. 电子产品制造工艺［M］. 北京：高等教育出版社，2005.
[13] 苏士美. 模拟电子技术［M］. 2版. 北京：人民邮电出版社，2010.